石油百科（开发）

采油采气工程

主　编：李明忠
副主编：于乐香　王卫阳　刘均荣

石油工业出版社

图书在版编目（CIP）数据

石油百科 . 开发 . 采油采气工程 / 李明忠主编 . --
北京：石油工业出版社，2024.11. -- ISBN 978-7
-5183-7139-6

Ⅰ . TE

中国国家版本馆 CIP 数据核字第 2024HW8674 号

石油百科（开发）·采油采气工程
Shiyou Baike（Kaifa）·Caiyou Caiqi Gongcheng

出版发行：石油工业出版社
　　　　　（北京安定门外安华里 2 区 1 号　100011）
　　　　　网　　址：www.petropub.com
　　　　　编辑部：（010）64210387　图书营销中心：（010）64523633
经　　销：全国新华书店
印　　刷：北京中石油彩色印刷有限责任公司

2024 年 11 月第 1 版　2024 年 11 月第 1 次印刷
710×1000 毫米　开本：1/16　印张：25
字数：460 千字

定价：150.00 元
（如出现印装质量问题，我社图书营销中心负责调换）
版权所有，翻印必究

《中国石油勘探开发百科全书》
总编委会

主　　　任：刘宝和
常务副主任：沈平平　魏宜清
副　主　任：贾承造　赵政璋　袁士义　刘希俭　白泽生　吴　奇
　　　　　　赵文智　李秀生　傅诚德　李文阳　丁树柏
委　　　员：（按姓氏笔画排序）
　　　　　　马　纪　马双才　马家骥　王元基　王秀明　石宝珩
　　　　　　田克勤　刘　洪　齐志斌　吕鸣岗　余金海　吴国干
　　　　　　张　玮　张　镇　张卫国　张水昌　张绍礼　李建民
　　　　　　李秉智　宋新民　汪廷璋　杨承志　邹才能　陈宪侃
　　　　　　单文文　周　虻　周家尧　孟慕尧　岳登台　金志俊
　　　　　　咸玥瑛　姜文达　禹长安　胡永乐　胡素云　赵俭成
　　　　　　赵瑞平　秦积舜　钱　凯　顾家裕　高瑞祺　章卫兵
　　　　　　蒋其垱　谢荣院　潘兴国

主　　　编：刘宝和
常务副主编：沈平平　魏宜清
副　主　编：张卫国　孟慕尧　高瑞祺　潘兴国　单文文

学术委员会

主　　　任：邱中建
委　　　员：（按姓氏笔画排序）
　　　　　　王铁冠　王德民　田在艺　李庆忠　李德生　李鹤林
　　　　　　苏义脑　沈忠厚　罗平亚　胡见义　郭尚平　袁士义
　　　　　　贾承造　顾心怿　康玉柱　韩大匡　童晓光　翟光明
　　　　　　戴金星
秘　书　长：沈平平
副秘书长：傅诚德

《石油百科（开发）》
编委会

主　　任：刘宝和

副 主 任：（按姓氏笔画排序）

丁树柏　刘希俭　李文阳　李秀生　沈平平　张卫国
李俊军　吴　奇　单文文　孟慕尧　赵文智　赵政璋
袁士义　贾承造　高瑞祺　傅诚德　潘兴国

主　　编：刘宝和　蒲春生

副 主 编：（按姓氏笔画排序）

尹洪军　李明忠　步玉环　何利民　陈明强　范宜仁
国景星　廖锐全

成　　员：（按姓氏笔画排序）

于乐香　王卫阳　王胡振　邓少贵　石善志　吕宇玲
任　龙　任丽华　刘　静　刘均荣　刘陈伟　许江文
李红南　吴飞鹏　张　益　张　锋　张　楠　张顶学
张福明　罗明良　郑黎明　赵　勇　柳华杰　钟会影
郭辛阳　郭胜来　曹宝格　章卫兵　葛新民　景　成
温庆志　蒲景阳

专 家 组：郭尚平　胡文瑞　苏义脑　刘　合　李　宁　沈平平
编 辑 组：李　中　方代煊　何　莉　贾　迎　王金凤　王　瑞
金平阳　何丽萍　张　倩　王长会　沈瞳瞳　孙　宇
张旭东　申公晁　白云雪

PREFACE 序

能源安全是关系国家经济社会发展的全局性、战略性问题，对国家繁荣发展、人民生活改善、社会长治久安至关重要。党的十八大以来，习近平总书记提出"四个革命、一个合作"能源安全新战略，为我国新时代能源发展指明了方向，开辟了能源高质量发展的新道路。

能源是国家经济、社会可持续发展最重要的物质基础之一，当前全球能源发展处于从化石能源向低碳的可再生能源及无碳的自然能源快速转变的过渡期，能源结构呈现出"传统能源清洁化，低碳能源规模化，能源供应多元化，终端用能高效化，能源系统智能化，技术变革全面化"的总体趋势。尽管如此，油气资源仍是影响国家能源安全最敏感的战略资源。随着我国经济快速发展，油气对外依存度不断加大，2021年已分别达到72.2%和46.0%。因此，大力提升油气勘探开发力度和加强天然气产供储销体系建设，关系到国家能源安全和经济社会稳定发展大局，任务艰巨、责任重大。

近年来，随着油气勘探开发理论与技术的进步，全球油气勘探开发领域逐渐呈现出向深水、深层、非常规、北极等新区、新领域转移的趋势。中国重点含油气盆地面临着勘探深度加大、目标更为隐蔽、储层物性更差、开发工程技术难度增加等诸多挑战。因此，适时地分析总结我国在油气勘探、开发和工程技术等方面的新理论、新技术、新材料以及新装备等，并以通俗易懂的百科条目形式使之广泛传播，对于提升广大石油员工科学素养、促进石油科技文化交流、突破油气勘探开发关键技术瓶颈等方面意义重大。《石油百科（开发）》共10个分册，是在2008年出版的《中国石油勘探开发百科全书》基础上，通过100多位专家学者的共同努力，按照《开发地质》《油气藏工程》《钻完井工程》《采油采气工程》《试井工程》《试油工程》《测井工程》《储层改造》《井下作业》和《油气储运工程》10个专业领域分册，对油气勘探开发理论、技术、工程等方面进行了更加全面细致的梳理总结，知识体系更加完整细化，条目数量大幅度增加，并适当调整了原有条目内容和纂写形式，进一步完善并总结了当前在非常规与深水深地油气等储层勘探开发新进展，增加了更多的原理或示意插图，使词条描述更加清晰易懂，提高了词条描述的准确性与可读性，拓宽了百科全书读者范围，充分满足了基层石油工人、工程技术人员、科研人员以及非石油行业读者的查阅需要。《石油百科（开发）》的编纂出版，提升了《全书》内容广泛性与实用性，搭建了石油科技文化交流平台，推动了油气勘探开发技术创新，是我国石油工业进入勘探开发瓶颈期的一项标志性石油出版工程，影响深远。

当前，我国油气资源勘探开发研究虽取得了重大进展，但与国外先进水平仍有一定差距。习近平总书记站在党和国家前途命运的战略高度，做出大力提升油气勘探开发力度、保障国家能源安全的重要批示，为我国石油工业的发展指明了方向。我们要高举中国特色社会主义伟大旗帜，继承与发扬石油工业优良传统，坚持自主创新、勇于探索、奋发有为，突破我国石油勘探开发领域"卡脖子"的技术难题，为实现中华民族伟大复兴中国梦贡献更大的石油力量。中国的石油工业任重而道远，这套《石油百科（开发）》的出版必将对中国石油工业的可持续发展起到积极的推动作用。

中国工程院院士 胡文瑞

FOREWORD 前言

《中国石油勘探开发百科全书》（包括综合卷、勘探卷、开发卷和工程卷，简称《全书》）于 2008 年出版发行，《全书》出版后深受读者欢迎，并且收到不少读者的反馈意见。石油工业出版社根据读者的反馈意见以及考虑到《全书》已出版十几年，随着油气勘探开发理论与技术不断创新、发展，涌现了大量的新理论、新技术、新材料以及新装备，经过调研以及和有关专家研讨后决定在《全书》的基础上按专业独立成册的方式编纂《石油百科（开发）》。

《石油百科（开发）》包括《开发地质》《油气藏工程》《钻完井工程》《采油采气工程》《试井工程》《试油工程》《测井工程》《储层改造》《井下作业》和《油气储运工程》10 个分册，总计约 6500 条条目，主要以《全书》工程卷和开发卷为基础编纂而成。和《全书》相比，《石油百科（开发）》具有如下特点：《石油百科（开发）》每个专业独立成册，做到专业针对性更强；《全书》受篇幅限制只选录主要条目，而《石油百科（开发）》增补了大量条目（增加一倍以上），尽量做到能够满足读者查阅需求，实用性更强；《石油百科（开发）》增加了大量的图表，以增加阅读性；有针对性地增加了非常规、深水深地以及极地油气等难动用储层勘探开发理论与技术的条目。

百科全书的组织编纂是一项浩繁的工作。2016 年 11 月，石油工业出版社在山东青岛中国石油大学（华东）组织召开了《石油百科（开发）》编纂启动会，成立了由 30 多位专家教授组成的编委会，全面展开《石油百科（开发）》编纂工作。为了使《石油百科（开发）》的撰写、审稿和编辑加工能按统一标准规范进行，石油工业出版社组织编印了《石油百科·编写细则》，之后又先后编印了《石油百科·编写注意事项》《石油百科·编辑要求》，推动了各分册工作的顺利进行。

《石油百科（开发）》由中国石油大学（华东）蒲春生教授牵头，由陈明强、何利民、李明忠、廖锐全、范宜仁、步玉环、国景星、尹洪军教授分别担任 10 个分册的主编。在编纂过程中，采取主编责任制，每个分册主编挑选 3~4 名参编人员作为分册副主编，组成编写小组。2017—2020年期间，编委会每年定期召开两次编审讨论会，对《石油百科（开发）》各分册的阶段初稿进行研讨，及时解决撰写过程中遇到的困惑和难点，使《石油百科（开发）》的编纂工作得以顺利进行。经过全体编写人员的共同努力和辛勤工作，于2020年6月完成了《石油百科（开发）》的初稿，并由石油工业出版社责任编辑进行了初审，专家组成员对《石油百科（开发）》初稿进行了仔细、认真地审阅，并提出了许多十分宝贵的修改意见和指导性建议。在此基础上，结合专家审阅意见，各分册编写小组进行了最后修改完善与提升，陆续完成了《石油百科（开发）》终稿，编纂经历了近4年时间。

为了确保条目的准确性和权威性，由中国科学院和中国工程院石油勘探、开发、工程方面的院士及资深专家组成《石油百科（开发）》专家组，对《石油百科（开发）》各分册框架及条目进行了认真的审核，在此表示诚挚的谢意！

《石油百科（开发）》涉及内容广泛，参加编写人员众多，疏漏之处在所难免，敬请读者批评指正。

《石油百科（开发）》编委会

凡　例

1. 《石油百科（开发）》是在《中国石油勘探开发百科全书》（简称《全书》）开发卷和工程卷的基础上编纂而成，增加了大量条目和对原来条目进行修改完善。

2. 《石油百科（开发）》按专业独立成册，包括《开发地质》《油气藏工程》《钻完井工程》《采油采气工程》《试井工程》《试油工程》《测井工程》《储层改造》《井下作业》和《油气储运工程》10个分册。分册之间的交叉条目，在不同分册各自保留，释文侧重本专业内容。

3. 条目按照学科知识体系分类排列，正文后面附有条目汉语拼音索引。条目是本书的主体，是供读者查阅的基本单元，可以通过"条目分类目录"和"条目汉语拼音索引"进行查阅。

4. 条目一般由条目标题（简称条头）、与条头对应的英文、条目释文、相应的图表和作者署名等组成。有些条目提供了推荐书目，读者可以进一步阅读相关内容。

5. 作者署名原则为：完全采用《全书》的条目其署名为原条目作者；对《全书》条目修改的其署名为原条目作者和修改作者；新增加条目其署名为条目撰写作者。

6. 条目内容涉及其他条目，或与其他条目互为补充时，本书提供了"参见"方式，在正文中用蓝色楷体标出，方便读者查阅相关知识。

7. 当一个条目有多种叫法时，在正文中用"又称××"表示，并用斜体标出。又称条目收录到"条目汉语拼音索引"中，并且用楷体加"*"标出。

总 目 录

- 序

- 前言

- 凡例

- 条目分类目录

- 正文 /1—362

- 附录 石油科技常用计量单位换算表 /363—369

- 条目汉语拼音索引 /370—378

条目分类目录

采油工程方案设计

采油工程 …………………… 1	水动力学完善井 …………………… 15
采油工程方案 …………………… 2	水动力学不完善井 …………………… 15
采油方式 …………………… 4	表皮效应 …………………… 15
采油方式优选 …………………… 6	表皮系数 …………………… 15
采油方式综合评价系统 …………………… 6	储层伤害 …………………… 16
油井生产系统 …………………… 7	垂直管流相态 …………………… 16
油井生产系统动态模拟 …………………… 7	井筒气液两相流 …………………… 16
储层保护 …………………… 8	纯油流 …………………… 17
储层改造设计 …………………… 9	泡状流 …………………… 17
注水工程设计 …………………… 9	段塞流 …………………… 17
投产措施 …………………… 11	环状流 …………………… 18
动态监测设计 …………………… 11	雾状流 …………………… 18
油田产能预测 …………………… 11	滑脱 …………………… 18
油井流入动态 …………………… 11	滑脱损失 …………………… 18
油井流入动态曲线 …………………… 12	滑脱速度 …………………… 19
油井流出动态曲线 …………………… 13	存容比 …………………… 19
油井流动效率 …………………… 14	表面流速 …………………… 19
油井完善性 …………………… 14	

自喷采油

自喷采油 …………………… 20	套管头 …………………… 23
油（气）井生产系统 …………………… 21	油管 …………………… 24
井口装置 …………………… 21	油嘴 …………………… 24
采油树 …………………… 22	嘴流规律 …………………… 25
油管头 …………………… 23	分层采油（气） …………………… 25

单管分采	26	采气强度	33	
双管分采	26	含水率	33	
三管分采	26	采油指数	33	
井下配产器	27	米采油指数	34	

自喷井协调 ……………… 27
节点系统 ………………… 28
　求解节点 ………………… 28
　功能节点 ………………… 28
　油气井工作制度 ………… 29
　生产压差 ………………… 29
　流饱压差 ………………… 29
　地饱压差 ………………… 30
　间歇自喷 ………………… 30
　间歇喷油 ………………… 30
　停喷压力 ………………… 30
　井口压力 ………………… 30
　井口温度 ………………… 31
　井底温度 ………………… 31
　采油速度 ………………… 31
　采气速度 ………………… 32
　采油强度 ………………… 32
　采液强度 ………………… 32

产液指数 ………………… 34
产气指数 ………………… 35
油气藏压力 ……………… 35
油气藏压力梯度 ………… 36
气油比 …………………… 36
气液比 …………………… 36
水气比 …………………… 36
有效气油比 ……………… 36
气体比流量 ……………… 37
油井综合测试仪 ………… 37
　井下压力计 ……………… 37
　弹簧管式压力计 ………… 37
　电子式压力计 …………… 37
　井下流量计 ……………… 38
　井下浮子式产量计 ……… 38
　井下涡轮式流量计 ……… 38
　井下温度计 ……………… 38

人工举升采油

人工举升采油 ……………… 40
气举采油 …………………… 40
　气举系统 ………………… 41
　气举管柱 ………………… 42
　气举设计 ………………… 43
　气举方式 ………………… 44
　连续气举 ………………… 44
　间歇气举 ………………… 44
　间歇气举控制器 ………… 45

柱塞气举 ………………… 45
腔室气举 ………………… 46
活塞气举 ………………… 47
替换室气举 ……………… 47
气举启动压力 …………… 47
气举工作压力 …………… 48
气举阀 …………………… 48
末端阀 …………………… 49
导流阀 …………………… 49

盲阀 …… 50
波纹管气举阀 …… 50
弹簧气举阀 …… 50
套压操作气举阀 …… 51
投捞式气举阀 …… 52
油压操作气举阀 …… 52
气举地面流程 …… 52
气举设备 …… 53
压缩机站 …… 53
配气站 …… 53
气举井试井 …… 53
相对沉没度 …… 54
气举井故障诊断 …… 54

有杆泵采油 …… 54
抽油机 …… 55
游梁式抽油装置 …… 57
游梁式抽油机 …… 57
 游梁 …… 58
 悬绳器 …… 58
 动力机 …… 58
 减速器 …… 59
 四连杆机构 …… 59
 驴头 …… 59
 常规游梁式抽油机 …… 60
 异相型游梁式抽油机 …… 60
 前置型游梁式抽油机 …… 61
 气平衡游梁式抽油机 …… 62
 弯游梁式抽油机 …… 63
 双驴头抽油机 …… 64
 调径变矩游梁平衡抽油机 …… 64
 斜直井游梁式抽油机 …… 65
 旋转驴头抽油机 …… 66
 摆杆式游梁抽油机 …… 66
 下偏杠铃游梁复合平衡抽油机 …… 67
 悬挂偏置游梁平衡抽油机 …… 67
 六连杆增程式抽油机 …… 68
 偏轮式游梁抽油机 …… 69
 双四杆游梁式抽油机 …… 69
 双驴头游梁式抽油机 …… 70
 蛋形驴头游梁式抽油机 …… 71
 绳索滑轮式长冲程抽油机 …… 71
 低矮异形游梁式抽油机 …… 71
 矮型异相曲柄平衡抽油机 …… 72
 扇形长冲程抽油机 …… 73
无游梁式抽油机 …… 73
 链条抽油机 …… 73
 皮带抽油机 …… 75
 液压抽油机 …… 76
 直线电动机抽油机 …… 76
 摩擦式抽油机 …… 77
 渐开线异形抽油机 …… 78
 天轮式抽油机 …… 78
 立式数控抽油机 …… 79
抽油机拖动装置 …… 80
 异步电动机 …… 81
 高转差率电动机 …… 81
 超高转差率电动机 …… 81
 天然气发动机 …… 82
抽油机节能技术 …… 83
简谐运动模型 …… 84
 曲柄滑块机构模型 …… 84
 抽油机悬点载荷 …… 84
抽油机平衡 …… 86
 气动平衡 …… 86
 机械平衡 …… 86
 游梁式抽油机扭矩 …… 87
 扭矩因数 …… 88
深井泵 …… 88

固定阀 …………………………… 89	柱塞冲程 …………………………… 105
游动阀 …………………………… 89	柱塞超行程 ………………………… 105
泄油器 …………………………… 90	冲次 ………………………………… 106
脱接器 …………………………… 90	油管锚 ……………………………… 106
杆式泵 …………………………… 90	机械式油管锚 ……………………… 106
管式泵 …………………………… 92	张力式油管锚 ……………………… 106
稠油泵 …………………………… 94	压缩式油管锚 ……………………… 107
防砂泵 …………………………… 96	旋转式油管锚 ……………………… 107
防气泵 …………………………… 98	液力式油管锚 ……………………… 107
双作用泵 ………………………… 99	压差式液力油管锚 ………………… 107
空心泵 …………………………… 100	憋压式液力油管锚 ………………… 108
分抽泵 …………………………… 100	气砂锚 ……………………………… 109
套管抽油泵 ……………………… 100	气锚 ………………………………… 109
无衬套软柱塞泵 ………………… 100	砂锚 ………………………………… 110
串联泵 …………………………… 100	**抽油杆** ……………………………… 111
振动泵 …………………………… 101	钢实心抽油杆 ……………………… 111
深井泵泵效 ……………………… 101	高强度抽油杆 ……………………… 112
抽油泵间隙等级 ………………… 102	超高强度抽油杆 …………………… 112
防冲距 …………………………… 102	玻璃钢抽油杆 ……………………… 112
抽油泵余隙容积 ………………… 102	空心抽油杆 ………………………… 113
泵漏失 …………………………… 103	连续抽油杆 ………………………… 114
泵—孔距 ………………………… 103	柔性抽油杆 ………………………… 115
检泵周期 ………………………… 103	电热抽油杆 ………………………… 115
抽油参数优选 …………………… 103	带状抽油杆 ………………………… 116
泵理论排量 ……………………… 103	铝合金抽油杆 ……………………… 117
充满系数 ………………………… 103	KD 级抽油杆 ……………………… 117
气锁 ……………………………… 104	碳素纤维抽油杆 …………………… 117
抽空控制 ………………………… 104	抽油杆接箍 ………………………… 117
泵挂深度 ………………………… 104	抽油杆扶正器 ……………………… 118
沉没度 …………………………… 104	抽油杆减振器 ……………………… 119
沉没压力 ………………………… 105	抽油杆防脱器 ……………………… 120
吸入压力 ………………………… 105	光杆 ………………………………… 120
冲程 ……………………………… 105	加重杆 ……………………………… 121
光杆冲程 ………………………… 105	抽油杆失效 ………………………… 121

抽油杆柱 …………………………… 122
抽油机载荷 ………………………… 123
抽油杆折算应力 …………………… 124
有杆泵抽油系统设计 ……………… 124
抽油杆柱设计 ……………………… 125
抽油杆柱等强度设计 ……………… 125
修正古德曼图 ……………………… 126
奥金格等寿命曲线 ………………… 127
玻璃钢复合抽油杆柱设计 ………… 128
有杆泵抽油系统效率 ……………… 129

有杆泵抽油系统故障诊断 …………… 131
光杆示功图 ………………………… 132
理论示功图 ………………………… 133
井下示功图 ………………………… 133
动力仪 ……………………………… 133
抽油井液面 ………………………… 134
回音标 ……………………………… 134
回声仪 ……………………………… 134

间歇抽油 ……………………………… 135

提捞采油 ……………………………… 135

电动潜油泵采油 ……………………… 135
电动潜油泵机组 …………………… 136
电动潜油泵井口装置 ……………… 136
电动潜油泵控制柜 ………………… 136
电动潜油泵机组配电盘 …………… 136
电动潜油泵电缆 …………………… 137
电动潜油多级离心泵 ……………… 137
潜油电动机 ………………………… 138
潜油电动机保护器 ………………… 139
油气分离器 ………………………… 140
电动潜油泵故障诊断 ……………… 141
电动潜油泵测试 …………………… 141
电动潜油泵冷却 …………………… 142
变速电动潜油泵 …………………… 142

电动潜油泵特性曲线 ……………… 143
电缆悬挂泵 ………………………… 144
电动潜油泵油井生产系统 ………… 144

螺杆泵采油 …………………………… 145
螺杆泵 ……………………………… 145
地面驱动螺杆泵 …………………… 146
电动潜油螺杆泵 …………………… 146
液压驱动螺杆泵 …………………… 146
单头螺杆泵 ………………………… 147
双头单螺杆泵 ……………………… 147
转子 ………………………………… 147
定子 ………………………………… 148
定子导程 …………………………… 148
偏心距 ……………………………… 148
溶胀率 ……………………………… 148
过盈量 ……………………………… 149
螺杆泵防冲距 ……………………… 149
螺杆泵特性曲线 …………………… 150
螺杆泵防脱 ………………………… 150
螺杆泵防磨 ………………………… 151
螺杆泵井故障诊断 ………………… 152
螺杆泵井测试 ……………………… 153

水力活塞泵采油 ……………………… 153
水力活塞泵 ………………………… 154
水力活塞泵井下机组 ……………… 155
水力活塞泵选泵设计 ……………… 156
水力活塞泵高压管汇 ……………… 156
水力活塞泵采油地面泵 …………… 157
水力活塞泵动力液 ………………… 157
水力活塞泵故障诊断 ……………… 158
自由式水力活塞泵 ………………… 159
恒流量控制阀 ……………………… 159
控流离心分离器 …………………… 159
独立井场动力站 …………………… 159

轴流涡轮—轴流泵 ……………… 160
射流泵采油 ………………………… 160
　射流泵 …………………………… 161
　喷嘴 ……………………………… 162
　喉管 ……………………………… 162
　扩散管 …………………………… 163
　水力射流泵泵效 ………………… 163
　射流泵气蚀 ……………………… 163
物理法采油 ………………………… 163
　水动力学方法采油 ……………… 164
　声波振动采油 …………………… 164

超声波采油 ………………………… 164
水力振荡采油 ……………………… 165
低频电脉冲采油 …………………… 166
低频振动采油 ……………………… 167
注磁化水采油 ……………………… 167
露天开采法 ………………………… 167
坑道采油法 ………………………… 168
爆炸采油法 ………………………… 168
注浓硫酸采油 ……………………… 169
人工地震处理油层 ………………… 170

油田注水

油田注水 …………………………… 171
注水水质 …………………………… 172
　注入水处理 ……………………… 172
　含油污水处理技术 ……………… 175
　油层污水回注 …………………… 175
　油层污水结垢 …………………… 176
注水地面工程 ……………………… 176
　注水站 …………………………… 176
　配水间 …………………………… 177
　注水井 …………………………… 178
　注水井井口装置 ………………… 178
　注水系统效率 …………………… 179
注水井投注程序 …………………… 179
　注水井排液 ……………………… 179
　注水井洗井 ……………………… 180
　注水井洗井车 …………………… 181
　注水井试注 ……………………… 181
　注水井测试 ……………………… 182
　注水井指示曲线 ………………… 183
　吸水剖面 ………………………… 184

相对吸水量 ………………………… 184
配注误差 …………………………… 184
注水压力 …………………………… 185
　注水启动压力 …………………… 185
　注水井工作制度 ………………… 185
　吸水指数 ………………………… 186
　视吸水指数 ……………………… 186
　吸水能力 ………………………… 186
　注入流压 ………………………… 188
　注水强度 ………………………… 188
分层注水 …………………………… 188
　笼统注水 ………………………… 189
　井下配水嘴 ……………………… 190
　嘴损压力 ………………………… 190
　嘴损曲线 ………………………… 191
　有效注水压力 …………………… 191
　分层配水管柱 …………………… 191
　配水器 …………………………… 192
　固定配水器 ……………………… 192
　空心配水器 ……………………… 192

偏心配水器 ………………… 193
配水堵塞器 ………………… 193
配水投捞器 ………………… 193
封隔器 ……………………… 194
水力压差式封隔器 ………… 194
水力压缩式封隔器 ………… 195
支撑式封隔器 ……………… 195
卡瓦式封隔器 ……………… 195
皮碗式封隔器 ……………… 195
水力自封式封隔器 ………… 196
水力密闭式封隔器 ………… 196
水力机械式封隔器 ………… 196
洗井注水封隔器 …………… 196
封隔器丢手接头 …………… 197
水力锚 ……………………… 197
活塞效应 …………………… 197
螺旋弯曲效应 ……………… 197
鼓胀效应 …………………… 197
温度效应 …………………… 197
注水井增注 ………………… 197

稠油开采

稠油开采 …………………… 199
稠油 ………………………… 199
 黏温曲线 ………………… 201
普通稠油注水开发 ………… 201
 掺活性水降黏 …………… 201
 化学降黏 ………………… 201
 井筒热力降黏 …………… 202
 掺稀油降黏 ……………… 202
 稠油出砂冷采 …………… 202
 蚯蚓洞 …………………… 203
 稳定泡沫油 ……………… 203
热力采油 …………………… 204
 稠油注蒸汽开采 ………… 204
 蒸汽吞吐 ………………… 204
 吞吐周期 ………………… 206
 蒸汽干度 ………………… 206
 注蒸汽速度 ……………… 207
 周期注蒸汽强度 ………… 207
 油汽比 …………………… 207
 汽油比 …………………… 207
 回采水率 ………………… 207
 蒸汽驱 …………………… 208
 蒸汽发生器 ……………… 208
 隔热油管 ………………… 209
 预应力隔热油管 ………… 210
 热采封隔器 ……………… 210
 高温高压伸缩管 ………… 210
 蒸汽辅助重力泄油 ……… 211
 火烧油层开采 …………… 212
 干式正向燃烧 …………… 214
 湿式正向燃烧 …………… 214
 干式反向燃烧 …………… 215
高凝油开采 ………………… 215
 高凝油降凝 ……………… 216
 辐射换热 ………………… 216
 油层加热效率 …………… 216
 井筒热损失 ……………… 216
 过热蒸汽 ………………… 216
 干饱和蒸汽 ……………… 217
 湿饱和蒸汽 ……………… 217
 净总厚度比 ……………… 217

调剖与堵水

油井出水 ·················· 218
油气井找水 ················ 219
  综合对比资料找水 ·········· 219
  找水仪找水 ················ 220
  流体电阻法找水 ············ 220
  井温法找水 ················ 221
  放射性同位素找水 ·········· 221
  机械法找水 ················ 222
  水化学分析法找水 ·········· 222
  分层测试法找水 ············ 223
  环空测试法找水 ············ 223
油气井堵水 ················ 223
  机械堵水 ·················· 223
  化学堵水 ·················· 223
  非选择性堵水 ·············· 224
  选择性堵水 ················ 225
  单液法堵水 ················ 225
  双液法堵水 ················ 225
  人工隔板法堵底水 ·········· 225
  机械卡水 ·················· 226
  微生物堵水 ················ 226
注水井调剖 ················ 226
  调剖剂 ···················· 227
  调驱剂 ···················· 228
  深部调剖 ·················· 229
  区块整体调剖 ·············· 229
  底水锥进 ·················· 229
  水窜 ······················ 229
  指进 ······················ 229
  水舌 ······················ 229
  水侵 ······················ 229

防砂与清砂

出砂 ······················ 230
  砂桥 ······················ 230
  砂堵 ······················ 230
防砂 ······················ 231
  机械防砂 ·················· 233
  衬管防砂 ·················· 234
  防砂衬管 ·················· 234
  滤砂器防砂 ················ 234
  砂拱防砂 ·················· 236
  砂拱 ······················ 236
  割缝衬管防砂 ·············· 237
  绕丝筛管 ·················· 237
  砾石充填防砂 ·············· 238
  砾砂直径比 ················ 241
  压裂防砂 ·················· 241
  化学防砂 ·················· 242
  人工胶结砂层防砂 ·········· 242
  人工井壁防砂 ·············· 242
  化学溶液防砂 ·············· 243
  焦化防砂 ·················· 244
  先期防砂 ·················· 244
  水泥砂浆人工井壁防砂 ······ 244
  树脂核桃壳人工井壁防砂 ···· 244
  树脂砂浆人工井壁防砂 ······ 244

预涂层砾石人工井壁防砂 …… 244
酚醛树脂胶结砂层防砂 …… 245
酚醛溶液地下合成防砂 …… 245
复合防砂 …… 245
支护剂 …… 247
增孔液 …… 247
隔离液 …… 247
清洗液 …… 247
清砂 …… 247
捞砂筒 …… 247

探砂面 …… 248
冲砂 …… 248
冲砂液 …… 249
冲管 …… 249
正冲砂 …… 249
反冲砂 …… 250
正反冲砂 …… 250
联合冲砂 …… 250
负压冲砂 …… 250

防蜡、防垢与防腐

油井结蜡 …… 251
石蜡 …… 251
析蜡点 …… 252
油井防蜡 …… 252
表面能防蜡 …… 252
磁化器防蜡 …… 252
固体防蜡剂防蜡 …… 254
玻璃衬里油管防蜡 …… 254
涂层防蜡 …… 254
油井清蜡 …… 254
机械清蜡 …… 255
刮蜡片 …… 256
抽油杆刮蜡器 …… 256
尼龙刮蜡器 …… 256
清蜡钻头 …… 257
清蜡绞车 …… 258
热力清防蜡 …… 258
热载体循环洗井 …… 258
热洗清蜡车 …… 259
井下自控热电缆清防蜡 …… 259
电热清防蜡 …… 260

电热抽油杆清防蜡 …… 260
井下电热器 …… 261
井筒热循环 …… 261
热化学清蜡 …… 262
化学清防蜡 …… 262
油基清防蜡剂 …… 263
水基清防蜡剂 …… 264
水包油型清防蜡剂 …… 264
固体防蜡剂 …… 265
油水井防垢除垢 …… 265
井筒化学防垢 …… 266
井筒物理防垢 …… 267
井筒化学除垢 …… 267
结垢 …… 267
物理除垢 …… 268
油水井防腐蚀 …… 268
金属腐蚀 …… 269
金属化学腐蚀 …… 269
金属电化学腐蚀 …… 270
金属物理腐蚀 …… 270
湿腐蚀 …… 270

干腐蚀 ………………………… 270
均匀腐蚀 ……………………… 271
局部腐蚀 ……………………… 271
防腐油管 ……………………… 271
腐蚀电位 ……………………… 272

提高石油采收率

提高石油采收率 ………………… 273
 石油采收率 …………………… 274
油田开采阶段 …………………… 275
 一次采油 ……………………… 276
 二次采油 ……………………… 276
 改善二次采油 ………………… 277
 三次采油 ……………………… 277
化学驱 …………………………… 278
 混相驱 ………………………… 278
 聚合物驱 ……………………… 278
 聚合物 ………………………… 280
 泡沫驱 ………………………… 280
 表面活性剂驱 ………………… 280
 碱水驱 ………………………… 281
 微生物采油 …………………… 281

采气工程

采气工程 ………………………… 282
 采气工程方案 ………………… 283
天然气 …………………………… 284
 气顶气 ………………………… 286
 溶解气 ………………………… 286
 凝析气 ………………………… 287
 天然气分子量 ………………… 287
 天然气密度 …………………… 287
 天然气相对密度 ……………… 288
 天然气状态方程 ……………… 288
 天然气压缩因子 ……………… 289
 天然气真临界特性参数 ……… 289
 天然气拟临界特性参数 ……… 289
 天然气拟对比参数 …………… 290
 天然气临界凝析参数 ………… 290
 天然气体积系数 ……………… 290
 天然气膨胀系数 ……………… 291
 天然气等温压缩系数 ………… 291
 天然气黏度 …………………… 292
 天然气比热 …………………… 292
 天然气绝热指数 ……………… 292
 天然气焦耳—汤姆逊效应 …… 293
 天然气导热系数 ……………… 293
 天然气热值 …………………… 293
 天然气爆炸性 ………………… 294
天然气井生产系统 ……………… 294
 气井井底压力 ………………… 295
 气井动态曲线 ………………… 297
 气井流入动态曲线 …………… 298
 气井流出动态曲线 …………… 298
 气井油管动态曲线 …………… 299
 气井试井 ……………………… 299
 气井产能试井 ………………… 299
 气井产能 ……………………… 300

气井产能方程	301	凝析气藏开采	316
视表皮系数	301	消耗式开采	317
气井生产系统分析	301	保持地层压力开采	318
气井油管设计	302	含酸气气井开采	319
气井合理产量	305	含 H_2S 气井开采	320
气井工作制度	305	含 CO_2 气井开采	324
井筒积液	308	**煤层气开采**	326

产水气井采气工艺 … 309

- 排水采气 … 309
- 优选管柱排水采气 … 310
- 泡沫排水采气 … 310
- 有杆泵排水采气 … 312
- 气举排水采气 … 313
- 射流泵排水采气 … 313
- 电动潜油泵排水采气 … 314
- 控水采气 … 315
- 堵水采气 … 315

复杂条件气井采气工艺 … 315

- 低压气井采气 … 315

煤层气开采 … 326
- 煤层气 … 327
- 煤层气藏 … 328
- 煤层气钻井 … 329
- 煤层气完井 … 330
- 煤层气压裂 … 330

页岩气开采 … 331
- 页岩气水力压裂 … 332
- 页岩气 … 333
- 页岩气藏 … 335

天然气水合物开采 … 335
- 天然气水合物 … 337
- 天然气水合物试采 … 340

海洋采油

海上油气田 … 342
- 全海式开发模式 … 342
- 半海半陆式开发模式 … 343
- 水下采油 … 343

海上油气田生产系统 … 343
- 卫星井 … 345
- 海上油气生产设施 … 345
- 海上采油平台 … 345
- 固定式生产设施 … 346
- 桩基式固定平台 … 346
- 井口平台 … 347
- 生产处理平台 … 347
- 储罐平台 … 347
- 重力式平台 … 347
- 人工岛 … 348
- 顺应型平台 … 350
- 浮式生产系统 … 350
- 浮式生产储油装置 … 352
- 浮式储油装置 … 353

水下生产系统 … 353
- 水下井口 … 354
- 水下控制系统 … 355
- 脐带缆 … 355
- 永久导向基盘 … 355

立管 ·················· 355
水下管汇中心 ·········· 355
水下采油树 ············ 356
干式水下采油树 ········ 356
湿式水下采油树 ········ 357
干/湿式水下采油树 ····· 357
沉箱式水下采油树 ······ 357
立式采油树 ············ 357
卧式采油树 ············ 358
海上油气集输系统 ···· 358
全海式集输系统 ········ 358
半海半陆式集输系统 ···· 359
全陆式集输系统 ········ 359
海上石油终端 ·········· 361
单点系泊系统 ·········· 361
多点系泊系统 ·········· 361
陆上石油终端 ·········· 362

附录 ················ 363
条目汉语拼音索引 ···· 370

采油工程方案设计

【采油工程 oil production engineering】 油井完钻后为实现油田开发目标,安全、合理、高效地将地下原油采出地面,对生产井或注入井所采取的各项工程技术措施的系统工程。将原油采出地面可采用自喷采油和人工举升采油两种方法。在油气勘探开发过程中采油工程起着十分重要的作用,其目的是实现油藏工程方案的各项开发指标并高效开发油田,同时还要与石油钻井工程、油气田地面工程结合,保证油田能正常开采。

主要内容 采油工程涉及面广,综合性强,包括以下几方面:(1)完井技术。包括开采过程油气层保护、完井方法和给出采油工艺对生产套管设计的要求。(2)采油工艺。按油品性质分为稀油开采工艺、稠油开采工艺、高凝油开采工艺和凝析油开采工艺;按油气井类型分为直井开采工艺、定向井开采工艺、水平井开采工艺、分支水平井开采工艺和斜直井开采工艺。(3)保持压力开采技术。包括油田注水、注气工程。(4)提高采收率工艺技术。主要是各种三次采油工艺技术。(5)储层改造技术。包括压裂、酸化、酸压裂、高能气体压裂和各种物理化学增产措施等。(6)油水井修复作业。包括大修作业和小修作业。(7)井下复杂情况处理工艺。包括防砂、采油清防蜡、防垢与除垢、生产井防腐蚀、注水井调剖和油井封堵水等。

基本任务 通过生产井和注入井对油藏采取一系列工程技术措施,使油气以最小的阻力流入井底,并举升到地面。主要目标是经济有效地提高原油单井产量和油田最终采收率,是开发好油田的重要技术手段。采油工程必须对不同地质条件的各种类型油藏和油藏开发后动态不断变化的情况进行科学的诊断,找出问题的本质,正确地选择实施技术,以获得良好的技术经济效果。它贯穿于油田开发全过程之中。

展望 中国油藏大多为陆相沉积,地下情况复杂,大部分油田已处于开发后期,而且已找到的储量多为深井或超深井、低渗透或超低渗透、稠油或超稠油。要求采油工程要重点完善和提高治水技术、经济高效的油层改造和解堵技术、节能降耗技术、特种油开采技术以及三次采油技术等。

📝 **推荐书目**

张琪．采油工程原理与设计［M］．东营：石油大学出版社，2000．

万仁溥．采油工程手册［M］．北京：石油工业出版社，2000．

（陈宪侃）

【**采油工程方案** production engineering project】 以油田开发总体建设方案为基础，针对油田开发全过程编制的对生产井或注入井以及油藏进行一系列工程技术措施的指导文件。应确保使油气以最小的阻力流入井底，并经济有效地举升到地面。同时对钻井工程和地面工程提出要求，以达到承上启下、经济高效开发油田的目的。油田开发是一项庞大而复杂的系统工程，在油田投入正式开发之前，必须编制采油工程方案，尽可能地减少决策错误造成的损失。

基本构成 根据采油工程在油田开发全过程中的任务，采油工程方案由储层保护、完井工程设计、注水工程设计、举升方式优选、储层改造设计、配套工艺设计［主要包括采油清防蜡（见油井防蜡、油井清蜡）、油水井防腐蚀、油水井防垢除垢、防砂、注水井调剖和油气井堵水等］和动态监测等组成。

方案设计 以油藏地质研究成果和油藏工程方案为依据，必须紧密结合油藏的实际，并兼顾地面工程的要求，符合油田开发的总体部署和技术政策；重点论证本油田开发全过程的主要问题、基本工艺和关键技术；结合油藏特点开展必要的室内和现场工艺试验，并借鉴同类型油藏和地面条件相近油田开采的成功经验，分析这些油田采油工程方案的特点；采用先进的理论和设计方法进行科学论证和方案优选；应具有科学性、完整性、适应性、可操作性和经济性。采油工程方案设计流程见图。

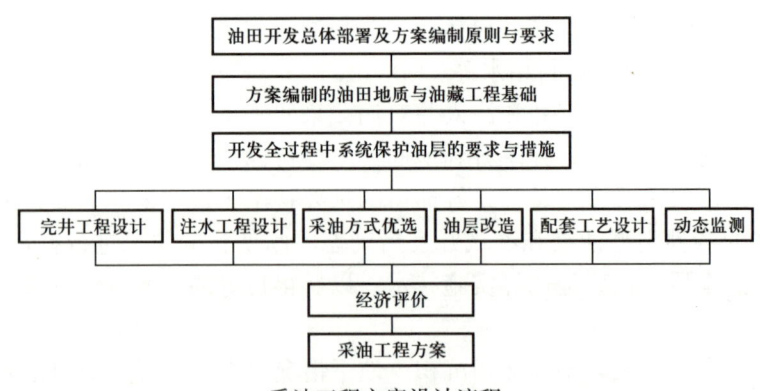

采油工程方案设计流程

采油工程方案设计中必须提出采油工程对完井方法和生产套管尺寸、钢级和壁厚的要求，以确保油（水、气）井在生产全过程中适应采油工艺的需要。其主要内容如下：

（1）完井方法确定。要根据油气藏类型、储层特性和采油工艺要求选择最合适的完井方法，必须满足以下要求：确保油层与井筒之间保持最佳的连通条件，油气层受伤害最小；应能有效地封隔油层、气层、水层，防止窜通和层间干扰；应能有效控制出砂，防止井壁坍塌及地应力挤毁套管，确保油井的寿命；应具备井下分层作业和各种采油方式的需要；稠油油田应满足注蒸汽热采的需要；施工工艺简便，综合经济效益好。

（2）油管及生产套管尺寸的选择。要根据采油工艺需要，考虑油田开发全过程各种措施的需求，先确定油管尺寸，进而确定生产套管尺寸和抗内压、抗外挤强度，主要考虑以下几方面：① 根据产液量或注入量，优化油井自喷或人工举升的生产管柱和注入井管柱的最大油管尺寸，进而选择最佳生产套管尺寸。② 根据气田产气是干气或是湿气及含水率，既要考虑垂直管流的压力损失是否合理，还要考虑防止滑脱积液和冲蚀，选择合适的油管尺寸，进而选择生产套管尺寸。③ 根据油田开发全过程可能采取的井下作业措施，选定作业时需要的油管合理尺寸，进而选择生产套管尺寸。④ 稠油油藏由于原油黏度大，流动性差，要考虑流体在油管中流动时的摩擦损失，一般控制在 0.4~1.5MPa/100m。油管尺寸要足够大，要尽量采用摩擦阻力小的油管。还要兼顾后期含水上升快，排液量大，需要大的套管尺寸。⑤ 注聚合物三次采油时，油井要排出大量的聚合物，黏度高，也会出现类似稠油的情况，也需要选用大尺寸油管和套管。

（3）生产套管强度的选择。生产套管的主要作用是保护井筒，封隔油层、水层、气层，确保油（水、气）井与油层连通好，能正常、安全地运行。在任何地质条件和各种作业工作状况时，生产套管都能保证抗内压、抗外挤、抗拉和密封的要求：① 射孔后套管不裂、不变形，射孔要优选孔径和孔密，保证足够的泄油能力，减少孔眼摩阻。② 注蒸汽时能抗高温。③ 注水、注气、注蒸汽时能长期经受高压、高温考验。

（4）采油工程经济评价。对采油工程各个生产环节经济可行性评价是采油工程方案中的必要内容。原油生产综合成本及效益除涉及采油设备投资和生产操作费用外，还有产能建设的前期投资（包括勘探、建井及地面工程）、各项目固定资产折旧、利税和原油价格等一系列指标。为避免与油田开发建设总体方案的经济评价重复，采油工程方案的经济评价侧重于采油设备、生产操作费用等油田产能建成后、开发过程中直接与采油工程有关的费用的分析对比。

采油工程经济评价内容包括：基本参数及分析评价指标的确定；不同举升

方式举升费用对比及更换采油方式的经济分析；采油设备投资；生产操作费用及分析；采油工程费用汇总及原油生产成本分析。

推荐书目

张琪，万仁溥．采油工程方案设计[M]．北京：石油工业出版社，2002.

（陈宪侃　李明忠　于乐香）

【**采油方式** production method】将流到井底的石油采到地面所用的方法。包括自喷采油和人工举升采油两种方式，应根据油田产能预测结果，利用压力节点分析的方法确定油田不同开发阶段产液量和流动压力的关系，进而选择采油方式。

自喷采油　依靠储层的天然能量把石油从井底举升到地面，是一种地面设备简单、管理方便和经济的采油方式。应首先根据油藏工程方案设计规定的压力保持水平下，用压力节点分析方法分析停喷条件和转入人工举升采油的时机。论证油井在不同含水期自喷能否满足配产要求，以决定是否采用自喷采油方式和采用的时间。

人工举升采油　人为地向油井井下补充能量将井底的石油按要求举升到地面的采油方式。常用的人工举升采油方式包括有杆泵采油、电动潜油泵采油、水力活塞泵采油、射流泵采油、气举采油和螺杆泵采油。

20世纪80年代以来，美国石油学会（API）的一批专家就各种人工举升方式对各种生产条件及其经济性提出了数十项适应条件，进行了较为全面系统的定性评价比较（见表），从而可初选采油方式。

各种人工举升系统的适应性比较

对比项目		适应条件	有杆泵采油	螺杆泵采油	电动潜油泵采油	水力活塞泵采油	水力射流泵采油	气举采油	柱塞气举采油
系统基本情况		复杂程度	简单	简单	井下复杂	地面复杂	地面复杂	地面复杂	地面复杂
		一次投资	低	低	较高	较高	较高	最高	最高
		运行费	较低	较低	高	较低但高含水后运行费用高	较低	较低，但小油田较高	较低，但小油田较高
排量 m^3/d		正常范围	1～100	10～200	80～700	30～600	10～500	30～3180	20～32
		最大值	410	(1000)	1400 (3170)	(1293)	1590 (4769)	(7945)	63
泵深 m		正常范围	3000	1500	2000	4000	2000	3000	3000
		最大值	4421	3000	3084	5486	3500	3658	3658

续表

对比项目	适应条件	有杆泵采油	螺杆泵采油	电动潜油泵采油	水力活塞泵采油	水力射流泵采油	气举采油	柱塞气举采油
井下状况	小井眼	适宜	适宜	不适宜	较适宜	适宜	适宜	适宜
	分层采油	不适宜	不适宜	较适宜	较适宜	不适宜	适宜	适宜
	定向井	偏磨	偏磨	适宜	适宜	适宜	适宜	适宜
	掏空程度	强	较强	强	强	较强	强	较强
地面环境	海上、城区	不适宜	较适宜	适宜	适宜	适宜	适宜	适宜
	气候恶劣	一般	一般	较适宜	适宜	适宜	适宜	适宜
操作问题	高气油比	较适应	一般	不适应	一般	适应	很适应	很适应
	稠油、高凝油	较好	较好	不适应	很好	很好	不适应	不适应
	出砂	较好	适应	不适应	一般	一般	很适应	很适应
	腐蚀	适应	适应	适应	适应	适应	适应	适应
	结垢	适应	不适应	不适应	适应	适应	一般	一般
	调整制度	较方便	较方便	缺乏灵活性	方便	方便	方便	方便
	动力源	电、天然气	电、天然气	电	电、天然气	电、天然气	电、天然气	电、天然气
	动力介质要求	无	无	无	专用动力液	水动力液	防止水化物	防止水化物
维修管理	检泵	管式泵动管柱	必须动管柱	必须动管柱	液力或钢丝投捞	液力或钢丝投捞	钢丝投捞	钢丝投捞
	平均免修期，a	2	1	1.5	0.5	0.5	3	3
	自动控制	适宜	一般	适宜	适宜	适宜	一般	一般
	生产测试	基本配套	不配套	基本配套	基本配套	不配套	完全配套	基本配套

注：（1）排量一栏（ ）中数值指套管外径为 177.8mm 以上时可达到的排量。
（2）如果使用变频器，各种人工举升采油方式调整工作制度都很方便，但价格高。
（3）除气举采油方式需要一定的管鞋压力用来举升井液外，其余各种举升方式在套管强度允许的条件下都可以将流动压力降为零。

📖 **推荐书目**

张琪，万仁溥.采油工程方案设计［M］.北京：石油工业出版社，2002.

（陈宪侃）

【**采油方式优选** optimization of production method】 根据油井动态模拟确定出不同举升方式在不同含水阶段的生产技术指标的基础上，综合考虑经济、技术及管理等各种因素，对不同举升方式做出评价，并选定采油方式和提出相应的工艺方案。不同采油方式对油藏类型、开发方式及油井生产能力的适应性和投入产出比不同。

采油方式优选的主要内容：（1）确定采油方式选择的原则、依据及要求。（2）油井产能预测及分析：预测不同含水阶段的油井产液、采油指数；研究油井产能分布，按油井产能对油井分类，确定不同含水阶段各类油井井数的变化，分析不同类型油井在油藏上的分布情况。模拟油井生产动态，预测不同压力下各类油井采用不同采油方式的最大产量和完成配产要求的生产操作参数及油井生产动态指标。（3）举升方式综合评价：根据油井动态模拟确定出不同举升方式在不同含水阶段的生产技术指标，综合考虑经济、技术及管理等各种因素，对不同举升方式做出评价，并选定其采油方式和提出相应的工艺方案。

（李明忠　于乐香）

【**采油方式综合评价系统** comprehensive evaluation system for oil recovery】 在油井生产动态模拟器确定出不同采油方式及含水阶段的生产技术指标的基础上，综合考虑经济、管理、生产条件等各种因素后对不同的采油方式作出评价的系统。由于评价系统中各因素都存在着不同程度的不确定性，各因素之间的关系又非常复杂，因此根据模糊数学的相关理论，对受到多种因素制约的对象做出总体性的评价，即模糊综合评价（见图）。

系统目标　针对不同采油方式在油藏（或区块）适应性和完成开发总体方案中油藏工程设计产量指标的可行性分析，选择技术上可行、经济上合理的采油方式，确定举升设备、操作参数和预测工况指标。

系统范围　从油藏（或区块）的整体范围出发，针对处于不同开发阶段的各类油井可能采取的举升系统。

系统环境（约束条件）　油藏地质特征和油藏工程设计的油田开发指标，以及油井与地面条件和举升设备工作参数指标的许用值。

系统组成　采油方式综合评价系统是油田开发总体方案中采油工程方案的一个子系统。

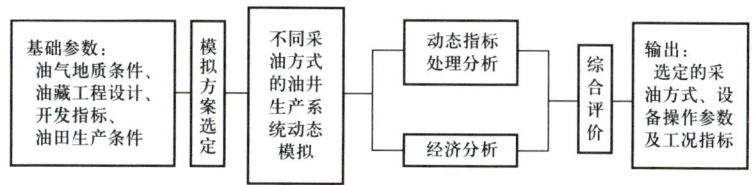

采油方式模糊综合评价流程

（李明忠　于乐香）

【**油井生产系统 oil well production system**】　由油藏、井筒和地面三个依次衔接、互相影响且具有不同流动规律的子系统所组成的生产系统。原油生产是通过分布在油田上的各个油井生产系统实现的。采油方式决策实质上是确定构成什么样的油井生产系统才能完成油田开发总体方案制订的指标，并经济、高效地采出原油。

油藏子系统　反映原油从油藏向井底的流动过程，提供油藏在不同开发阶段向油井的供油（液）能力，决定着油井产能的大小。油井产能用油藏数值模拟或根据岩心分析、相对渗透率曲线及试油、试采资料获得。通过对各井点的产能及其变化的分析，则可得到整个油藏系统中油井供液能力在空间（处于不同位置的油井）上的分布和在时间（不同含水阶段）上的变化状况。油井生产系统中油藏子系统的工作是由流入动态关系（IPR）来描述。

油井子系统　描述流入井底的原油被举升到井口（地面）的过程。不同采油方式组成了各自独特的井筒举升系统（见图）。自喷井是依靠流到井底时油气自身所具有的剩余能量流到地面；有杆泵井生产系统则是依靠地面提供的能量，通过机—杆—泵将原油举升到地面。

地面子系统　描述被举升到地面的油气通过出油管线流向油气分离器的过程，它遵循水平或倾斜多相管流规律。

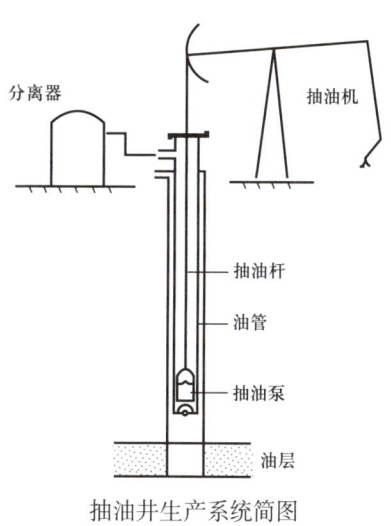

抽油井生产系统简图

（李明忠　于乐香）

【**油井生产系统动态模拟 dynamic simulation of oil well production system**】　对油井不同开发阶段及采用不同采油方式时的动态评价。在评价过程中，利用模拟器得到不同采油方式下，油井在不同开发阶段可能获得的最大产量及相应的举升设备、操作参数和工况指标。各种采油方式的油井生产系统动态模拟采用相应的模拟器进行模拟，它是举升方式选择的核心。模拟方案（条件）是根据油藏地质条件及油藏工程设计的油田开发指标（主要是压力保持水平，不同含水阶段的产能及产量等）进行选定。为了便于对各种采油方式进行综合对比及评价完成开发指标的技术可行性，建立油井生产系统动态预测模型和确定计算方法；应用节点分析方法预测和分析不同举升方式的油井生产动态指标；建立包括经济、技术和管理等多因素、多层次的综合评价体系和应用模糊评判方法进行综合评价的决策模型。

（李明忠　于乐香）

【**储层保护** reservoir protection】 在油气井建井和生产过程中，防止或减少造成储层渗透率下降、阻碍油气从井眼周围储层流入井底等对油气储层伤害的技术。

储层保护的概念在20世纪60年代就已提出，国外在20世纪70年代初，从储层岩心分析入手研究储层伤害的机理，据此提出防治伤害的措施，经现场试验和推广，形成了保护储层的系列配套技术，并不断发展完善。20世纪80年代，中国全面、系统地开展了储层保护技术的研究工作，并得到进一步推广应用和发展。

储层伤害是在外界条件影响下储层内部性质发生变化造成的。凡是受外界条件影响而导致储层渗透性降低的储层内在因素为储层潜在伤害的内因，包括储层孔隙结构、敏感性矿物、岩石表面性质和地层流体性质等。在施工作业时，任何引起储层微观结构或流体原始状态发生改变使渗透性降低，油气井产能下降的因素为储层伤害的外因，包括入井流体性质、压差、温度和作业时间等。储层一旦受到伤害，在油气井投产时可使用物理或化学方法加以解堵，使渗透率得到恢复，但有些伤害很难完全恢复渗透率，甚至有些伤害无法解堵。储层保护应坚持预防为主，核心是有针对性地控制各种外因，使储层的内因不发生改变或改变小。

储层保护措施效果的好坏直接关系到油田开发效果，必须贯穿钻井、完井、采油（气）、注水（气、汽）、井下作业及储层改造等作业全过程中，应认真有效地实施系统保护油层措施，防止油层伤害，充分发挥油藏潜能。储层保护主要内容包括打开油层、固井和射孔作业储层保护；采油作业防止任何入井物质对储层伤害和有机垢、无机垢聚集对储层伤害等；储层改造及井下作业过程防止入井流体及其他物质伤害油层；注水（气、汽）过程防止注入流体伤害油层。所有油层保护措施应建立在油层特征分析和入井物质敏感性分析的基础上，确定水敏、盐敏、酸敏、速敏、碱敏和应力敏等对多孔介质中的多相多物质传输特征的影响，通过入井流体及其他物质与地层的兼容性、孔隙介质中的颗粒运移、孔隙介质中的晶体（有机垢和无机垢）生长三个方面的敏感性分析诊断结果，采取对应的有效措施，避免和减少油层伤害。

储层保护技术向多学科、综合实用和评价智能化方向发展；由单因素向多因素耦合模拟、由宏观评价分析向微观机理、由定性向定量化、由静态向动态过程与控制方向发展；在钻开储层前伤害预测分析技术方面，由储层岩心和流体分析资料进行不连续预测，向综合利用储层岩心流体资料与地震、测井、地质等信息资料相结合，进行连续纵向、横向预测技术方向发展；完井液配方的发展思路是把预防与解堵结合起来，研发易清除滤饼的钻井完井液新体系；全过程采用欠平衡钻井保护储层技术。

推荐书目

徐同台，熊友明.保护油气层技术［M］.4版.北京：石油工业出版社，2016.

（黄洪春　陈宪侃　于乐香）

【储层改造设计 formation stimulation design】 在油田开发之前，为达到改善油田开发效果，根据少数发现井、探边井的资料设计油田开发全过程储层改造方案。当油层物性较差、渗透率低、产能水平低时，为了提高油田开发水平和经济效益，或为了克服油藏平面非均质影响对渗透率相对较高的储层，应采取水力压裂、高能气体压裂、酸压裂和酸化等措施对油层进行改造。

在编制采油工程方案时要进行油层改造设计，目的是根据油田地质概况和油藏工程的开发要求，进行各种储层改造工艺的优化，以达到提高原油产量和经济效益。储层改造设计必须将油田的各种井进行分类，将各种类型井按照油藏工程要求选择储层改造方法和初步设计，制定油田开发全过程储层改造规划。

（陈宪侃）

【注水工程设计 water flooding engineer design】 在油田开发之前，为了提高注水效果，根据少数发现井、探边井资料设计的油田开发全过程注水方案，是编制采油工程方案设计中的重要部分。主要内容如下：

（1）吸水能力预测：一般可利用实测试注指示曲线确定吸水能力，但要注意试注工作状况必须与将来实际注水工作状况一致。如果没有试注资料，可利用试油求得的采油指数乘以油水流度比代替吸水指数，确定不同开发阶段吸水能力。对照油藏不同开发阶段，确定能否满足注水量要求，如果不能满足，则筛选增注工艺，并进行试验验证。

（2）注水压力预测：可利用试注资料和地层测试油层伤害数据预测不同开发阶段注水压力，原则上不能超过地层破裂压力。如果预测注水压力过高，则应提出降低注水压力措施及注水系统压力要求，作为油气田地面工程设计依据。

（3）注水温度预测：注入水温度会影响地下原油黏度、油层结蜡、油层表面性改变等，给注水工作带来不利影响。注水工程设计应进行注水温度设计，特别是针对埋藏浅的高凝油油藏。

（4）注入水水质要求：调研注入水水源，做水质全分析；对水源水和产出污水做油层配伍性实验；然后通过室内实验和油层敏感性分析以及水源水和产出污水的水质，采取措施使注入水水质达到与油层配伍、不伤害油层、水中悬浮物含量和粒径、腐蚀率、含油量、腐生菌含量、硫酸盐还原菌含量、溶解氧含量、铁细菌含量、滤膜系数均达到水质标准要求。预测水源日供水量是否能满足注水量要求（包括污水回注量）。

（5）分层注水方案：根据油藏工程方案不同开发阶段分层注水要求，从工艺角度分析油藏工程提出的分层层数的合理性，进行不同开发阶段分层注水设计，包括管柱设计、管柱受力分析和投捞调配工艺的确定。

（6）注水井排液：目的是解除钻井、完井过程中产生的不同程度的堵塞以及采出注水井附近部分原油以减少储量损失，同时可在注水井附近造成适当的低压区，为注水创造有利条件。排液强度要适当控制以不损坏油层结构为原则，一般排出液含砂量控制在 0.2% 以下。常用的排液方法有替喷排液、混气水排液、泡沫排液、抽汲排液、气举排液、人工举升排液等。对应力敏感的油层排液要慎重，压力不能降得太低，以免伤害油层。

（7）注水井洗井：目的是确保井筒清洁，在正式洗井前期要使油层返吐一段时间，将渗滤表面的污染物排出，洗井液的密度应略小于压井液密度，敞开循环时油层可以返吐，正式洗井时控制返出口压力能达到油层不喷不漏或微漏状况下循环洗井，确保将井筒清洗干净。

（8）注水井试注：保护油层是注水井试注的一项重要工作，要根据敏感性试验结果，水敏性油层要先稳定黏土，防止黏土膨胀。速敏性油层要防止注水速度过快破坏岩石结构，堵塞渗流通道。同时优化注入水质和注入参数。试注期间至少要系统录取吸水剖面和指示曲线，验证注水概念设计，发现问题及时进行修正，达到油藏工程方案要求方可正式投注。

推荐书目

张琪，万仁溥. 采油工程方案设计 [M]. 北京：石油工业出版社，2002.

（陈宪侃）

【投产措施 commissioning treatments】 油井投入正常生产前所采取的一系列工艺技术措施。包括投产方式的选择和投产前井底处理方案的确定。

投产方式的选择 根据油藏压力、油井产能及自喷能力确定油井能否自喷；需要诱喷才能投入自喷生产的井，确定诱喷方式；非自喷井则需要结合采油方式选择结果，确定以什么人工举升方式投入生产。

投产前井底处理方案的确定 对于储层受伤害较严重的油井，确定消除伤害恢复油井产能的措施，并预测产能及能否自喷；对于基本上都要采用压裂投产的低渗透油藏，则需要另行编制低渗透油田整体压裂改造方案。

（李明忠 于乐香）

【动态监测设计 design of dynamic monitoring】 为在油田开发过程中监测油水井井下油、气、水动态变化的工艺技术方案。通过动态监测可以了解油田开发过程中油、气、水在油藏中的分布及其运动规律，掌握油藏、井的生产动态及其设备工况，评价工程技术措施的质量与效果。

采油工程方案应包括动态监测的内容，主要有：（1）制定油田动态监测总体方案。根据油藏工程和采油工程要求，论证开发过程中需要实施的动态监测项目，明确监测目标、具体内容、测试方法和工艺要求。（2）选择配套仪器和设备，推荐仪器、设备的型号、规格和生产厂商。（3）根据需要配套的仪器和设备的型号、规格、数量与参考价格以及测试规划，进行油田动态监测费用的初步预算。

（李明忠 于乐香）

【油田产能预测 oil field productivity prediction】 对各类油井和油田在不同条件下生产能力的预测。按油藏工程方案提出的不同类型油井，利用试油、试采资料，应用达西公式求得采油指数和采液强度或油井流入动态曲线（IPR曲线），也可借用数值模拟结果预测各种类型油井的生产能力，核实油田产能。

油井产能预测是采油工程方案设计首先要解决的问题，也是采油方式优选的基础。采油工程方案中油井产能预测不仅要预测当前或特定时期的产能，而且要预测油田开发各个阶段的产能，特别是各种类型油井的产能，确保各种采油工艺技术能适应各个开发阶段不同类型油井的要求。油井流入动态曲线反映了油井产量与井底流动压力的关系。单井流入动态曲线表示了油层的工作特性，是确定采油工作方式的依据，也是预测油田产能的基础。

（陈宪侃）

【油井流入动态 inflow performance relationship；IPR】 油井产量与井底流动压力的关系。它反映了油藏向该井供油的能力。石油开采的第一个流动过程是油气从油层流入井底，它遵循渗流规律，采油过程中常用油井流入动态来表述这一过程的宏观规律。油井流入动态包括全井流入动态、分层流入动态和复杂条件下的流入动态。

分层流入动态是指多层（段）开采油（气）条件下，分层（段）的产量与分层（段）流压的关系。复杂条件下流入动态是指油井含多相条件下（油、气、水、聚合物等）的流入动态。

【油井流入动态曲线 inflow performance relationship curve of oil well】 表示油井产量与井底流动压力的关系曲线。简称 IPR 曲线。既是确定油井合理工作方式的依据，也是分析油井动态的基础。从单井来说，它表示了油层向井底的供液能力，综合反映影响产量的各种因素。典型的油井流入动态曲线见图1。油井流入动态曲线的基本形状与油藏驱动类型、油藏压力、油层厚度、渗透率、流体物理性质等都有关。

(1) 单相液体渗流时，可以根据达西定律以不同的生产压差计算相应的产量，基本表达式为：

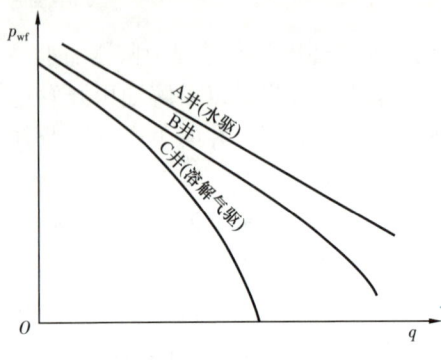

图1 典型的油井流入动态曲线

$$q_o = \frac{2\pi K_o h(p_r - p_{wf})}{\mu_o B_o \left(\ln \frac{r_e}{r_w} - \frac{1}{2} + S\right)} \quad (1)$$

式中：q_o 为油井产量，m³/s；K_o 为有效渗透率，D；h 为油层有效厚度，m；p_r 为油藏压力，Pa；p_{wf} 为井底流动压力，Pa；μ_o 为原油地下黏度，Pa·s；B_o 为原油体积系数；r_e 为油井供油边缘半径，m；r_w 为井眼半径，m；S 为表皮系数。

(2) 油水两相渗流时，可以用油水相对渗透率曲线求得油相、水相渗透率，分别用达西定律计算产油量，常用的公式为：

$$q = \frac{2\pi \times 86.4 K_g h}{\ln\left(\frac{r_e}{r_w}\right) - 0.75 + S} \int_{p_{wf}}^{p_r} \frac{K_r}{\mu B} dp \quad (2)$$

式中：q 为产量，m³/d；K_g 为气相渗透率，D；h 为油层有效厚度，m；r_e 为油井供油边缘半径，m；r_w 为井眼半径，m；p_r 为油藏压力，MPa；p_{wf} 为井底流动压力，MPa；K_r 为油相或水相相对渗透率；μ 为地下黏度，Pa·s；B 为体积系数；

S 为表皮系数。式中 K_r，μ，B 取油相数值时求得的 q 为产油量，K_r，μ，B 取水相数值时求得的 q 为产水量。

（3）油气两相渗流时，发生在溶解气驱油藏中，油藏流体的物理性质和相渗透率将明显地随压力而改变。因而，溶解气驱油藏油井产量与流压的关系是非线性的。通常结合生产测试资料来绘 IPR 曲线，此类计算方法很多，最常用的 Vogel 方程适用于溶解气驱油藏的无量纲 IPR 曲线（见图 2）。其假设条件有：圆形封闭油藏，油井位于中心；均质油层，含水饱和度恒定；忽略重力影响；忽略岩石和水的压缩性；油、气组成及平衡不变；油、气两相压力相同；拟稳态下流动。公式为：

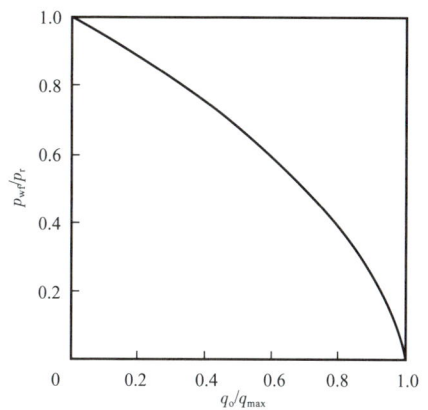

图 2　无量纲 Vogel 典型 IPR 曲线

$$\frac{q_o}{q_{max}} = 1 - 0.2 \frac{p_{wf}}{p_r} - 0.8 \left(\frac{p_{wf}}{p_r}\right)^2 \qquad (3)$$

式中：q_o 为井底流动压力 p_{wf} 条件下的产油量；q_{max} 为油井最大流量；p_r 为油藏压力。

（陈宪侃　于乐香）

【油井流出动态曲线　outflow performance relationship curve of oil well】 举升过程中流体在油井内生产系统的压降分布关系曲线。简称 OPR 曲线。主要研究混合流体在生产过程中需要克服的重力损失、滑脱损失和摩擦损失，它不仅关系到油井能否自喷，还关系到各种人工举升设备负荷的大小。通常应用油井流出动态曲线掌握油井生产规律及合理地控制和调节油井工作方式。

各种采油方式中油井在井筒内流动大都是油、水两相或油、气、水三相流动。油、气、水密度相差较大，在垂直（或倾斜）流动时，必然产生密度小的流体超越密度大的流体，各相之间产生滑脱现象，形成井下积液增大了流体的密度，从而增大了举升流体时的能量消耗，这种消耗称之为滑脱损失。多相管流流动形态多变，很难进行理论计算，还没有切实可用的严格的数学模型。对这个问题的研究还停留在从基本方程出发，利用实验数据进行相关分析，求得各个变量的近似关系。20 世纪 60 年代以来已经提出很多计算多相管流的方法，但是，由于实验条件的限制和差异，以及研究过程中作了不同的假设，使得各种方法的使用范围、计算工作的繁简程度，直接影响计算结果。通常是根据能量守恒定律，利用伯努利方程进行油井流出动态曲线计算，其基本公式为：

$$\frac{dp}{dz} = \rho g \sin\theta + \rho v \frac{dv}{dz} + f \frac{\rho v^2}{2D}$$

式中：$\frac{dp}{dz}$ 为单位长度压力降，MPa/m；ρ 为流体密度，kg/m³；g 为重力加速度，m/s²；θ 为管流与水平夹角，(°)；v 为流体流速，m/s；f 为摩擦阻力系数；D 为管径，m。

计算油井流出动态曲线的方法很多，经过实践证明，一般方法对段塞流在低流速范围内比较可靠，但在高流速下不够准确。美国人 Orkiszewski 针对这些问题，将计算段塞的相关式进行改进推广到高流速区，扩大了应用范围。在处理过渡性流型时采用了与 Ros 方法相同的内插法。这种计算方法强调要从观察到的物理现象来确定存容比（即多相流动的某一管段中某相流体体积与管段容积之比，又称滞流率），在计算段塞流压力梯度时要考虑气相和液相的分布关系。提出了计算压降公式及流动形态划分界限，以及计算各种流态平均密度及摩擦损失方法。

📝 **推荐书目**

李颖川. 采油工程［M］. 北京：石油工业出版社，2002.

（陈宪侃）

【**油井流动效率 well flow efficiency**】 描述流体在储层中流动难易程度的参数。它是矿场测试定量评价储层伤害程度的主要指标，也是表示油井完善程度的指标之一，大小用油井的实际采油指数与无表皮（见表皮系数）时的采油指数的比值来表示，其倒数称污染系数或污染比。当用同产量下两者的生产压差比表示油井完善程度时，其倒数也称流动效率。流动效率定量给出了在一定生产压差条件下，由于储层伤害引起的表皮效应对产能的影响程度。是判断油井完井效果的重要方法，也是考虑有无必要进行人工增产措施的重要依据。

（李明忠　于乐香）

【**油井完善性 oil well perfection**】 描述油水井井底完好状态的参数。由于钻井或修井过程中油层受到伤害或进行酸化、压裂等措施流动性的改善，从而改变油井的完善性。油井按照其完善性可分为水动力学完善井、水动力学不完善井两类。油井的不完善分为打开程度不完善、打开性质不完善、双重不完善。无论是哪种不完善井，其渗流面积都会发生改变，井底附近的流线发生弯曲或密集，导致渗流阻力改变，致使最终所计算的产量不符合实际产量。

（李明忠　于乐香）

【**水动力学完善井 completely penetrating well**】 一种为了计算方便而假设的理想井。简称完善井。它假设井以同一直径把油层从顶部到底部完全钻开，井内油层部分也未下套管，井壁裸露，并且在钻井过程中井底附近地区的油层未被钻井液污染，流体渗流不受人为的阻力影响。采用酸化、压裂等措施，使井底附近油层的渗滤条件得到改善，在相同生产压差下的产量超过水动力学完善井的井，称为超完善井。

（李明忠　于乐香）

【**水动力学不完善井 uncomplete well**】 油层部位井壁没有全部裸露，或者油层未被全部钻穿，以及井底附近油层受到"污染"的井。简称不完善井。与水动力学完善井相比，当油气流向井底时将产生附加的压力损失，在相同生产压差下的产量更低。按井底结构不同，水动力学不完善井分为打开程度不完善井、打井性质不完善井和双重不完善井三类。

　　打开性质不完善井　油层全部被钻穿，并以射孔或衬管或贯眼完成的井壁未裸露的井。

　　打开程度不完善井　是指未钻穿单一厚油层的全部厚度，而且钻开部分的井壁裸露的井。

　　双重不完善井　是指既没有钻穿单一油层的全部厚度，钻开部分又采用射孔或贯眼等方法完成的井。

（李明忠　于乐香）

【**表皮效应 skin effect**】 由于钻井和完井作业或采取增产措施使井壁附近地层渗透率发生变化，从而引起附加流动阻力的现象。渗透率变异区称表皮（一般在井眼附近）。渗透率降低时，称正表皮效应，产生"正"的附加流动阻力。渗透率提高时，称负表皮效应，产生"负"的附加流动阻力。表皮效应的大小用*表皮系数*衡量。

（黄洪春　李明忠　于乐香）

【**表皮系数 skin factor**】 反映靠近井筒附近储层对油气向外流动阻碍程度的无量纲数值。它是矿场测试定量评价储层伤害程度的主要指标，是表示油井表皮效应的系数。油井的表皮系数 S 可用完井半径除以折算半径的商的自然对数表示。S 值为零，说明井是完善的。S 为负值，井是超完善的，当 S 为正值，井是不完善的。通常用压力恢复曲线求出表皮系数,并由表皮系数和压力恢复曲线的斜率计算表皮产生的附加流动阻力。

(黄洪春　李明忠　于乐香)

【储层伤害 formation damage】 在钻井或修井过程中,由于钻井液漏失或水泥浆的滤液侵入储层,使井底附近地区储层渗透率降低的现象。油井在开采过程中,由于储层内原油乳化、微生物的繁殖、石蜡的沉析、岩石结构破坏及储层内部结构岩石颗粒迁移等原因,也可能发生储层伤害。

(李明忠　于乐香)

【垂直管流相态 vertical tubing flowing pattern】 气液混合流体在垂直管的流动过程中气液两相的分布形态。气液混合流体在垂直管流中存在多种相态,而这些相态的密度差异较大,在不同的流速、压力和温度条件下会产生各种流态,而各种流态形成的滑脱损失、摩擦损失等差异较大,直接影响举升效率,应尽可能选择效率高的流型。实验证明油、气、水混合流体在井筒中流动形态大致可分为泡状流、段塞流、环状流和雾状流(见图)。实际上,绝大多数自喷井中出现的流态是纯油流、泡状流和段塞流,而环状流和雾状流多出现在气液比很大的高产凝析气井和产水气井。

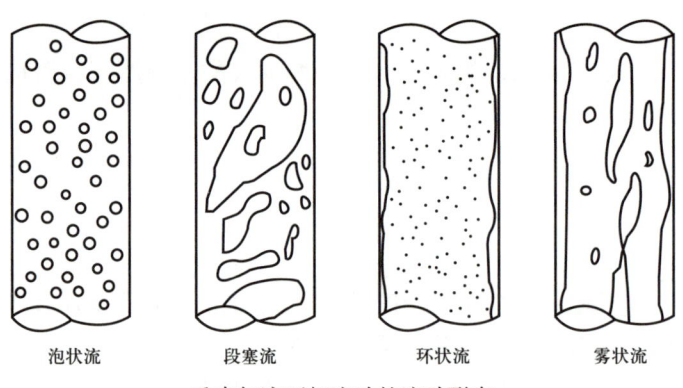

垂直气液两相流动的流动形态

(陈宪侃　于乐香)

【井筒气液两相流 gas-liquid phase flow in wellbore】 井筒中同时有气相和液相流体的流动型态。气液两相流体力学是研究气相与液相介质在共同流动条件下的流动规律。首先,在连续流动情况下,从力平衡的观点来看,两相界面之间的作用力是处于平衡状态的,整个两相流体只与外界物体和进出口界面发生力的作用,可是从能量平衡的观点来看,气液两相流动除在整体界面上存在能量交换外，在两相界面之间也会有能量交换，而且这种能量交换必然伴随机械能的损失。其次，在气液两相流动中，两相的分布状况也是多种多样的，各相可以是密集的，也可以是分散的，这种不同的分布状态称为两相流动的流动型态。再次，在气液两相流动中，各相的速度可能是不同的，出现滑脱。这些都是气液两相流动不同于单相流动的重要特点。

两相流动的研究有三种处理方法（1）经验方法。从两相流动的物理概念出发，或者使用量纲分析法，或者根据流动的基本微分方程式，得到反映某一特定的两相流动过程的一些无量纲参数，然后根据实验数据得出描述这一流动过程的经验关系式。（2）半经验方法。根据所研究的两相流动过程的特点，采用适当的假设和简化，再从两相流动的基本方程式出发，求得描述这一流动过程的函数式，然后用实验方法定出式中的经验系数。（3）理论分析法。针对各种流动型态的特点，使用流体力学方法对其流动特征进行理论分析，进而建立起描述这一流动过程的关系式。

推荐书目

陈家琅. 石油气液两相管流［M］. 北京：石油工业出版社，1989.

（李明忠　于乐香）

【纯油流 pure oil flow】 仅有油相存在的流动形态。不产水自喷井井底流压高于饱和压力时，井筒内出现的一种无气相存在的流型。流动过程中，当压力低于饱和压力时，溶解气从油中分出，纯油流则变为泡状流。

（李明忠　于乐香）

【泡状流 bubble flow】 气相以小气泡的状态分散在液相中的气液两相流动形态。在井筒中流动的流体从低于饱和压力的深度起，溶解气开始从油中分离出来，气、液体积比很小时，气体以大小不等的气泡形式分散在液相中，随液体一起流动，气泡直径相对于油管直径要小很多。由于气液间的密度差，气泡将超越液相而上浮出现滑脱，上浮速度主要取决于气泡直径，液相基本上保持匀速流动。液体为连续相，气体为分散相。气相影响混合物的密度，但对摩擦压力损失影响很小，滑脱现象比较严重。

（李明忠　于乐香）

【段塞流 slug flow】 油管中一段气柱、一段液柱地交替出现的气液两相流动形态。这是在泡状流之后出现的一种流型。流动过程中，随着压力的降低，从油中分离出的气量增多，已分出的气泡膨胀变大和聚集，形成与管径接近的炮弹状气泡，把液体分成段塞。此时，气泡流动速度远大于液体流动速度，气体的膨胀能得到较好发挥和利用。但这种气泡举升液体的作用很像一个漏液的活塞一样推举着液塞。在液塞向上运动的同时，沿管壁还有液体相对于气泡向下流动，故液体仍为连续相。在气泡外面的管壁上有一层液膜，气液两相均对摩擦压力损失产生影响。在油气段塞结构情况下，油、气间的相对运动要比泡状流小，滑脱也小。一般自喷井内，段塞流是主要流型。

（李明忠　于乐香）

【环状流 annular flow】 油管中间为连续气流，而将液流挤向管壁的气液两相流动形态。这是在段塞流之后出现的一种流型。当分离出的气量增多和段塞流的气泡进一步膨胀变大时，由于气、液相对运动速度的增加，使液塞变小，气泡相互连接，并在管中心形成含有小液滴的连续气流，含小气泡的液体分布在管壁四周。它是段塞流到雾流的过渡形态，气体开始呈连续相，液体仍为连续相，但已开始向分散相过渡。气体举油作用主要是靠摩擦携带。

（李明忠　于乐香）

【雾状流 mist flow】 高气液比、高流速条件下，液相以小液滴的形式分散在气相中呈雾状，依靠高速气流携带液相流动的气液两相流动形态。这是在环状流之后出现的一种流型。如果压力下降使气体的体积流量增加到足够大时，气相占据整个管子断面，管壁只有一层很薄的液膜，液体以微粒分散在气相中，形成雾状。此时，气体是连续相，液体是分散相，气液之间相对运动速度很小，气体以很高的速度携带液滴喷出井口，气相流动参数是这种流态流动规律的控制因素。

（李明忠　于乐香）

【滑脱 slippage】 在气液两相管流中，由于气体和液体的密度差异产生的气体超越液体上升的现象。气液的密度差异和泡状流的混合物平均流速小，在混合物向上流动的同时，气泡上升速度大于液体流速，气泡将从油中超越而过，其结果是气液混合物的密度增大，混合物的静水压头增加。

（李明忠　于乐香）

【滑脱损失 slippage effect energy loss】 在气液两相管流中，因滑脱而产生的附加压力损失。出现滑脱之后将增大气液混合物的密度，从而增大混合物的静水压头（即重力消耗）。通常是用有滑脱时混合物的密度 ρ_m 与不考虑滑脱而只按气、液体积流量计算的混合物密度 ρ'_m 之差 $\Delta\rho_m$ 来表示单位管长上的滑脱损失，即 $\Delta\rho_m=\rho_m-\rho'_m$，除与液体性质、体积流量和管子截面积有关外，还与流动形态有关。

（李明忠　于乐香）

【滑脱速度 slipping speed】 在气液两相管流中，气体真实速度与液体真实速度之差。通常根据实验结果按不同流动形态确定，它是根据存容比计算混合物密度时不可缺少的参数。

（李明忠 于乐香）

【存容比 in-situ volume fraction】 气液两相在垂直管中流动时，其中一种相态占管段容积的比例。又称举持系数。气相占管段容积的比例称为气相存容比（H_g），又称含气率；液相占管段容积的比例称为液相存容比（H_l），又称持液率、滞留率。存容比不仅与气体和液体的表面流速有关，而且与滑脱速度有关，由滑脱速度可计算存容比。通过存容比及气体和液体的密度可直接计算混合物密度。

（李明忠 于乐香）

【表面流速 superficial velocity】 在气液两相管流中，用管子的流通截面积除以气体或液体体积流量所得的流速。如果流体是气体，则称为气体表面流速；如果流体是液体，则称为液体表面流速。由于气液滑脱现象，表面流速显然不是各相的真实流动速度，为便于计算，研究气液两相管流仍采用该参数。

（李明忠 于乐香）

自喷采油

【**自喷采油** flowing production】依靠油层自身的能量将流入井底的流体自喷到地面的一种采油方法。当地层的压力大于流体流入井底时的渗流阻力、油井管中流体液柱的压力和沿程摩阻、通过油嘴的阻力以及从井口到分离器的水平或倾斜管流的阻力时，就可以实现自喷生产。这种采油方式的工艺配套简单、投资最小、成本最低。但这种采油方式要求井底流动压力必须足以克服井筒和地面的压力消耗，加大生产压差受到一定的限制。

油井自喷的能量来自油层，油层能量大小的主要衡量指标是油层压力。原油从油层流到井底后具有的压力（简称流压），既是其流到井底后的剩余压力，同时又是垂直向上流动的动力。如果流压足够高，在平衡了相当于井深的静液柱压力和克服流动阻力之后，在井口尚有一定的剩余压力（简称油压），则油井能够自喷生产。

自喷采油的流体在垂直管中的流动符合油井流出动态曲线（垂直管流）特征，当井底压力高于饱和压力而井口压力低于饱和压力时，油流上升到压力低于饱和压力的某一深度之后，油中溶解的天然气开始从油中分离出来，油管中液流由单相流动变为气、液两相流动，流体密度下降，从油中不断分离出溶解气参与膨胀和举升液体。一般油管中出现的流态自下而上依次是<u>纯油流</u>、<u>泡状流</u>、<u>段塞流</u>、<u>环状流</u>和<u>雾状流</u>。实际上，在同一口井中，不可能存在纯油流到雾流的全过程。环流和雾流只在混合物气液比很高，流速较快的情况下才能出现。在油层能量一定的条件下，影响自喷井生产的主要因素有油管尺寸、气液比、黏度、气液密度、含水率、结蜡等。影响油井自喷能力的主要因素：（1）滑脱损失。当油管中脱气点位置越高（流饱压差越大）、井液含水越高或流体密度差越大、流速越低，则滑脱现象越严重，出现滑脱后，气液混合物密度增大，重力消耗增加，滑脱损失加大。平均流体密度越大，井筒中自喷能量损失越大。（2）摩阻损失。影响井筒摩擦阻力损失的因素较为复杂，主要是油管中流体黏度越高、流速越大、油管直径越小，摩阻损失越大。油管中摩擦阻力越大，自喷能量损失也越大。

在油层压力和气液比以及在油管尺寸和深度一定的条件下，有一个充分利用能量的最优流速范围。换言之，在油藏工程要求的日产量范围内，必然有一个合理的油管尺寸和合理的油嘴大小，使自喷井的产量与油层的供油能力相匹配，以保证自喷井在最优产量范围内生产。

（于秀玲　商焕龙）

【油（气）井生产系统 productive system of oil（gas）well】 由油（气）井生产各层（段）、井底、油管、套管、各种井下工具和设备等、油嘴、井口装置、地面出油管线到油气处理站构成的整个系统。任何油井的生产都可分为三个基本流动过程：从油藏到井底的流动——油层中的渗流；从井底到井口的流动——井筒中的流动；从井口到分离器——在地面管线中的水平或倾斜管流。对自喷井，原油流到井口后还有通过油嘴的流动——嘴流。大多数自喷井的生产系统较为简单，除海上油井外都不设置井下安全阀和节流器。

油井稳定生产时，整个流动系统必然满足混合物的质量和能量守恒原理。要使油井连续稳定自喷，就必须使这四个不同流动过程既相互衔接又相互协调起来，其中任何一个流动过程发生变化都会影响其他过程，从而改变自喷井的整个生产状况。

（李明忠　于乐香）

【井口装置 well head assembly】 安装在井口位置用于悬挂油管柱、套管柱，密封油套管和两层套管之间环形空间以控制油气井生产，回注（注蒸汽、注气、注水、注酸化液、注压裂液和注化学剂等）和安全生产的专用装置。主要包括套管头、油管头和采油树三大部分（见图）。

（1）套管头。坐在表层套管之上的各级套管四通，悬挂各级套管并密封各层套管之间的环形空间，且装有控制阀门和压力表。其结构多采用卡瓦悬挂、填料密封的方式。热采井套管头的密封材料均采用耐高温材料。

（2）油管头。坐在油层套管头上法兰之上，悬挂油管柱并密封油套管环形空间。其结构多采用油管挂悬挂油管，并采用锥面密封的方式。

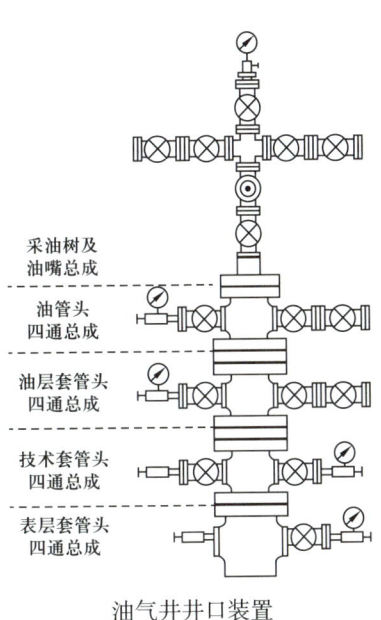

油气井井口装置

热采井油管挂的密封材料均采用耐高温材料。电动潜油泵和电动潜油螺杆泵的油管挂上均带电缆引出口。油管头四通总成的套管控制阀门和压力表可以便于建立循环、压井和挤入作业等。

（3）采油树。坐在油管头上法兰之上，形状类似树枝状，用于控制和调节井的生产，并将所有采油方式产出的流体引导进入出油管网。同时满足录取井口压力、取样及清蜡测井等工作要求。

（陈万薇）

【采油树 christmas tree】 控制油水气井生产，满足清蜡、测试、录取油管压力与温度和取样等，以及进行日常维修作业的专用装置。安装在油管头顶部连接法兰处，由总阀门、生产阀门、清蜡阀门（或测试阀门）、三通或四通、油嘴和压力表及截止阀等部件组成，形状类似树枝状结构（见图）。

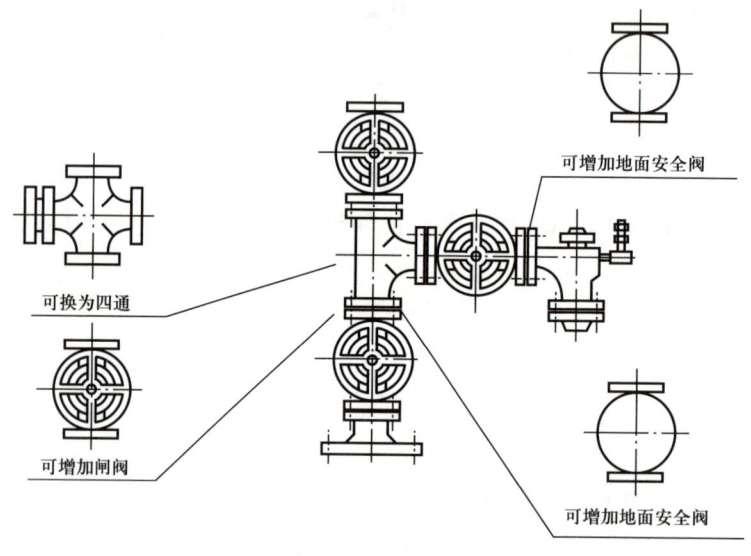

采油树结构示意图

总阀门在采油树下部，用于油管总控制，是油气水流入、流出采油树的唯一通道，平时始终是打开的，只在维修采油树时才将总阀门关闭。四通（或三通）在总阀门之上，用于连接生产阀门和清蜡阀门。生产阀门安装在四通或三通的侧翼，作为生产控制阀门。油嘴（或节流阀）装在生产阀门外侧，内装油嘴，用来控制井的生产。截止阀装在生产阀门与油嘴之间，用于连接油管压力表。采油树的型号表示方法：

KYS—最大工作压力/公称通径—工厂代号—设计次数

采油树按结构形式可分为单管采油树和双管采油树，按连接形式可分为螺纹连接、法兰连接和卡箍连接采油树。采油树最大工作压力由采油树各零部件中的最小工作压力确定。按使用条件来选择压力、温度的级别和适应不同井身结构与作业要求的采油树型号。采油树在使用前，必须进行液压密封试验，试验压力等于最大工作压力的1.2倍，采气树试验压力等于最大工作压力的1.5倍。法兰连接采油树的最大工作压力系列有14MPa、21MPa、35MPa、70MPa、105MPa、140MPa，卡箍连接的采油树的最大工作压力系列有21MPa、35MPa、70MPa。

（于秀玲　商焕龙）

【**油管头 tubing head**】 井口装置中安装在生产套管头顶部法兰处，用来悬挂油管柱，并密封油管与套管环形空间，控制生产作业和录取生产套管压力、温度等资料的装置。包括油管悬挂器、顶丝、生产套管四通、套管阀门、截止阀、压力表（见图）。通过生产套管四通两侧连接的套管闸门，可以进行注平衡液、压井、洗井及循环等作业。含 H_2S 和 CO_2 等腐蚀介质的井应安装耐腐蚀的油管头。

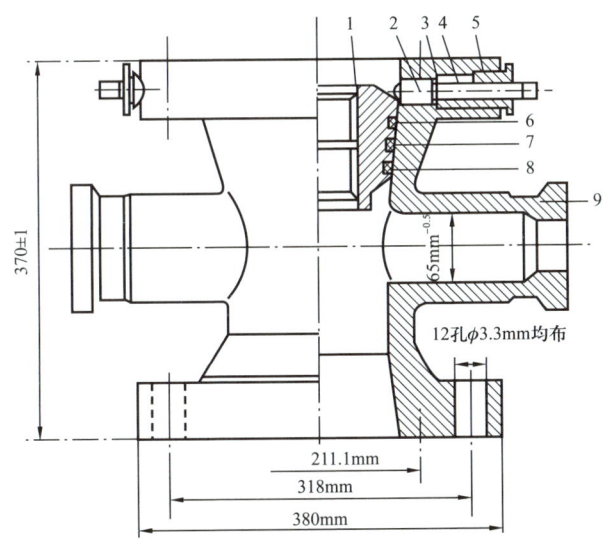

锥面悬挂双法兰油管头（用于 KYS25/65DQ 采油树）
1—油管悬挂器；2—顶丝；3—垫圈；4—顶丝密封；5—压帽；6—紫铜圈；
7—O形密封圈；8—柴铜圈；9—大四通

（于秀玲　商焕龙）

【**套管头 casing head**】 用于连接各层套管和密封其环形空间的井口部件。其形式随套管层数和对井口装置的具体要求而不同。在只下表层套管和油层套管、钻井时不装防喷器的井上，只用一个带上、下法兰盘的套管头与油层套管连接，套管头下面的大法兰与表层套管的法兰连接，上面小法兰与油管头连接。在某些油田，对低压油井曾采用过一种简化结构的套管头，即在井口用两块月牙钢板将表层套管和油层套管焊在一起，油层套管法兰与套管四通连接。

（李明忠　于乐香）

【油管 tubing】油气井中下入油层套管内用于控制流体流动的无缝钢管。通常用的直径有 38.1mm、50.8mm、63.5mm、76.2mm、88.9mm 和 101.6mm 6 种，单根油管长度有 6m、6.5m、7.5m、8.5m 和 9.5m。下井时用油管接箍将单根油管连接成油管柱。油管有平式和外加厚 2 种。后者是在两端外部加厚，以提高螺纹的抗拉强度。油管既可构成油气从井底流到地面的通道，又可构成向油层挤注流体及井内循环的通道。许多井下设备也连接在油管柱上下入井内。下井油管直径可根据油井产量及套管直径来选择。特定情况下，井下油管柱采用两种或三种直径的油管组成，称级次管柱。

（李明忠　于乐香）

【油嘴 choke】用于控制和调节自喷井或气举井产量的装置。选用不同孔径的油嘴，可产生不同的生产压差，油井就有不同的产量。按安装的位置不同，可分为井口油嘴和井下油嘴。井口油嘴装在生产阀门后面的出油管上，井下油嘴装在井下配产器上。井口油嘴是一个中心带孔，外面带螺纹的钢质圆柱体，可分为简易油嘴、可调节油嘴、多孔油嘴和滤网式油嘴等。常用的孔径为 2～20mm，每相差 0.5mm 为一个等级，20mm 以上为特殊油嘴。最普通的可调节油嘴为针形阀（见图），可实现无级调节。

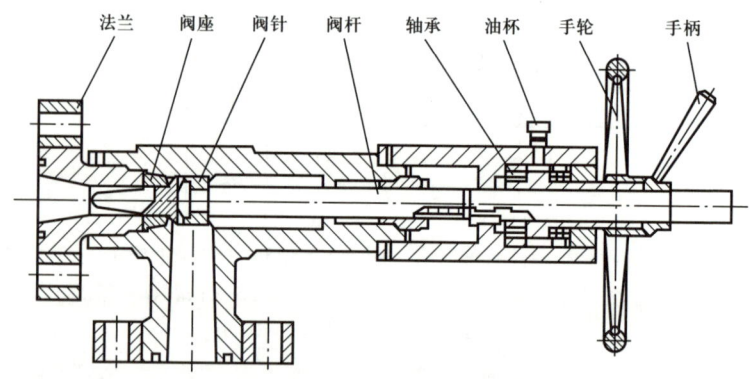

可调油嘴（节流器）

（于秀玲　商焕龙）

【嘴流规律 choke flow law】油、气混合物从井底到达井口时，在油嘴前的油压 p_t 和油嘴后的回压 p_h 作用下通过油嘴的流动规律。由于此处气体膨胀，混合物体积流量很大，而油嘴直径又很小，因此，混合物流经油嘴时流速极高，可能达到临界流动。临界流动是流体的流速达到压力波在流体介质中的传播速度即声波速时的流动状态。此时可以把混气液体在油嘴中的流动看成热力工程学中流体在临界条件的喷管流动。在临界流动条件下，气体或液体经喷管的质量流量与喷管前后的压力比的关系 $\dfrac{p_2}{p_1}$（见图）。

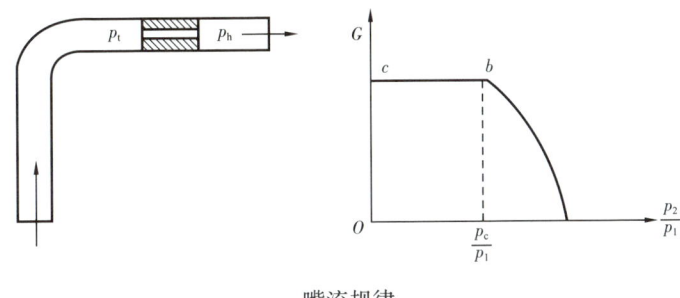

嘴流规律

（李明忠　于乐香）

【分层采油（气）layered oil (gas) recovery】　在开采多油（气）层的生产井内，用封隔器将油（气）层分隔成若干层段，采用卡封或配产的方式来减少层间干扰，使油（气）层充分发挥其应有的作用，分别对各层控制开采的方式。分为单管分采、双管分采和三管分采三种类型。

生产井的射孔段一般都包含几个小油（气）层，它们的动态特性各不相同，即便是同一个小油（气）层，上下各分层段的动态特性也会有不小的差别。动态特性是指生产条件下的油（气）层特征，包括油（气）层静止压力、渗透率、污染系数、地层产物、产能大小等。随着油（气）田开发的深入和生产要求的提高，对油（气）井射孔段内各分层及厚油（气）层内各小层段的动态特性需求也极为迫切，如果能够逐段（1m 或者 0.5m 为一段）精细地测出整个射孔层段的油（气）层动态特性参数，将为分采分注、分层增产、分层堵水、科学的设计三采技术、合理地开发油（气）藏、提高产量、提高采收率等措施提供可靠依据。

油（气）田多层系采用注水开发方式时，由于地层、属性的每一层都是不同的，生产能力也不同，存在严重的层间干扰问题。分层采油（气）可以消除层间干扰。油田开采进入二次采油、三次采油阶段后，层间矛盾突出，产层含水上升，水来源不明堵水困难，合采不能充分动用油层的可采储量，无法提高采收率。

1960年，克拉玛依油田研发了国内首个封隔器——克60-81型封隔器，并且应用于分层卡堵水层工艺。1962年大庆油田研制并且大面积推广以水力扩张式封隔器为主的一整套分层注水工艺管柱。1964年胜利油田研制成功了水力压缩式封隔器，该封隔器大面积的应用于分层试油（气）、分层测试、分层卡堵水、分层压裂、分层酸化等工作。此后，封隔器的发展迅速，到了20世纪70年代，双向卡瓦式封隔器使中国的分层采油技术提升很大。进入21世纪，封隔器与井下工具的类型和品种较多，分层管柱的类型也日益增多。

（李明忠　于乐香）

【单管分采 single-tubing separated-layer oil production】 在多产层油（气）井内下入装有分采工具的单一油管柱进行各层控制开采的方式。最简单的单管分采是在油管柱上带一个封隔器，将上下两层的油套管环形空间分开，油套管环形空间采上层的油（气），油管采下层的油（气），用井口各自的油嘴分别控制其产量。但油套管环形空间凝结的蜡不易清除，且无法测量上层的流动压力，故此法多不采用。常用的方法是由井下油嘴分层控制产量，而从油管合采的单管多层分采方法。该法除需要根据分采层数下入相应数量的封隔器，把层间的油套管环形空间封隔开外，还需安装相应的配产器。配产器的堵塞器根据各层情况装上需要的油嘴，以便分层控制产量。

（李明忠　于乐香）

【双管分采 dual completion】 在多产层油气井内同时下入两套平行的油管柱进行分层采油的方法。如在长管柱上安装一个封隔器，即可分采两层。如再下入一个特制双管封隔器，则可分采三层，套管采上层的油，短管柱采中间层，长管柱采下层。各层产量分别由井口油嘴控制。由于套管生产时不易清除蜡堵，一般只分采两层。如果长管柱作为主要生产管柱，并与偏心配产器及封隔器配套使用，也可进行两层以上的多层分采。双管分采时需要较大直径的套管和配套的特殊井口装置。此外，管柱起下工作复杂，需要专用工具。其最大优点是控制和调节分层产量以及方便进行测试，且对于层间油气性质及压力差别较大的油层更有利于消除层间干扰。

（李明忠　于乐香）

【三管分采 triple completion】 在井内下入三套平行油管柱分采三层或四层的分层采油方法。分层产量分别用井口油嘴控制。可用在油层套管直径较大的井内。

三管分采时要有配套的特殊井口装置，并用双管或三管封隔器封隔油层。由于套管直径的限制、管柱结构复杂和修井工作量大等原因而未广泛使用。

（李明忠　于乐香）

【井下配产器 bottom choke】 单管分采中用于控制分层产量的井下工具。与封隔器配套接在油管上，下至对应油（气）层部位，主要由工作筒及带嘴子的堵塞器组成。堵塞器可用专门工具投捞，便于更换嘴子。根据堵塞器在工作筒中的位置可分为桥式配产器和偏心配产器。前者堵塞器装在工作筒的中心位置，无法通过井下测试仪器，不便于分层侧试，已逐渐被后者代替。偏心配产器的堵塞器装在副通道中，对应层产出流体从副通道的侧孔进入工作筒，通过堵塞器的油嘴后，与下层产出的流体在主通道内汇合。由于安装的堵塞器不占据工作筒的中心位置，可允许测试仪器通过，从而简化了分层测试工艺。

（李明忠　于乐香）

【自喷井协调 flowing well coordination】 自喷井生产时四个流动过程（地层中的渗流、油气混合物在井筒中的流动、通过油嘴的流动及地面出油管线中的流动）的衔接关系。四个过程的流动规律各不相同，但又互相衔接、互相影响。当油井稳定生产时，整个流动系统必然满足混合物的质量和能量守恒定理，要使油井连续稳定自喷，必须使上述四个流动过程协调起来。其中任何一个流动过程发生变化，均会影响其他过程，从而改变自喷井的整个生产情况。将表示油层工作的流压—产量曲线1（流入动态曲线）、表示油管工作（垂直或倾斜管流）的油压—产量曲线2（油管曲线）以及表示油嘴工作的嘴前压力—产量曲线3（嘴流曲线）按同一比例绘制在同一坐标中，用于研究自喷井油层—油管—油嘴的协调关系，该曲线称自喷井协调曲线（见图）。嘴流曲线和油管曲线的交点为该油嘴直径下的协调点。相应的产量 Q 为协调产量。由过协调点的垂线与各曲线的交点可得到在该产量下生产时各流动阶段的压力损失，Δp_1 为生产压差，即在地层中的压力损失；Δp_2 为油管中的压力损失；Δp_3 为油嘴及地面管线和分离器中的压力损失。利用协调曲线还可以进行自喷井的生产预测。

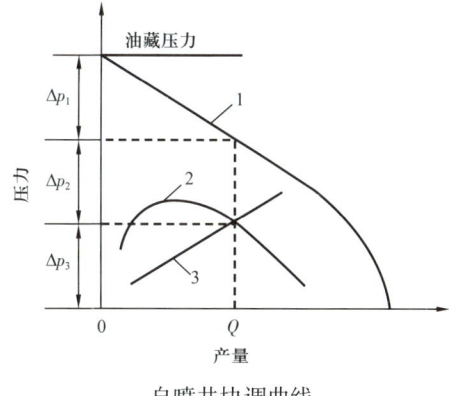

自喷井协调曲线

（李明忠　于乐香）

【节点系统 nodal systems】 应用系统工程原理，以油井生产系统为对象，把从油藏到地面分离器所构成的整个油井生产系统按不同的流动规律分成的若干流动子系统。在每个流动子系统的起始及衔接处设置节点，通过节点将整个油（气）井生产系统分成若干部分，再根据各部分在生产过程中的压力损耗进行分析，从而科学分析整个系统，使油（气）井最优化生产。在分析研究各子系统流动规律的基础上，分析各子系统的相互关系及其各自对整个系统工作的影响，为优化系统运行参数和进行系统的调控提供依据。

（李明忠　于乐香）

【求解节点 solution node】 采用节点分析方法研究油井生产动态时用于研究的问题的节点。求解节点应根据所研究的问题选取。如预测不同直径油嘴的产量和选择油嘴直径时，应选油嘴所在位置的节点为求解节点。此时，给定不同的产量，以分离器和油藏分别为起点，计算油嘴前后的压力，并绘制油嘴上下游压力差与产量的关系曲线；然后，利用嘴流公式计算给定直径的油嘴通过不同流量时产生的压降（压力损失），绘制压差与流量的关系曲线（油嘴压降曲线），与上述曲线的交点即为油井在该油嘴下的产量。通常是选用井口（节点3）或井底（节点6），即求解不同条件下系统协调生产时的井口压力或井底流压及相应的产量（见图），也可以选在其他节点上。

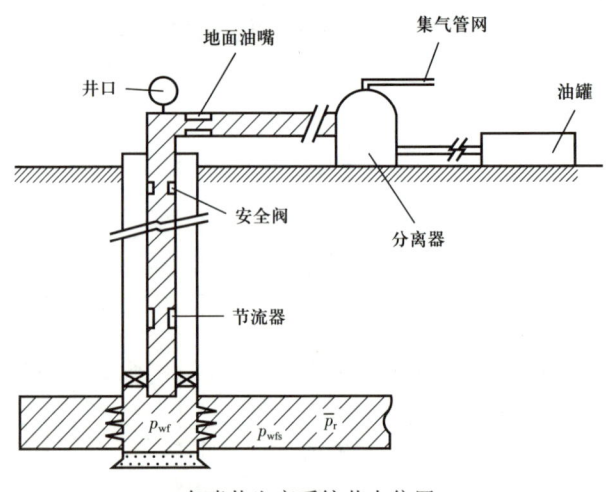

自喷井生产系统节点位置

（李明忠　于乐香）

【功能节点 functional node】 在油气井生产系统中，对起特殊作用的设备所设置的节点。如对地面油嘴、井下安全阀及井下节流器等设置的节点，这些节点上的压力是不连续的,液流穿过节点时产生局部压降。在研究这些设备对油井生产的影响和选择设备时,应以相应的功能节点作为求解节点。

(李明忠 于乐香)

【**油气井工作制度** production mode of oil and gas wells】 适应油气井产层地质特征和满足生产需要时产量和生产压差应遵循的关系。在合理工作制度下,油井的产量高,气油比小,出砂量低,含水上升速度慢,生产能力强。油井投产后,地下储层物性、流体性质及分布会发生变化,油井的合理工作制度随着地下情况的变化须不断加以调整。

油井合理的工作制度要通过稳定试井或系统试井才能确定。根据试井方法确定出合理生产压差后,针对不同的采油方法实现工作制度的调整。对于自喷井,一般通过变换油嘴的大小来控制;对于抽油井,通过调整抽汲参数或转速来实现;高套压油气井根据油井产液量、综合含水率、液面进行控套压生产。油井分析中根据不同工作制度下油井产量、压力、含水率和气油比的变化来选择合理工作制度。

气井合理的工作制度要通过产能试井(回压试井、等时试井、改进的等时试井等)才能确定。能使气井产量高、携液能力强、出砂量低、含水率上升速度慢、井口不生成水合物,随着地下情况的变化须不断加以调整。气井生产的某一生产压差,一般以油嘴或阀门大小来实现。

(李明忠 于乐香)

【**生产压差** production pressure differential】 油气井生产时,油气藏静压与井底流压之差。它表示一定产量的原油从地层流向井底时,地层中所消耗的压力。抽油井管理的核心问题就是选择合理生产压差,其方法是:(1)通过改变抽油参数,进行系统试井,取得不同采油压差下的产油量、含水率、油气比、出砂等资料。(2)根据取得的系统试井资料,进行综合分析,确定出合理的生产压差。(3)如果没有系统试井资料,可根据经验或邻近同油层井的资料,选取合理的压差,以后在生产中再进一步验证和调整。

(李明忠 于乐香)

【**流饱压差** pressure differential between well flowing and the saturation pressure】 井底流动压力与饱和压力之差。流饱压差为正值时,地层中为单相流;流饱压差为负值时,地层井底附近开始脱气,形成油、气两相流,使井底附近渗流阻力增加,原油产量降低,生产时宜控制井底流压,使其高于饱和压力。

(李明忠 于乐香)

【地饱压差 pressure differential between static and saturation pressure】 地层压力与饱和压力之差。当地层压力大于饱和压力时，油层为单相流。地饱压差越大，地层中聚集的弹性能量越多；反之，则弹性能量越小。当地层压力小于饱和压力时，油层内形成气、液两相流动，即为溶解气驱替。

（李明忠　于乐香）

【间歇自喷 intermittent flow】 用交替开井和关井维持周期性自喷的生产方式。在开始自喷能力很弱或自喷末期的油井无法维持连续生产时所采用。油井不能维持连续自喷而改用机械采油方法前，为了获得产量，往往采用开井自喷一定时间后关井恢复，然后再开井的交替生产方式，此时，地面虽是间断生产，油层却是连续供油，因关井恢复过程中，油气仍不断流入井内，只是流量越来越小。开井后，关井期间储存的油和油层来油一同被喷出地面。开关井周期通过试验确定，以开关井次数少和产量高为确定合理周期的原则。一般采用定时和定压两种开关井方式。

（李明忠　于乐香）

【间歇喷油 heading surging of flowing well】 自喷井生产过程中油气交替喷出的不稳定喷油现象。多发生在自喷末期。最常见和最主要的是在流入井底的液体中含有自由气时，因油套管环形空间的高压气急剧窜入油管面引起的间歇喷油，称环空间歇或套管气窜。在有夹层气周期性窜入井内或裂缝性油层中，油气分别沿不同裂隙系统流入井内时，即使油管下部带封隔器，也会引起间歇喷油，称地层间歇。油管内形成大段的气、液段塞时，将出现油压频繁波动而幅度不大的间歇喷油，常称油管间歇。前两种间歇喷油的产量因套压波动大、间歇周期长，对油井生产影响大。可采用下封隔器、装井底油嘴、更换油管及建立与地层能力相适应的合理工作制度等措施来减少或消除间歇。

（李明忠　于乐香）

【停喷压力 quit flowing pressure】 停喷时的流动压力或油藏压力。自喷井生产末期因含水率上升或油层压力降低无法维持连续自喷时称停喷。为了维持油井产量，通常在停喷前就转入人工举升采油。

（李明忠　于乐香）

【井口压力 well head pressure】 油（气）井工作状态的压力参数。泛指套管压力、油管压力和回压。

套管压力　套管和油管环形空间处在井口的压力，套管压力加上套管液面以上气柱压力和液面以下至油层中部的液柱压力等于流动压力。

油管压力　流动压力把油气从井底沿油管举升到井口后，在油嘴前的剩余压力，简称油压。由油管压力表测得，其值为流动压力减去井内油气混合液柱压力、摩擦阻力及滑脱损失。油管压力的高低是油井能量大小的反映。

　　回压　油嘴后输油（气）干线压力对油（气）井井口的反压力。油嘴起动需克服回压的作用。

（于秀玲　商焕龙）

【**井口温度** well head temperature】　油（气）井工作状态的温度参数。泛指井口油管温度和井口套管温度。由井口温度可以预测井下温度剖面，判断井下流体性质变化，井内循环时可反映进出口温度。也可以用于分析预测油井结蜡、结垢、结盐等情况。

（于秀玲　商焕龙）

【**井底温度** bottom hole temperature】　油气层中部的温度。油气藏未开采前测得的储层中部温度称原始油气藏温度；油气井生产时，井筒中每100m垂深的温度变化值为井筒流温梯度。

（李明忠　于乐香）

【**采油速度** oil recovery rate】　油藏或油田的年产油量与该油藏或油田石油地质储量的比值，用百分数表示。按实际年产量计算，称实际采油速度；按折算年产量计算，称折算采油速度。采油速度描述的是地下石油资源在单位时间（年）内相对采出量的大小。按石油地质储量的概念，采油速度分为地质储量采油速度、可采储量采油速度和剩余可采储量采油速度3种。

　　地质储量采油速度表示单位时间（年）内产油量与原始石油地质储量的比值，用百分数表示。我国油田开发实践表明，中渗透和高渗透注水开发砂岩油田高产期采油速度一般为1.5%～2.0%，低渗透注水开发砂、砾岩油田一般为0.8%～1.2%。

　　可采储量采油速度表示特定驱动方式下，单位时间（年）内产油量与最终可采储量的比值，用百分数表示。

　　剩余可采储量采油速度表示单位时间（年）内产油量占剩余可采储量的比例，用百分数表示，因而描述了剩余石油可采储量开采速度的高低。

　　采油速度是衡量油田开发速度的一个重要指标，油田采油速度的高低，主要取决于油田的地质条件和开发部署的技术条件（开发方式、注水方式、井网密度、采油方式等）；从经营管理的角度看，采油速度的高低，实质上反映着油田生产水平的调控；采油速度还取决于原油供需关系等市场条件和国家政策环境。采油速度不仅是一个技术指标，它也是油田技术、经济环境的综合反映。采油速度过高会影响油田开发效果，过低则不能充分发挥投资的作用，经济上不合算。也可以计算一个区块、一个井排、一个井组或单井的采油速度，这种采油速度是代表这一区域开发快慢的指标。

（李明忠　于乐香　陈宪侃）

【采气速度 gas production rate】 气藏或气田的年产气量与该气藏或气田天然气储量的比值。采气速度描述的是地下天然气资源在单位时间（年）内相对采出量的大小。按天然气储量的概念，采气速度分为地质储量采气速度、可采储量采气速度和剩余可采储量采气速度3种。

天然气地质储量采气速度表示单位时间（年）内，产气量与原始天然气地质储量的比值，用百分数表示。

可采储量采气速度表示在特定驱动方式下，单位时间（年）内产气量占最终可采储量比例，用百分数表示。

剩余可采储量采气速度表示单位时间（年）内产气量与剩余可采储量的比值，用百分数表示。因而描述了剩余天然气可采储量开采速度的高低。

气田采气速度的高低，主要取决于气田的地质条件和开发部署的技术条件（开发方式、井网密度、生产方式等）；从经营管理的角度看，采气速度的高低反映了气田生产水平的调控状况；采气速度还取决于天然气供需关系等市场条件和国家政策环境，是气田技术、经济环境的综合反应。

（李明忠　于乐香）

【采油强度 oil productivity intensity】 单位油层有效厚度的日产油量，单位为 $t/(d·m)$ 或 $m^3/(d·m)$。它是衡量油层生产能力的一个指标，可用来分析各类油层动用状况。

新区块生产能力初步设计中，在缺乏采油指数资料的情况下，可采用试油井或老井分层测试资料测算新井采油强度，再根据新井射开有效厚度计算新井日产油量。

在油田开发过程中，为保持开发层系内部各层均衡开采，要求不同井、层的采油强度控制在合理的范围内。其选择原则是：使大多数生产井见水晚；防止油层出砂；满足注采平衡和保持地层压力；使含水率上升速度减缓。

（李明忠　于乐香　商焕龙　于秀玲）

【采液强度 fluid productivity intensity】单位有效油层厚度的日产液量，单位为 $m^3/(d·m)$ 或 $t/(d·m)$。通常用不同的采液强度进行试验，观察其对开发效果的影响，为制定开发方案提供依据。在注水开发的油田，应充分考虑周围注入井的注入量与生产井采液强度的匹配关系，以确保提液后的生产仍具有较高的生产能力。优化采油井与采油井之间的采液强度，可避免注入水指进，造成油井含水率上升速度过快。

新区块生产能力初步设计中，在缺乏采油指数资料的情况下，可采用试油井或老井分层测试资料测算新井采液强度，再根据新井射开有效厚度计算新井日产液量。在油田开发过程中，为保持开发层系内部各层均衡开采，要求不同井、层的采液强度控制在合理的范围内。其选择原则是：使大多数生产井见水晚；防止油层出砂；满足注采平衡和保持地层压力；使含水率上升速度减缓。

（商焕龙　于秀玲　于乐香）

【**采气强度** gas productivity intensity】　单位气层有效厚度的日产气量，单位为 $m^3/(d·m)$。它是衡量气层生产能力的一个指标，可用来分析各类气层动用状况。

新区块生产能力初步设计，在缺乏无阻流量或采气指数资料的情况下，可采用试气井或老井分层测试资料测算新井采气强度，再根据新井射开有效厚度计算新井日产气量。

在气田开发过程中，为保持开发层系内部各层均衡开采，要求不同井、层的采气强度控制在合理的范围内。其选择原则是：防止气层出砂；防止暴性水淹；防止井口形成水合物；防止油管冲蚀；使气井具有携液能力；使井底附近地区反凝析程度减轻。

（李明忠　于乐香）

【**含水率** water cut】　油井采出液体中水所占的比例，以百分数表示。含水率是油井动态分析的重要指标，也可以按开发区、排间、井组等计算其综合含水率。综合含水率是表示油田的出水状况及所处开发阶段的一个重要指标，是油井和油田动态分析的基本问题之一。极限含水率是指油田含水率上升到极限值，在经济上失去继续开采价值时的含水率极限。

油田采出程度高而综合含水率不高，则油田注水开发效果好；反之，油田采出程度低而综合含水率较高，则油田注水开发效果差。含水率上升速度高低表示开发水平的好坏，油田综合含水率上升速度低，说明油田生产形势较好；反之，则油田生产形势出现问题。油田综合含水率上升速度过快，应查明原因，采取有效措施加以调整。

（商焕龙　于秀玲　于乐香）

【**采油指数** productivity index；PI】　单位生产压差下油井的日产油量，常用单位为 $m^3/(d·MPa)$，是表示油井产能大小的重要指标。当油井井底流动压力高于饱和压力时，油井指示曲线（产量和生产压差关系曲线）是直线，采油指数等于直线的斜率。当井底流动压力低于饱和压力时，油井指示曲线是弯曲的，在不同工作制度下，有相应的采油指数。

在油层内呈单相（无游离气）流动状态下，不同工作制度的采油指数的计算公式为：

$$J_o = \frac{q_o}{p - p_{wf}}$$

式中：q_o 为日产量，m³；p 为静压，MPa；p_{wf} 为流动压力，MPa。

在油层内呈多相（有游离气）流动状态下，不同工作制度的采油指数计算公式为：

$$J_o = \frac{q_o}{(p - p_{wf})^n}$$

式中：n 为油井指示曲线指数。

新油田投入开发前必须确定油井采油指数，以作为开发油田经济可行性论证的依据，也是油井工作制度设计的依据及油田开发方案设计的基础参数。

在油田开发过程中进行油井重大措施和开发方式转换后，均需要重新确定采油指数，以反映油田开发过程中不同开发阶段油井产能变化情况，衡量油井重大措施和开发方式转换的效果。随着油井含水率的上升，油井采油指数通常是下降的。在油田开发过程中采油指数用途主要有三方面：

（1）反映采油制度是否合理，气油比高和含水率高的地区，采油指数低，反之则高。

（2）反映区域特性。渗透性差的区域采油指数小；渗透性好的区域采油指数高。利用分层采油指数还可判断井下油层是否窜通。

（3）只要找出油田年平均采油指数和生产压差随时间的变化规律，就可以计算年产油量的递减率，从而进行产量预测。

（商焕龙　于秀玲）

【**米采油指数** meter-productivity index】 单位油层有效厚度和单位生产压差下油井的日产油量，常用单位为 m³/（m·d·MPa）或 t/（m·d·MPa）。又称比采油指数。用于对比不同油层的生产能力，是油层产油能力的细化和定量化指标，为油层挖掘潜力提供可靠的依据，根据层与层的米采油指数不同，采取不同措施，解决层间差异。利用米采油指数定量确定产层的生产能力是油气勘探中油气层评价的一个重要组成部分。

（商焕龙　于秀玲）

【**产液指数** liquid productivity index】 单位生产压差下油井的日产液量，单位为

m³/（d·MPa）。代表油井见水后产液能力的指标，研究油井采液指数的变化规律是掌握油井产液能力变化规律的基础。预测产液指数可以为设计采油井的工作制度和地面工程规模提供依据。在采取措施前后将产液指数与采油指数相结合作为挖潜和效果分析的依据。

（商焕龙　于秀玲）

【产气指数 gas productivity index】 单位生产压力平方差下的日产气量，单位为 m³/（d·MPa²）或 m³/（d·MPa²）。产气指数值越大表示采气效率越高。产气指数值的大小与气层性质有关。根据生产指数可确定同气层的其他气井的合理采气量。采气指数是评价气井产能的指标，但常用的是用绝对无阻流量表示气井产能大小。

（李明忠　于乐香）

【油气藏压力 reservoir pressure】 作用在地层孔隙内流体上的压力。又称地层孔隙压力、孔隙压力、地层流体压力、储层压力。如果地层流体为原油，则称为油层压力或油藏压力；如果地层流体为天然气，则称为气层压力或气藏压力。

地层压力有原始地层压力和目前地层压力之分。目前地层压力是指油（气）藏开发过程中某一时期的地层压力。一般说的地层压力就是指目前地层压力。

目前地层压力的高低与油（气）藏的注采状况有关。地层压力的高低反映了地层驱动能量的大小，地层压力越高，地层驱动能量越足，高产稳产形势越好；反之，地层压力越低，地层驱动能量越小，高产稳产形势越差。因此，地层压力的保持水平是注水开发油田关注的一个重要目标。

地层压力是通过各口井分别测定的。将区块或油（气）藏内各井在同一时间内测得的地层压力进行平均，得到区块或油（气）藏的平均地层压力。

与地层压力相关的概念有：

（1）上覆岩层压力：上覆岩石骨架和孔隙空间流体的总质量所引起的压力。

（2）静水压力：由静水柱造成的压力。

（3）静止压力：即油气井关井恢复压力稳定后所测得的油气层中部压力，简称静压。油气层静压代表测压时的目前油气层压力，是衡量油气层压力水平的标志，需要定期监测。

（4）原始油气藏压力：油气藏未开采前测得的储层中部压力。

（5）井底流动压力：油气井生产时的井底压力。它表示油气从地层流到井底后剩余的压力，简称流压。对自喷井来讲，也是油气从井底流到地面的起点压力。自喷井流压通常用井下压力计直接测量。在预测自喷井生产动态时，可用气液两相垂直管流理论来估算不同产量下的流压。

（6）饱和压力：溶解于原油中的天然气开始分离出来时的压力。

推荐书目

蒋裕强，陆廷清.石油与天然气地质概论［M］.北京：石油工业出版社，2010.

（李明忠　于乐香）

【**油气藏压力梯度** reservoir pressure gradient】 每相差100m垂直深度油气藏压力的变化值，包括静压梯度、流压梯度等。

静压梯度：关井后，井底压力恢复到稳定时，每100m垂深的压力变化值。

流压梯度：油气井正常生产时，流体压力每100m垂深的变化值。

（李明忠　于乐香）

【**气油比** gas-oil ratio；GOR】 油藏实际产气量与产油量之比，单位为 m^3/t 或 m^3/m^3。气油比是监测油田动态的重要指标，可分为日气油比（日产气量与日产油量之比）、月气油比（月产气量与月产油量之比）、年气油比（年产气量与年产油量之比）和累计气油比（累计产气量与累计产油量之比）。气油比的变化反映油层驱动方式的转变。例如，衰竭式开采油藏，当地层压力低于饱和压力并继续下降时，气油比由原始气油比值开始略有下降，然后慢慢上升并超过原始气油比继续上升，直至最大值，最后由最大值急剧下降，此时油藏进入溶解气驱枯竭阶段。如果注水开发油田气油比明显高于原始气油比并有继续上升趋势，则说明油田开发进入水压—溶解气混合驱动阶段。

（李明忠　于乐香）

【**气液比** gas-liquid ratio；GLR】 产气量与产液量之比，单位为 m^3/t 或 m^3/m^3。

（李明忠　于乐香）

【**水气比** water-gas ratio；WGR】 气井或气田的产水量与产气量之比，单位为 t/m^3 或 m^3/m^3。水气比是监测气井或气田生产动态的重要指标，它反映气井或气田的水淹状况。当水气比达到一定值时，液体不能被带出井口，导致气井停喷，因而必须采取排水采气措施恢复气井自喷生产。

（李明忠　于乐香）

【**有效气油比** effective gas-oil ratio】 随 $1m^3$ 脱气原油产出的气体中，在井内参加有效举升液体的气体体积。其值等于地面气油比与油管内平均压力下的溶解气油比之差乘以采出液体的含油百分数。将有效气油比与气体比流量相比较即可判断油井能否自喷。气举采油时可利用有效气油比和气体比流量来确定需要从地面供给的气体流量。

（李明忠　于乐香）

【气体比流量 specific gas consumption】 从井内举出单位流量的不含气液体所需要的气体流量。它与相对沉没度、油管直径和油管工作方式（在油管的最大产量或在能量消耗最小的合理产量下工作方式）有关，其值可利用实验公式进行计算。气体比流量主要用于计算气举所需要供给的气体流量，也可用来判断油井能否自喷。

（李明忠　于乐香）

【油井综合测试仪 combination production logging equipment】 用于测量油井井下动态参数的仪器。全套仪器包括井下仪器、地面仪器及辅助设备。井下仪器由皮球式集流器、涡轮流量计、含水率计、密度计和振弦压力计等组成，接在多芯电缆上，穿过油管内进行测试。皮球式集流器用于分隔测试层段，使被测液流可全部流过仪器。地面仪器用于记录井下仪器传送来的测量信号，并给井下仪器供电，根据测量值可确定分层产油量、分层产水量和出气层位。

（李明忠　于乐香）

【井下压力计 downhole pressure meter】 下入井内测量流体压力的专门仪器。主要用于测量井底流动压力、地层压力、关井后的井底恢复压力及生产时的井内压力分布等，这些参数了解油、气、水井生产情况，研究油层特性，掌握油层动态不可缺少的基本资料。由于所用的感压元件及其记录方式不同，井下压力计的种类有弹簧管式压力计、微差压力计、振弦压力计、电阻式压力计及数字记录的电子式压力计等，常用的是弹簧管式压力计和电子式压力计。

（李明忠　于乐香）

【弹簧管式压力计 bourdon-type pressure meter】 以螺旋弹簧管作为感压元件构成的压力计。主要由传压和记录两大部分组成，测量时用专用绞车和钢丝下入井内，井下流体压力通过传压孔传入仪器内腔，将装有传压液体的褶皱盒（风包）压缩，将压力传递给螺旋弹簧管，使弹簧管随压力变化而成比例的伸展，并带动自由端的记录笔，在记录卡片上画出笔尖位移与时间的关系曲线。由压力校验曲线即可得到相应的压力值。压力计下腔装有最高温度计，可同时测量井下测点的最高温度。

（李明忠　于乐香）

【电子式压力计 electronic pressure meter】 在井内下入带有压力传感器的测压部分，将压力转换成电信号后送至地面记录井下压力的专用仪器。它由测量压力的一次仪表（井下部分）和记录测量结果的二次仪表（地面部分）所组成。具体测量原理及仪器结构随感压元件和地面记录方式面不同而有所不同。有的井下电子式压力计在地面配备有压力信息储存和计算机处理系统,也有的将记录部分放在井下。

(李明忠 于乐香)

【井下流量计 downhole flow meter】 测量井筒内特定位置流体流量的仪器。对于注水井来说,用来测量自上而下流过的注入水量;对于生产井来说,用来测量自下而上流过的产出流体的流量。同类型流量计的测量原理相同,但仪器结构不同。常用的井下流(产)量计按仪器结构分为浮子式和涡轮式两类。早期流量计为浮子式流量计,后期研制的电子式的涡轮流量计信号变送采用"无接触"的转换形式,因而大大提高了精度,可以做到远距离实时显示、记录。

(李明忠 于乐香)

【井下浮子式产量计 float type downhole rate flow meter】 利用浮子在锥形测量管中随流量变化而升降发生位置变化而确定产量的一种仪器。一般不带用于封隔被测层的装置。因此,测试时需有分采管柱及相应的配套工具。仪器下入被测层的配产器内,当被测流体通过浮子与锥形测量管的环形空间时,节流作用在浮子上下产生压差,使浮子位置发生变化,记录装置记录下浮子位置,便可求得相应产量。

(李明忠 于乐香)

【井下涡轮式流量计 spinner type downhole hole flow meter】 利用被流体带动的涡轮转速与流量之间的关系,通过记录涡轮转速以测量流量的仪器。一般带有可在套管内封隔被测层的集流装置,故不需要分层管柱。测试时,仪器接在电缆下端,穿过油管下到被测层上部,然后给仪器动力机构供电,将集流器胀大。被测流体通过仪器时,推动涡轮旋转。涡轮轴上的磁钢随同转动,使缠绕在铁心上的感应线圈发生脉冲信号,并通过电缆传至地面。涡轮每转一周便发出一个信号,根据记录的信号数即可算出相应的流量。有些井下涡轮流量计带有信号寄存器成计数器和记录仪,可用钢丝下入井内,直接在井下记录。不带集流装置的井下流量计则需要分层管柱。

(李明忠 于乐香)

【井下温度计 downhole thermometer】 用于测量井下温度的仪器。分为最高温度计和连续记录温度计两类。最高温度计只能测量过程中的最高温度,多装在井下压力计或其他井下测试仪器内;连续记录温度计可连续记录测量过程中的温度值,常用于测量沿井筒的温度分布。由于所用感温元件及其记录方式不同,井下连续记录温度计的种类较多,常用的两种在其结构和记录方式上与弹簧管式压力计类似。一种是以温包和螺旋弹簧管作为感温元件，温度变化时，引起温包内压力发生变化，使螺旋弹簧管自由端转动，并记录在卡片上，利用仪器校检曲线即可查得相应的温度值；另一种是以两层热膨胀系数不同的金属片制成的螺旋作为感温元件而代替弹簧管和温包，其他部分与弹簧管式温度计相同。比较先进的是由铂丝作感温元件的温度传感器和由电池、电子钟、模数转换券、放大器及打印机等组成的数字式井下自动记录温度计。它具有精度高，分辨能力强的特点。此外，如将温度传感器换成压力传感器，即可测量井下压力。

（李明忠　于乐香）

人工举升采油

【人工举升采油 artificial lift】 单靠天然能量不能满足地质方案要求的产量时，人为地向油井井下补充能量将井底的原油按要求举升到地面的采油方式。油田开发过程中油层压力下降或油井含水率上升以及举升流速下降等原因造成滑脱严重，导致流体密度升高、井底流动压力上升、生产压差减小等情况，当这些问题发展到一定程度时，单靠自喷方式不能维持合理生产压差和产液量时，就要采用人工举升方式，维持一个合理的井底流动压力，使油层能够按开发方案要求的产量生产。特别是油井自喷晚期或停喷以后，就必须选择一种人工举升方式，以维持所需要的井底流动压力。常用的人工举升方式分为机械采油和气举采油。机械采油又分为有杆泵采油（包括抽油机有杆泵采油和地面驱动螺杆泵采油）和无杆泵采油。常用无杆泵采油包括电动潜油泵采油（包括电动潜油多级离心泵采油和电动潜油螺杆泵采油）、水力活塞泵采油和射流泵采油等。

（陈宪侃）

【气举采油 gas-lift production】 从地面将高压气体注入油井，以降低举升管柱中的流压梯度，利用气体的能量将井下原油举升到地面的人工举升采油方式。井下设备包括气举阀、导流阀、盲阀、封隔器和固定阀，在工作气举阀之上安装若干个启动气举阀。通过向油套管环形空间（或油管）注入高压气体，将液面压至最上一级启动气举阀，在气举阀设置的压力下高压气体进入油管，降低油管内流体密度，开始举升井内液体，这时液面继续下降到第二级启动气举阀，在设置好的压力下打开，同时上一级启动气举阀关闭，直到液面降到工作气举阀处，此时井底流动压力降到设计压力，将液体举升到地面。同时注入气体在举升的过程随液流上升，压力降低，气体膨胀做功也产生携带作用。

应用条件 扬程可达3600m，排量可达3100m^3/d，最高可达7900m^3/d（7in套管）。适用于斜井、定向井、高气油比井、出砂井、海上采油，是人工举升方式中对油井生产条件适应性最强的一种方式，多用于高产量深井和复杂开采条件（出砂、结蜡及方向井等）的油井。注入气的气源可利用高压气井产出的高压气经过防水合物处理后，直接作为气举的气源注入井内，这种方式虽然一次性投资小，运行费用低，但这种方法受气源压力、气量等限制，推广面比较小。正规气举采油方式是气源气净化处理后，经高压压缩机升压作为气举气，但这种方式一次性投资高，不适用于单井使用，要有一定的规模。

技术特点　（1）气举采油方式与自喷采油方式相似，井口和井下设备比较简单，操作、调整方便，生产测试条件完善。（2）气举采油工艺技术配套齐全，不论工艺设计、工作状况诊断、生产测试，还是砂、蜡、水、气的治理都比较成熟。（3）适用于大面积应用，井少时因地面投资大不适用。而大面积使用运行费低。（4）利用高压气井作为气源，压力调整受到限制，属于非正规气举。

（叶利平）

【气举系统　gas-lift system】　气举井内气举管和供气通路构成的举升系统。按气举管的安装方式可分为单层管和双层管两类气举系统（见图）。单层管系统只在井内下入一层气举管，高压气从油套管环形空间进入，井内液体从气举管流出，这种系统称单层环形供气系统；反之，则称单层中心进气系统。双层管系统是在井内一下入两层同心气举管，高压气从两层气举管的环形空间进入，液体从中心管内举出者称双层环形供气系统；反之，则称双层中心进气系统。单层管系统井下设备简单，金属耗量少，起下管往工作量小，气举管直径可在较大范

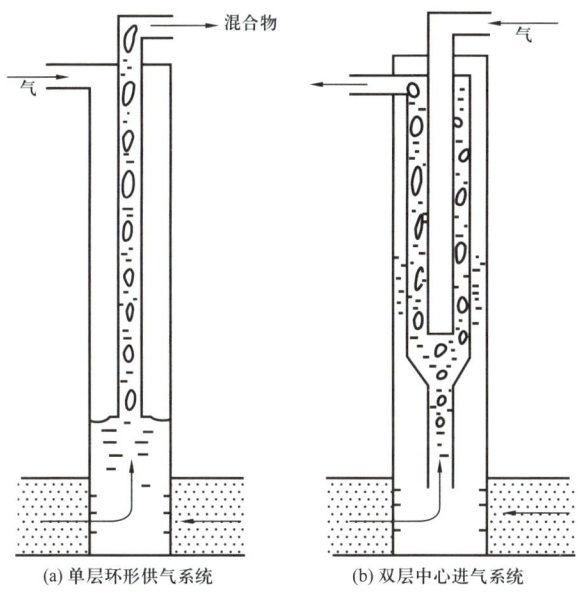

气举系统

围内变动，易适应产量要求，但液体在井内没有储备，生产不稳定。双层管系统的优缺点则恰恰相反。生产中一般多采用环形供气系统，称为正举。采用中心进气系统时则称反举。中心进气系统不能用于结蜡和出砂井，但其启动压力低，适用于大产量井。

（于乐香）

【气举管柱 gas-lift pipe string】

气举采油过程中所采用的井下管柱结构。包括为完成各种气举作业要求的气举阀、间歇气举使用的导流阀、保护气举阀工作筒的盲阀、投捞式气举阀工作筒、封隔油套管环形空间的封隔器以及封隔油管的固定阀等。气举管柱可分为单管柱结构和多管柱结构。

单管柱结构 根据结构的不同又分为开式气举管柱、半闭式气举管柱和闭式气举管柱。

（1）开式气举是指采用油套环形空间不带封隔器，气举管柱底部不带单流阀的气举方式。开式气举管柱的结构最简单，油管柱上只有气举阀，没有封隔器和固定阀，其油套管是连通的，结构见图1。只适用于液面较高的连续气举井。其最大缺点是，当气举井关井后重新启动时，由于液面恢复，必须将工作气举阀以上的井液重新排出，不仅延长了启动时间，而且液体反复通过气举阀，对气举阀造成冲蚀，降低阀的使用寿命。同时每次启动都会将井液压入油层造成伤害。

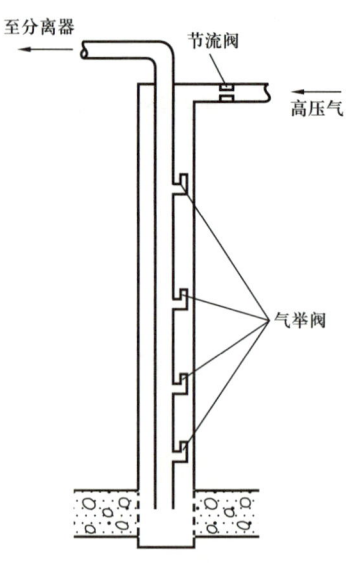

图1 开式气举管柱

（2）半闭式气举是指采用油套环形空间带封隔器，气举管柱底部不带单流阀的气举方式。半闭式气举管柱是气举井中最常用的一种气举管柱，在最深一级气举阀以下安装一个封隔器，将注入气在油套管环形空间与油层隔开，结构见图2。这种管柱避免了因液面下降造成注入气从套管窜入油管，同时也避免了每次关井后重新开井时的重复排液过程和减轻油层的伤害。

（3）闭式气举是指采用油套环形空间带封隔器，气举管柱底部带单流阀的气举方式。闭式气举管柱，是气举井管柱中功能最齐全的一种气举管柱，在最深一级气举阀以下安装一个封隔器，油管底部装有固定阀，将注入气与油层完全隔开，结构见图3。这种管柱避免了每次关井后重新开井时的重复排液过程和对油层的伤害，一般应用于各种间歇气举井。

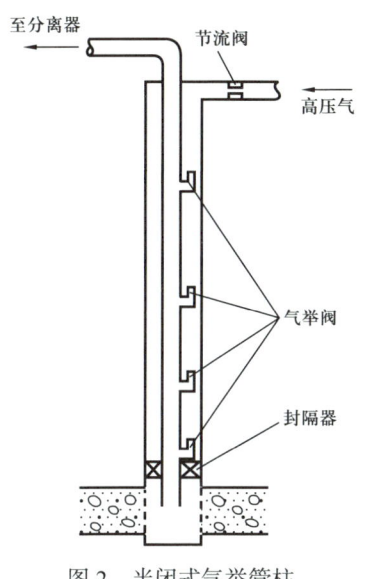
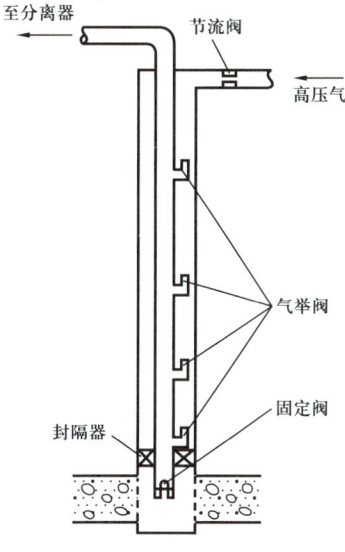

图 2　半闭式气举管柱　　　　图 3　闭式气举管柱

多管柱结构　可以使两个及以上油层同时气举生产，各层产液分别通过各自通道流至地面的管柱结构。一般应用较多的是双管柱结构，分为平行管柱和同心管柱。平行管柱相对应用的比较多，一般应用在大口径套管井上；同心管柱主要应用在套管直径较小的油井上。多管柱结构比较复杂，井下作业难度大，施工费用高，气举阀的设计、配置比较困难，使用得较少。双管气举是指油气井中下入带双管封隔器的两个结构各不相同的平行管柱，可对两组油气层进行分层气举的气举方式。

（叶利平　李明忠　于乐香）

【**气举设计 gas-lift design**】　为保证气举井工作制度合理、效率高，根据油藏工程方案要求的油井长期产量和油井流入动态曲线、油井流出动态曲线以及给定的设备条件（注气压力和注气量）进行产量与设备等一系列设计。根据流出动态曲线计算井底流动压力和油管中压力分布，绘制气举井流出特性曲线，预测产液量。在此基础上确定气举方式、气举装置类型、计算各级气举阀的深度、选择气举阀类型和确定打开气举阀压力（波纹管充气压力或弹簧力）。一口井进行气举设计时，应先确定是采用连续气举还是间歇气举。对于低压、低采油指数的油井通常都采用间歇气举。对于不能立即确定究竟采用哪种方式最合适的井，则需要根据油井的具体条件做出不同设计，从技术和经济方面进行综合考虑。为了计算方便，国内外许多公司对不同气举方式绘制出不同的设计图版，大大简化了计算工作量，通过计算机程序，加快了计算速度，短时间内可以做出各种方案，为优化设计提供了物质基础。

推荐书目

万仁溥.采油工程手册[M].北京：石油工业出版社，2000.

（叶利平　李明忠　于乐香）

【气举方式 gas-lift method】 按照高压气不同注入方式以及不同管柱进行分类的气举工艺类别。为了提高气举采油效率和降低成本，对不同井底流动压力和油层供液能力应采用不同的气举方式。气举按注气方式可分为连续气举、间歇气举两种方式。其中间歇气举又包括常规式间歇气举、柱塞气举和腔室气举等。连续气举适用于油层供液能力强的油井；间歇气举适用于供液能力低、无法连续气举的油井。柱塞气举适用于油层供液能力低、液流上升速度慢、滑脱严重或气井排水采气的井；腔室气举适用于开采枯竭、低压、低产井。气举方式根据压缩气体进入的通道分为环形空间进气系统和中心进气系统。环形空间进气是指高压气从环空注入，产液由油管举出的生产方式；中心进气方式是指高压气从油管注入，产液由环空举出的生产方式。当油中含蜡、含砂时，若采用中心进气，因油流在环形空间流速低，砂子易沉淀下来，同时在管子外壁上的结蜡也难以清除，所以，在实际工作中多采用单管环形空间进气方式。

推荐书目

万仁溥.采油工程手册[M].北京：石油工业出版社，2000.

（李明忠　于乐香）

【连续气举 continuous gas lift】 从油套环空（或油管）将高压气连续地注入井内，将井中液体举升到地面的一种气举采油方式。适用于油层供液能力强、油层渗透率高的油井，是最常用的一种气举采油方式。举升原理与自喷井相似，通过油套管环形空间（或油管）注入的高压气通过油管上的气举阀，控制适当的压差自动进入油管（或油套环形空间），使举升的液流密度下降，降低液柱作用在井底的压力，当油管流动压力低于井底流动压力时，油层产出的液体就被举升到井口，在举升过程中液流距井口越近压力越低，气体膨胀也帮助举升液体。连续气举不需要反复启动，总效率比其他气举方式高。

（叶利平）

【间歇气举 intermittent gas lift】 通过在地面周期性地向井筒注入高压气体，将井中液体举升到地面的一种气举采油方式。适应于油层供液能力低而无法进行连续气举生产的井。注入气通过大孔径气举阀迅速进入油管，在油管内形成气塞将停注期间井中的积液举升到地面。采用间歇气举时，地面一般需要配套使用间歇气举控制器（周期—时间控制器）。对于井底流动压力低、产液指数小的井采用间歇气举，可以降低注气量，提高举升效率。间歇气举井口装置比较复杂，当间歇气举启动次数过多时，注气管网压力不容易控制平稳。

（叶利平）

【间歇气举控制器 gas-lift intermitter】 周期性地向间歇气举井内进行注气的井口自动控制装置。通常有压力控制和时间控制两种方式。（1）压力控制：由规定的套压值控制调节器以关闭或打开井口注气阀；（2）时间控制：由时间控制调节器定时开启或打开井口注气阀。

（李明忠　于乐香）

【柱塞气举 plunger gas lift】 把柱塞作为液柱和举升气体之间的一个固定界面起到密封作用，防止气体的窜入和减少滑脱损失的间歇气举形式。适用于井底压力低、产液能力低或井底压力高、产液能力低、液流上升速度过慢、滑脱严重、液体难于举升到井口的油井。柱塞上的阀下行撞到油管卡定器时与下缓冲器相撞而自动关闭，然后被气举气推动上行，将柱塞以上的液体举升到井口，当柱塞上升到井口与上缓冲器相撞后阀自动打开，柱塞靠自重下落（见图）。如此不断地往返运动，将井液举升到地面。这种方式也适用于气井排水采气。但地面装置较其他气举方式复杂，操作管理有一定难度，在生产过程中容易在地面集

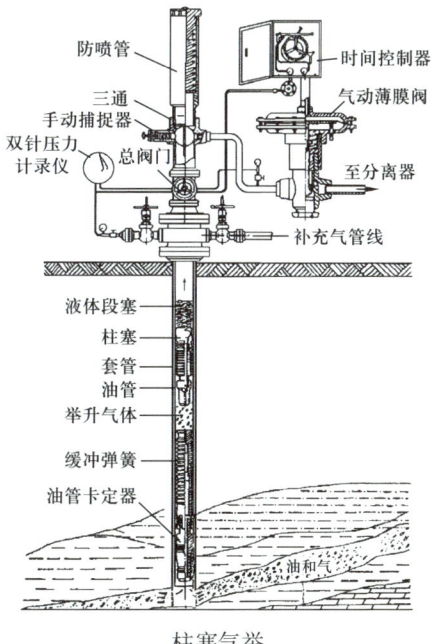

柱塞气举

输管网内造成较大的压力波动。柱塞气举装置是指依靠气体能量推动柱塞向上运动而排液的气举装置。主要包括移动式柱塞、井下缓冲弹簧装置、油管止动器柱塞和井口捕捉器等部件。气举柱塞是指带有可开闭中心阀的活塞,与油管内径相匹配,能在油管柱内上、下自由移动的井下排液工具。

(叶利平 于乐香)

【腔室气举 chamber gas lift】 在气举管柱底部接有桶形容器汇集室的闭式间歇气举方式。腔室的容积大于相同高度油管的容积,当一定体积的液体位于腔室气举装置中的固定阀之上时,所产生的压头明显低于同样体积液体在常规间歇气举装置中产生的压头,这样可以把流体从产层进入井底的阻力减到最低。这种气举方式是开采枯竭低压井的一种方法,特别适用于低产井及低压高产井。气举管柱有两种形式:封隔器式腔室结构(见图1)和插入式腔室结构(见图2)。封隔器式腔室管柱结构由两个封隔器在油层上部组成一个腔室,它的容积比同等高度的油管容积大,因此油管内的液柱高度大大下降,减轻了作用在单流阀上的压力,有利于油井页面的恢复。插入式腔室气举管柱是将油管尾部插入到一个腔室中,腔室被下入到油层,以便能获取最大的生产压差,插入式腔室气举可以在井底压力很低的情况下,依靠液体的重力流入腔室,然后被举升到井口。

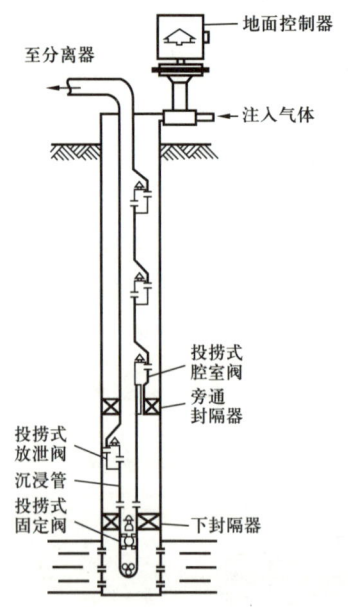

图1 封隔器式腔室结构气举管柱

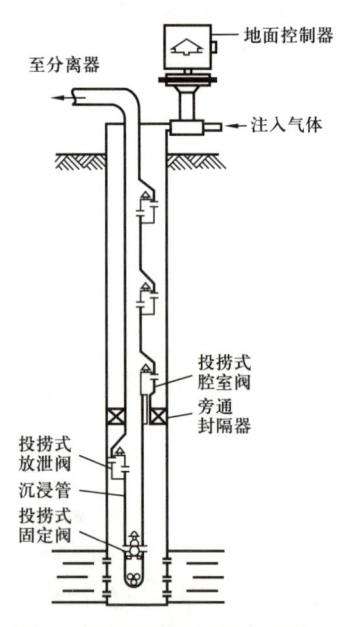

图2 插入式腔室结构气举管柱

(叶利平 于乐香)

【活塞气举 plunger gas lift】 依靠一个带阀的活塞在油管内做上下往复运动,将井内液体举升到地面的间歇气举形式。活塞上的阀下到管鞋处时,与下缓冲器相撞而自动关闭,然后由来自地层而聚集在井内的油气或由地面供给的气体推动,将活塞及其上的液体推举到井口。活塞上升至井口与上缓冲器相撞后,阀自动打开,靠自重而下落。它是对油层供油能力很低,而气油比很高的井进行的一种特殊采油方式(见图)。

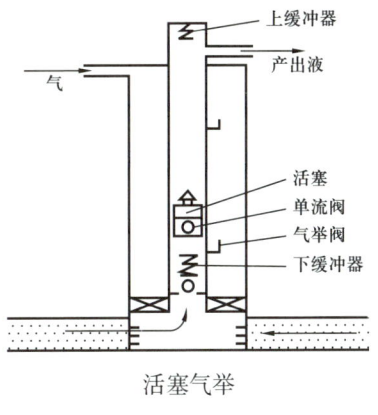

活塞气举

(李明忠 于乐香)

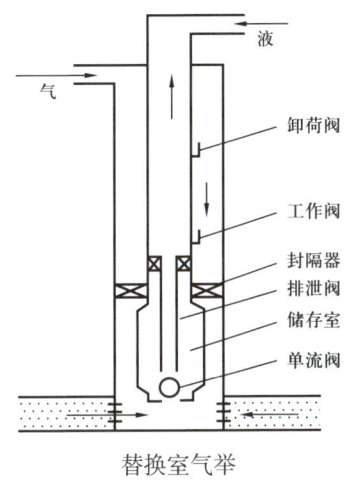

替换室气举

【替换室气举 chamber gas lift】 通过气举管下端装有带单流阀的储存室储存停举时流入井内的液体,每次重新启动时向井内供给高压气之后,进入储存室(替换室)的液体不会再返回油层而被全部举出地面的气举方式。又称箱式气举或汇集室气举(见图)。它是在供油能力较高而油藏压力很低的油井上采用的一种间歇气举采油方法。不带这种特殊装置的普通间歇气举,在每次启动过程中,由于启动压力高于地层压力,使停举时储存在井筒中的一部分液体返回地层,从而使产量变得更低。将替换室装置与封隔器配套使用效果则更好。

(李明忠 于乐香)

【气举启动压力 kick-off pressure of gas lift】 气举采油时,注入的高压气体使顶部气举阀打开时的最大井口注入压力。气举井投产时,供给的气体首先需将关井时聚集在井下通道内的液体排出,然后才能由管口进入气举管。气体压力在上述过程中不断升高,当气体将液面压到气举管鞋时,压力达到最大,此时的井口压力称启动压力 p_e。当气体由管鞋进入气举管,且地面有液体排出时,气体压力迅速降低。当井底压力低于油层压力时,地层原油将不断流向井内,并被高压气体举到地面。此时的压力即为正常生产时的工作压力 p_o。根据设计调整高压气的供气量,使井底压力稳定在所要求的压力值上,油井即可进入正常生产。当启动压力超过压缩机的额定工作压力时,气举井将无法投产。此时,必须采用在气举管上装启动孔或启动阀(气举阀);或者先用中心进气系统启动后改用环形供气系统生产等方法来降低启动压力。启动压力与油管下入的深度、油管直径以及静液面的深度有关。当静液面深度一定时,降低油管下入深度,可降低启动压力,但随着静液面的下降,油井将无法正常生产。

为降低启动压力,在气举管上应设置启动孔。高压气在液面达到管鞋之前由启动孔进入气举管后,可提前举升管内液体和降低管内压力,从而达到降低启动压力的目的。启动孔的数量、位置和孔径应根据井内静液面的位置、压缩机的额定工作压力及排量确定。具体要求是进入的气量可将管内的液体举升至井口,并保证在压缩机的额定工作压力下使液面下降到气举管鞋。如果一个孔不能满足要求,可相隔适当距离再安装一个孔。用启动孔降低启动压力的方法虽然简单易行,但井转入正常气举后,由于启动孔无法关闭,将有一部分输入井内的高压气也通过它进入气举管内,形成部分短路,使气举效率降低,因此对启动孔的安装数量也有一定限制。

(李明忠　于乐香)

【**气举工作压力** operating pressure of gas lift】 高压气体注入气举井,待油气从井口连续喷出趋于稳定后,转入正常生产时的井口注气压力。气举生产时井内压力分布见图。套管内的气柱静压力分布近似于直线,根据井口注气压力就可求得分布曲线。注气量不很大时,可以不考虑气体在环空中流动的摩擦力;否则还应考虑摩擦阻力。油管内的压力分布以注气点为界,明显的分为两段。在注气点以上,由于注入气进入油管而增大了气液比,故压力梯度明显低于注气点以下的压力梯度。

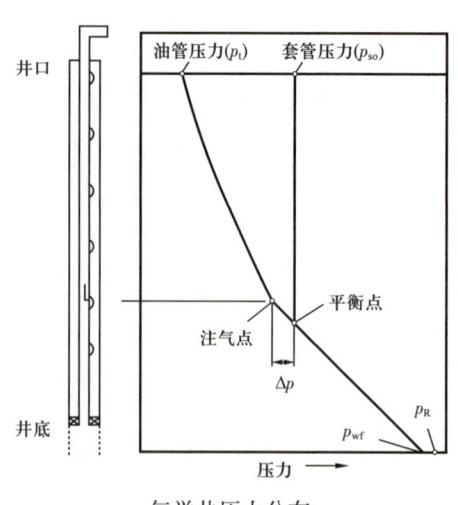

气举井压力分布

井下作用在阀座孔眼面积上的油管压力称为气举油管压力;气举阀的打开压力和关闭压力的差值称为气举扩展压力。

(李明忠　于乐香)

【**气举阀** gas lift valve】 气举采油井安装在油管上调节高压气体进入气举管柱压力的专用阀。安装在设计注气点位置的气举阀为正常生产时注入气进入气举管的入口,又称工作阀。在工作阀位置以上安装的气举阀可用来代替启动孔降低启动压力,称启动阀。它与启动孔不同之处在于当液面降到下一个启动阀时,上一个启动阀自动关闭,气举井正常生产时启动阀始终是关闭的。为适应各种气举的要求，气举阀种类很多，不同的气举阀具有不同的特性。可以按安装方式、工作原理和内部结构、受力方式等进行分类。

（1）按安装方式分固定式气举阀和投捞式气举阀。固定式气举阀直接装在油管上，调整时必须起出油管，操作不方便，运行费高，已很少使用；投捞式气举阀可随时用钢丝作业将气举阀投入到气举阀工作筒内或捞出气举阀，应用最广泛。

（2）按工作原理分套压操作气举阀、油压操作气举阀、导流阀和盲阀。

（3）按内部结构分弹簧气举阀、波纹管气举阀、弹簧和波纹管组合式气举阀。弹簧气举阀用弹簧调整气举阀的开关；波纹管气举阀用波纹管调整气举阀的开关；弹簧和波纹管组合式气举阀用弹簧和波纹管调整气举阀的开关。

（4）按受力方式分平衡式气举阀和非平衡式气举阀。

（叶利平　于乐香）

【末端阀 foot valve，lowest valve】 在采用开式气举系统的气举井内，为保证气举井正常生产而安装在气举管下口以上 20～30m 处的进气阀。正常生产时，气体从末端阀进入气举管，末端阀根据内外压差自动调整进气量，保证液面位于管口以上，以防止高压气因管口压力波动而剧烈地窜入气举管所引起的间歇现象。有时末端阀并非安装在设计注气点，例如，为适应油井生产条件变化后注气点下移，而在原设计注气点的工作阀以下安装备用阀，此阀亦为末端阀。

（李明忠　于乐香）

【导流阀 divertor valve】 在间歇气举中能迅速开关，而且一经打开便能立即在短时间内注入足够气量的特种气举阀。在间歇气举举升液体时，需要气举阀在短时间内迅速打开，以形成气塞举升液体。导流阀的结构分为控制阀和主阀两部分（见图）。控制阀由波纹管、阀头、阀座组成；主阀由活塞、弹簧、主阀孔组成，活塞上有泄流孔，使生产压力和控制阀座相连通。当控制阀打开时，注气压力推动活塞向下运动，注入气进入油管。当注气停止时，控制阀被关闭，主阀在弹簧推力下也被关闭。导流阀的缺点是结构复杂、成本高，因此对连续气举不推荐使用。

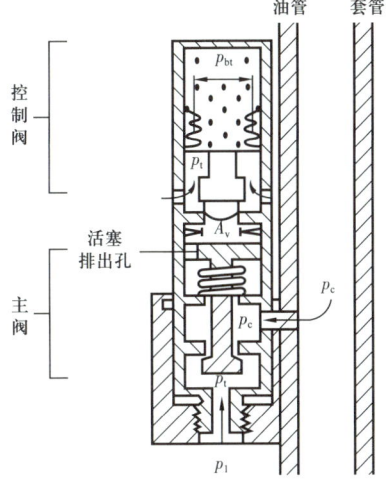

导流阀工作原理

（叶利平）

【盲阀 blind valve】 井下作业时为保护气举阀和工作筒用于阻止高压气体进入气举管柱提供通道的气举阀。盲阀是投捞式气举阀的一种，主要由锁领、阀体、密封圈组成。气举井进行压裂、酸化措施时，为了避免气举阀和气举阀工作筒损坏，用盲阀代替气举阀放入气举阀工作筒。施工结束后再用投捞的方式将气举阀换回去。在油井供液能力有下降趋势的油井中，随着供液能力的下降，工作阀的位置将逐步加深，为了减少作业次数，气举井投产时，预先设计出供液能力下降后气举阀的位置，可先用盲阀下入井中，当油井生产一段时间供液能力下降到一定值时，再将设计好的气举阀把盲阀换出，达到不动管柱加深注气点的作用。

（叶利平）

【波纹管气举阀 bellows gas lift valve】 以充气波纹管作为控制元件的气举阀。注入气体压力作用在波纹管上，通过波纹管的伸缩带动阀杆的开闭。

（李明忠 于乐香）

【弹簧气举阀 spring-loaded gas lift valve】 气体压力作用在弹簧上，靠弹簧控制开关的气举阀。主要由阀体、弹簧、阀杆、阀头、阀座、单流阀等组成，它的关闭压力是由弹簧而不是波纹管来完成的，因此有较大的加载率，弹簧阀的阀杆行程与弹簧的加载率成正比，在阀的打开压力以上增加一定的注入压力的情况下，阀杆的行程比波纹管阀的阀杆行程小得多，因此，容易在阀座处造成注入气的节流。弹簧式气举阀的主要优点是阀的打开压力不受井下温度的影响；阀的结构简单、耐用；阀深度处有关压力变化引起的注入气量变化不会导致间歇举升现象。弹簧阀由于对注入气有一定的节流作用，因此不适宜在注入气量大的连续气举和间歇气举井上使用。带有加压弹簧的双面阀见图。由于这种气举阀的关闭和开启操作都取决于气举阀所在位置的油管与套管（气举阀内外）压力之差，又称压差式气举阀。正常情况下，在弹簧张力作用下，气举阀球坐在下气举阀座上，气举阀处于开启状态，气体通过节流孔而产生压力降，油管压力将小于套管压力。当压差小于弹簧张力作用之后，气举阀便会关闭。

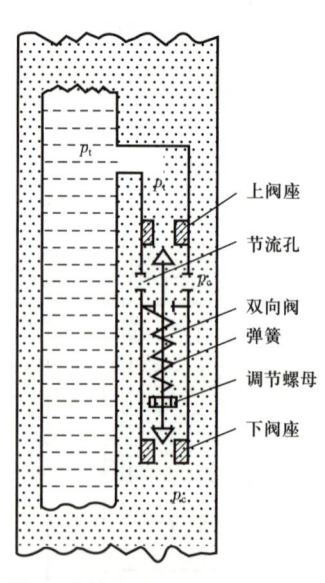

加压弹簧的双面阀工作示意图

（李明忠 于乐香）

【套压操作气举阀 casing-pressure gas lift valve】 进气口与油套环空相通，由套管压力控制的气举阀。又称注入压力操作气举阀。套压操作气举阀是最常用的气举阀，其工作原理见图1。注入气压力 p_c 作用在波纹管有效面积 A_b—A_v 上，油管流动压力 p_t 依靠注入压力压缩波纹管（或弹簧）作用在阀球有效面积 A_v 上，当这两个合力大于波纹管内充气压力 p_{bt} 时，阀球被顶开，注入气通过阀座进入油管。当启动后油管内压力下降，靠波纹管内压力将气举阀自动关闭。绝大多数气举井都使用这类气举阀。套压操作气举阀有固定式和投捞式两种。

图2为固定式套压操作气举阀结构图，主要由尾堵、气门芯、充气腔室、波纹管、阀杆、阀头、阀座、单流阀、阀体等部分组成。尾堵的作用是保护气门芯；气门芯是向波纹管充气和调整压力的部件；充气腔室和波纹管相通，内充有硅油并设有阻尼孔，起到保护波纹管的作用；波纹管是气举阀的重要部件，用蒙乃尔合金经冷压加工制成，其强度要求能承受14MPa的内压，在21～42MPa的外压下不产生物理变形；阀杆采用硬度较高的不锈钢；阀头采用硬质合金钢或碳化钨球；阀座大都采用蒙乃尔钢制成，孔径有1～13mm等数种规格，根据注气量的不同来进行选择；单流阀的作用是停止注气时，阻止油管内的液体流入环形空间。

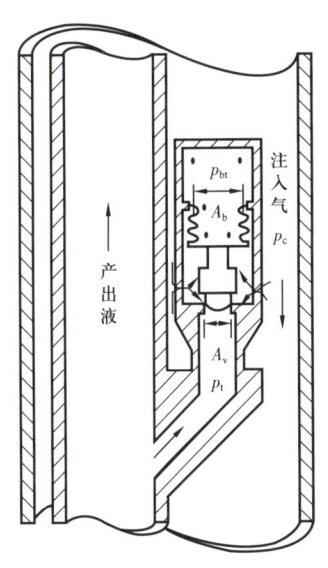

图1 套压操作气举阀工作原理

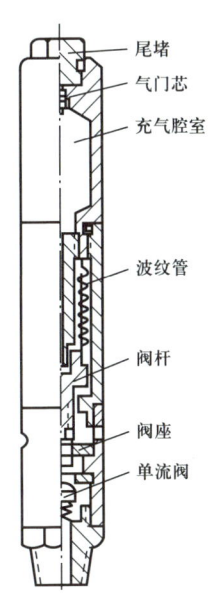

图2 固定式套压操作阀

（李明忠　于乐香　叶利平）

【投捞式气举阀 retrievable gas lift valve】 利用钢丝、电缆等工具可进行投放和回收的气举阀。工作原理和内部结构与固定式气举阀相同,在外部结构上增加了打捞头和密封盒。

（李明忠　于乐香）

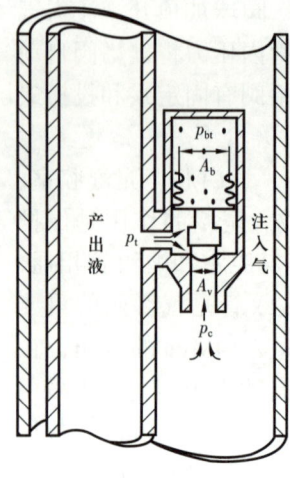

油压操作气举阀工作原理

【油压操作气举阀 tubing-pressure gas lift valve】 由油压控制,进气口与油管相通的气举阀。又称生产压力操作气举阀。它是一种对油管压力（生产压力）比较敏感的气举阀。油压操作气举阀依靠气举阀深度处油管内压力控制气举阀开关（见图）。其工作原理与套压操作气举阀相似,但受力不同,油管内生产压力 p_t 作用在波纹管有效面积 $A_b - A_v$ 上,注气压力 p_c 作用在阀孔面积 A_v 上,当这两个合力大于波纹管内的充气压力 p_{bt} 时阀球被顶开,注入气通过阀孔进入油管。主要用于采用同一环空气源的多层气举、间歇气举、注气点深而注气压力相对较低的井、大尺寸油管井、地面注气压力低的井、举升深度不清楚的井等。

（李明忠　于乐香　叶利平）

【气举地面流程 gas lift surface flow system】 向气举采油井输送高压气体的地面设备和管网系统。气举采油的高压气源有利用高压气井提供的天然气和用压缩机提供的高压气。

利用高压气井作气源的地面流程　将一口或多口高压气井的天然气通过分离器除去天然气中的凝析油和水分后送往气举井,系统应实现压力、流量控制以及具有加热装置确保冬季正常生产。这种流程可充分利用气源井的天然能量,投资少,成本低,但气举生产受气源井的供气压力影响,随着气井压力的下降,需要不断地调整气举阀的设计数据,当气井压力下降到一定程度时,气举采油将被迫停止。

利用压缩机提供高压气作气源的地面流程　分为开式增压气举流程和闭式增压气举循环流程两种。开式增压气举流程将经处理后的低压天然气增压后供气举井采油,从气举井分离出的低压天然气进行外输,不再回收。闭式增压气举循环流程将气举井分离出的天然气再返回压缩机站,经处理后,通过压缩机增压,供气举井使用,如此反复循环。闭式增压气举循环流程是气举采油最常用的工艺流程,主要由低压气处理系统、压缩机增压系统、注气分配系统三大部分组成。

（叶利平　于乐香）

【气举设备 gas-lift equipment】 用于气举采油的地面装置的总称。主要包括天然气压缩机、配气管汇和分离器等。压缩机是气举采油系统的"心脏",是气举采油的主要设备。气举压缩机一般选用往复式压缩机,它的特点是压比高、排量大、适应性强。往复式压缩机有整体式和分体式两种,整体式压缩机的压缩机和发动机连在一起,用同一根曲轴工作,特点是转速低、功率大、质量大、运输困难;分体式压缩机的压缩机和发动机是分开的,中间用联轴器连接,优点是转速较高,压缩机、发动机、空气冷却器可拆卸,便于运输。我国现场使用的大部分为分体式往复压缩机。

（李明忠　于乐香）

【压缩机站 compressor station】 为了向油层注气或向气举井连续供给高压气体,而对低压天然气或空气集中进行增压的站场。站上除装有压缩机外,还有各种高压和低压气体管汇,气体调节、分配和冷却水系统,以及计量和处理设备。气田上长距离输送天然气时,在输送系统中为了保证最大排量和平稳流动,每隔60～80km会设压缩机站进行重复加压。

（李明忠　于乐香）

【配气站 gas-distribution station】 将压缩机站送来的高压气体按用气井要求的气量和压力经过调节后分配到各用气井的站场。在用气井（气举井和注气井）数量多、分布广的情况下,为了减少直接由压缩机站向各用气井供气的高压管线,大都采用分区集中配气的方式。配气站除装有调压、配气和计量设备外,还有用于消除气体中凝析油和水分的加热器和冷凝罐等。

（李明忠　于乐香）

【气举井试井 gas lift well test】 对气举井生产状况测试的工作。气举井按设计投产后,为了掌握井的生产情况,要进行气举井的试井,以便确定井的工作条件。可以用改变注入气量使液体产量改变的方法,进行气举井的试井。根据地层—油管协调工作原理可以看出,当增加油管排量时,油层的排量也相应地增加,而油层的排量是靠降低井底压力而增加的。在改变气体流量时,就可以得到不同液体排量及相应的井底压力,将试井资料绘制成曲线（见图）。由图可选择井的工作制度,如选择产量最高的情况下生产,此时气体流量也较高。也可以选择气油比较低的一点生产。当油藏压力

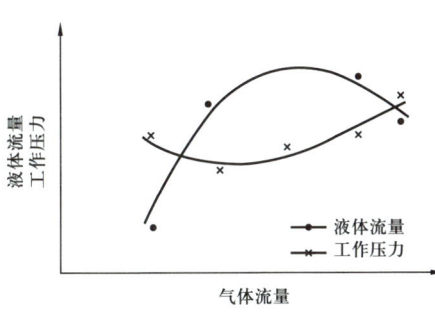

气举井试井曲线

降低使井中动液面太低时，会使产量过低或气体耗量太大，这样油井无论在产量上或经济上都不合理，此时应当考虑其他措施或转为其他采油方式。

（李明忠　于乐香）

【相对沉没度 relative submergence】 自喷井和气举井油管沉没在液体的长度（绝对沉没度）与管长的比值。它表示每米管长平均消耗的压头。绝对沉没度是流体在管内流动时消耗的总压头。即

$$h=(p_1-p_2)/(\rho g)$$

式中：h 为绝对沉没度，m；p_1 为管鞋压力，Pa；p_2 为油管压力，Pa；ρ 为液体密度，kg/m³；g 为重力加速度，9.8m/s²。

（李明忠　于乐香）

【气举井故障诊断 gas-lift diagnosis】 针对气举井工作状况而采取的诊断方法。包括井下测试法和井口压力诊断法。

井下测试法　利用井下测试的压力、温度剖面和液面可以分析判断气举井注气点的位置、气举阀工作状况、管柱是否存在多点注气、油管是否漏失、注气量是否合理等。对井筒压力波动大的气举井，用测压的方法不能反映油井真实工作状况，这时可采用测井下流动温度剖面的方法，通过气体在油管中的膨胀冷却效应，分析出井下注气点的位置。一般情况下流动温度和流动压力测试是同时进行的，通过对两条曲线的综合分析，可以得出较准确的判断。

井口压力诊断法　利用井口双针压力自动记录仪测得的油套管压力，通过分析可以判断气举井的工作状况，如气举阀的卸载、气举阀关闭动作、管柱漏失、油管结蜡、封隔器坐封情况等。

（叶利平）

【有杆泵采油 sucker rod pumping production】 依靠抽油机带动光杆、抽油杆柱和深井泵的柱塞作往复运动，完成抽汲动作的一种人工举升采油方式。全称抽油机有杆泵采油。

在国内外人工举升采油井约占总井数的90%，而有杆泵采油井又占人工举升采油井的90%左右。有杆泵采油最大扬程可达4000m，最高排量可达400m³/d。

优点是技术比较成熟、结实耐用、工艺比较配套，扬程和排量可以适应大多数油井。缺点是扬程和排量都不如水力活塞泵采油，排量不如电动潜油泵采油，对于出砂、高气油比、结蜡和腐蚀的油井都会降低泵效和使用寿命。整个

系统薄弱环节是抽油杆，细长的抽油杆在不同程度腐蚀环境中承受大的交变载荷，容易产生疲劳断裂，故障率高。

有杆泵采油系统主要由抽油机作为驱动设备、抽油杆作为传动部件和深井泵作为举升装置三部分组成（见图）。其基本原理是将电动机旋转运动，经过减速箱减速后，再经四连杆机构转化为往复运动，利用抽油杆将往复运动传递给深井泵。上冲程光杆由下死点上行时，首先拉直抽油杆，游动阀受自重和油管内液柱压力的作用而关闭后，液柱载荷由油管转移到抽油杆上，使抽油杆伸长而油管缩短，当光杆上行距离达到

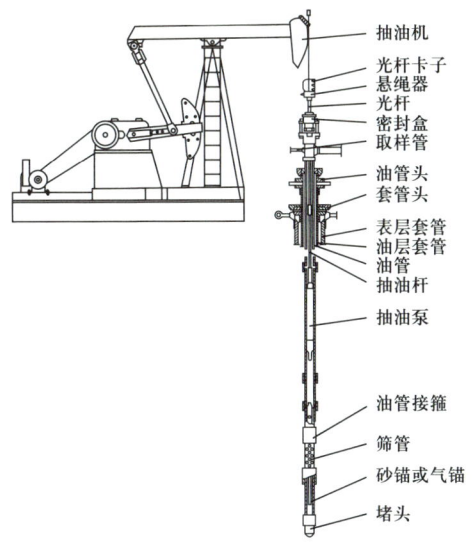

有杆泵采油系统示意图

抽油杆伸长量后，柱塞开始上行，并提升柱塞上部的液体。与此同时柱塞下面泵筒空间压力下降，当压力低于沉没压力时，井液在沉没压力作用下顶开固定阀进入泵筒，完成吸入过程。下冲程光杆由上死点下行时，首先压弯下部抽油杆，同时固定阀靠自重下落而关闭，泵筒内液体受压缩，压力逐渐升高，当压力超过柱塞上部液柱压力时，顶开游动阀使泵筒内液体进入油管内，这时液柱载荷由抽油杆转移到油管上，抽油杆卸掉液柱载荷而缩短、油管伸长，减少了有效冲程，完成了一个抽汲过程。抽油机连续做上下往复运动，则井液连续不断地被举升到地面。

20世纪70年代以来，有杆泵采油系统不但在有杆泵抽油系统设计和有杆抽油系统故障诊断等理论方面取得了较大的发展与进步，而且在有杆泵采油装备（特别是抽油机和抽油杆）基础理论方面都有新的突破。

推荐书目

陈宪侃，叶利平，谷玉洪．抽油机采油技术［M］．北京：石油工业出版社，2004.

（陈宪侃）

【抽油机 pumping unit】 带动光杆、抽油杆柱和深井泵柱塞作上、下往复运动，完成深井泵抽汲动作的有杆泵采油地面设备。19世纪以来抽油机经过不断地改进完善，创造出各种类型的抽油机达数百种之多，归纳起来可分为游梁式抽油机、无游梁式抽油机、可变四连杆游梁抽油机和直线电动机抽油机四大类（见表）。

四大类抽油机概况

抽油机类别	游梁式抽油机	无游梁式抽油机	可变四连杆游梁抽油机	直线电动机抽油机
代表机型	常规游梁式抽油机 异相型游梁式抽油机 前置型游梁式抽油机 气平衡游梁式抽油机 斜直井游梁式抽油机	链条抽油机 皮带抽油机 液压抽油机	双驴头抽油机 弯游梁式抽油机 调径变矩游梁平衡抽油机	直线电动机抽油机
基本原理和特点	（1）用电动机将电能转变为旋转运动的机械能，经减速和四连杆机构，转变为直线往复运动。 （2）采用曲柄平衡、游梁平衡、复合平衡或气动平衡。 （3）悬点运动规律为变速运动	（1）用电动机将电能变为旋转运动的机械能，经减速驱动主动链轮带动往返架，主轴销带动滑块完成往返架的换向动作（液压抽油机用液压推动液缸），实现悬点直线往复运动。 （2）采用气平衡或液压平衡。 （3）悬点运动规律，每个冲程绝大部分时间为匀速运动，只上下死点有短时间的增减速	（1）用电动机将电能转变为旋转运动的机械能，经减速和可变四连杆机构，转变为直线往复运动。 （2）采用曲柄平衡、游梁平衡、复合平衡。 （3）悬点运动规律为变速运动	（1）用直线电动机将电能直接转变为直线往复运动。 （2）采用天平式平衡。 （3）悬点运动规律，每个冲程绝大部分时间为匀速运动，只上下死点有短时间的增减速
优点	（1）结构简单、易损件少、耐用、可靠性强、操作简便、维修方便、维护费用低、特别能适应野外恶劣工作环境等优点。 （2）能适应野外全天候恶劣环境下运行	（1）天平式平衡，悬点运动规律为匀速，加速度小，惯性载荷和动载较小。启动载荷较低，装机容量较游梁抽油机约减少50%。节能效果好。 （2）平衡效果得到一定的改善。 （3）整机传动效率较高约为75%。 （4）加大冲程使整机质量增加较少，约为每加大1m冲程，总机质量增加1t左右	（1）结构简单、易损件少、耐用、可靠性强、操作简便、维修方便、维护费用低、特别能适应野外恶劣工作环境等优点。 （2）可变四连杆机构使减速箱扭矩波动减小，克服了负扭矩，装机容量较游梁式抽油机小约40%。 （3）能适应野外全天候恶劣环境下运行	（1）天平式平衡，悬点运动规律为匀速，加速度小，惯性载荷和动载小。启动载荷低，装机容量较游梁式抽油机约减小50%，节能效果好。 （2）结构简单、易损件少，操作自动化程度高，可实现智能控制，整机传动效率可达88%。 （3）加大冲程使整机质量增加较少，每加大1m冲程，整机质量增加0.7t左右。 （4）能适应野外全天候恶劣环境下运行

续表

抽油机类别	游梁式抽油机	无游梁式抽油机	可变四连杆游梁抽油机	直线电动机抽油机
缺点	（1）平衡效果没有得到根本的改善，减速箱扭矩波动大，且出现负扭矩悬点为变速运动规律，加速度高，惯性载荷大，启动载荷大，装机功率过大，比实际耗能大一倍。（2）整机传动效率低，约为66%。（3）加大冲程使整机质量急剧上升	（1）结构较复杂，易损件较多，故障率较高。（2）采用了软连接，寿命较短	（1）平衡效果没有得到根本的改善。（2）整机传动效率低，约为66%。（3）加大冲程使整机质量急剧上升	（1）以动子作为部分平衡重，不平衡重较大。（2）采用了软连接，虽然采取了有效的措施，其寿命比游梁式抽油机短

中国抽油机制造业已有半个多世纪的历史，经过20世纪50年代以进口为主，修配为辅的起步阶段，发展到20世纪60—70年代在仿制的基础上进行试制，1975年制订国产抽油机基本型号与参数系列，再到1980年制订抽油机行业标准，开始自主设计和研制国产抽油机，实现国产化。

（陈宪侃）

【游梁式抽油装置 walking beam pumping system】 由游梁式抽油机带动抽油杆和抽油泵活塞上下往复运动从而将井下原油提升到地面的采油装置。抽油机安装在地面井口上；抽油泵固定在油管下部，沉没在井内液面以下；抽油杆下端接抽油泵的活塞，上端与抽油机的驴头（悬点）相连。利用抽油机的游梁—曲柄—连杆机构及减速箱将地面动力机（电动机或内燃机）的高速旋转运动转换成驴头的低速往复运动。活塞随抽油杆和驴头做往复运动时，利用装在活塞上的排出阀和固定在泵下端的吸入阀的交替工作，将井内液体通过油管抽到地面。这种装置虽然金属耗量大，但结构简单、工作可靠、适应范围较广、维修工作量较小，因而得到广泛应用。

（于乐香）

【游梁式抽油机 walking beam pumping unit】 由游梁、曲柄、连杆组成四连杆机构将电动机通过减速器减速后的旋转运动变为悬点直线往复运动的抽油机。游梁式抽油机最主要的一个特点就是有一个能绕支架轴承上下摆动的游梁。驴头悬点接悬绳器，悬绳器下接抽油杆柱，抽油杆柱带动抽油泵柱塞在泵筒内作上下往复直线运动，从而将油井内的油举升到地面。基本特点是结构简单、制造容易、维修方便，可以长期在油田全天候运转，使用可靠，是这是应用最广泛的抽油机。根据结构形式不同分为常规游梁式抽油机、异相型游梁式抽油机和前置型游梁式抽油机、斜井游梁式抽油机等；根据平衡方式不同分为机械平衡游梁式抽油机、气平衡游梁式抽油机、液力平衡游梁式抽油机等；按照机械平衡方式又可分为游梁平衡、曲柄平衡和复合平衡三种；按驴头结构型式可分为上翻式、侧转式、旋转式、悬挂式和双驴头式等；按减速器型式可分为齿轮式、链条式和皮带式等；按驱动方式可分为电动机驱动和内燃机驱动等。根据节能及特殊工艺的需要，发展了一些可变四连杆机构的游梁式抽油机，现场用得较好的主要有弯游梁式抽油机、双驴头抽油机和调径变矩游梁平衡抽油机等。

（陈宪侃　方代煊　于乐香）

【游梁 walking beam】 安装在抽油机支架上、作上下运动的钢结构梁。游梁用轴承安装在支架上，前端与驴头相连，后端通过尾轴承和横梁相连。采用游梁平衡时，可在游梁的后端安装平衡块。抽油机工作时，游梁绕支架轴承做摇摆运动传递动力，同时承受悬点载荷、连杆拉力和支架通过轴承对游梁的反作用力等，因此，游梁本身必须具有足够的强度和刚度；为了保持驴头悬点与井口中心一致，游梁需配置微调装置。连杆和游梁连接的中间部件称为横梁，它将电动机传来的动力传给游梁，并带动游梁做摇摆运动。

（李明忠　于乐香）

【悬绳器 sucker rod hanger】 抽油机驴头和光杆的特制柔性连接装置。使光杆在工作过程中能处于井口中心位置，使抽油杆的运动始终与驴头弧面保持相切。由单层负荷挂板、钢丝绳紧固件和防跳挡板组成，负荷挂板的两端对称开有由上至下贯通的钢丝绳固定孔，钢丝绳穿入钢丝绳固定孔内。位于钢丝绳固定孔位置的负荷挂板由前贯通至后分别开有插装钢丝绳紧固件的插装孔；负荷挂板的中部设有由上至下贯通的泵杆侧卧孔和固定在负荷挂板前面的防跳挡板，泵杆卧入泵杆侧卧孔内，紧固防跳挡板，将泵杆挡在泵杆侧卧孔。

（李明忠　于乐香）

【动力机 pumping unit】 把热能、电能等变为机械能用于驱动其他机械工作的机器。抽油机的动力机主要是电动机和内燃机（柴油机、天然气发动机）两种，其中应用最多的是电动机，并以三相异步封闭式鼠笼型电动机为主。动力机可以安装在两种不同位置上，一种是将动力机安装在底座的尾部；另一种是将动力机安装在支架的下面,这种方式虽然可使底座变短,但操作和维修都不方便,因此很少采用。

(李明忠 于乐香)

【减速器 decelerator】 将电动机高速转动变为低速转动的机械装置。抽油机减速器实现从电动机到曲柄轴的动力传递和减速,即把电动机的高转速降低到抽油机正常工作所需要的转速,并把电动机输出轴的低扭矩放大到抽油机提升液柱和抽油杆柱所要求的扭矩,通过减速箱把动力传给减速箱两侧的曲柄—连杆机构,以适应油井的正常生产。减速器的安装位置有两种:一种是将减速器安装在用钢板焊成的高底座上,高底座焊接固定在底座体上,国内外生产制造的抽油机大多采用这种形式;另一种是将减速器直接放在底座上,其优点是可使抽油机支架高度变低,但由于曲柄和平衡块回转半径大,抽油机需要安装在较高的水泥基础上,给减速器的安装、操作和维修都带来很大的不便。

(李明忠 于乐香)

【四连杆机构 four connecting rods】 游梁式抽油机中以游梁支点和曲柄轴中心的连线作固定杆,曲柄、连杆和游梁后臂为三个活动杆所构成的平面四杆机构。其主要作用是将曲柄的旋转运动转化为悬点的上下往复运动,以适应抽油杆上下运动的特点。在曲柄连杆机构中,将游梁后半臂、连杆、曲柄和游梁支点与曲柄轴连线视为四连杆机构,而建立的悬点运动模型称为四连杆机构模型。

(李明忠 于乐香)

【驴头 horsehead】 游梁式抽油机中装在游梁近井口端的带弧面构件。在游梁运动的情况下,弧面始终与井口垂直中心线的延长线相切。驴头由钢板和角钢焊接而成,其作用是保证抽油时光杆始终对准井口中心位置,为此,驴头在制作时是以游梁支点轴承为圆心,以轴承到驴头前端点长为半径的圆弧面,这样才可以保证抽油机工作时驴头头部中心点的投影始终与井眼中心重合。另外,为了安装及修井的需要,驴头必须能够从井口移开。按驴头从井口移开的方式不同,可将驴头分为上翻式、可拆卸式和侧转式三种类型(见图);近年来又试制成功了一种伸缩自让位式驴

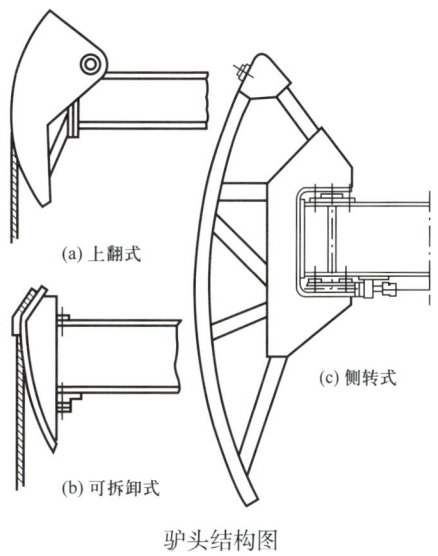

驴头结构图

头。现场游梁式抽油机多采用侧转式驴头,它主要是用一个或四个垂直销轴与游梁连接,修井时驴头侧转,让出修井机游动系统上下活动的空间。

(李明忠　于乐香)

【常规游梁式抽油机 conventional walking beam pumping unit】 电动机带动减速器经过四连杆机构将旋转运动转变为直线往复运动的基本型抽油机。主要由拖动装置、减速箱、曲柄、连杆、横梁、游梁、驴头、支架、底座、刹车、悬绳器以及平衡重等部分组成(见图)。结构特点是曲柄连杆机构与驴头分别位于支架的前后两边(后支撑),减速箱输出轴与尾轴承在同一垂直线上。基本原理是电能通过电动机转换为旋转机械运动,通过皮带和减速箱减速后,经过四连杆机构将旋转运动转变为上下往复直线运动,带动光杆、抽油杆和深井泵进行抽油。上冲程时,平衡块下落,释放位能,协助电动机提升抽油杆柱、泵,抽汲液体;下冲程时,平衡块上升,储存位能。这种抽油机尽管存在传动效率低、加速度大、惯性载荷大、平衡效果差、体积笨重等缺点,但是其结构简单,制造容易,维护方便,特别能适应长期在野外恶劣环境中全天候连续运转,使用可靠,是油田应用最广泛的抽油机。

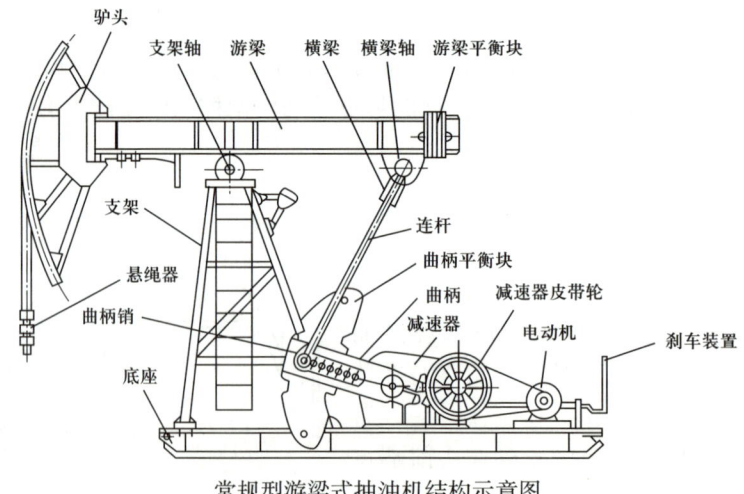

常规型游梁式抽油机结构示意图

(叶利平)

【异相型游梁式抽油机 abnormal walking beam pumping unit】 在常规游梁式抽油机的基础上改进了极位夹角和平衡相位角的抽油机。改进的目的在于节能。这种机型诞生于20世纪50年代,由美国俄克拉何马州的奥克兰公司研制,1982年被命名为托马斯特(英文简称为TM)抽油机,1983年被列入美国的API标准规范，它主要采用曲柄偏置结构实现节能目的，因而也称为偏置式抽油机。这种机型在我国于1986年开始由兰州石油机械厂和四川钻采设备厂联合研制，之后投入生产使用。

与常规游梁式抽油机相比有两点改进（见图）：其一是将减速箱背离支架后移，增大了减速箱输出轴中心和游梁摆动中心之间的水平距离，形成了较大的极位夹角 λ，即驴头处于上下死点位置时连杆中心线之间的夹角。其二是平衡块重心与曲柄轴中心连线和曲柄销中心与曲柄轴中心连线之间构成的夹角 τ，通常称为平衡相位角。这种抽油机的曲柄均为顺时针旋转（驴头在右侧），曲柄平衡重总是滞后一个相位角 τ。它是20世纪70年代以来在常规游梁式抽油机基础上改造成功的一种性能较好的抽油机。

异相型游梁式抽油机具有较大极位夹角（一般为12°左右），如前所述的曲柄旋转方向时，这种正极位夹角使得抽油机上冲程时曲柄旋转的角度增加12°，下冲程时曲柄旋转的角度减少12°，上冲程时间大于下冲程时间，使得加速度和动载荷有所下降。平衡相位角改善了平衡效果，使扭矩峰值降低，扭矩变化较均匀，所需电动机功率减小，在一定条件下有节能效果，但不适应于抽稠油。

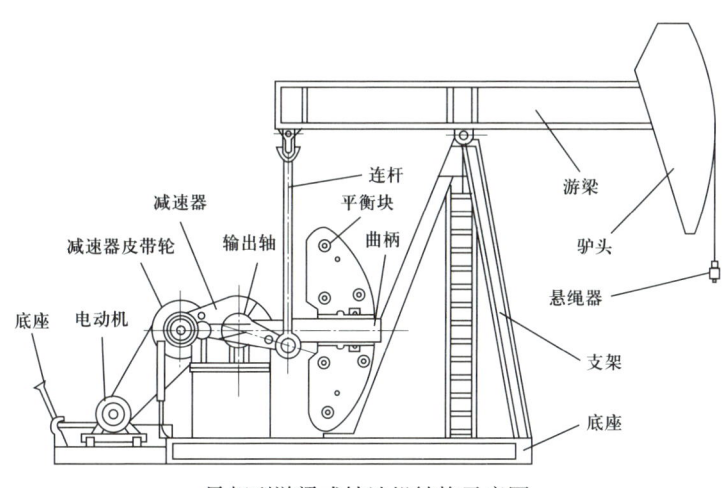

异相型游梁式抽油机结构示意图

（叶利平）

【前置型游梁式抽油机 back-crank walking beam pumping unit】 在常规游梁式抽油机的基础上将曲柄连杆机构和驴头都位于支架前面的游梁式抽油机。它是20世纪70年代以来在常规游梁式抽油机基础上改造成功的一种性能较好的抽油机，是游梁式抽油机的另一种形式。它的结构特点是曲柄连杆机构和驴头都位于支架的前面，曲柄连杆机构存在15°左右的极位夹角和15°左右的平衡相位角

（见异相型游梁式抽油机），因而上冲程时间长。光杆运动中加速度与运行时间的平方成反比，其悬点载荷较低，抽油机承载状况较合理。这种抽油机上冲程时扭矩因数较小，又具有平衡相位角，使得上冲程开始时减速箱输出扭矩比油井负荷扭矩滞后，而在下冲程时减速箱输出扭矩又超前于油井负荷扭矩，有效地降低了减速箱峰值扭矩，使净扭矩较均匀，降低了运行功率，有一定的节能效果（见图）。但是这种抽油机具有不容忽视的缺点，主要表现：结构不平衡重比常规抽油机大得多，必须加重平衡重，增加了总机质量；减速箱安装在支架下面，安装和维修保养都不方便；运行过程中前冲力较大，影响机架的稳定性。在中国油田应用尚不广泛，多用于悬点载荷大于12t、冲程长度大于3.6m或抽稠油的油井。

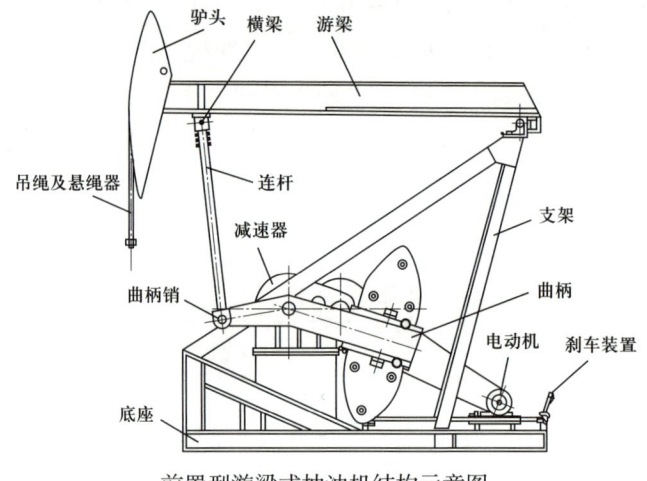

前置型游梁式抽油机结构示意图

（叶利平）

【气平衡游梁式抽油机 pneumatic balance walking beam pumping unit】 在前置型游梁式抽油机的基础上，利用气缸内气体压力产生的推力实现平衡的改进型抽油机。

这种抽油机实际上是前置型游梁式抽油机的变型结构，与其不同之处是不用平衡重来实现平衡，而是利用气缸内气体压力产生的推力来实现平衡（见图）。其优点是没有笨重的平衡块，总机质量减轻约1/3，用调整气包内压力实现平衡的调整工作，调整平衡时不用停机，操作十分方便，而且有利于减小减速箱的负扭矩，平衡效果较好。缺点是气缸加工费用高，增加一套补气装置和比气缸容积大8～10倍的储气包，为保证驴头悬点在突然失载的情况下抽油机能安全停车，必须装有安全装置，这样更增加制造成本。尤其是平衡气缸系统在运行过程中故障率高，对操作和维修工人的技术要求高，运行费比其他抽油机都高，国内外使用的都比较少。

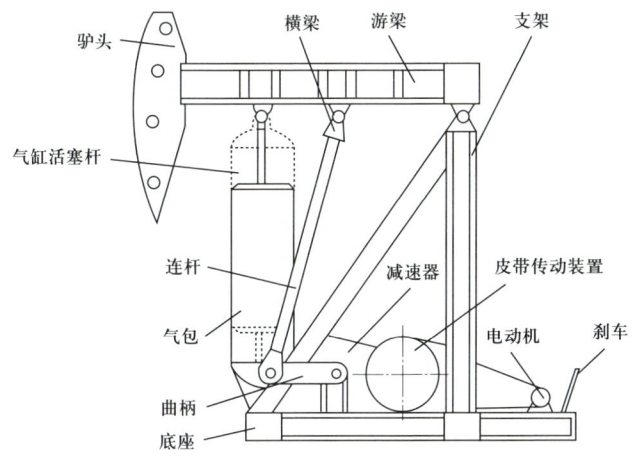

气平衡游梁式抽油机结构示意图

（叶利平）

【弯游梁式抽油机 bent walking beam pumping unit】 在常规游梁式抽油机的基础上将游梁改为弯曲形的改进型游梁式抽油机。

与常规游梁式抽油机相比不同之处是游梁形状为弯曲状，尾轴承坐在游梁的上部，克服了双驴头抽油机可变四连杆机构软连接的弱点（见图）。这种抽油机的平衡设计成两部分：一部分仍保留在曲柄上作为旋转平衡；另一部分设计在弯曲游梁特定的位置，利用弯曲游梁摆动时有效后臂长度变化的原理，实现对曲柄平衡扭矩的修正，达到优化平衡的效果。经过修正后的平衡扭矩曲线可以同载荷扭矩曲线实现较好的平衡，有效地减小净扭矩的波动值，达到减小动力配置、提高总机效率、降低能耗的目的。这种抽油机弥补了双驴头游梁式抽油机在小载荷时节能效果不够好的弱点，而且改进了后驴头软连接的薄弱环节，增加了可靠性。在大载荷条件下节能效果不如双驴头游梁式抽油机（见双驴头抽油机），特别适用于10型以下的抽油机。

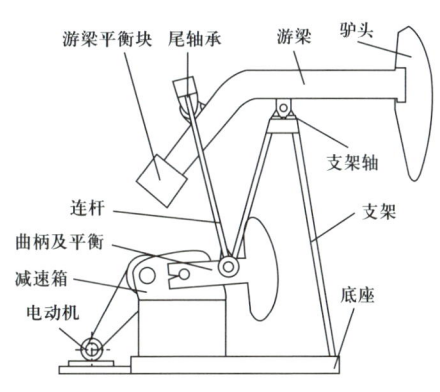

弯游梁式抽油机结构示意图

（叶利平）

【双驴头抽油机 double horse head walking beam pumping unit】 在游梁的两头各有一个驴头的游梁式抽油机。20 世纪 80 年代为了改善游梁式抽油机效率、克服启动扭矩过大造成装机功率过大等问题,由中国首创了可变四连杆机构的游梁式抽油机,主要是利用尾驴头摆动时,后毛辫子与驴头弧面接触点的改变来改变后臂长和连杆长度以及后臂与前臂的夹角,按照驴头负荷增大时后臂长变长,而驴头负荷减小时后臂长变短的原则设计后驴头曲面(见图)。这种结构利用后驴头曲率变化,调整后臂长使得平衡扭矩尽可能地拟合载荷扭矩的变化,使抽油机运行时净扭矩变化减小,从而降低了减速箱的峰值扭矩,它使上下行程扭矩趋于平稳,克服了负扭矩,从而有效地克服了装机容量过大问题。可变四连杆机构游梁摆角可适当加大,在一定程度上缓解了游梁式抽油机加大冲程总机质量急剧上升的缺点,16 型双驴头抽油机总机质量只有 41t,是一种有发展前途的游梁式抽油机。这种抽油机适用于大型抽油机,一般 6 型至 16 型抽油机较适合,能实现中长冲程的需要,并且在一定程度上增大常规游梁式抽油机游梁摆动死角,为加大冲程少增加总机质量提供了条件。这种抽油机的后驴头采用软连接是一个薄弱环节。

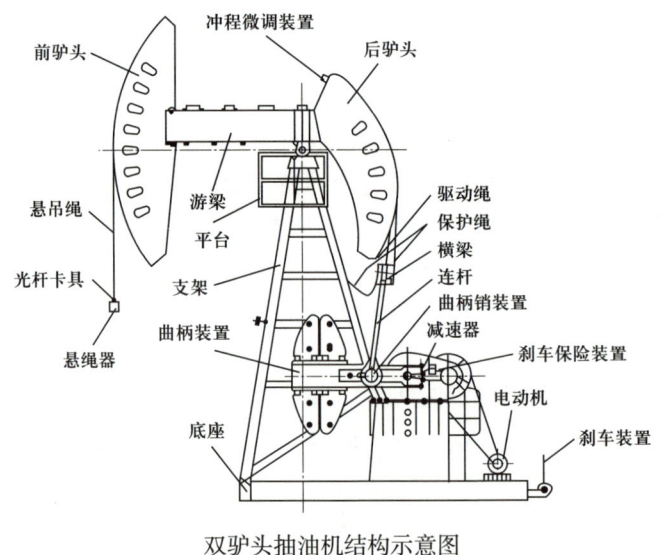

双驴头抽油机结构示意图

(叶利平)

【调径变矩游梁平衡抽油机 adjusting diameter & changing torgue walking beam pumping unit】 在弯游梁式抽油机的基础上改变平衡力臂,使平衡扭矩变化曲线最大限度地抵消载荷扭矩变化,使净扭矩曲线平稳的抽油机。

采用前置式和弯游梁平衡重结构,取消了曲柄平衡(见图)。从平衡原理来说,弯游梁上的平衡重上下摆动时,平衡重距中轴承的水平距离在一定范围内变化，改变了平衡力臂，且可以用调整销进行微调，使平衡扭矩变化曲线最大限度地吻合载荷扭矩曲线变化，从而得到平稳、低峰值的净扭矩曲线。当在最优状况时减速箱峰值扭矩可减小40%，在净扭矩中消除了负扭矩，使电动机载荷变化变小，达到节能的效果。采用了前置式结构，且有小曲柄和低位减速箱，具有游梁摆角大、冲程长、运行平稳等特点。

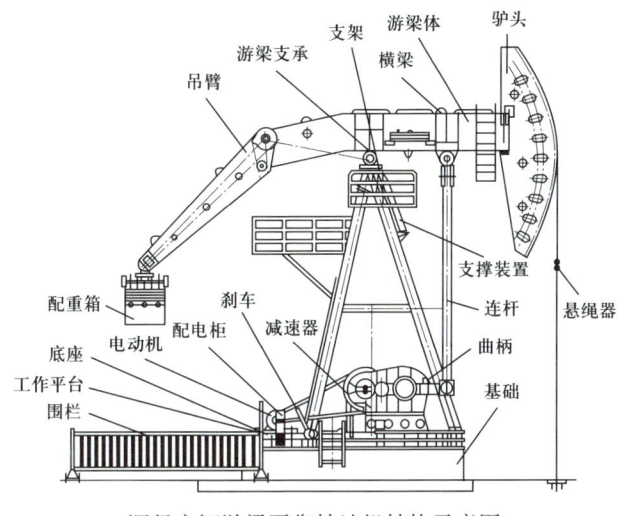

调径变矩游梁平衡抽油机结构示意图

（叶利平）

【**斜直井游梁式抽油机** slant well walking beam pumping unit 】 驴头运动轨迹与斜直井井眼中心线重合的*游梁式抽油机*。专门用于斜直井的抽油。

一般采用常规型或前置型游梁式抽油机的基本零部件，为了满足井眼中心线倾斜的需要，对部分零部件进行改造（见图）。当井斜不大于10°时，可直接将常规游梁式抽油机底盘倾斜安装或将支架后大腿加长，以保证驴头切点运动轨迹与井眼中心线重合。当井斜在10°~45°时，则采用前置式游梁式抽油机基本部件，加大驴头弧面长度，连杆改为可调式，根据井斜大小调整连杆长度，使驴头切点运动轨迹与井眼中心线重合。

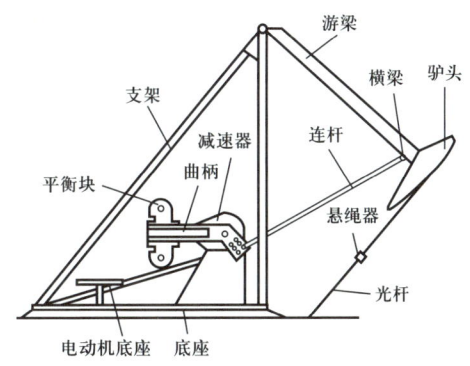

斜直井游梁式抽油机结构示意图

（叶利平）

【旋转驴头抽油机 rotary horsehead pumping unit】 驴头可以旋转以增加冲程长度的游梁式抽油机。前梁上加装连杆驱动驴头旋转的抽油机又称六连杆抽油机。

当抽油机工作时，动力机通过皮带和减速箱机构带动游梁运动，此时，游梁带动驴头除了在竖直方向上运动外，还要做相对于游梁的旋转运动，两种运动的综合作用带动抽油杆柱做上下往复运动，增加冲程并实现抽汲（见图）。

与常规游梁式抽油机的驴头和游梁的刚性连接不同，旋转驴头游梁式抽油机的驴头和游梁的连接方式采用的是铰接，可以使驴头相对于游梁转动；常规游梁式抽油机采用四连杆机构，而该机型在驴头和支架上增加了一根连杆，同时驴头本身也成为一个运动杆件，因而构成独特的六连杆机构；驴头可以相对于游梁转动，又要求其弧面始终和铅垂线相切，所以驴头弧面的轮廓曲线不再是一条圆弧，而应该是一条特殊曲线。

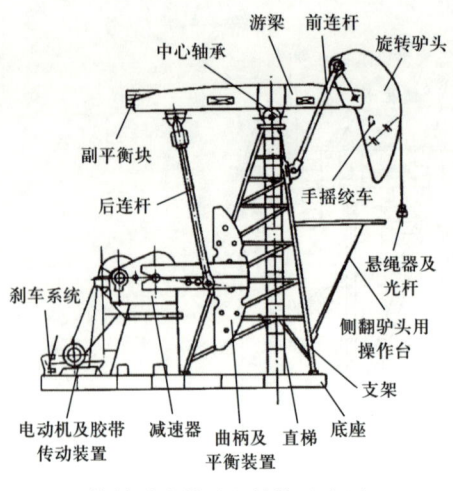

旋转驴头抽油机结构示意图

（李明忠　于乐香）

【摆杆式游梁抽油机 swing-pod pumping unit】 由导杆机构和双摇杆机构串联组成的游梁式抽油机。适合于需要冲程 6m 以下抽油机且供液能力良好、采出液黏度较低的油田。由于导杆机构的极位夹角大（即具有显著的急回特性），两机构串联后设计参数增加，所以，上冲程的工作时间显著大于下冲程的工作时间，上冲程抽油机悬点运动加速度明显下降，抽油机支架所受的水平分力有所减少，减速箱上的峰值扭矩有所下降，使其运动动力性能优于常规游梁式抽油机（见图）。

缺点：（1）导杆和曲柄销之间为移动副连接，曲柄销外滚轮需要润滑，现场难以满足，滚轮壳易损坏，现场更换困难，曲柄销的受力状态有所恶化，可能影响到曲柄销的寿命；（2）支架中部有一个受力点，使支架的结构变得较为复杂；（3）曲柄安装在摆杆（机构学上称这个构件为导杆）里边，调正平衡时与常规游梁式抽油机不同，减速箱的维护困难；（4）较游梁式抽油机增加了摆杆和两副轴承。

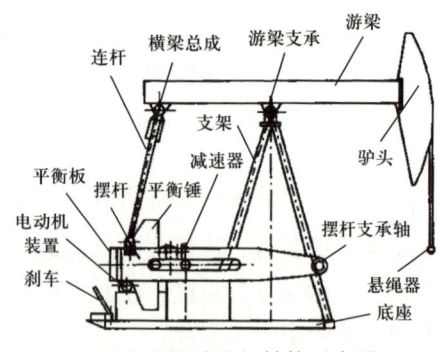

摆杆式游梁抽油机结构示意图

📖 **推荐书目**

张学鲁,季祥云,罗仁全.游梁式抽油机技术与应用[M].北京:石油工业出版社,2001.

(李明忠 于乐香)

【**下偏杠铃游梁复合平衡抽油机** compound balance beam pumping unit of beam balance weight deviated downward】 在常规游梁式抽油机的游梁尾端,利用变矩原理和五条曲线理论,增加简单的下偏杠铃装置后形成的一种新型节能抽油机。两种结构形式(见图):(1)内插式:利用减速器、支架、两连杆之间、小横梁之下的有效空间;(2)外翘式:利用减速器和底座之间的有效空间,其余结构与常规游梁抽油机相同。

它继承和保留了原常规游梁式抽油机的全部优点,具有结构简单、可靠、耐用、维护费用低的优点,尾部采用下偏杠铃游梁复合平衡装置,对整机进行系统的优化设计和调节,使之与负载扭矩曲线相吻合,起到对净扭矩曲线削峰填谷的效果,达到了节能的目的。负载经过两次平衡,抽油机的运行性能得到很大的改善,可降低减速箱和电动机功率的选型等级,或使原抽油机的提升能力得到提高。

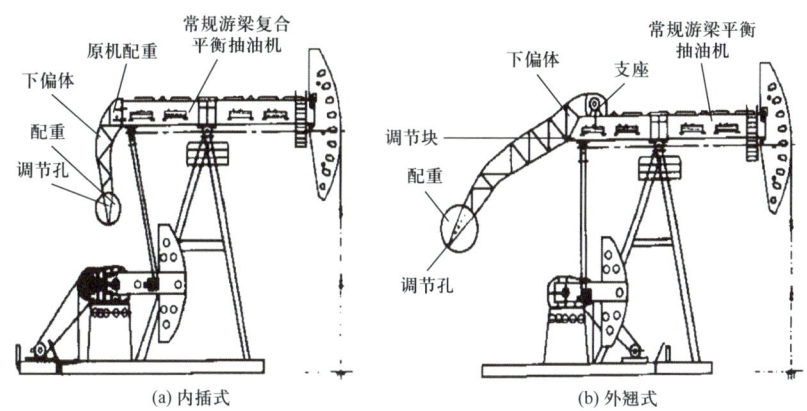

下偏杠铃游梁复合平衡抽油机结构示意图

📖 **推荐书目**

张学鲁,季祥云,罗仁全.游梁式抽油机技术与应用[M].北京:石油工业出版社,2001.

(李明忠 于乐香)

【**悬挂偏置游梁平衡抽油机** pedant and offset type beam pumping unit】 通过在前置型游梁式抽油机的游梁后端装第二驴头(后驴头)改制而成的一种节能型抽

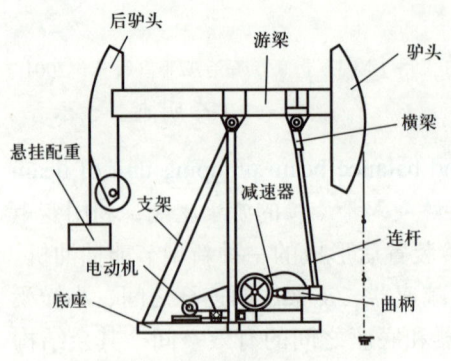

悬挂偏置易调抽油机结构示意图

油机。其曲柄上无平衡块,后驴头是构成变矩平衡的主要构件之一。整机结构特点像一架天平,一端是抽油载荷,另一端是平衡配重载荷(见图)。后驴头与游梁下腹板间设置有抬头变矩装置,弧面上挂有易调平衡配重装置,尾端通过芯轴串装有杠铃式偏置配重装置。

平衡机理有偏置平衡、悬挂易调平衡、抬头变矩平衡,三者都设置在后驴头上,抽油机尾梁平衡配重的力臂是变化的。相对于中央轴承座来说,偏置平衡装置的运动轨迹是一段圆弧,悬挂易调平衡装置在变矩块采用不同方位时,它的运动轨迹是上下往复的斜线运动。抬头变矩平衡装置的运动轨迹是将后驴头的定值圆弧变成多个变径圆弧,三者相互作用、相互制约。在抽油机运行时,可同抽油机载荷的变化相适应,达到加强抽油机的平衡效果,降低其曲柄轴输出净扭矩的峰值,以降低其能耗的目的。悬挂偏置游梁平衡抽油机,在保持了常规抽油机优点的同时,还具有平衡率高、节电效果显著、调参方便等特点。

📖 **推荐书目**

张学鲁,季祥云,罗仁全.游梁式抽油机技术与应用[M].北京:石油工业出版社,2001.

(李明忠 于乐香)

【**六连杆增程式抽油机** incremental pumping unit with six-bar linkage】 在常规游梁式抽油机的驴头和机架之间增加了一对摆杆,而将原四连杆机构增加到六连杆机构从而增加冲程的新型长冲程抽油机(见图)。

在驴头随游梁往复摆动完成原游梁式抽油机一个冲程长度以后,再通过摆杆的作用使驴头相对游梁向后转动一个角度,即在原冲程长度的基础上完成一个冲程长度的附加值,从而达到六连杆机增程的目的。该机提液能力较强,改善了运动性能,使以悬点最大运动加速度和曲柄最大扭矩下降,负扭矩减小,运行平稳。

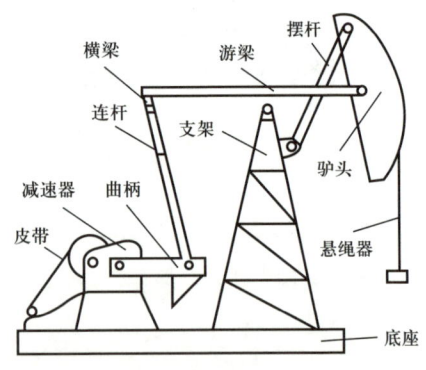

六连杆增程式抽油机结构示意图

(李明忠 于乐香)

【偏轮式游梁抽油机 eccentric wheel pumping unit】 在异相型游梁式抽油机的游梁尾部装有一个偏轮以降低上冲程加速度而形成的新型抽油机（见图）。在偏轮与游梁中心支架之间增设一操纵杆，游梁尾部、横梁、操纵杆与偏轮之间用轴承连接，这样当曲柄旋转时，曲柄带动连杆、横梁、偏轮和游梁运动。

由于偏轮具有急回机构，上冲程加速度明显降低，所以在上冲程时由悬点载荷产生的曲柄轴扭矩比常规游梁式抽油机要小，而偏轮式游梁式抽油机由于具有游梁后臂长度变化和游梁摆动角速度变化的特点，所以上冲程的加速度比异相游梁式抽油机小，因而上冲程由悬点载荷产生的最大曲柄轴扭矩比常规游梁式抽油机降低。

由于偏轮机上冲程的最大扭矩因数值推移到曲柄转角105°处，而悬点载荷产生的最大曲柄轴扭矩也在该处，且曲柄平衡重具有偏置角，所以由曲柄平衡重产生的最大平衡扭矩点基本与悬点载荷产生的

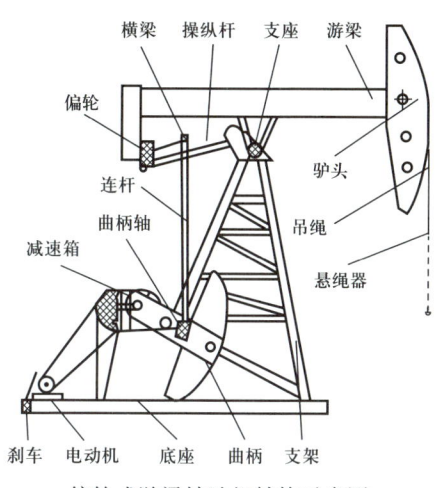

偏轮式游梁抽油机结构示意图

最大扭矩重合；而下冲程最小扭矩因数值向前移动至曲柄转角270°处，下冲程由悬点载荷产生的曲柄轴最小扭矩点也在该处，基本上与曲柄平衡重产生的最小平衡扭矩点重合，经平衡后的曲柄轴净扭矩波动变得平缓，使其净扭矩曲线波动远小于常规机。

在这种运动中，偏轮相对游梁转动，使游梁后臂有效长度随着曲柄转角的变化而变化，游梁摆动角速度也随着曲柄转角的变化而具有不同的变化，使得抽油过程中的平衡力臂和动力力臂合理变化，实现上提加速度比常规游梁式抽油机低，大大地减少了抽油杆上提时的动负荷和由于动负荷引起的振动负荷。

📝 推荐书目

张学鲁，季祥云，罗仁全.游梁式抽油机技术与应用[M].北京：石油工业出版社，2001.

（李明忠　于乐香）

【双四杆游梁式抽油机 double four walking beam pumping unit】 在常规游梁式抽油机基础上改装，在与曲柄装置连接的连杆和游梁之间设有副连杆及摆杆构成

的带副连杆的双四杆机构的一种节能型抽油机(见图)。副连杆的一端与游梁的尾部铰接,其另一端与摆杆铰接。而摆杆的另一端为固定铰接点,且该点在游梁支承点的偏下方。连杆的一端铰接于副连杆中部,其另一端铰接于曲柄装置上。

在游梁后臂与连杆的铰接处及游梁支承部位增加了一套四连杆机构。改变了连杆上端的运行轨迹,使原来是一个圆的轨迹变成了接近直线的扁圆轨迹,放大了冲程;使驱动扭矩可模拟正弦规律,改善了抽油机平衡效果,实现了运动及力的重新分布;改善了减速器的扭矩曲线,降低了波峰和波谷的绝对值,改变了对动力源的要求;实现了在同一负荷的工作条件下所使用的减速器和电动机较常规型游梁抽油机小,即达到节能目的。

在保持传统常规游梁式抽油机基本特征不变的条件下,只是在抽油机尾轴与游梁支撑之间增加一套副连杆机构,合理地控制抽油过程中曲柄平衡重作用在游梁上的平衡力臂和动力力臂的变化,使减速器输出轴净扭矩峰值大幅度降低,使抽油机系统运行更平稳,实现了既保持常规游梁抽油机简单、耐用、易维护的优点,又提高了动力效率、减少能耗,同时降低了抽油机制造的成本。

(李明忠 于乐香)

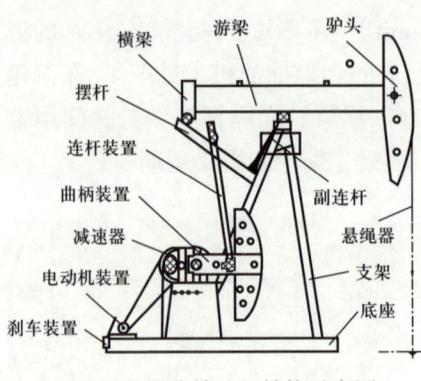

双四杆游梁式抽油机结构示意图

【双驴头游梁式抽油机 twin-horse head walking beam pumping unit】 在常规游梁式抽油机的游梁后端增装有第二个驴头的节能型抽油机(见图)。后驴头弧面圆心与游梁摆动中心重合。驴头上挂有平衡重块。为避免平衡重块因驴头弧面的径向跳动或较大风载而引起的摆动,驴头上装有平衡重引导装置,并用绷绳使其处于铅直位置。

双驴头游梁式抽油机由于采用游梁后端驴头悬挂平衡重块的平衡方式,因此悬点的部分载荷及平衡块重量由结构件游梁和轴承承担,从而减少了减速器及曲柄连杆机构等传动部件的负荷程度,

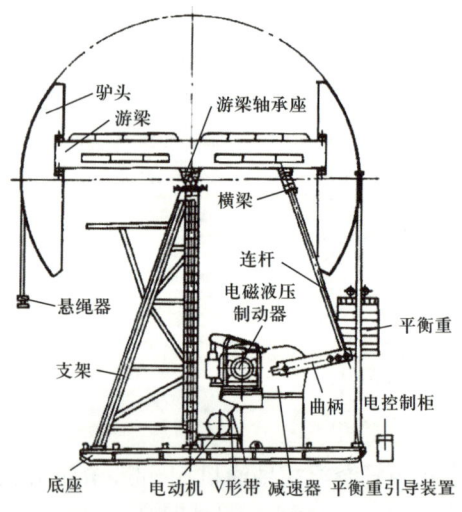

双驴头游梁式抽油机结构示意图

提高了传动件的使用寿命和可靠性。采用平衡配重的方式使平衡易调且效果好，具有节能效果，属于节能型游梁式抽油机。

（李明忠　于乐香）

【蛋形驴头游梁式抽油机　egg shaped horse head beam pumping unit】 在常规游梁式抽油机基础上将驴头改成蛋形驴头的游梁式抽油机（见图）。该抽油机不再采用定滑轮结构，而是将驴头设计为蛋形结构，钢丝绳绕在蛋形驴头上，一端与底座相连，另一端与悬绳器相连。对于蛋形驴头游梁式抽油机，当游梁上下摆动时，钢丝绳使蛋形驴头跟着转动，并带动抽油杆运动，使冲程长度增加近一倍，实现倍增冲程。游梁前端载荷增大近一倍，影响到平衡重的配置，并可能造成增机重量的增加，因而发展前景受到一定的限制。

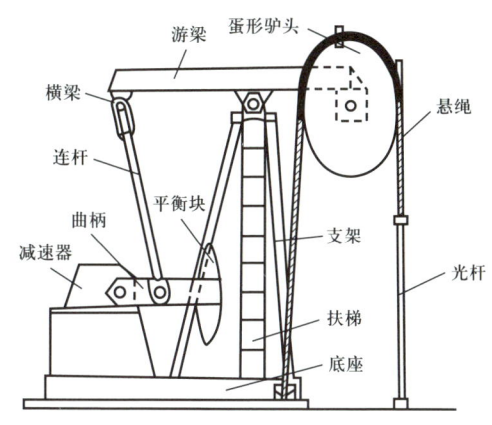

蛋形驴头游梁式抽油机结构示意图

（李明忠　于乐香）

【绳索滑轮式长冲程抽油机　rope and pulley type long stroke pumping unit】 在常规游梁式抽油机改装的驴头上装有可转动的滑轮的一种倍增冲程的抽油机。该抽油机的驴头上装有一个可转动的滑轮，钢丝绳的一端与底座相连，另一端绕过滑轮及驴头弧面与井口的悬绳器相连。当抽油机工作时，在定滑轮的作用下，冲程长度增加近一倍，从而实现倍增冲程。为了避免钢丝绳与驴头弧面的滑动摩擦，驴头弧面装有一排小滚珠，小滚珠可随钢丝绳的运动而转动。游梁前端载荷增大近一倍，影响到平衡重的配置，并可能造成增机重量的增加，因而发展前景受到一定的限制。

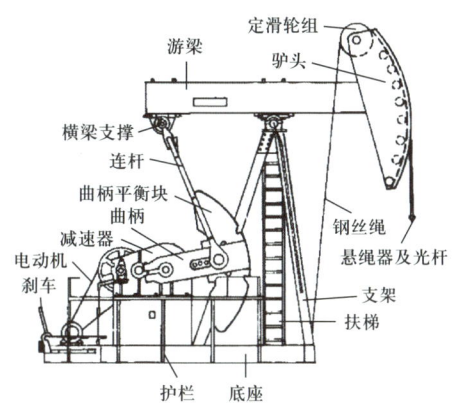

绳索滑轮式长冲程抽油机结构示意图

（李明忠　于乐香）

【低矮异形游梁式抽油机　low profile special-shaped walking beam pumping unit】 在常规游梁式抽油机基础上舍弃游梁形成了驴头、游梁一体化结构的扇形驴头，使整机变矮的异形抽油机。低矮异形游梁式抽油机使整机结构更加紧凑，驴头的强度有所提高。低矮异形抽油机的悬点加速度较常规抽油机下降，使其惯性载荷降低，支架受力减少，增加平稳性。

该抽油机用柔性连接的钢丝绳代替了尾轴承座，钢丝绳成为关键件。钢丝绳的破坏形式主要是接触应力，该抽油机在后驴头后面板上覆盖一层聚氨酯板，大大地降低了钢丝绳的接触应力，使其寿命增加，大幅度提高了整机的可靠性。驴头前部相对于回转中心为一圆弧，从而保证悬点对准井口。驴头后部相对于回转中心为一变径曲线，从而达到变矩，减少曲柄轴净扭矩曲线波动，降低装机功率及节能的目的。该机采用一体式游梁驴头整体结构，大大减小了整机尺寸和重量，结构紧凑，比较适合10型以下抽油机。

（李明忠　于乐香）

【矮型异相曲柄平衡抽油机　low non-synchronous crank balanced pumping unit】
对常规游梁式抽油机四连杆机构采用非对称循环和曲柄平衡重偏置的一种异型机。又称大摆角游梁式抽油机或低矮型抽油机。

该抽油机在结构尺寸采取了以下的优化设计：(1) 四连杆机构的非对称循环，极位夹角为10°，上冲程曲柄最大转角为190°，下冲程曲柄最小转角为170°。(2) 采取了曲柄平衡重偏置结构，偏置角约32°～36°，使平衡扭矩前置，减缓减速箱输出轴扭矩峰值。动力由电动机传给减速箱，减速箱输出轴再把动力通过连杆传到驴头，形成上下往复运动，带动悬绳器、光杆、抽油杆、深井泵抽汲液体（见图）。

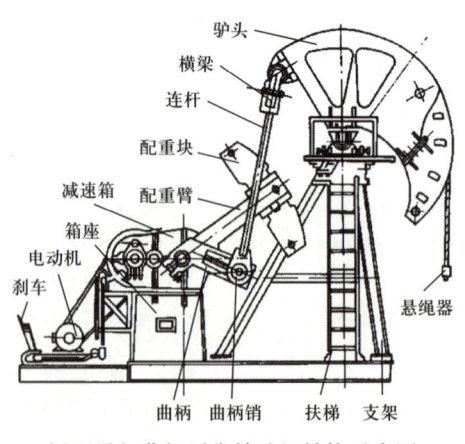

矮型异相曲柄平衡抽油机结构示意图

和其他类型的抽油机相比具有如下优点：(1) 整机重量轻，高度矮，成本低。通过优化等设计，使整机重量只有9.5t，与同型号常规机相比，重量减少了2t以上，节省了钢材，降低了成本，其整机高度比常规机降低了1.8m。(2) 管理方便，操作简单。设计的平衡重丝杆调节机构，调曲柄销即可，方便了调参和调平衡工作，降低了劳动强度和工作量，操作简单。(3) 节能降耗。由于低矮机极位夹角的存在，使得在上冲程曲柄转角为190°，延长了上冲程运行时间，放慢了上冲程运行速度，从而降低了上冲程动载荷，提高了系统效率。同时，偏置角的存在，使得减速箱输出轴净扭矩变化平缓，峰值减小，获得了较理想的平衡效果，从而使该机实现了节能降耗的目的。

由于该抽油机具有上冲程慢、下冲程快的运动特性，稠油井使用时应慎重。

（李明忠　于乐香）

【扇形长冲程抽油机 fan type long stroke pumping unit】 驴头像扇形的抽油机，无游梁式抽油机的一种（见图）。整机重量轻。

和其他类型抽油机相比具有如下优点：结构简单，工作可靠，使用、维修、管理较方便，同时抽汲参数较大，提液能力较强。由于承载钢丝绳在扇形轮上随抽油机上下冲程往返运动受挤压力较大，易造成钢丝绳破股损坏，钢丝绳更换周期一般三个月左右，且较麻烦。

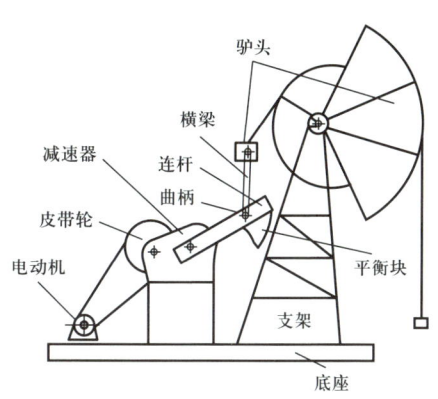

扇形长冲程抽油机结构示意图

推荐书目

张学鲁，季祥云，罗仁全.游梁式抽油机技术与应用[M].北京：石油工业出版社，2001.

（李明忠　于乐香）

【无游梁式抽油机 beamless pumping unit】 与游梁式抽油机相对应，没有游梁、曲柄连杆等组成的四连杆机构，通过其他方式实现悬点直线往复运动的抽油机。无游梁式抽油机的明显特点就是没有一个能绕支架轴承上下摆动的游梁。无游梁式抽油机因其机理不同，结构各异，尚无确定的分类方法和原则。主要有链条抽油机、皮带抽油机、液压抽油机、滚筒型抽油机和直线电动机抽油机等。具有节能、易实现长冲程、总机质量轻、惯性载荷小和智能控制条件好等特点，但也存在结构复杂、运动件多、现场维护难和寿命短等问题，无游梁式抽油机在油田除了稠油、深抽等大载荷油井中得到部分应用外，在常规抽油井中还没有得到推广应用。

（陈宪侃　方代熻）

【链条抽油机 chain drive pumping unit】 电动机通过减速箱减速后，驱动主动轮带动轨迹链条和往返架上下运动的无游梁式抽油机。适用于要求长冲程的油井；绝大部分时间为匀速运动，加速度小，动载荷和惯性载荷都低，适合于稠油、深抽、大排量的油井。

结构特点　由动力转动系统、换向系统、平衡系统、悬重系统和机架底座系统组成（见图）。（1）动力传动系统，包括电动机、皮带传动装置、减速箱、主动链轮、上链轮、轨迹链条和主轴销等；（2）换向系统，即往返架总成，包括往返架体、滑套、滑块和滚轮等；（3）平衡系统，包括平衡链条、平衡缸及其柱塞、储气包、补气压缩机、润滑油泵及其油气管线等；（4）悬重系统，包括天车轮、轮架、钢丝绳和悬绳器等；（5）机架底座系统，包括机架、导轨、底座和油底壳等。

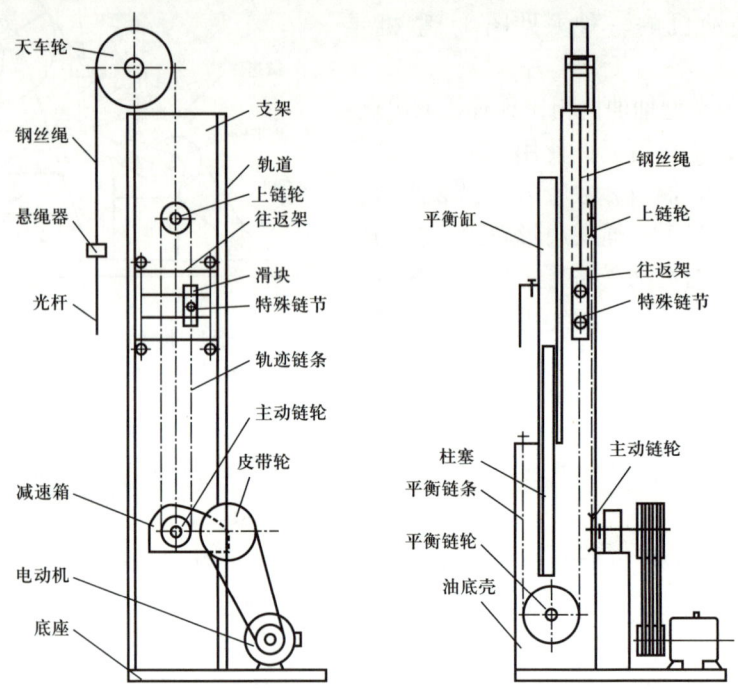

链条抽油机结构示意图

工作原理 电动机通过减速箱减速后驱动主动链轮，带动主动链轮和从动链轮之间的轨迹链条上下运动。轨迹链条上有一个特殊链节，其上装有主轴销，通过滑套和滑块带动往返架沿机架导轨做垂直运动。当轨迹链条上的特殊链节在链轮上做环形运动时，主轴销带动滑块沿滑杠移动，完成往返架的换向动作。绕在天车轮上的钢丝绳一端连在往返架的上部，另一端与悬绳器相连。往返架的垂直往复运动，通过钢丝绳和悬绳器带动光杆、抽油杆和深井泵实现抽汲任务。往返架的下部连有平衡链条，绕过平衡链轮固定在机架上。平衡链轮与平衡气缸中的柱塞相连，利用气体压缩产生的压力变化和推力满足抽油机平衡的需要，为了降低成本和便于维修也有采用机械平衡代替气平衡的链条抽油机。

优点 和其他类型的抽油机相比具有如下优点：（1）采用匀速运动，只有换向期间才有短时间的加减速度，因而动载和惯性载荷都较小，节能效果较好。（2）总机质量轻，约为常规游梁式抽油机的1/3～1/2。结构紧凑，占地面积小，加大冲程使整机质量增加较少，每增加1m冲程，整机质量增加1t左右。（3）整机传动效率较高，一般可达75%。

缺点 这种抽油机还存在一些缺点亟待改进，主要为：（1）采用软连接，链条或钢丝绳承受交变载荷，而各种轮直径不可能很大，链条或钢丝绳通过各种轮时反复弯曲，使用寿命较短。特别是这部分软连接都装在机箱内，不易检查和发现问题，一旦断裂会造成机箱内部件全部损坏的重大事故。维修保养和更换都比较困难。往返架上部两个导轮不能得到良好的润滑，易发生干磨造成部件松动、冲击而损坏零部件。（2）机架距井口太近，修井操作不方便。

推荐书目

陈宪侃，叶利平，谷玉洪.抽油机采油技术［M］.北京：石油工业出版社，2004.

（叶利平）

【**皮带抽油机** belt drive pumping unit】 电动机通过减速箱减速后，驱动主动轮带动链条和往返机构，通过皮带带动光杆做上下往复运动的无游梁式抽油机。

在链条抽油机的基础上，用皮带代替承载的钢丝绳，利用皮带骨架钢丝直径小，要求导向轮直径小，抗疲劳性能好，延长了使用寿命，其结构见图。这种抽油机改善了换向机构，克服链条抽油机换向机构振动载荷大、寿命短的缺点，运行平稳，使用寿命比链条抽油机长，性能好。

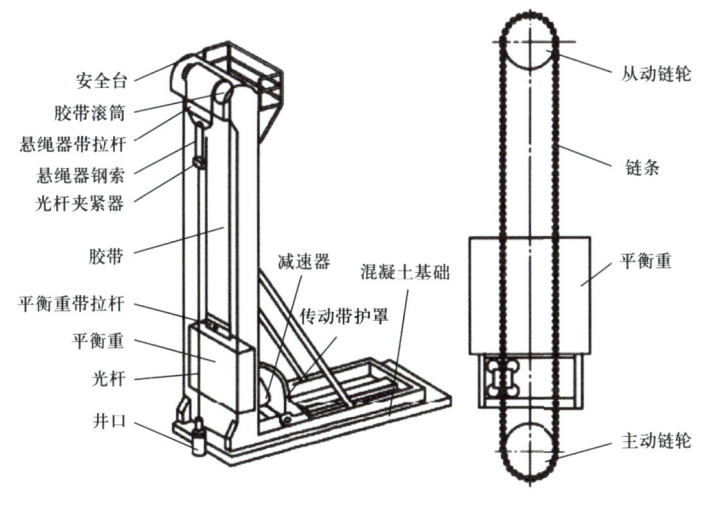

皮带抽油机结构示意图

（叶利平）

【液压抽油机 hydraulic pumping unit】 利用液压推动液压缸的柱塞，带动光杆上下运动，实现抽汲的无游梁式抽油机。

国外在20世纪40年代就开始液压抽油机的研究和应用。1960年中国也研制成功第一台液压抽油机，额定载荷30kN，光杆最大冲程3m，最大冲数5min^{-1}。但是，当时液压元件不过关，加上液压技术和计算机技术还比较落后，换向冲击载荷过大，液压抽油机的研制工作曾停顿了一段时期。20世纪90年代以来随着长冲程抽油机的需求强烈以及液压技术和计算机技术的进步，液压抽油机的研究和应用又开始活跃，90年代末又研制成功YCH-Ⅱ型液压抽油机，冲程长度为5m。从机理方面分析液压抽油机作为长冲程抽油机的机型是非常合适的，只要相应地加长工作液缸的长度，就可以获得相当长的冲程，此时整机的复杂程度、质量、成本都增加不多，其质量只相当于同型号游梁式抽油机的10%～20%。而且可以方便地无级调整冲程、冲数，在一冲程内90%以上时间内均处于匀速状态，运动性能良好。但是液压抽油机的工业应用仍然不多。其主要原因是：液压元件的可靠性还不能满足抽油机恶劣运行环境的要求；抽油机要求在野外全天候运转，要经受季节和日夜温差变化和风沙、粉尘、雨水等的侵袭，液压油很容易被污染变质，影响液压系统正常工作；抽油机是无人值守的设备，液压系统也不适应这样的工作条件。

（叶利平）

【直线电动机抽油机 linear motor actuated pumping unit】 利用直线电动机动子的直线往复运动直接带动光杆进行抽汲的无游梁式抽油机。中国在20世纪末开始研制，21世纪初试验成功的一种全新型抽油机。打破了抽油机利用电动机旋转运动，再经过机械转换为直线往复运动的模式，而是利用直线电动机直接提供直线往复运动，简化了机械传动过程，有效地提高了传动效率。采用天平式平衡，大大改善了平衡效果。

结构原理 由直线电动机（动子和定子组成）、复合导向轮、毛辫子（扁钢丝绳）、悬绳器、平衡导向轮、平衡箱、平移底座和控制柜组成（见图）。其工作原理（按静载荷论述）是：当上冲程时光杆载荷为抽油杆重力加上液柱载荷，而平衡重为抽油杆柱重力加上半个液柱载荷，此时平衡重靠自身重力下行做功，动子下行拉力只有半个液柱载荷。当下冲程时光杆载荷为抽油杆重力，靠自身

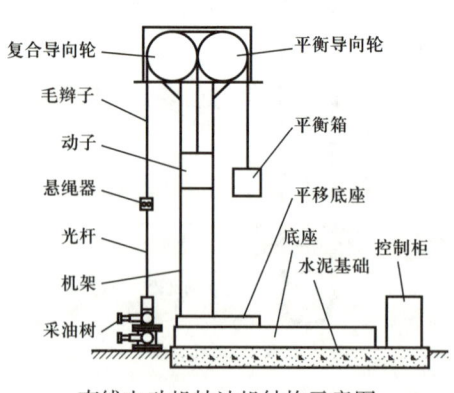

直线电动机抽油机结构示意图

重力下行做功,而动子拉动平衡箱上行,此时动子上行拉力仍然是半个液柱载荷。采用变频技术实现无级调整冲数,利用无触点限位控制器实现无级调整冲程,使得抽油机运动规律能够满足采油工艺智能控制的要求。如控制稠油抽汲时悬绳器下行速度与光杆下行速度自动协调,有效地避免了上行时悬绳器撞击。随着深井泵充满程度降低,自动调整抽汲速度,实现油层与深井泵产能的协调可最大限度地节约能源。不使用四连杆机构,克服了游梁式抽油机加大冲程,而使减速箱扭矩增加,四连杆尺寸加大,引起抽油机外形尺寸和总机质量迅速增加的弱点,直线电动机抽油机加大冲程只需加高机架,抽油机外形尺寸和总机质量都增加得很少。采用天平式平衡,平衡效果好,每个冲程绝大部分时间是匀速运动,加速度小,惯性载荷小又可以进一步节能。

特点 主要有以下几方面:(1)采用天平式平衡,平衡效果好。(2)采用匀速运动,加速度小,动载荷与惯性载荷都小。启动载荷降低,装机容量减少60%。(3)结构简单,易损件少,故障率低,维修方便。(4)加大冲程使整机质量增加较少,每加大1m冲程,整机质量增加0.7t左右。(5)改变了各种抽油机电动机旋转运动经过机械方法转变为上下往复运动的方式,采用直线电动机提供的上下往复运动直接带动光杆进行抽汲,传动效率高,可达88%。(6)节能效果好。(7)采用无级调整冲程、冲数和变频器闭环控制,自动化程度高,便于实现智能化控制。(8)以动子作为部分平衡重,导致不平衡重较大。

推荐书目

陈宪侃,叶利平,谷玉洪.抽油机采油技术[M].北京:石油工业出版社,2004.

(叶利平)

【**摩擦式抽油机** friction pumping unit】 带有摩擦轮的抽油机。主要由上平台、机架、下底盘、配重箱、移机导轨、电控箱等部分组成(见图)。上平台为长方形框架结构,在上面安装有电动机、联轴器、减速机、制动器及摩擦轮等。抽油机架是支撑上平台并保证光杆最大冲程的桁架结构,其上有配重箱运行导轨及换向开关导轨,它通过方形法兰盘用螺栓与下部底盘和上平台连接。

该抽油机结构简单,开关磁阻电动机—摆线针轮减速机—摩擦轮—抽油杆平衡重,中间采用联轴器连接。该抽油机采用的开关磁阻电动机是

摩擦式抽油机

一种新型电动机,性能好,功率因数高,启动电流仅为额定值的30%,且可换向达1000次/h;摆线针轮减速机为一种行星减速机,减速比大(1:50),承受负载大;摩擦轮为煤矿常用升降机构。

冲次可根据生产需要用旋钮任意无级调节,可以实现抽油机工作中上、下行程速度的分别控制。冲程长度可以根据需要设计配套高度的塔架,在最大冲程下实现任意冲程的调节。调平衡简单方便,操作强度低、操作时间短,平衡率可调到95%以上。

在稠油开采上可根据吞吐周期内油温和黏度的变化,及时调整抽汲速度,实现每个吞吐周期内高效采油;在聚合物驱采油井上同样可以实现在较快上行速度的情况下,按照需要合理减慢抽油杆下行速度,防止抽油杆偏磨,提高泵的充满程度和泵效,有效地解决了聚合物驱井筒举升的难题。结构简单紧凑,整机重量轻,电动机恒扭矩输出,起动无冲击电流,节电效果显著。

通过电动机正反转驱动减速机带动摩擦轮转动。无触点换向开关换向,使抽油杆上下运动来抽汲油液。钢丝绳一端通过悬绳器与光杆连接,另一端与配重箱连接,根据示功图载荷的大小可调整配重铁,以调节摩擦轮两端的拉力差,做到精确平衡。

(李明忠 于乐香)

【**渐开线异形抽油机** unusual shape involute pumping unit】 驱动轮为渐开线型的抽油机。该抽油机采用双天轮结构,驱动轮为渐开线型,负荷轮为圆形,并与驱动轮同轴固定在一起,负荷轮一侧悬挂抽油杆,另侧悬挂曲柄平衡重。

圆周运动曲柄通过钢丝绳带动驱动轮摆动,经负荷轮带动抽油杆做往复运动,可实现大摆角、长冲程、大负荷(见图)。由于驱动轮为渐开线型,驱动力臂长度可变,为变参数四杆机构。该抽油机在结构上舍弃了游梁,取消了横梁、连杆,避免在光杆断脱或滞后出现横梁撞击支架,造成支架与横梁破坏,消除了事故隐患。

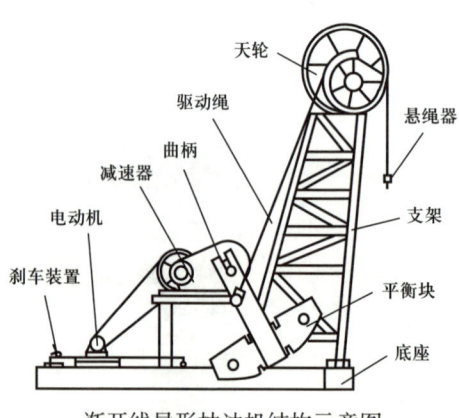

渐开线异形抽油机结构示意图

(李明忠 于乐香)

【**天轮式抽油机** crown sheave pumping unit】 天轮承受主要负荷的抽油机。平衡块与抽油杆通过钢丝绳悬挂在天轮两侧,直接平衡负载,只有天轮承受主要负荷。曲柄旋转时，通过连杆、摇杆和滚轴带动天轮摆动。

结构原理 电动机作单向旋转，经皮带轮由减速器带动装在减速器上的曲柄旋转，曲柄经连杆带动摇杆摆动，滚轴与天轮铰接连接，滚轴又卡在摇杆的槽中。摇杆摆动时，将带动天轮实现大摆角摆动，平衡块和抽油杆用悬绳器挂在天轮上，当天轮摆动时，带动抽油杆和平衡块上下运动，达到抽汲油液的目的。

特点 主要有以下几个方面：（1）结构新颖简单，平衡效果好，效率高，节电。（2）调平衡简单方便。

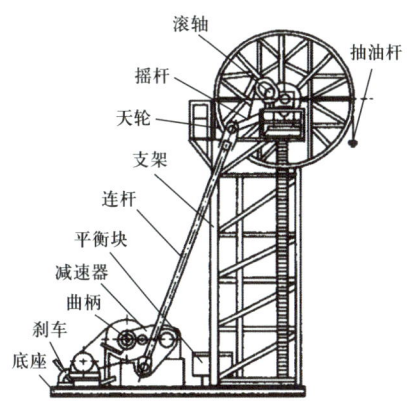

天轮式抽油机结构示意图

（李明忠　于乐香）

【**立式数控抽油机** vertical numerical control pumping unit】 一种立式通过逆变器控制电动机的加、减速运动及正、反转，即靠电动机的正反转完成冲程换向的抽油机。电动机输出的动力经减速箱减速后带动减速箱输出轴上的链轮旋转，缠绕在链轮上的链条的一端和悬点相连，另一端和平衡重相连（见图）。

应用了富士 G7 系列逆变器微机控制的数控操作器，是电子控制的逆变器，是新一代交流传动设备控制器，采用了专用凹 U，能够实现根据瞬时输出电压和电流的监测结果进行高速转矩计算，其转矩功能结合 P1MM 磁通控制，可使 G7 系统逆变器不跳闸，使它能扩大应用到类似抽油机这种具有大负荷变化的石油装备上。

G7 系列逆变器实际上是一种交流变频调速器，它的操作从面板上可以根据需要设定调频范围。电动机按照预先程序设定的频率运行。频率可以设置在零位，此时电动机就处于停止状态。它包括操作监视功能、基本参数设定功能和辅助参数设定功能。所有功能的输入和显示，都在键盘进行数字操作和指

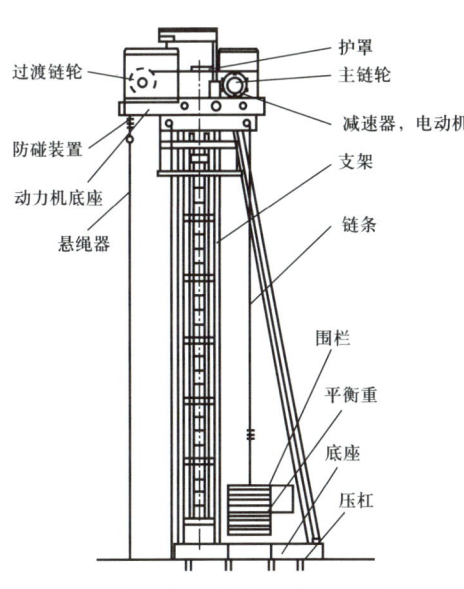

立式数控抽油机结构示意图

示。G7系列逆变器适用于任何三相交流电动机的无级调速，具有电动机恒转矩或恒功率输出特性，并有软启动、加减速及正、反转等功能。

（李明忠　于乐香）

【**抽油机拖动装置** pumping unit lagging current assembly】驱动抽油机运动的原动力机。通常使用的有异步电动机、高转差率电动机、超高转差率电动机和天然气发动机等。

选型时要针对油井的具体工作状况和环境特点来选择拖动装置。如果当地没有电源，有足够的天然气资源就可以选择天然气发动机。有电源的情况下一般可选择电动机。启动载荷高、运行载荷低可选择高转差率电动机，这两种载荷差值进一步加大则可选用超高转差率电动机。但这是一个复杂的技术经济问题，要对具体油井工作情况进行分析后才能作出较合理的选择，主要考虑以下两方面：

（1）考虑电动机的启动性能，游梁式抽油机的转动惯量较大，而且是带载启动，要求启动转矩较大。当带动抽油机的变压器容量较小，抽油机启动时电流较大，抽油机启动瞬间供电电压很低，以致转矩仍然不足。考核电动机的启动性能通常以启动转矩与启动电流之比值表示，称为启动品质因数，其数值越大，说明电动机启动性能越好。电动机转子电阻越大，则启动电流越小，启动转矩越大。各类电动机在额定电压时启动品质因数分别为：超高转差率电动机启动品质因数较高，为 $3.5\sim 4.5N\cdot m/A$；常规转差率电动机转子电阻较小，启动品质因数较低，约为 $1.3N\cdot m/A$；高转差率电动机转子电阻在两者之间，其启动品质因数中等，为 $1.3\sim 3.5N\cdot m/A$。超高转差电动机启动过程较平稳，启动电流较小，对电网的冲击较小。在考虑电动机启动性能时，要充分考虑抽油机运行功率，尽可能避免选用拖动装置功率过大，正常运行时功率较小的现象。

（2）考虑电动机过载能力，抽油机的一个重要特点是承受交变载荷，选择电动机时一般均根据均方根扭矩选择。电动机运行时每个冲程都要经受最大扭矩，电动机必须具有足够的过载能力，通常以抽油机工作时最大扭矩与均方根扭矩之比值（称为过载系数）来表示，它依油井工作状况不同而有所变化，在 $1.8\sim 2.2$。各类电动机过载系数如下：J_2 或 JO_2 电动机过载系数约为 1.8；JQO_2 高启动转矩电动机过载系数为 $2.0\sim 2.2$；Y 系列电动机过载系数约为 2.0 左右；高转差率电动机过载系数较大，JHO_2 系列为 $2.2\sim 2.3$；YH 系列为 $2.4\sim 2.6$；超高转差率电动机 YCCH 过载系数为 $2.5\sim 3.2$；选择电动机时可参考以上数据进行优选。

（叶利平）

【异步电动机 asynchronous motor】 由气隙旋转磁场与转子绕组感应电流相互作用产生电磁转矩,从而实现机电能量转换的一种交流电动机。又称感应电动机。所谓异步,即定子旋转磁场转速和转子转速不同。按转子结构分为有鼠笼式(鼠笼式异步电机)和绕线式异步电动机两种形式。

游梁式抽油机的拖动装置大多数以异步电动机作为原动力机,抽油机都在野外露天工作,其防护形式采用全封闭式(IP44)或防护式(IP23),电动机同步转速一般为1000r/min和750r/min两种。

在额定工况下异步电动机的转差率(定子旋转磁场转速与转子转速之差再除以定子旋转磁场转速)小于5%,当负载变化时,其转速变化很小,一般可以看作转速恒定。在轻载时,其效率和功率因数都很低,随着输出功率增大,效率和功率因数迅速上升。当输出功率达到额定值的50%以上时,效率和功率因数上升趋于缓慢,当输出功率为额定值的70%~80%时,效率和功率因数达到最大值。应当注意的是,当启动时堵转电流远远超过额定电流几倍,势必造成电网有较大的电压降,使得电动机定子绕组的实际电压远远低于额定电压,堵转转矩将因电压不足而成平方关系降低,使电动机启动困难。

参见抽油机拖动装置。

(叶利平)

【高转差率电动机 different horsepower motor by high rotary】 转差率为8%~13%的异步电动机。具有启动品质因素(启动转矩与启动电流之比值)中等(约为2.3N·m/A)和一定软特性。用于游梁式抽油机拖动装置时应根据减速器输出轴净扭矩周期性变化的特点选用。中国电动机额定值一般属于25%的负载持续率,抽油机是连续运行的,当采用高转差率电动机时,电动机的额定功率要降为铭牌值的2/3。

参见抽油机拖动装置。

(叶利平)

【超高转差率电动机 different horsepower motor by superhigh rotary】 转差率高于高转差率电动机的异步电动机。启动品质因素(启动转矩与启动电流之比值)较高,为3.5~4.5N·m/A,具有较强软特性。

用于游梁式抽油机的拖动装置,部分地克服了由于载荷不平衡给电动机带来的超载问题。通过改变定子绕组的接线方式,可以形成四种转矩输出型式:高转矩型式HM、中转矩型式MM、中低转矩型式MLM和低转矩型式LM。电动机处于高转矩型式时,其额定容量、堵转转矩等均为最大,而其额定工况下的转差率以及转速的变化范围均为最小。反之,电动机处于低转矩型式时其额定容量、堵转转矩等均为最小，而其额定工况下的转差率则为最大。可以根据抽油机的实际工作状况选择最适合的转矩型式，使电动机与抽油机之间的匹配更为合理。值得注意的是，超高转差率电动机驱动游梁式抽油机时节能效果随扬程而变化，在一定扬程范围内有节能效果，节能区间的大小与高转差率电动机型号、抽汲参数（冲程、冲数、泵径、泵深）有关。

参见抽油机拖动装置。

📝 **推荐书目**

陈宪侃，叶利平，谷玉洪.抽油机采油技术［M］.北京：石油工业出版社，2004.

（叶利平）

【天然气发动机 natural gas engine】 以液化气、沼气、套管气、伴生气为燃料的内燃机。在油田特定条件下采用天然气发动机作为驱动抽油机的动力装置。利用油井的套管气或伴生气作为燃料，不需要外来能源，对合理利用能源、节约电力和降低成本都有重要的意义。结构和一般内燃机基本相同，但所用燃料为天然气，其燃料供给系统和点火系统有自身特点。

适用范围　一般适用于油田边远井使用天然气发动机带动抽油机，特别是对那些回收利用套管气、低压气有困难的井，就地利用是首选的方式。对架设电网投资过大或电网电力不足者也可选用。在电力充足地区，如果有足够天然气可利用，为了节能也可以使用天然气发动机。

选用条件　以天然气发动机作为驱动抽油机的动力装置的条件为：

（1）原则上应充分就地利用不易回收的天然气（可燃气），最大限度地节约能源。

（2）天然气发动机为软特性，载荷增加时转速会降低，选配天然气发动机时要考虑一定的后备功率。美国石油工程手册推荐选配天然气发动机时要在铭牌功率基础上打一个折扣，一般低速机在铭牌功率基础上乘以 0.8，高速机在铭牌功率基础上乘以 0.65。

（3）选配天然气发动机时还应当考虑海拔高度，一般海拔每升高 100m 有效功率下降 1%。选配时还应考虑温度影响，当大气温度高于 29℃时，每升高 6℃ 选配功率加大 1%。

📝 **推荐书目**

陈宪侃，叶利平，谷玉洪.抽油机采油技术［M］.北京：石油工业出版社，2004.

（叶利平）

【抽油机节能技术 pumping unit power-saving technology】 降低抽油机能耗的技术。抽油机是有杆泵采油的地面动力设备，承受复杂的交变载荷，是高耗能设备。现场提高抽油机效率的技术主要有：

（1）提高电网功率因数。一般采用各种配电箱补偿功率因素，如电容补偿方法。直线电动机抽油机配电箱输出功率因数可达 0.99。

（2）提高抽油机传动效率。绝大部分抽油机都是将电能通过电动机转变为旋转运动，再用机械的方法将旋转运动转换为直线往复运动（只有直线电动机抽油机是将电能直接转化为直线往复运动），抽油机将电动机的旋转运动转变为直线往复运动效率较低，游梁式抽油机本身传动效率约为 72%，加上电动机效率，综合传动效率只有 66%。无游梁式抽油机仍然是将电能转变为旋转运动，然后再通过机械方式转化为直线往复运动，这种能量转化的机械效率仍然较低，与游梁式抽油机相比减速箱能量损失稍微小一点，综合传动效率约为 75%，加上电动机效率，综合传动效率只有 69%。直线电动机抽油机，是将电能直接转换为直线往复运动，故传动效率较高，约为 88%。

（3）研制新型抽油机避免抽油机启动载荷大、运行载荷小造成效率低。回顾抽油机发展历程，由常规游梁式固定四连杆机构抽油机（后支撑），发展到前支撑游梁式抽油机、异相曲柄游梁式抽油机和空气平衡抽油机，游梁式抽油机的性能得到了部分改善。为了克服游梁式抽油机加大冲程后减速箱扭矩、外形尺寸和总机质量迅速增大的问题，继而发展了无游梁式抽油机。这种抽油机容易实现长冲程，90% 以上行程为匀速运动，运动系统的加速度低，惯性载荷小，改善了抽油机受力状况，延长了设备使用寿命，而且冲程大，相对冲程损失小，有效地提高了泵效。但无游梁式抽油机最大的弱点是没有游梁式抽油机耐用。20 世纪 80 年代后期改变固定四连杆机构为可变四连杆机构，发明了双驴头抽油机、弯游梁式抽油机和调径变矩游梁平衡抽油机（两级平衡游梁式抽油机），这些抽油机都是利用改变力臂长度，使抽油机平衡效果大大提高，实现了节能。21 世纪初又创造出直线电动机抽油机，简化了传动方式，提高了传动效率，使节能效率进一步提高。游梁式抽油机节能技术的关键，首先是抽油机载荷周期性的变化，而平衡扭矩变化不可能和抽油载荷扭矩同步变化，在某些意义上说游梁式抽油机的节能技术的关键是平衡技术；其次是游梁式抽油机启动功率大，运行功率小，造成装机功率大，运行时在低负荷运行，俗称"大马拉小车"的弊端。

📝 推荐书目

陈宪侃，叶利平，谷玉洪. 抽油机采油技术［M］. 北京：石油工业出版社，2004.

（叶利平）

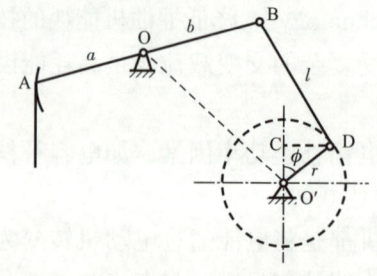

抽油机四连杆机构简图

【**简谐运动模型** model of simple harmonic moving】 假设曲柄半径与连杆长之比、曲柄半径与游梁后半臂之比均趋于零所建立的悬点运动模型（见图）。游梁和连杆的连接点B的运动可看作简谐运动，即认为B点的运动规律和D点做圆运动时在垂直中心线上的投影（C点）的运动规律相同。

（李明忠　于乐香）

【**曲柄滑块机构模型** model of crank-slider】 在曲柄连杆机构中，假设曲柄半径与连杆长之比小于1/4，且游梁尾部B点绕游梁支点的弧线运动近似地看作直线运动所建立的悬点运动模型（见图）。对长冲程抽油机，可将游梁后臂B点的弧线运动，近似看作直线运动，则将驴头悬点的运动简化为曲柄滑块运动。

（李明忠　于乐香）

【**抽油机悬点载荷** polished rod load of pumping unit】 抽油机在不同抽汲参数下运行时悬点所承受的载荷又称光杆载荷，包括悬点静载荷、悬点动载荷和摩擦载荷。其中主要包括：作用在抽油泵活塞上的液柱载荷；抽油杆柱质量引起的载荷；抽油杆柱随悬点做变速运动所引起的惯性载荷；抽油杆柱弹性振动引起的振动载荷。前两者统称悬点

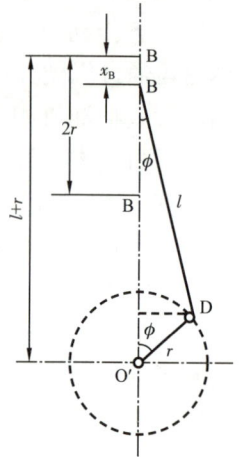

曲柄滑块机构简图

静载荷，后两者统称悬点动载荷。此外，抽油杆柱及活塞运动产生的摩擦力在悬点还引起摩擦载荷，井口回压、泵的沉没压力及泵的工作状况等均对悬点载荷有影响。抽油机及深井泵的工作特点决定了上冲程和下冲程中悬点载荷按一定的规律变化。在一个抽汲循环中，悬点载荷的最大值和最小值分别称为悬点最大载荷和最小载荷。前者随冲程、冲数、泵径、泵深、抽汲液体的密度和抽油杆柱直径的增大而增加；后者随冲程、冲数和液体密度的增大而减小，但与泵径无关。通常，最大载荷出现在上冲程。最小载荷出现在下冲程。悬点最大和最小载荷是选择抽油设备、确定抽汲参数和分析设备工况的主要指标。

悬点静载荷　抽油杆柱和液柱的重量、泵的沉没压力和井口回压在悬点产生的载荷。在计算悬点载荷时，一般只考虑抽油杆自重、柱塞上部液柱形成的静液柱载荷。

悬点动载荷　抽油杆柱和液柱的惯性载荷与抽油杆的弹性而引起的振动载

荷组成的载荷。惯性载荷可以用静载荷乘以惯性因子求得。振动载荷包括抽油杆柱和油管内的流体做不等速运动而产生的抽油杆和液柱的动载荷。实际的抽油杆柱和液柱长度很长，具有相当的弹性和可压缩性。而抽油杆柱做周期性地上下运动和液柱载荷周期性地作用于下端，使抽油杆柱产生弹性振动，同时液柱下端周期性地被柱塞推动而使液柱也产生振动，如果油管下部未锚定，在液柱载荷周期性地作用下，管柱也要产生振动。这三组弹性体的振动互相影响，加上阻尼作用，使得整个系统的振动作用相当复杂，要准确地计算弹性振动载荷是很困难的，一般用抽油杆柱的纵向振动方程，忽略了强迫振动项的简化计算方法。

悬点惯性载荷　抽油机工作时，由于抽油杆柱和油管中的液柱随悬点做变速运动所产生的惯性力在悬点引起的载荷，其大小和方向随悬点运动的加速度而改变。上冲程的前半冲程使悬点载荷增大，后半冲程使悬点载荷减小；下冲程的前半冲程使悬点载荷减小，后半冲程使悬点载荷增大。由于液柱弹性较大，计算悬点载荷时一般可忽略其惯性力。

悬点振动载荷　抽油机运转时，由于液柱载荷周期性地作用在抽油柱上，使抽油杆柱发生弹性振动而在悬点产生的附加载荷。抽油杆振动包括自由振动和强迫振动。自由振动与液柱载荷加（卸）载完成时的悬点运动速度及抽油杆柱的直径和长度有关，强迫振动与抽油冲数有关。当自由振动频率是强迫振动的整数倍时，将发生共振，而产生很大的振动载荷。实际生产时要适当选择冲数以避免发生共振现象。考虑到液体的弹性及其产生的黏滞阻尼，在冲数不很大的情况下计算振动载荷时，可忽略液柱本身的振动和强迫振动，而只考虑抽油杆柱的自由振动。

悬点摩擦载荷　抽油机工作中，由于抽油杆、油管及液体间的摩擦力所产生的载荷。作用在悬点的摩擦载荷主要有：（1）活塞与衬套之间的摩擦力，其值的大小与活塞和衬套的配合有关，也与泵径大小有关；（2）抽油杆与油管的摩擦力，在直井中通常较小；（3）液体与油管的摩擦力，主要取决于液流速度和液体黏度；（4）液体通过游动阀的摩擦力，主要取决于游动阀的结构、液流速度和液体黏度。每口井情况千差万别，除液柱与抽油杆之间的摩擦力和液体通过游动阀的摩擦阻力可以用公式计算外，其余各种摩阻载荷都只能凭经验估算，如抽油杆与油管的摩擦力根据矿场经验，在直井内通常不超过抽油杆重力的 1.5%。柱塞与泵筒之间的半干摩擦力根据矿场经验，当泵径不超过 70mm 时，半干摩擦力不超过 1717N。液柱与油管之间的摩擦力根据高黏度油井的现场资料统计，约为液柱与抽油杆之间摩擦力的 0.77 倍，也可以用公式进行计算。

（李明忠　于乐香　叶利平）

【抽油机平衡 pumping unit balance】 有杆泵抽油系统工作时，上下冲程悬点载荷相差悬殊，为了使电动机获得较均衡的负载，以提高工作效率而采取的平衡措施。

以静载荷（见抽油机悬点载荷）为例，上行程时悬点静载荷等于抽油杆重力加上液柱重力，下行程时悬点静载荷只有抽油杆重力，上下行程悬点载荷大约相差一个液柱重力。从电动机做功的角度来分析，上行程电动机要拉动抽油杆和液柱做功，才能使驴头上行，而下行程抽油杆在其自重作用下克服浮力下行，这时电动机不仅不需要对外做功，反而接受外来能量做负功。这就造成抽油机上、下行程负载的不平衡。计算平衡重的原则是平衡重等于抽油杆质量加上半个液柱质量。这样上行程平衡重帮助电动机做功，电动机做功等于举升抽油杆质量加上液柱质量再减去抽油杆质量再减去半个液柱质量，实际举升做功为举升半个液柱质量。下行程光杆载荷拉动平衡重，电动机做功等于抽油杆质量加上半个液柱质量减去抽油杆质量，实际上电动机还是举升半个液柱质量所做的功。如此达到抽油机运行平衡。平衡方式有气动平衡和机械平衡两大类。

📝 推荐书目

陈宪侃，叶利平，谷玉洪．抽油机采油技术［M］．北京：石油工业出版社，2004.
张琪．采油工程原理与设计［M］．东营：石油大学出版社，2000.

（叶利平）

【气动平衡 aerodynamic balance】 采用气体压缩和膨胀来储存和释放能量的平衡方式。通过抽油机游梁带动的活塞压缩平衡气包中的气体，将下冲程中做的功储存成气体的压缩能，在上冲程被压缩的气体膨胀将储存的压缩能转换成膨胀能来帮助电动机做功。

气动平衡多用于大型抽油机和链条抽油机等。这种平衡方式不仅可以大量节约钢材，而且可以改善抽油机的受力状况，方便调整平衡。但平衡系统的加工制造质量要求高，价格贵，维护工作量大，操作费用高，矿场使用较少。

（李明忠　于乐香）

【机械平衡 mechanical balance】 在游梁后臂或曲柄上安装平衡块，通过机械能达到平衡的方式。下冲程时举高平衡重，将机械能转化为位能储存起来，上冲程降低平衡重，使位能转化为机械能，帮助电动机做功。这种方式是使用最广泛的一种。按不同机型有游梁平衡、曲柄平衡、复合平衡、天平式平衡和异相曲柄平衡五种方式。

（1）游梁平衡采用装在游梁尾部的重块实现抽油机平衡，可通过改变重块的数量调节平衡状态。适用于小型抽油机。

（2）曲柄平衡采用装在曲柄上的重块实现抽油机的平衡，通过改变重块在曲柄上的位置进行调节。又称旋转平衡。这种平衡方式便于调节平衡，并且可避免在游梁上造成过大的惯性力，适用于大型抽油机。曲柄平衡通常是通过改变平衡半径来调节平衡。

（3）复合平衡采用分别装在游梁尾部和曲柄上的重块实现抽油机的平衡，可通过改变游梁平衡块数或曲柄平衡重块的位置进行调节。多用于中型抽油机。

（4）天平式平衡直接将平衡重悬挂在悬点的另一侧，平衡效果最好。

（5）异相曲柄平衡采用曲柄偏置角实现抽油机的平衡。

（叶利平　李明忠　于乐香）

【游梁式抽油机扭矩 walking beam pumping unit torque】 游梁式抽油机在运行过程中减速箱输出轴的净扭矩。其值为悬点载荷和平衡重在曲柄轴上产生的扭矩之差。前者称油井负荷扭矩；后者称平衡扭矩。

在抽油过程中减速箱输出轴（曲柄轴）所承受的扭矩等于曲柄半径与作用在曲柄销处的切线力的乘积。以曲柄平衡抽油机为例，可以用不同型号抽油机的相关尺寸，按曲柄不同转角时的悬点载荷计算出相应的作用在曲柄销上的力乘以曲柄半径等于负荷扭矩。按曲柄不同转角时平衡重作用在曲柄销上的切线力乘以曲柄半径即为平衡扭矩。将相同曲柄转角的负荷扭矩与平衡扭矩叠加在一起等于净扭矩，即游梁式抽油机扭矩。

通过悬点载荷及平衡来计算曲柄扭矩不仅可以检查减速箱是否超负荷运转，而且可以用来检查和计算电动机功率。一定型号的游梁式抽油机所配的减速箱都有其额定扭矩，在生产中既不能只看悬点最大载荷，而任意采用大抽汲参数生产，也不能单纯根据大参数抽汲的需要，而随意使用大功率电动机。这时可能电动机功率过大，功率利用不充分，电动机效率和功率因素都低。也可能电动机满负荷运行，但抽油机却在超载荷或超扭矩的条件下运行。了解抽油机运转过程中产生的最大扭矩是分析抽油设备工作状况的一项重要内容。

一般选择抽油机时都用计算最大扭矩的近似公式进行计算：利用最大载荷减去最小载荷（见抽油机悬点载荷）再乘以四分之一冲程长度，得出近似最大扭矩。

由于抽油机的四连杆机构和深井泵的工作特点，曲柄轴扭矩将随曲柄转角而变化，其变化曲线称扭矩曲线。上冲程和下冲程中出现的扭矩高峰值称最大扭矩或峰值扭矩。抽油机运转过程中产生的最大扭矩值与抽油机的几何尺寸、使用的冲程、悬点载荷及平衡状况有关，其值可根据扭矩曲线的峰值或根据悬点载荷，利用有关公式确定。一定型号的抽油机所配减速箱均有允许的最大扭矩值，抽油机运转过程中产生的最大扭矩不应超过最大允许值。

（叶利平　于乐香）

【扭矩因数 torque factor】 悬点载荷在曲柄轴上造成的扭矩（油井负荷扭矩）与悬点载荷的比值。它与抽油机的几何尺寸有关，是曲柄转角的函数。抽油机可根据其四连杆机构的几何关系计算出每种冲程在不同曲柄转角时的扭矩因数值。由曲柄转角对应的悬点载荷与扭矩因数的乘积可得到相应的油井负荷扭矩。

（李明忠　于乐香）

【深井泵 downhole pump】 安装在井下，用抽油杆带动柱塞在泵筒中上下往复运动，将井下液体抽汲到地面的泵。又称抽油泵。主要由泵筒、柱塞、进油阀和出油阀组成（见图）。已形成的泵径系列有28mm、32mm、38mm、44mm、56mm、70mm、83mm、95mm、110mm（美国最大泵径为120mm）。

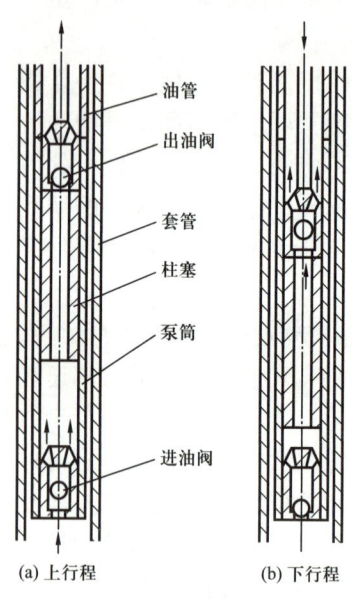

深井泵工作原理图

工作原理　当柱塞由下死点上行时出油阀在重力作用下关闭，随着柱塞上行原油沿油管排到地面。同时泵腔容积增大，压力下降，直到泵腔压力低于沉没压力时，进油阀被沉没压力顶开，泵腔开始进油直到上死点。当柱塞由上死点下行时，进油阀在重力作用下关闭，泵腔容积减小，压力上升，直到泵腔压力超过柱塞上部液柱压力时顶开出油阀，泵腔内的原油排到柱塞以上，深井泵完成了一次循环，这样周而复始地将原油抽到地面。

分类　深井泵分为管式泵和杆式泵两大类。通常，对于符合深井泵标准设计和制造的深井泵称作标准深井泵或常规深井泵，而具有专门用途的，如防砂、防气、抽稠油等，或具有与标准结构或尺寸不同的深井泵称作特殊用途的深井泵或专用深井泵。

深井泵又分为整筒泵和组合泵（衬套泵）。组合泵的外筒内装有许多节衬套组成泵筒，与柱塞配套，而整筒泵没有衬套，柱塞与泵筒配套。整筒泵有许多优点，是发展方向。

技术特点　深井泵的技术特点为：

（1）深井泵是在井下套管内工作的，其泵径受套管尺寸的限制，如 $5\frac{1}{2}$in 套管只能使用95mm以下的深井泵，7in套管可以使用小于120mm泵径的深井泵。增加深井泵排量除了靠加大泵径外，还可以依靠提高冲数和加长冲程来实现，但是，这三方面都有局限性：加大泵径受套管尺寸和液柱载荷限制；提高冲数，增加动载和惯性载荷,增加到一定程度会引起共振,影响抽油系统寿命,限制了冲数的增加;加长冲程对游梁式抽油机而言减速箱扭矩增大,抽油机尺寸和质量急剧增加到一定程度时也会受到一定程度的限制,对无游梁式抽油机而言虽然不受此限制,但加长冲程必然要加长泵筒和光杆,增加制造难度,提高制造成本。

(2)深井泵扬程较高,一般可下到井下3000～4000m,柱塞上下压差很大。要保持柱塞副的密封性,又要保证一定的使用寿命,除减小泵筒柱塞之间的间隙,采用耐磨材料和特殊加工工艺外,最简单的办法是加长柱塞长度。

(3)深井泵是一种细长拉杆的往复泵,抽油杆柱长度可达3000～4000m,往复运动传递到柱塞受抽油杆变形和振动等影响,使柱塞有效冲程长度和阀组运动规律都会有较大的变化。

深井泵选型 根据油井产能的需要、井筒条件和流体性质的不同选择泵型。在有杆泵采油设计中,深井泵选型是一个重要的环节,直接影响深井泵使用效果。要根据油井类型、生产能力、流体特性、井身结构和各种泵适应能力选择泵型。深井泵间隙等级选择也是重要的一环,直接影响泵的抽汲力和泵的使用寿命。金属柱塞和泵筒的配合间隙分为三个等级:一级间隙0.02～0.07mm,二级间隙0.07～0.12mm,三级间隙0.12～0.17mm。井下温度和泵筒内外压力变化影响柱塞副间隙的变化,井液黏度高和含砂量高时间隙可以选大些。

📝 **推荐书目**

陈宪侃,叶利平,谷玉洪.抽油机采油技术[M].北京:石油工业出版社,2004.

(叶利平)

【**固定阀** standing valve】 控制井内流体流入泵筒的单向球阀。又称*吸入阀*。它是抽油泵的主要部件,安装在泵筒下部,上冲程中,进油阀打开,出油阀关闭,套管内液体通过进油阀进入泵筒内。管式泵的固定阀有可打捞和不可打捞的两种。前者在检泵时可以捞出,便于泄去油管内的液体;后者是预先组装在泵筒上,起油管时无法捞出,为了泄去油管内的液体,必须配有专门的泄油阀。可打捞的固定阀有利用活塞下端的打捞器直接打捞的和起出活塞后再用钢丝绳下入专用打捞工具打捞的两种。

(李明忠 于乐香)

【**游动阀** traveling valve】 控制泵内液体排出的单向球阀。又称*排出阀*。它是抽油泵的重要部件,安装在抽油泵柱塞上,下冲程时,出油阀打开,进油阀关闭,泵筒内液体通过出油阀进入油管。

(李明忠 于乐香)

【泄油器 oil bleeder】 抽油井内与管式泵的不能打捞的固定阀配套使用的井下工具。它通常接在泵上面的油管上，正常抽油时处于关闭状态。检泵起活塞时，由装在抽油杆下部的开泄工具打开泄油阀。起油管时，泵以上油管内的液体将通过泄油器排到井内，而不会随油管一同起到地面。

（李明忠 于乐香）

【脱接器 disconnector】 使抽油杆柱与井下抽油泵柱塞连接或脱开的井下工具。在泵径大于油管直径的抽油井内使用，装在抽油杆柱的下部。正常抽油时，它把抽油杆柱与活塞连在一起，当检泵起抽油杆柱时，脱接器打开，使活塞与抽油杆柱脱开，活塞留在泵筒内，起完抽油杆柱后，活塞及泵筒随油管一同起出地面。装脱接器的井应同时装有泄油器。

（李明忠 于乐香）

【杆式泵 rod pump】 泵筒和柱塞在地面组装好，然后接在抽油杆柱的下端，整体通过油管下入井内，由预先装在油管预定深度（下泵深度）上的卡簧将工作筒固定在油管上，抽油杆带动柱塞往复运动实现抽油的一种深井泵。又称插入式泵。检泵时，可直接提升抽油杆将泵从卡簧中拔出，不需起出油管，故起下方便。但泵的结构较复杂，制造成本高，在相同油管直径下允许下入的泵径小。适用于下泵深度大、产量较小的油井。此外，有一种称作动筒式或柱塞固定式的插入式泵，是把吸入阀装在柱塞上部，柱塞被固定在泵的下端，不随抽油杆柱运动，排出阀装在可动泵筒的上部，泵筒随抽油杆柱做往复运动。这种泵可防止砂子沉在柱塞与泵筒之间，适用于含砂井。

按固定位置和运动件不同分为定筒式顶部固定杆式泵、定筒式底部固定杆式泵和动筒式底部固定杆式泵三种。

定筒式顶部固定杆式泵 由泵顶部固定支承装置将泵筒固定在油管内设计位置上，柱塞经滑杆与抽油杆连接，由抽油机和抽油杆带动上下运动的一种杆式泵（见图1）。泵筒总成包括泵筒，上加长接箍和下加长接箍。其结构与性能均与管式泵泵筒相似，只是泵筒壁厚稍薄一些。柱塞总成由柱塞上部出油阀罩、阀球、阀座、柱塞、柱塞下部出油阀罩、阀球、阀

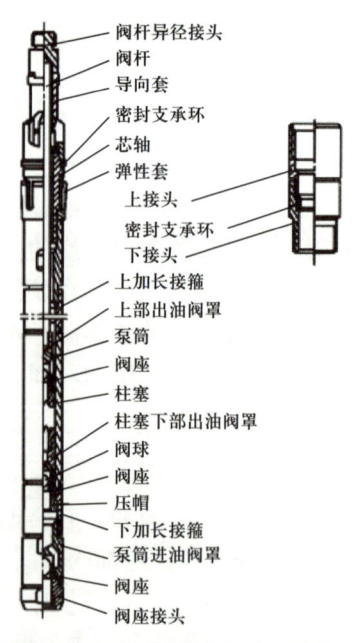

图1 定筒式顶部固定杆式泵结构图

座及压帽组成。阀杆总成包括阀杆异径接头和阀杆。阀杆异径接头上端与抽油杆相连，下端用带锥度的变形管螺纹与拉杆上端可靠连接。固定阀总成由泵筒、进油阀罩、阀球、阀座及阀座接头组成。阀座接头的下端为管螺纹，供连接防砂管。泵固定装置由导向套、密封支承环、芯轴、弹性套及接头组成。导向套上部小孔对阀杆上下运动起导向作用，防止柱塞与泵筒偏磨，其侧面长孔相当于开式阀罩的出油口。它与芯轴用螺纹连接，并把密封支承环紧压在中间，起支承杆式泵和不让密封环上面的原油流回工作筒的作用。芯轴是固定装置的主体，下端用螺纹与弹性套接头连接。弹性套用弹簧钢制造，在下泵过程中，当它通过泵支承装置上密封支承环内孔时，其弹性开口向内收缩，让泵通过，随后弹性开口又张开恢复到原来尺寸，并用其上外圆锥面向上紧靠在密封支承环的下面圆锥面上，在正常抽油时防止泵筒随抽油杆上下移动。而起泵时，提够一定的上提力使弹性开口在支承环下内圆锥面的作用下，向内收缩，使泵能顺利起出。泵支承装置由上接头、支承密封环及下接头组成。上接头与油管连接，随油管下到设计井深。它与下接头相连，中间紧固支承密封环，它的上下内圆锥面起着使泵固定，限制泵上下窜动的作用。下接头下端为油管螺纹，可连接尾管或其他井下器具。顶部固定方式是杆式泵最常用的方式。

优点：在柱塞运动时可将锁紧装置周围的砂子冲掉，防止砂卡；泵筒可绕顶部锁紧装置摆动，在大斜度井下泵时，泵筒和油管都不会损坏。缺点：泵筒受内压和液柱向下拉伸的复合载荷，受力状况比较恶劣；上冲程开始时泵筒内压力高于外部压力，泵筒内孔增大，漏失量有所增加。

定筒式底部固定杆式泵　由泵的底部锁紧装置将泵固定在油管内的一种杆式泵，其结构与定筒式顶部固定杆式泵的结构基本相同。主要区别是泵的固定装置在底部，由芯轴、密封支承环和接头组成（见图2）。密封支承环安装在弹性芯轴上，并由接头压紧。

优点：泵筒不会因液柱作用而伸长，只受外压，间隙不会增大，适合在深井使用。缺点：在固定支承套和底部锁紧装置的环形空间极易沉积砂粒，造成起泵困难，不宜在出砂井内使用；工作时泵筒摆动大，加剧阀杆和导向套的磨损，不宜使用长冲程。

动筒式底部固定杆式泵　其泵筒与抽油杆

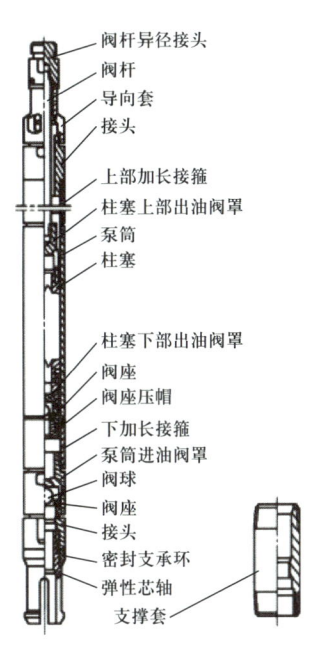

图2　定筒式底部固定杆式泵结构图

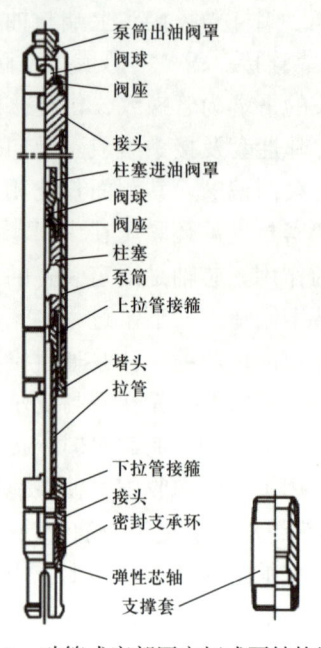

图3 动筒式底部固定杆式泵结构图

柱连接，并作上下运动。柱塞通过拉管及底部锁紧装置固定在油管内支承套上的一种杆式泵（见图3）。这种泵的泵筒、柱塞、泵固定装置和泵支承装置与定筒式底部固定杆式泵通用。泵筒出油阀总成、柱塞进油阀总成和拉管总成结构不同。泵筒出油阀总成安装在泵筒上端，流道较大。由泵筒出油阀罩、阀球、阀座和接头组成。柱塞进油阀总成装在柱塞上端，内装有阀球。拉管总成由上拉管接箍、拉管和下拉管接箍组成。上拉管接箍的上下螺纹分别与柱塞和拉管相连，拉管是在井下支承柱塞的细长杆，受力状况比较恶劣。下拉管接箍的上下螺纹分别与拉管和泵固定装置的接头相连。这种泵在工作时泵筒上下运动，不停搅动井液，砂粒不易沉积在锁紧装置上造成卡泵。在间歇抽油井停抽时，顶部阀球封闭阀座，油管中的砂粒不会沉积在泵内产生卡泵。但这种泵拉管稳定性差，不宜使用长冲程和在稠油井中使用。

（叶利平）

【**管式泵** tubing pump】 把工作筒（外筒和衬套）在地面组装后接在油管下部先下入井内，然后投入固定阀，最后把柱塞接在抽油杆柱下端下入泵筒的深井泵。有杆抽油泵的一种，由泵筒总成、柱塞总成、固定阀总成、固定阀固定装置和固定阀打捞装置等组成。检泵时必须起油管。起泵时，可由活塞下端的打捞装置用抽油杆柱将固定阀连同活塞一同起出，也有的是先起出活塞后再下入专门的打捞工具捞出固定阀，最后起油管将工作筒起出地面。管式泵结构简单、制造成本低，在相同油管直径下允许下入的泵径较杆式泵大，但检泵时工作量大。适用于下泵深度不大、产量较高的油井。分为打捞固定阀管式泵、不可打捞固定阀管式泵和软密封柱塞管式泵。

打捞固定阀管式泵（金属柱塞） 能打捞固定阀的一种管式泵，其主要结构见图1。泵筒总成包括泵筒、泵筒接箍、加长短节及油管接箍。泵筒是管式泵最关键的部件，其两端带有螺纹，内壁经表面热处理或电镀、喷焊（陶瓷），然后再进行精加工，确保与柱塞高精度配合，具有良好的耐磨和耐腐蚀性能。柱塞总成由柱塞上部出油阀罩、上下出油阀球、阀座、柱塞、柱塞下部出油阀罩组成。其表面强化工艺有镀铬柱塞和喷焊柱塞（陶瓷），喷焊较镀铬具有表面孔隙率低、耐腐蚀和耐磨性能好等优点，得到越来越广泛的应用。固定阀总成由固定阀罩、固定阀球、固定阀座和接头组成。固定阀罩上端有一螺孔，供打捞固定阀用。固定阀锁紧装置由密封支承环、弹性芯轴、支承套组成。弹性芯轴上端与固定阀总成的接头用螺纹连接，并将密封支承环压紧。弹性芯轴下端有弹性开口，在通过支承套内孔时，其弹性开口向内收缩，当密封支承环支承在支承套内的内圆锥形密封面上时，弹性开口外径处的上圆锥面正好向上紧靠在支承套内孔的下圆锥面上，从而使固定阀总成不能上下窜动。打捞时上提固定阀总成，弹性开口向内收缩，随固定阀总成一起打捞上来。固定阀打捞装置由打捞体、导向套、弹簧、销子及丝锥式打捞头组成。打捞体用螺纹分别与柱塞下部出油阀座相连。导套内孔装销子、弹簧和丝锥式打捞头。打捞时丝锥式打捞头对中固定阀罩的螺孔，采用对扣或造扣将固定阀捞出。

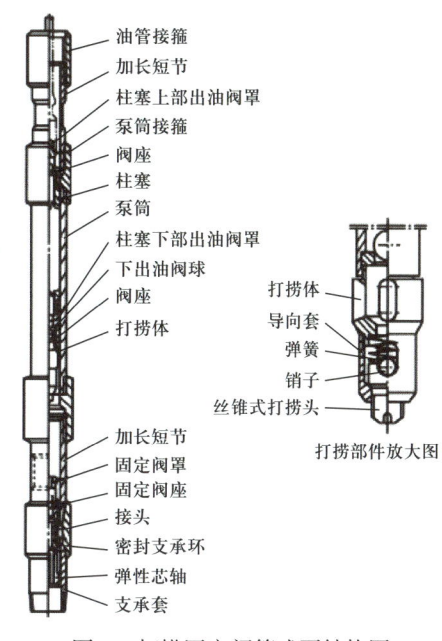

图1 打捞固定阀管式泵结构图

优点：可在不起下油管的情况下将固定阀打捞上来进行检修，简化检泵操作。缺点：增加一个漏失概率，而且这种结构增大了余隙体积，在高气油比的油井不宜使用；可打捞固定阀流道小，不宜在出砂和稠油井中使用。

不可打捞固定阀管式泵（金属柱塞） 不能打捞固定阀的一种管式泵，这种管式泵结构简单（见图2），其余结构与打捞固定阀管式泵相同。

优点：成本低，厚壁泵筒承载能力大；在相同油管尺寸条件下，可安装的泵径比杆式泵大，适合大产量的油井；当深井泵柱塞直径大于油管内径时，可将柱塞和泵筒一起下入井内，用脱接器将抽油杆与柱塞对接。缺点：由于不可打捞固定阀管式深井泵检泵时需要起下全部油管，井下作业时间长、费用高。

软密封柱塞管式泵 柱塞结构是软密封的一种管式泵，其余结构与金属柱塞泵相同，软密封柱塞的密封件

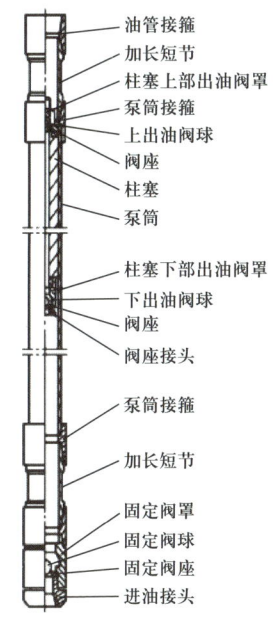

图2 不可打捞固定阀管式泵结构图

具有在压力作用下能扩大直径和材质较软的特点，与之相配合的泵筒内径公差可以放大一个等级，同时泵筒内孔可以不经表面硬化处理。软密封柱塞的结构可分为碗式柱塞、环式柱塞、碗式环式组合柱塞和组合填料柱塞。

优点：密封性能好，抽汲力强，价格便宜。

缺点：耐磨性能差，使用寿命短。

（叶利平）

【**稠油泵** heavy oil pump】 利用流线型通道减少油流阻力或利用液力反馈方法强迫柱塞下行的专门用于抽稠油的深井泵。各种类型稠油泵很多，现场常用流线型深井泵、液力反馈稠油泵、双向进油稠油泵、环流稠油泵。

流线型深井泵 一种适用于开采高黏原油的特种抽油泵，为了减小稠油流动阻力而采取扩大流道或改变流道形状来降低摩阻（见图1）。一般可适应黏度（50℃）4000～5000mPa·s的稠油进行抽汲。其结构与常规深井泵相似，不同之处是所有阀球与球座都比常规深井泵大一个等级，在出油阀罩不变的情况下，扩大了流通通道，减小了油流阻力。阀座内孔改为圆锥形也可以减小油流阻力。柱塞采用内螺纹，比外螺纹柱塞流通通道大，同时将柱塞下端孔口改为圆锥形，减少油流阻力，有助于柱塞下行。固定阀改为大通道固定阀减少进油阻力。

特点：（1）泵的上端装有能在下冲程关闭，并将泵和油管分开的环形阀，在上冲程中此阀被打开，将泵内液体排入油管。（2）全部可产生水力阻力的部件都采用流线型结构，并尽量增大过流断面，可减小水力阻力。（3）在结构上尽量减小余隙容积。所以，流线型既有二级压缩泵减少气体影响的作用，又有减小液流阻力、改善吸入条件的优点。同时，因下冲程中环形阀关闭，泵筒内保持较低的吸入压力，可减少油管内液体对抽油杆柱的浮力，有利于抽油杆柱下行和减小下部弯曲。

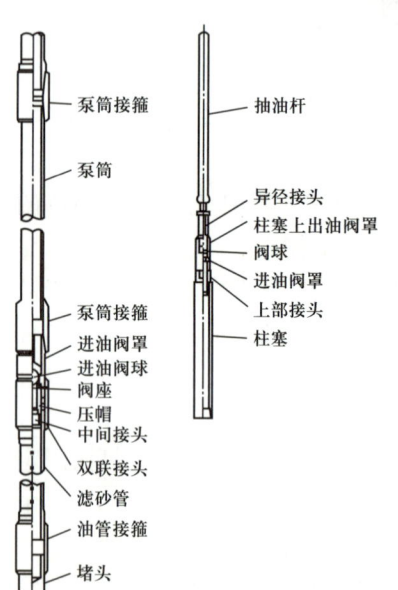

图1 流线型深井泵结构图

液力反馈稠油泵 利用大小柱塞上的进油阀和排油阀协同动作实现液力反馈作用的稠油泵（见图2）。可在黏度（50℃）小于6000mPa·s的稠油井中正常抽汲。由两台不同泵径的管式深井泵串联而成，中心管将上柱塞和下柱塞连为一体,进出油阀都装在柱塞上。当柱塞下行时,上柱塞与上泵筒的环形腔 A 体积减小,压力增大。A 腔的原油通过孔 b 将出油阀打开,同时关闭进油阀,此时油管内液柱压力通过进油阀施加在柱塞上,形成液力反馈力强迫柱塞下行。柱塞上行时,A 腔体积增大,压力减小,进油阀打开,出油阀关闭,井液经孔 b 进入 A 腔。从泵的结构上可以看出,这种泵在泵筒上没有阀,柱塞起出泵筒后油套管已经连通,可以不下泄油器,还可以不动管柱对稠油油层注入蒸汽。

双向进油稠油泵 泵筒上开有二次进油孔的稠油泵,其结构原理见图3。与普通泵相比,它在泵筒中部开有进油孔,柱塞为整体超长结构。柱塞上行时,A 腔压力降低,进油阀打开,出油阀在油管内液柱压力作用下关闭,当长柱塞上行程超过泵筒中部进油孔 b 时,进油阀关阀,套管中的油液在沉没压力作用下,从泵筒中部进油孔进入泵筒,一方面对泵筒进油孔下部泵筒没充满的空间进行补充,另一方面

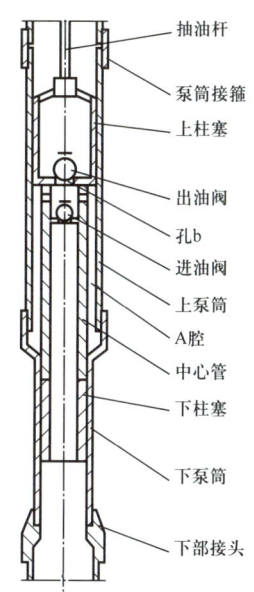

图2 液力反馈稠油泵结构图

将泵筒进油孔下部泵筒空间的气体排出。柱塞下行时,只要柱塞表面将泵筒进油孔密封,柱塞出油阀便打开,泵筒进油孔下部的油液从柱塞内孔排至油管。对稠油井,含气井使用双向泵虽然损失一部分有效冲程,但与常规泵相比,泵效还是得到大幅度提高,其原因是泵筒中部开有进油孔,改善了进油状况,提高了泵筒开孔下部的泵筒内腔的充满程度。

该泵采用在泵筒上开孔,除完成二次进油及排气功能外,还可不动油管柱对稠油井进行蒸汽吞吐。因为油管和套管通过泵筒上的二次进油孔相互连通,只要把超长柱塞提到油管中即可对稠油层实施蒸汽吞吐工艺。从结构可知,由于泵筒上开有二次进油孔,因此井下可不装泄油器,降低油井修井费用。

环流稠油泵 泵里有环流阀,环流稠油泵结

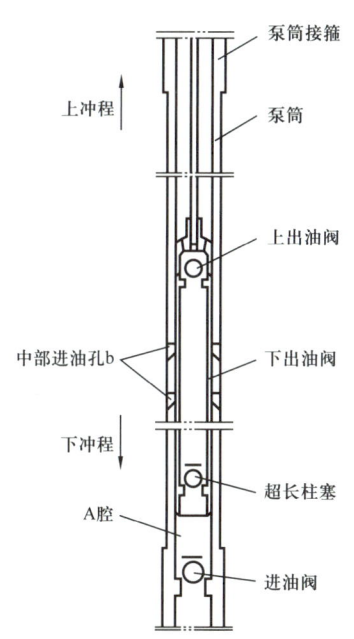

图3 双向进油稠油泵结构图

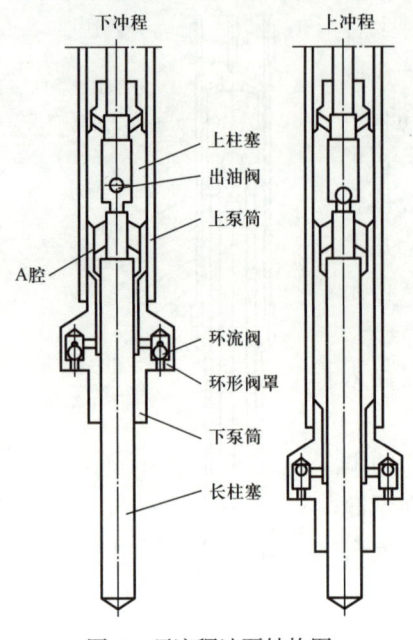

图 4 环流稠油泵结构图

构原理见图 4。它的结构原理与液力反馈泵相似，也是由两台不同泵径的抽油泵串联而成，由连接杆将上柱塞和下实体加重柱塞连为一体。环流阀装在上泵筒下部环形阀罩中，当下冲程时，柱塞下行，上柱塞与上泵筒的环形腔（A 腔）体积减小，压力增大，环形阀罩的环流阀关闭，上柱塞出油阀打开，A 腔的原油通过上柱塞出油阀，再通过上柱塞内孔排至油管中，油管内的液柱压力（反馈力）施加在下实体加重柱塞上，迫使柱塞克服稠油的阻力下行。柱塞上行时，A 腔增大，压力减小。环形阀罩里的环流阀打开，井下原油进入 A 腔，出油阀在油管内液柱压力作用下关闭。

该泵的设计特点是在液力反馈泵的基础上增加了环流阀总成，增大了流道面积，缩短了井下原油进入 A 腔的路程，减少了液流阻力，既保留了液力反馈泵的优点，又提高了泵的充满系数，更宜于抽吸稠油。

（李明忠　于乐香）

【防砂泵 sand control pump】 能防止砂卡和磨损，用于出砂井抽油的深井泵。防砂卡抽油泵结构特点：一是在常规深井泵外面增加一层外管，外管与泵筒之间环形空间构成沉砂通道；二是增加防止砂沉入泵内的滑阀；三是有沉砂的尾管。工作原理是：上冲程时，游动阀关闭，固定阀开启，柱塞将柱塞以上的液体排至泵上油管内，与此同时，井液经双通接头处的进油口进入泵筒。下冲程时，固定阀关闭，游动阀开启，井液由泵筒经游动阀转移到柱塞以上油管内，完成一个抽汲过程。上冲程时，泵向油管中排液，砂子不容易沉淀；下冲程时，特殊连杆下行，滑阀被迫关闭，泵上液体基本不流动，大颗粒的砂子悬浮不住下沉时，被滑阀挡住不能进泵，而是通过沉砂环形空间沉到泵下的沉砂尾管中，从而防止了泵上集砂造成砂卡（见图 1）。柱塞的刮砂功能防止了砂子进入柱塞与泵筒之间的间隙，有效地减轻了磨损。

加长柱塞副长度扩大柱塞副间隙减轻磨损的防砂泵主要有三管抽油泵和动筒式防砂泵两类。

（1）三管抽油泵是一种动筒式底部固定杆式泵，由三个不同直径的泵筒嵌套而成（见图2）。中间泵筒称为定筒，所有接触表面都经过表面硬化处理和精密加工，定筒固定在油管中，外筒类似于动筒式杆式泵的泵筒。内筒相当于柱塞，上、下装有出油阀，外筒和内筒通过上部出油阀连成一体。上出油阀与抽油杆连接，随抽油杆作往复运动。这种泵密封段长，间隙比标准泵大得多，在含砂较多的原油进入三个泵筒间的密封面时仍能正常工作，不容易卡泵。为减少砂卡的机会，一般选用较高的冲数，而且密封段长度应随泵深加深而加长。

（2）动筒式防砂泵是取防砂卡深井泵和三管抽油泵结构优点组合而成（见图3）。优点：具有结构简单，流线型流道，耐腐蚀、耐磨损，适用于出砂严重的油井。缺点：泵的余隙体积比较大，不适合高气油比井使用。

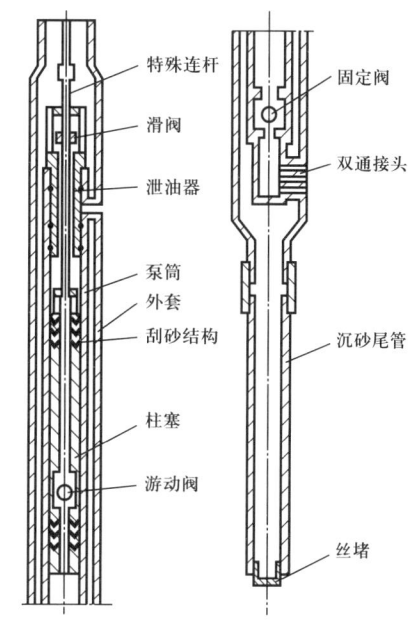

图1 防砂泵结构图

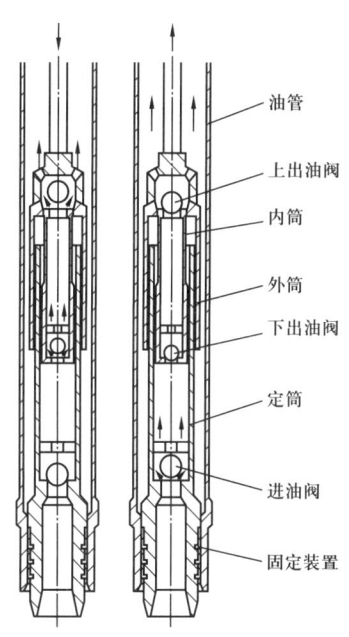

图2 三管抽油泵结构图

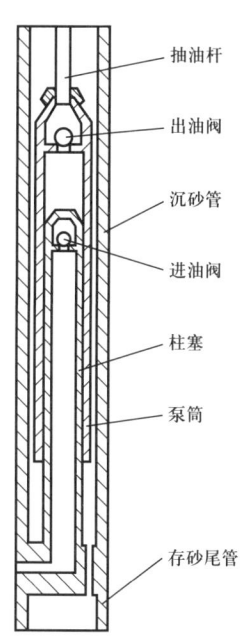

图3 动筒式防砂泵结构图

（叶利平）

【防气泵 gas control pump】 在两相抽汲条件下,利用两级压缩原理提高泵筒压力或机械启闭游动阀以减轻气体影响、气锁的深井泵。

两级压缩防气泵 利用上工作腔和下工作腔的容积差产生两级压缩,提高腔室压力,帮助阀及时开关的防气泵(见图1)。其结构为:上柱塞与大直径的下柱塞串联起来,将下泵筒分成上、下两个工作腔,下工作腔比上工作腔容积大得多。上出油阀和中出油阀,下出油阀和进油阀构成这两个工作腔的进出油阀。泵由底部固定装置固定(见图1)。工作原理是:柱塞由下死点上行,下工作腔体积增大,压力降低,进油阀打开,下工作腔吸油,此时与常规泵相同。到上死点下行时,柱塞下行,打开下出油阀和中出油阀,下工作腔的油气进入上工作腔。下工作腔的容积比上工作腔大,进入上工作腔的气体被压缩,压力增大。继续做第二个上行程时,下工作腔二次抽汲进油,上工作腔体积减小,其中油气第二次被压缩,压力再次增大,并关闭中间出油阀,打开上出油阀排入油管。这种泵的上、下腔容积比例可根据气油比大小来设计,气油比高时,其比例也将

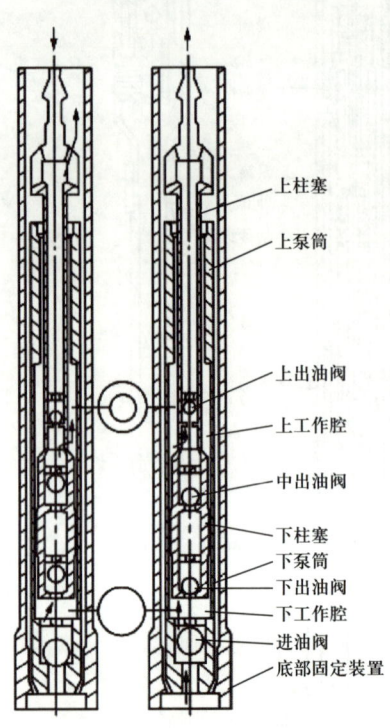

图1 两级压缩防气泵结构原理图

减小。柱塞下行时上出油阀是关闭,柱塞上部的液柱压力会产生反馈力,帮助柱塞下行,使得抽油杆受力情况变好。

机械启闭阀防气泵 采用机械力强行开关,解决气体影响使得阀不能及时开关问题的防气泵(见图2)。与常规泵相比,其结构特点为:柱塞上的出油阀为一倒装的锥形阀,锥形阀体与滑杆刚性连接,阀的开关不是靠压差变化,而是靠抽油杆上下移动来完成。阀杆与柱塞为浮动连接,在阀杆上有一推块,上冲程时,其底面离柱塞上端面15mm。锥形阀阀杆上端中心钻一盲孔,对准盲孔下部钻一小孔与盲孔相通。在接头上钻一小孔,使上下小孔连通,以便放气;泵筒出油阀为一正装的锥形阀,锥形阀中心开一小孔,与阀杆滑动配合;柱塞较短,一般为0.5m左右。上段为硬柱塞,下段为软柱塞,以提高密封性,增加摩擦力。

工作原理:上冲程时,柱塞出油阀关闭,并带动柱塞上行,下腔室压力下

降,当压力低于沉没压力时,进油阀打开进油。与此同时,上腔压力上升。如果井液气油比大,油气虽被压缩,但压力增加少,此时常规泵往往打不开柱塞出油阀而发生气锁。而这种泵在阀杆上设有推块和放气孔,当柱塞接近下死点和换向上升一小段距离时,均能使柱塞出油阀上腔室和下腔室连通,提前将上腔室的气体排到油管中,从而有效地避免了气锁的发生。下冲程时,抽油杆下行,由于泵筒出油阀关闭,不受气油比高的影响,很快将柱塞出油阀打开,使上腔室和下腔室连通。当下行15mm后,推动柱塞下行。这时下腔室的油、气很容易进入上腔室。当柱塞接近下死点和柱塞离开下死点的一段时间内,放气孔又将柱塞出油阀上、下连通,完成排气。这种泵可在气油比高达 420m³/m³ 的油井中正常工作。

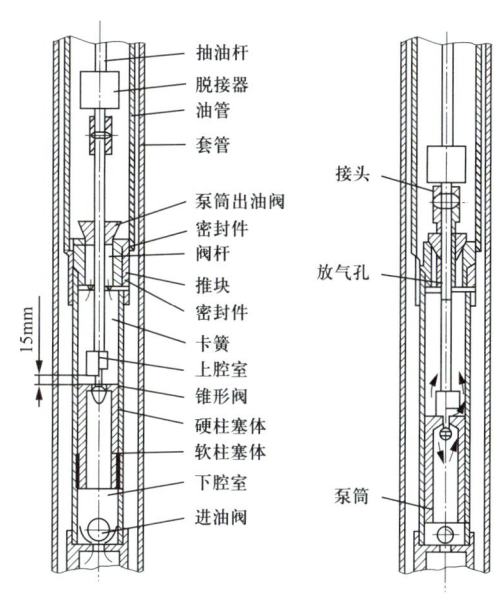

图2 机械启闭阀防气泵结构原理图

(叶利平)

【双作用泵 double-acting pump】 为了增加泵排量而专门制造的一种在上冲程和下冲程都有液体吸入和排出的特种有杆抽油泵。和常规泵相比增加了密封总成(一般为了增加可靠性而采用小直径泵代替)、空心拉杆、偏心固定阀和分流筒游动阀。它用密封装置将泵筒与油管分开,在活塞的上下便形成两个工作腔。抽油过程中下腔的工作与普通抽油泵相同,上冲程将井内液体从固定阀(下腔吸入阀)吸入泵内;下冲程将吸入的液体经分流筒下阀(下腔排出阀)和空心连杆排至油管中。而上腔的工作恰恰与下腔相反,下冲程从偏心进油阀(上腔吸入阀)吸入井内液体;上冲程将吸入的液体从分流筒的上阀(上腔排出阀)和空心连杆排到油管中。上冲程和下冲程都在吸油和排油。这种泵用来提高生产能力,也可用来进行两层分采,但是偏心固定阀和分流筒游动阀故障率较高,寿命相对较短,还需进一步改进。

(叶利平)

【空心泵 hollow pump】 为了提供通过泵的通道而设计的中间空心的深井泵。又称空心抽油泵。结构特点是有上泵筒、下泵筒和环形进出油阀（见图）。其工作原理与常规深井泵相同。与空心抽油杆配套使用，可以在不动管柱和杆柱的情况下，不停抽进行生产测试或井下加热、降黏、正反洗井和越泵电热采油等作业。进油阀和出油阀都是环形的或偏心的，过流面积小，结构复杂，故障率较高，有待进一步改进。

（叶利平）

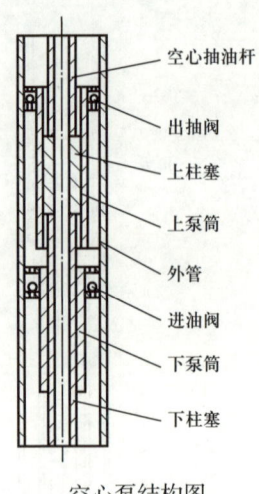

空心泵结构图

【分抽泵 oil well pump for separated zone operation】 在双作用泵和双阀双泵的上吸入阀和下吸入阀之间加一抽油井封隔器，便可分别开采上、下两个油层的特种抽油泵。这种分抽方式可用上活塞和下活塞直径的不同组合来控制上层和下层的产量，通常都是分抽合出。

（李明忠 于乐香）

【套管抽油泵 casing pump】 不用油管而直接安装在套管上进行抽油的泵。简称套管泵。通常是由固定锚将泵固定在预定深度的套管上，并用封隔器将泵上和泵下的套管空间分开，井内液体通过套管抽到地面。一般适用于套管直径较小而要求用大泵抽油的不含砂、不易结蜡的高产液量油井。也可用于小套管、产量不高的含砂井内，但不下封隔器，并用空心抽油杆柱将液体抽到地面。

（李明忠 于乐香）

【无衬套软柱塞泵 no liner soft-packed plunger pump】 采用整体泵筒和软密封柱塞的抽油泵。简称无衬套泵。这种泵的配合精度要求低，并可克服普通抽油泵衬套易乱和柱塞与衬套磨损后不易修复的缺点。通常易磨损的部件是软密封件，磨损后只需起出柱塞更换软密封件，不需要起出泵筒，因而也不需起油管，所以，可大大简化检泵作业。此外，这种泵密封好、漏失小，适于做成长冲程抽油泵。

（李明忠 于乐香）

【串联泵 series connecting pumps】 将两个普通抽油泵增加适当部件后连接在一起，用同一抽油杆柱带动两个活塞进行抽油的特种泵。适用于受套管直径限制而无法用增大泵径提高泵排量的高产油井。最简单的一种是用上部带孔的空心连杆接上泵和下泵的活塞，中间用一密封部件将上泵和下泵分开。上冲程时上泵和下泵同时通过固定阀吸入井内液体；下冲程时上泵和下泵同时将泵内液体从装在上活塞上的排出阀排入油管。由于上泵和下泵共用同一固定阀和排出阀，故称单阀双泵。另一种是上泵和下泵分别装有各自的吸入和排出阀，称双阀双泵。前者结构简单，但液体进泵阻力大，泵的吸入条件差；后者既可改善泵的吸入条件，又可与封隔器联用进行分层抽油，但其结构复杂，且在同一套管直径下允许下入的泵径较前者小。

（李明忠　于乐香）

【振动泵 vibratory pump】 利用油管的振动能量从井下提升原油的一种特种泵。全套装置主要由地面机械式发振器及每根油管接箍上装有单流阀的振动油管柱组成。在发振器的作用下整个油管柱发生振动，井下原油进入下部单流阀，并沿油管逐级上升至地面。振动泵结构简单、制造安装方便、对出砂、含蜡及稠油井均能适应。缺点是排量小、允许下入深度小、不适用于高气油比的井，且易发生油管柱断脱，故实际工作中应用较少。

（李明忠　于乐香）

【深井泵泵效 pumping efficiency】 抽油井的实际产液量与泵的理论排量的比值。又称抽油效率。实际产量以单独量油为依据，深井泵的理论排量是冲程乘以冲数再乘以柱塞面积。它是衡量深井泵工作状况好坏的一项重要指标。在实际生产中影响深井泵泵效因素很多，如各种漏失、气体影响、泵充不满和各种冲程损失等。油井实际产液量都小于泵的理论排量，泵效一般都小于1，当油井连抽带喷时泵效也可能大于1，此时泵效不能代表深井泵的实际工作效率，而只能说明油井的生产状况。深井泵泵效达到70%属于高效，一般只有30%～50%，甚至更低，泵深越深、动液面越低和沉没度越小，深井泵泵效相对更低一些。

　　影响深井泵泵效因素　深井泵泵效影响因素主要包括冲程损失和无效冲程。（1）冲程损失。载荷变化使抽油杆和油管产生弹性变形，光杆开始位移而柱塞还没有位移，或光杆开始位移由于抽油杆弯曲造成柱塞没有位移等原因造成的柱塞冲程小于光杆冲程，称为冲程损失。（2）无效冲程。柱塞虽然已经发生位移，但没有产生抽汲作用的这部分冲程，主要有以下四个方面：① 漏失对深井泵泵效的影响：主要表现在深井泵柱塞与泵筒的配合间隙不合理造成漏失量过大，深井泵零部件磨损或腐蚀形成的漏失，以及油管漏失等因素降低泵效。② 阀动作失灵对深井泵泵效的影响：磁化或异物以及井斜影响阀的正常动作等因素降低了泵效。③ 充不满对深井泵泵效的影响：沉没度过低、进油速度慢或井液黏度过高、进油通道阻力过大造成深井泵吸入过程充不满，降低了泵效。④ 气体影响对深井泵泵效的影响：抽汲过程泵筒中存在游离气，当柱塞从下死点上行时，气体膨胀，泵筒内压力缓慢下降，直到泵筒压力低于沉没压力时定阀才能打开，开始进油。当柱塞由上死点下行时，气体受压缩，泵筒压力缓慢上升，直到泵内压力高于柱塞以上液柱压力时游动阀才能打开，开始排油，这些现象直接影响深井泵泵效。泵筒游离气越多或深井泵余隙体积越大，气体影响越严重。

提高深井泵泵效措施 提高实际产量或降低理论排量都可以提高泵效。主要有三个方面：（1）从油层着手，保证油层有足够的供液能力，使深井泵的生产能力与油层供液能力相适应是保证高泵效的前提。（2）在井筒方面采取措施，使抽油系统在理论排量不变的情况下提高系统生产能力，从而提高实际产量，进而提高深井泵泵效。一般采取的措施有：选择合理的抽汲参数（泵径、冲程、冲数），增大柱塞冲程；确定合理沉没度，改善泵的结构减少液流阻力，提高泵的充满系数；提高抗磨、抗腐蚀等性能，减少泵的漏失；使用油管锚减少冲程损失；合理利用气体能量控制合理套管压力；使用气锚减少气体影响。（3）在前面两方面都合理的情况下，改小抽汲参数降低理论排量可提高深井泵泵效。

推荐书目

张琪.采油工程原理与设计［M］.东营：石油大学出版社，2000.

（陈万薇）

【抽油泵间隙等级 oil pump clearance level】 抽油泵柱塞与缸套的配合间隙等级。又称抽油泵密合度。按间隙等级称呼泵时统称为某级间隙泵。金属柱塞抽油泵配合间隙分为三个等级。

Ⅰ级间隙泵：紧密合度，间隙值为30～80μm，适用于原油黏度低、含砂少、下泵深度大的井；Ⅱ级间隙泵：中等密合度，间隙值为80～130μm，适用于原油黏度不高、含砂较少、中等下泵深度的井；Ⅲ级间隙泵：松密合度，间隙值为130～180μm，适用于原油黏度高或含砂较多、下泵深度不大的井。

（李明忠　于乐香）

【防冲距 anticollision distance】 为防止深井泵工作过程中柱塞与固定阀发生碰撞所预留的距离。下泵时把活塞下到底以后，再将抽油杆柱向上提出的一段距离。其值约为抽油杆柱和油管在液柱载荷作用下发生弹性伸缩变形之和（即冲程损失），为5～10cm。

（李明忠　于乐香）

【抽油泵余隙容积 dead space of the oil pump】 抽油泵活塞下行至下死点（活塞下行的最低位置）时游动阀与固定阀之间的泵筒容积。简称余隙。余隙越大，气体对充满系数的影响越大，泵筒的有效利用程度越小，因此，应尽可能减小余隙容积。余隙比是指泵余隙容积与上冲程柱塞让出容积之比。

（李明忠　于乐香）

【**泵漏失　pump leakage**】 深井泵工作时，进入泵内或排出泵外的部分流体重新漏入井筒或泵内的现象。主要发生在柱塞与泵筒间隙处及固定阀、游动阀的阀球与阀座之间。

（李明忠　于乐香）

【**泵—孔距　distance from pump to perforation**】 油井射孔层段深度和深井泵下入深度之差，即深井泵到射孔层段的距离。抽油井的流动压力是受深井泵的泵深、泵径、冲程和冲数等所控制的，某一开发阶段的泵深等参数应该根据开发方案规定的流动压力确定。泵下得过深，抽油井的沉没度过大，则经济上的浪费；泵下得太浅，无法完成产油量的定额。因此，抽油开采过程中要研究泵—孔距的合理性。

（李明忠　于乐香）

【**检泵周期　pump inspection period**】 两次检泵作业之间的间隔时间。各种人工举升方式为了解除井下泵发生故障或定期清蜡以及调整参数等原因而采取起泵进行检修的井下作业称为检泵。检泵周期直接反映管理水平高低，也是降低采油成本的一个重要方面。

（李明忠　于乐香）

【**抽油参数优选　pumping parameters optimization**】 抽油井生产时所采用的泵径、冲程、冲数和下泵深度等抽汲参数的合理配合。又称抽汲方式选择。确定抽汲方式时应考虑规定油井产量和油井产量不限制两种情况。前一种应在满足规定产量的前提下，选用泵效高、设备负荷小的参数组合；后一种则是根据设备能力选用可获得最大产量和较高泵效的参数组合。

（李明忠　于乐香）

【**泵理论排量　pump displacement**】 按光杆冲程、活塞截面积和冲数三者乘积计算的泵排量。因未考虑实际存在的漏失、气体影响和冲程损失等，故称理论排量。

（李明忠　于乐香）

【**充满系数　volumetric efficiency of the oil pump**】 抽油泵活塞往返抽汲一次时进入泵内的液体体积与活塞让出的泵筒容积的比值。它是反映气体、抽汲速度和沉没度等因素对抽油泵工作影响程度的主要指标。当有大量自由气进泵，或因油稠而活塞运动速度过快，井内液体来不及充满泵筒时，泵的充满系数将会大幅度下降。

（李明忠　于乐香）

【气锁 gas locking】 抽油泵中进入大量低压自由气后，吸入阀及排出阀不能打开，出现泵无法抽油的现象。它主要发生在下泵深度大、沉没度小、供油能力低的气油比高井内。由于发生气锁后泵抽不上油，井内液面便开始上升，使沉没压力不断增加，直到大于上冲程的泵内压力后，吸入阀被打开，泵又恢复抽油。气锁现象虽能自动消除，但又会反复出现。防止气锁的措施包括：减小抽汲参数；加大泵挂深度，提高沉没度，或泵下装气锚；采用二级压缩泵。

（李明忠　于乐香）

【抽空控制 pump off control】 对抽油井进行间歇抽油的管理控制方法。当油层供油能力低于设备抽汲排量时，液面将被抽至泵口，泵的充满程度明显降低，甚至抽空。抽空是指深井泵工作时，抽油参数过大或油井供液能力不足，造成没有液体进入泵内的现象。适当调整设备后仍然出现抽空的油井，连续抽油则经济和技术上都不合理，为此对于供油能力低的油井，大多采用间歇抽油。可通过对抽油井工况连续监测的抽空控制器控制抽油机的停、开时间。抽空控制器的类型随所选监测的参数而不同。有的是通过监测环形空间的液面实现抽空控制，有的则通过监测光杆载荷或电动机电流进行抽空控制。

（李明忠　于乐香）

【泵挂深度 pump setting depth】 井口至抽油泵的深度。地层压力决定了静液面高度和采液强度基准，采液强度设定决定了采油压差和沉没度，液面高度和沉没度就决定了泵挂深度。泵挂深度等于油补距、油管挂长度、油管挂短节长度、油管累计长度、泵筒吸入口以上工具长度之和。

（李明忠　于乐香）

【沉没度 submergence】 抽油井生产时深井泵沉没在井内动液面以下的深度。为了使井内液体能克服进泵阻力和减小自由气的影响，使泵保持良好的充满程度，必须要有一定的沉没度。沉没度的大小取决于油井产量的大小、原油黏度、气油比等。沉没度过小，泵不能充满泵筒，泵效低；沉没度过大，增加了不必要的设备和动力消耗，但泵效提高并不多。因此，应根据抽汲液体的黏度、气油比、产量及泵的入口设备来确定沉没度的合理范围。一般气油比较小的稀油，沉没度保持在50m以上，气油比较大时，沉没度应保持在150m以上。油稠（黏度大）时，应适当加深沉没度；油井出砂严重时，为使砂子尽可能在进泵前沉降，应适当减小沉没度。按折算动液面计算的沉没度称折算沉没度。

（李明忠　于乐香）

【沉没压力 submergence pressure】 沉没在液面以下一定深度深井泵吸入口处压力。又称泵口压力。其值为抽油井环空液面到泵吸入口液柱与液面以上气柱产生的压力之和。沉没压力计算的准确程度主要取决于油管内流体的平均密度。抽汲不含气和含气很少的液体时，直接用液体平均密度计算压力梯度，一般就能获得较可靠的沉没压力。对于含气较多的流体，应按计算气—液两相垂直管流的方法计算混合物密度。泵下至油层中部，则沉没压力就是井底流动压力。

（李明忠　于乐香）

【吸入压力 pump intake pressure】 上冲程中，在沉没压力作用下，井内液体克服泵的入口设备的阻力进入泵内时液流具有的压力。它是沉没压力与吸入时的液流阻力之差，是泵吸入液体时的泵内压力。

（李明忠　于乐香）

【冲程 stroke】 抽油机工作时，抽油机驴头运行到上死点和下死点之间在光杆上的最大位移。分为光杆冲程和柱塞冲程。深井泵工作时，由于抽油杆柱和油管柱的弹性伸缩而引起的光杆冲程与柱塞冲程之差称为冲程损失。

（李明忠　于乐香）

【光杆冲程 polished rod stroke】 抽油机工作时，悬点的最大位移。又称悬点冲程或地面冲程。它是有杆抽油装置运转的主要参数之一。通常一台游梁式抽油机有3~6个供选用的光杆冲程，使用时可根据需要，通过改变曲柄销的位置来调节。游梁式抽油机最大冲程长度为6m，无游梁抽油机最大冲程长度可达30m。

（李明忠　于乐香）

【柱塞冲程 plunger stroke】 抽油过程中抽油泵柱塞在泵筒内的最大位移。虽然柱塞是在抽油杆柱的带动下随悬点做往复运动，但柱塞冲程一般都小于光杆冲程。这是由于在一个循环中液柱载荷交替地作用于抽油杆柱和油管上，使抽油杆柱和油管发生弹性伸缩的结果。在液柱载荷作用下，柱塞冲程与光杆冲程的差值称冲程损失，等于抽油杆柱和油管柱伸缩变形之和。除液柱载荷外，作用在抽油杆柱上的惯性载荷及振动载荷所引起的抽油杆柱的变形也影响柱塞冲程。

（李明忠　于乐香）

【柱塞超行程 plunger overtravel】 抽油机工作时，抽油杆柱在自身惯性力的作用下产生额外伸长，使抽油泵柱塞到达上死点和下死点后，还继续移动一段距离，由此而增加的柱塞冲程。有些文献中把只考虑杆柱惯性载荷后的柱塞冲程与光杆冲程之比称冲程增量系数,其值大于1。

(李明忠 于乐香)

【冲次 pumping frequency】 抽油机悬点在每分钟内做往复运动的次数,往复一次为一个冲次。是抽油装置运转的主要参数之一。每台抽油机一般配有三个不同直径的马达轮,用于调节冲次大小。目前也有采用多速电动机改变冲次,或用变频电动机进行无级调节冲次。

(李明忠 于乐香)

【油管锚 tubing anchor】 一种生产及措施井井下管柱锚定用井下装置。可以消除液柱载荷转换时油管的弹性变形,减少冲程损失,改善油管受力状况,降低管柱疲劳损坏,防止油管螺纹松动,延长管柱的使用寿命,以及改善各种井下泵或工具的工作状态。油管锚种类很多,大致可分为机械式油管锚和液力式油管锚两大类。

一般认为泵深超过1800m或液柱载荷引起油管弹性变形量超过油管长度0.01%时就需要将油管下部锚定,这样可以消除由于内压变化和液柱载荷变化引起的油管弹性变形和螺旋弯曲,从而消除由此而产生的冲程损失。更重要的是油管锚定后可使油管保持一定的预应力,使油管受力状况得到了改善,而且避免了螺纹蠕动,有效地防止了螺纹脱扣和漏失,也能大大减少深井泵阀的振动干扰。

(叶利平)

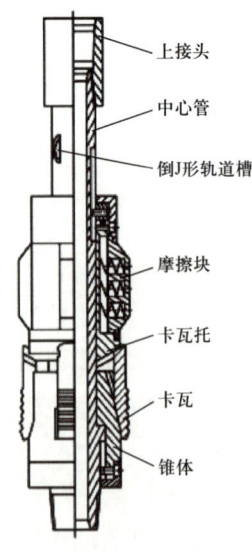

张力式油管锚结构图

【机械式油管锚 mechanical tubing anchor】 靠摩擦块与套管壁之间的摩擦力来实现坐卡的油管锚。按锚定方式分为张力式油管锚、压缩式油管锚和旋转式油管锚三种。对于机械式油管锚,由于井斜、油稠、套管变形、套管壁腐蚀等原因,致使坐锚成功率低,再加上本身结构方面的原因,该类锚使用越来越少。

(叶利平)

【张力式油管锚 tensile tubing anchor】 使锚至井口悬挂器之间的油管柱始终处于张力状态的一种油管锚。一般采用旋转上提管柱的方式完成锚的坐卡,采用下放管柱方式释放。利用中心管锥体上移撑开单向卡瓦锚定,它靠定位销钉在倒J形轨道槽的位置来实现锚定和解除锚定,其结构原理类似于轨道封隔器(见图)。锚定后按计算上提油管柱变形量确定上提力，以消除由于温度效应、鼓胀效应及液柱交变载荷所产生的变形，使油管柱始终处于张力状态，防止油管弯曲和螺纹磨损，消除弹性变形。

优点：结构简单，锚定力可达100kN，能满足一般有杆泵锚定力的要求，并且能在各种效应影响下始终保持油管不弯曲，螺纹不磨损；缺点：采用单向卡瓦，一旦载荷波动超过预拉力会造成解除锚定，或油管断脱造成下部油管和油管锚落井。

（叶利平）

【**压缩式油管锚** compressed tubing anchor 】 利用油管重力下压实现锚定的一种油管锚。是张力式油管锚倒置，利用油管重力下压锚定，必要时加上一定的拔距下压油管迫使销钉进入J形轨道长槽锚定油管。由于采用单向卡瓦，所以锚定后油管可以上行不能下行。坐锚后油管是弯曲的，这种锚虽然结构简单，理论上讲锚定力可达100kN，但是，由于井下状况复杂，锚定力变化较大，因此性能不太可靠，应尽量少使用。

（叶利平）

【**旋转式油管锚** rotary tubing anchor 】 采用双向锚定卡瓦，旋转油管实现锚定的一种油管锚。采用双向锚定卡瓦、旋转油管坐锚或旋转加上提下放坐锚，并有应急释放机构（多为保险销钉）。这种油管锚具有双向锚定的特点，它既能提够预拉力，又可防止油管断脱时下部油管和油管锚落入井底，同时具备足够的锚定力；其缺点是在井口旋转坐锚不易操作。这种油管锚国内生产较少，国外很多工具公司都有系列产品，如Page系列中RA型、B-2型油管锚。

（叶利平）

【**液力式油管锚** hydraulic tubing anchor 】 靠液力作用来实现锚定的一种油管锚。这类油管锚多为双向锚定，一般生产用油管锚都要求双向锚定，工艺油管锚可按要求选择单向或双向锚定。按锚定方式分为压差式液力油管锚和憋压式液力油管锚两种。压差式液力油管锚在一定程度上克服了机械式油管锚的不足，较为广泛地应用于有杆泵抽油井中，但对于一些举升高度小的油井，这种油管锚往往会由于压差过小以至于锚定力达不到要求，甚至锚不住；对有些结垢、腐蚀较为严重的井，锚爪卡在套管上收不回来的现象时有发生。憋压式液力油管锚能够满足油管锚的基本要求，但其锁紧机构在坐锚压力卸掉之后锁簧回弹，使锚牙松动，在频繁的交变载荷和振动的作用下失效的情况也时有发生。

（叶利平）

【**压差式液力油管锚** pressure differential hydraulic tubing anchor 】 一般利用油套

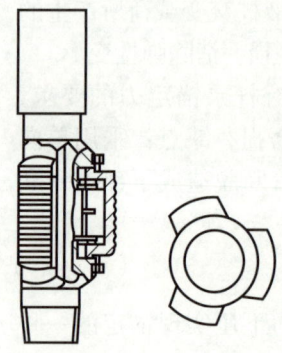

压差式液力油管锚结构图

自身压差实现锚定的一种油管锚。它是利用油井开抽后，油管内与环形空间液面差，推动锚内柱塞将卡瓦推出锚定在套管壁上（见图）。其特点是深井泵开抽后随着油管内液面上升而自动锚定。另外，因其启动压差较小，管柱基本上处于自重拉伸状态，具有较好的控制管柱伸缩和防止杆管偏磨的作用。但对举升高度小的油井往往由于压差值过小锚定力达不到要求，甚至锚不住，使用时要经过计算，坐锚后必须上提、下放实测锚定力。有的压差式油管锚还带有泄压解除锚定机构，通过油管加压泄流，打开泄压活塞，油管内的液体泄流到油套环空，当内外液面平衡，油套压差为零时，锚爪在弹簧力的作用下收回，解除锚定。

（叶利平）

【**憋压式液力油管锚** pressurized hydraulic tubing anchor】利用油管憋压来实现锚定的一种油管锚。这种锚是将油管锚下到预定深度，通过油管憋压柱塞下移，带动上卡瓦座下移、下卡瓦座上移，锚定在套管上。其上锚定力可达250kN，下锚定力可达80kN。解锚时上提油管使下锥体剪断剪切环（或销钉）卡瓦体松动，下锥体靠自重下落，上锥体在中心管带动下上行，而上下卡瓦沿燕尾槽自行收缩（见图）。其特点是由于采用了双向锚定，坐锚后可以将油管提够预拉力，能满足油管锚的三个基本要求，是一种较理想的油管锚。有液压双向卡瓦油管锚和液压单向卡瓦油管锚两种类型。

液压双向卡瓦油管锚 主要由坐卡机构和双向卡瓦锚定机构等部分组成。从结构上看，它较好地解决了压差式油管锚存在漏点多的问题，同时又具有可双向锚定油管的优点，有效地控制了管柱的伸缩，并且管柱受力合理。但其解卡释放问题是用户所担心的。

液压单向卡瓦油管锚 主要由坐封机构和单向卡瓦锚定机构等组成。在泵抽油过程中，同样可以随着油管内液面的逐步升高加强锚定。相对于双向卡瓦油管锚，单向卡瓦油管锚虽然在结构设计上采用了单向锚定方式，但通过受力分析可知它同样可以控制油管伸

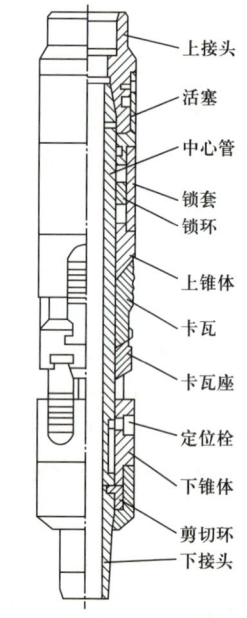

憋压式液力油管锚结构图

缩。目前，使用的单向卡瓦油管锚有两种，一种是用剪切销钉来控制锚的坐封；另一种带有坐封弹簧，坐封时首先压缩弹簧，然后将卡瓦撑开锚定在套管上。

（叶利平）

【气砂锚 gas-sand anchor】 安装在深井泵吸入口前的一种既可分离气又可分离砂的专用设备。实际是气锚和砂锚的结合体，上室用来分离气，下室用来分离砂，先分离气，后分离砂，两室之间用特殊接头连接（见图）。液体通过进液口进入上室将气分离，然后经特殊接箍及带喷嘴的内管进入下室分离砂子，分离出的砂子沉淀在底部，液体通过特殊接箍的吸入孔，经吸入管进入深井泵。通常，泵下套管截面积比砂锚截面积大，液流速度低，因此能在砂锚中沉淀的砂粒，在套管内就沉淀了，所以现场多采用气砂锚，分出部分天然气降低液流速度，进一步分离砂粒。

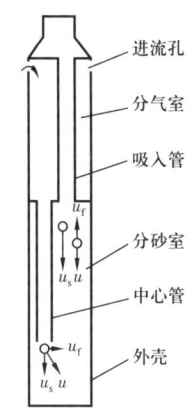

气砂锚工作原理示意图

（叶利平）

【气锚 gas anchor】 防止气体进入深井泵影响泵效的设备。在气液两相抽汲条件下，利用油气密度差和液流转向产生的离心力等作用，在深井泵吸入口前进行油气分离，防止气体进入深井泵。

利用滑脱效应的气锚　作用原理是含气泡液体进入分离室后，液流下行，气泡向上漂浮。欲使气锚分气效率高，必须使分离室液流向下流速小于需要分离的最小气泡的上浮速度，这时气泡才能分离出来，见图1。图中 v_d 为静止液体中气泡上升速度，v_f 为液体流动速度，v_g 为流动液体中气泡上升速度，v_{fv} 为液体垂直分速，v_{fh} 为液体水平分速，l_1 为气室高度，l_2 为分离室长度。

利用离心效应的气锚　以螺旋式气锚为代表，上冲程时，含气流体在气锚内旋转流动，利用不同密度的流体离心力不同，使被聚集的大气泡沿螺旋内侧流动，带有未被分离的小气泡的液体则沿外侧流动。被聚集的大气泡不断聚集，沿内侧上升至螺旋顶部聚集到气帽中，

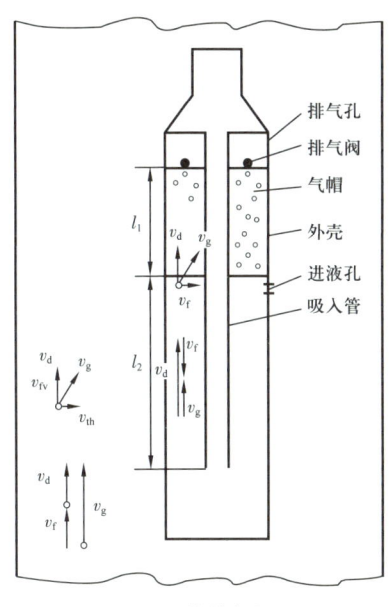

图1　简单气锚

经过排气孔排到油套环形空间,下冲程时,泵停止吸油,油套环形空间和气锚内的液体中含的小气泡滑脱上浮,一部分上浮到泵上油套环形空间,另一部分上浮进入气帽排入油套环形空间,液流沿外侧经过液道进泵,见图2。这种气锚在产量越高、气油比越大、气泡直径越大时油气分离效率越高,增加螺旋圈数、减小螺旋外径都可以提高分气效率。

利用捕集效应的气锚 其分气原理是以集气盘作为气泡捕集器,将气泡聚集后利用液流的90°转向时的离心效应,使油气分离,见图3。气体在盘内聚集溢出时形成大气泡,沿气锚外壳的内壁上浮至气帽,经排气孔排到套管环形空间,而液体从吸入孔进入吸入管进泵。这种气锚效率比简单气锚好,但低于离心效应气锚。

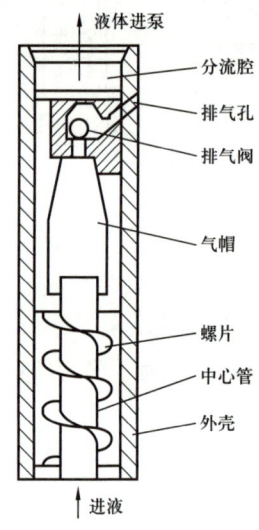

图2 螺旋气锚示意图

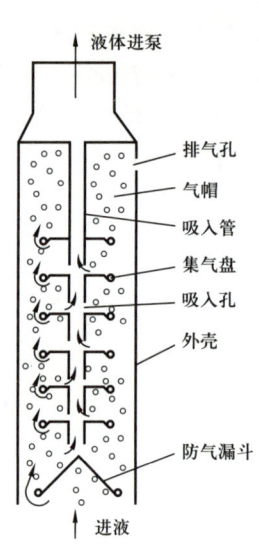

图3 集气盘式气锚示意图

(叶利平)

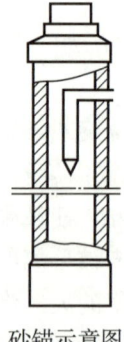

砂锚示意图

【砂锚 sand anchor】防止砂子进入深井泵的设备。作用是在井下预先将液体和砂子分离。分离原理为:砂子的密度比液体大,当液流回转方向改变时,砂子受重力作用从液体中沉淀下来。现场多采用回转式砂锚见图。深井泵工作时,液体从砂锚入口进入中心管,从喷嘴流出,由于管径变大,砂子在重力作用下沉淀到砂锚的底部,而液体从中心管与锚体的环形空间进入深井泵。

(陈宪侃 方代煊)

【抽油杆 sucker rod】 有杆泵采油设备中将抽油机的运动和能量传递给井下深井泵的细长杆件。抽油杆是抽油设备的重要部件，由金属材料或非金属材料制成的两端带外螺纹的特制杆件。抽油杆的疲劳强度和使用寿命决定和影响了整套抽油设备的最大下泵深度和排量。在不同程度腐蚀条件下承受较大的交变载荷，工作环境极为恶劣。

早在 100 多年前中国在自贡盐卤井中就使用了藤条做的抽油杆，后来在 1894 年美国人 Samuel M.Jones 第一个获得金属抽油杆专利（U.S.528168）。20 世纪 70 年代以来，国内外在抽油杆制造方面采用了许多新材料、新技术和新工艺。现场使用的抽油杆主要有钢实心抽油杆、高强度抽油杆、玻璃钢抽油杆、连续抽油杆和柔性抽油杆等几种。

矿场 95% 的有杆泵采油井采用钢实心抽油杆，一般简称钢实心抽油杆为抽油杆。注水开发油田见水后要求提高排液量使用大泵，下泵深度越来越深，抽油杆负荷越来越大，要求采用高强度抽油杆，其抗拉强度比普通抽油杆要高。为了减轻抽油杆重力、解决耐腐蚀和减少冲程损失等问题，试制成功玻璃钢抽油杆。它的密度小、质量轻、弹性模量小，不但能大大降低抽油机载荷，而且能获得较大的上下死点行程增量，最优设计时不但可以避免弹性冲程损失，进而实现柱塞冲程比光杆冲程还大。为了提供各种作业的通道（如常规稠油和高凝油开采时保温通道，清防蜡等工艺洗井、加热或加药通道、防垢、防腐等加药通道以及电加热和过泵测试等通道）研制了空心抽油杆，其特点是中空的管状抽油杆。连续抽油杆的特点是没有螺纹连接，杜绝了脱扣事故，减少了断裂事故，起下作业速度快，但是需要使用专用设备，必须大面积使用才能推广。柔性抽油杆是用钢丝绳替代抽油杆，钢丝绳各丝之间长度不一致时会造成各丝承载不均衡，承载大的丝先断，加之抽油杆承受交变载荷时丝与丝之间磨损严重，导致寿命过短，还处于试验阶段。

📝 推荐书目

陈宪侃，叶利平，谷玉洪. 抽油机采油技术［M］. 北京：石油工业出版社，2004.

（叶利平　李明忠　于乐香）

【钢实心抽油杆 solid sucker rod】 制造材料为钢，截面为实心的抽油杆。两端具有外螺纹，标准单根长度 8m 左右，用接箍连接成抽油杆柱。制造工艺简单，一般经镦锻、外螺纹滚压加工、接箍内螺纹采用半挤压式加工、整体热处理、喷丸强化、油溶性涂料防护等工序。为了使抽油杆获得一定的抗疲劳和抗腐蚀疲劳的性能，对其加工尺寸和精度要求很高，卸荷槽是抽油杆应力集中比较敏感的部位，其直径和长度必须严格控制。台阶倒角尺寸直接影响推承面与接箍端面接触面的大小，影响抽油杆柱连接的可靠性。成本低，使用范围广，约占有杆泵抽油井的 95% 以上。矿场简称这种杆为抽油杆。通常分为 C 级、D 级和 K 级三个等级。

1988 年研制成功 KD 级抽油杆，采用 23CrNiMoV 钢，经正火加回火处理，抗拉强度相当于 D 级杆，抗腐蚀性相当于 K 级杆。为了满足深井稠油井和大泵强采井的要求，1964 年美国试制成功了 EL 及超高强度抽油杆，以后又试制成功 97 型和 DEHS 型超高强度抽油杆，中国 1990 年试制成功 H 级超高强度抽油杆，抗拉强度达 1185.4MPa。另外 20 世纪 90 年代以来研制成功用 D 级抽油杆经表面高频淬火处理，抗拉强度已接近 EL 的水平，但成本低得多。

（叶利平）

【高强度抽油杆 high strength sucker rod】 能够承受较大的拉伸和压缩力的抽油杆。具有如下的特点：（1）高强度，能够承受较大的拉伸和压缩力，保证在极端环境下的稳定性和耐用性；（2）多样的连接方式，适应不同的作业需求，提高作业的灵活性；（3）多功能性，不仅用于泵的稳定运行，还能提高作业人员的安全性。这些特点使得高强度抽油杆在石油开采中扮演着不可或缺的角色，尤其是在深井、超深井、腐蚀井、偏磨井等复杂环境中，其应用更加广泛。

（于乐香）

【超高强度抽油杆 ultra-high strength sucker rod】 具有较高的抗拉强度和疲劳强度的抽油杆。为了适应深井、超深井采油工艺泵挂深度不断加深、载荷不断增加的需求而研制的，适用于重或超重载荷、无腐蚀或微腐蚀油井中。但在实际应用中仍然存在着使用界限不明确、利用效率低等问题，需要进一步完善。1964 年美国 Oilwell 公司首先试制成功了 EL 级超高强度抽油杆。超高强度抽油杆主要有三种型号：Oilwell 公司生产的 EL 级超高强度抽油杆，Norris 公司生产的 97 型超高强度抽油杆和 LTV 公司生产的 HS 型超高强度抽油杆。

（李明忠　于乐香）

【玻璃钢抽油杆 fiberglass sucker rod】 由玻璃纤维和树脂压合而成的抽油杆。两端为带抽油杆标准外螺纹钢接头，见图 1。钢接头的内腔由三级锥面组成，用特殊的粘接工艺使环氧树脂牢固地粘接在玻璃钢杆体上，凝固后加一定的拉力，使钢接头与杆体能沿锥面转动，工作时钢接头内腔与环氧树脂粘接剂的多级锥面承受工作应力。接头结构见图 2。

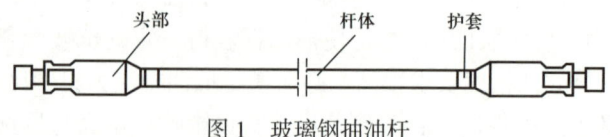

图 1　玻璃钢抽油杆

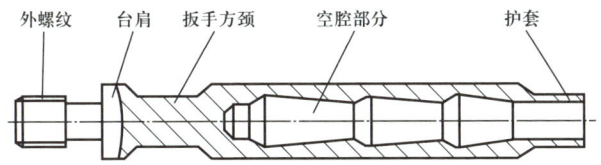

图 2　玻璃钢抽油杆接头结构示意图

美国从20世纪70年代初开始研制玻璃钢抽油杆，到1978年研制成功并推广使用。中国从1982年开始研制玻璃钢抽油杆，1990年试制成功并投入使用，从产品性能来看，除最大设计温度一项指标略低于美国的产品外，其余指标与美国产品不相上下。和钢实心抽油杆相比，玻璃钢抽油杆具有的优点为：

（1）质量轻。其相对密度不足钢的三分之一，可用中型抽油机实现深抽。

（2）耐腐蚀。经室内耐腐蚀试验，在含氯、硫化氢、二氧化碳腐蚀介质和甲苯、甲烷、煤油等有机溶剂浸泡后，表面无腐蚀，杆体无膨胀，1in 杆体与接头的连接力仍可达到161.4kN。

（3）可实现超行程。玻璃钢抽油杆和钢抽油杆混合杆柱的固有频率比钢抽油杆柱低得多，前者为 26.4min^{-1}，而后者为 41.6min^{-1}，冲数越接近抽油杆固有频率，使抽油杆柱的振幅增大，柱塞冲程加大，当冲数与固有频率比值不小于0.35时才能实现超行程，但考虑尽量避免发生共振造成事故，一般控制在0.4～0.8比较合适。玻璃钢抽油杆的弹性模量只是钢的四分之一，弹性变形大，在上冲程时能够储存能量，下冲程时释放出能量，使柱塞的运动滞后于光杆的运动而产生超行程。选用泵径越小实现的超行程越大，冲程越大实现的超行程越大，抽油杆直径越大、长度越长实现的超行程越大。

但玻璃钢抽油杆还存在如下缺点：（1）价格贵，大约比钢抽油杆贵60%～85%。（2）不能承受压应力。（3）耐温低，美国产品耐温163℃，中国产品耐温115℃。（4）抽油杆杆体不耐磨，报废的玻璃钢抽油杆不能降级回收利用。（5）报废的玻璃钢抽油杆不能降解，处理困难，污染环境。

（叶利平）

【空心抽油杆 hollow sucker rod】有杆抽油用的两端带接头的中间空心的钢质抽油杆。结构见图。制造方法为：一种是将钢管两头加热镦粗，加工成抽油杆螺纹；另一种钢管两端接头单独加工后焊接，再进行整体热处理，消除热应力。除具有普通抽油杆传动动力的功能外，还可以通过其内孔加入各种试剂，如加入稀释剂、轻油、热油等降低原油的黏度和控制油井结蜡；加入防腐剂进行防腐。利用空心电热抽油杆可以解决稠油和高凝油加热保温问题。

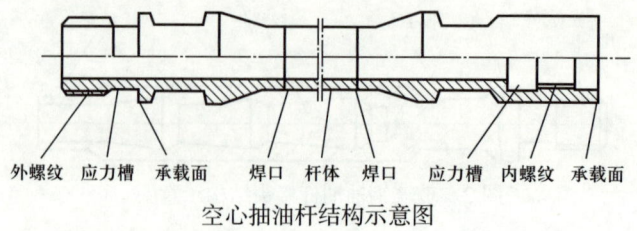

空心抽油杆结构示意图
（外螺纹　应力槽　承载面　焊口　杆体　焊口　应力槽　内螺纹　承载面）

配套空心泵可解决有杆泵抽油井过泵加热问题及过泵测试问题。抗扭能力比普通抽油杆大，适应于驱动井下螺杆泵。和无管泵配套使用，使原油从空心抽油杆的内孔流出，空心抽油杆既起抽油杆的作用，又起油管的作用。在制造时应确保杆体与杆头的连接质量和同心度。

（叶利平）

【连续抽油杆 coiled pumping rod】 由金属或非金属材料制成的无接箍的抽油杆。缠绕在大滚筒上，可连续下入或起出油井的一整根无螺纹连接的长抽油杆。无螺纹连接，大大减少抽油杆断脱，有效地延长了抽油井的检泵周期，大幅度降低抽油杆的失效频率，一般可降低 65%～80%。技术特点为：

（1）减轻抽油杆磨损。普通抽油杆在油管内表面接触是大小两圆相切，接箍与油管内表面的接触为点接触，这种点接触增大了正压力，使接触部分磨损加剧。而连续抽油杆的横截面为半椭圆形，在连续抽油杆与油管曲率半径相同时为线接触，油管内半径小于连续抽油杆曲率半径时接触点不少于两个，使接触部位磨损轻得多。

（2）降低抽油杆工作应力。连续抽油杆没有连接部分，杆柱最大直径即为杆体直径，与相同直径的普通抽油杆相比其杆柱质量轻 8%～10%。连续抽油杆与液体的摩阻小（更适合于稠油开采），可减少柱塞效应，使连续抽油杆负荷降低。

（3）与普通抽油杆相比在相同的油管中可以下大一级的连续抽油杆，如在 $2\frac{3}{8}$in 油管中普通抽油杆最大只能下入直径 22mm 的抽油杆，而可下入直径 25mm 的连续抽油杆。

（4）提高起下抽油杆的速度。连续抽油杆不用一根一根地螺纹连接，与普通抽油杆相比一般起下速度可提高 3 倍以上，降低劳动强度。

（5）连续抽油杆装置运输困难，装连续抽油杆卷盘的拖车高 4.85m，宽 3.66m，公路和铁路运输都比较困难。

（6）连续抽油杆连接时要在井口焊接，必须采取一定的防火措施，而且局部加热引起过渡区金相组织变化，降低了疲劳性能，在热过渡带形成薄弱环节。

（7）起下作业要有专用设备，大规模应用才有效益，否则投资大，管理复杂。

（叶利平）

【柔性抽油杆 coiled sucker rod】 用柔性件制成的一种特殊抽油杆。具有代表性的是钢丝绳抽油杆，由多根高强度的钢丝制成的一根单根钢丝绳，其断面结构见图1。

早在20世纪50年代玉门油田就开始试验，国外油公司70年代开始工业试验，但仍有一些技术问题尚待解决，主要有：（1）泵径过小或泵深过浅（小载荷）都不适合使用柔性抽油杆。上下冲程载荷变化和钢丝绳弹性变形量的关系见图2。在载荷变化初始阶段（小载荷），钢丝绳弹性变形量急剧增加，当载荷变化达到12.3kN以上时，载荷变化与钢丝绳变形量呈线性关系。（2）钢丝绳各丝之间承载不可能均匀，承载大的丝先断，严重缩短了使用寿命。（3）在交变载荷作用下，钢丝绳的丝、股之间磨损严重，造成钢丝绳失效。柔性钢丝绳技术上还不成熟，还处于试验阶段，在矿场工业推广使用需要慎重。

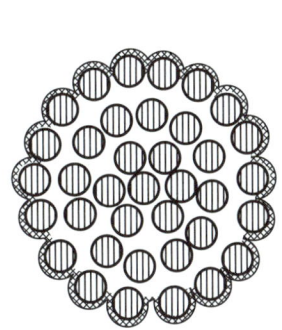

图1 钢丝绳抽油杆断面图

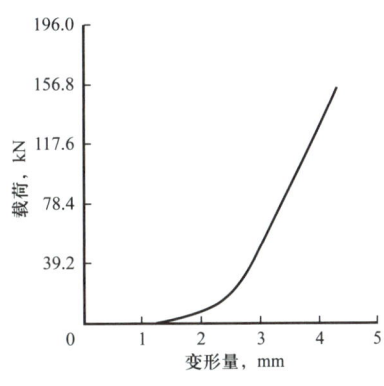

图2 钢丝绳拉伸图

（叶利平 于乐香）

【电热抽油杆 electrothermal sucker rod】 为开采稠油或含蜡原油而研制在抽油杆轴向上的孔内装有电阻加热元件的一种特殊抽油杆。

电热抽油杆有两种：一种是输入直流电产生电阻热的直流电热杆（简称直流杆）；另一种是输入交流电产生集肤效应热的交流电热杆（简称交流杆）。两种杆的基本功能相同，都是用于开采原油时加热升温；结构相似，都是在钢杆中穿入电阻元件（直流杆）或电缆（交流杆），底部短路，上部在钢管和电热元件之间加电源，使电热杆发热。

连接结构　电热抽油杆之间的连接结构见图1。在每根抽油杆的内孔中安装有电阻加热元件。在电阻丝周围包有电绝缘体，它的作用是防止电阻丝与周围物质及抽油杆相接触，同时还具有最佳导热功能。为使组成抽油杆柱的相邻抽油杆中的电阻丝连接起来，在接箍的中心安装有轴向电导元件，从而使相邻抽油杆中的电阻丝相连。绝缘体将该电导元件置于轴向位置，即使电阻丝连接起来，又使其与接箍和抽油杆隔开。

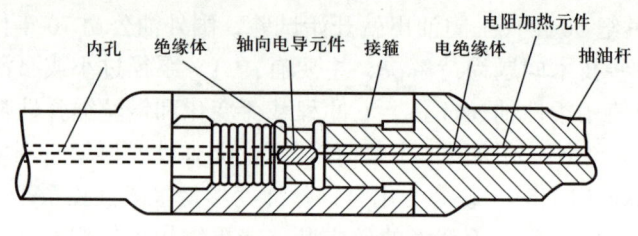

图1　电热抽油杆连接结构图

形成回路的终端结构　形成回路的终端结构见图2。变压器的一根电缆线与抽油杆的电阻丝相连，另一根电缆线与光杆的外表相连，而每根抽油杆的外表是相连的，所以需要有一种装置使连接电阻丝的电缆线与连接抽油杆外表的电缆线相连才能构成回路。为此设计了一种整体式电导体装置。该电导体定向装入接箍中，通过它把电阻丝与接箍连接起来，从而构成回路。

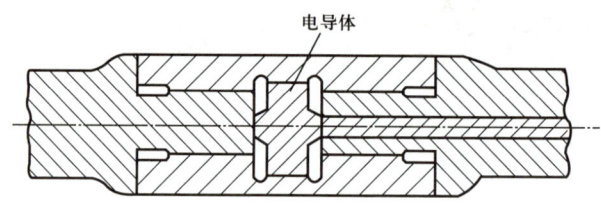

图2　电热抽油杆形成回路的终端结构图

当电热杆工作时，电流会使得每根抽油杆中的电阻丝产生热量，热量通过抽油杆传向周围的原油，使原油被加热升温，起到降黏及防止结蜡的作用。

（李明忠　于乐香）

【带状抽油杆　banded sucker rod】　一种由石墨复合材料制成的抽油杆。具有很高的弹性模量和刚度，且有足够高的挠性，可以卷到一个卷筒上，用轻型工程车即可装运。具有以下优点：（1）无接头，避免了因接头引起的杆柱断脱现象。（2）材料的密度低，大幅度减轻其自身重量，降低了抽油设备的工作载荷和能耗。（3）连续的带状抽油杆可绕在卷筒上，便于装卸、运输和起下作业。

（李明忠　于乐香）

【铝合金抽油杆 aluminium alloy sucker rod】 一种用铝合金制成的抽油杆。铝的成本低为制造铝合金抽油杆创造了条件。这种抽油杆的接头，采用与铝电势相近的不锈钢，以防止电化学腐蚀。具有以下优点：（1）重量轻，仅为钢质抽油杆的三分之一。（2）抗盐水、硫化氢、二氧化碳等介质的腐蚀能力是钢质抽油杆的3～5倍。

（李明忠　于乐香）

【KD级抽油杆 KD level sucker rod】 既有D级抽油杆的强度又有K级抽油杆耐腐蚀性能的一种抽油杆。可用于负荷较大且具有腐蚀性的油井。

（李明忠　于乐香）

【碳素纤维抽油杆 carbon fiber sucker rod】 采用一种碳素纤维复合材料制成的连续抽油杆。该杆可弥补钢制抽油杆在柔韧性、耐腐蚀、重量与强度等方面的缺陷，适用于超深井高腐蚀油井采油的需要。具有以下优点：（1）具有高比强度、高耐磨性和高耐腐蚀性等性能。（2）抗疲劳性能好，107次疲劳试验后，剩余强度为90%，而钢杆的剩余强度仅为30%～40%，抽油杆的使用寿命大大延长。（3）重量轻，千米碳纤维抽油杆仅200kg，节能效果显著，更适合超深井采油的需要。（4）柔韧性好，最小曲率半径为300mm，适于盘绕生产和运输。（5）截面积小，仅为钢制抽油杆的1/5，因而在油井中的上下行阻力大大减少。（6）抽油杆只有上下两个接头，降低了断脱概率，有利于机械化作业。该抽油杆还解决了连续成型、专用自锁接头和安全保险装置等问题。

（李明忠　于乐香）

【抽油杆接箍 sucker rod hoop】 抽油杆组合成抽油杆柱时的连接零件，用于连接两根抽油杆。接箍按其结构特征可分为普通接箍、异径接箍和特种接箍。抽油杆接箍采用优质的碳素结构钢为原料制造而成，具有不易生锈，不易腐蚀的特点。连接安全可靠，施工方便。接箍的材料并不因连接的抽油杆等级不同而不同。尽管普通抽油杆可分为C、D、K三个等级，但各等级抽油杆所用的接箍一般都选用中碳结构钢，国内大都选用45钢。

由于接箍是承受变动载荷的连接零件，所以它必须满足强度要求和连接要求。强度要求是指接箍能承受变动载荷的作用，其疲劳强度（包括螺纹的疲劳强度）要与所连接的抽油杆相匹配。连接要求是指接箍与抽油杆连接成抽油杆柱时，要保证连接可靠，直线度好，接箍还应具有一定的耐磨性。对于特种接箍还应具有扶正与减磨作用。

普通接箍　用于连接等直径的抽油杆，是油井中应用最多的一种接箍，普通接箍的结构见图 1。普通接箍共有两种类型，其中 I 型带扳手平面，II 型不带扳手平面，又称小井眼接箍。

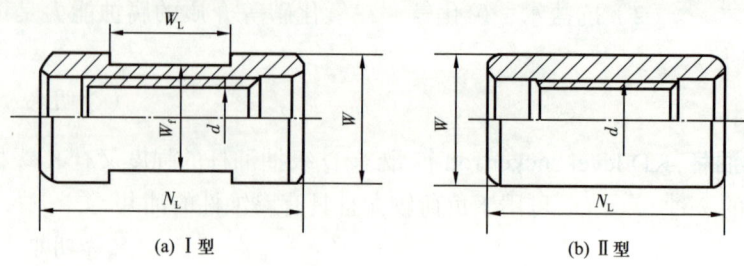

图 1　抽油杆普通接箍结构图

异径接箍　用于连接不同直径抽油杆，异径接箍的结构见图 2，它同普通接箍一样，异径接箍也分为 I 型和 II 型。

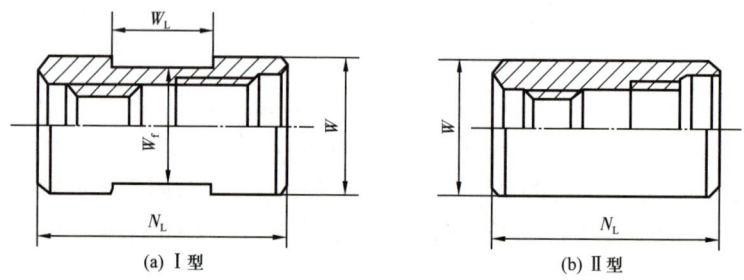

图 2　抽油杆异径接箍结构图

特种接箍　用于斜井或普通油井中降低抽油杆柱与油管之间的摩擦力，减少对油管磨损的一种接箍。特种接箍主要有滚轮式接箍和滚珠式接箍，又称滚轮式扶正器和滚珠式扶正器。

（李明忠　于乐香）

【抽油杆扶正器 sucker rod centralizer】　使有杆泵采油系统在运行过程中扶正抽油杆，防止抽油杆弯曲，减少抽油杆的振动，改善抽油杆受力状况，减轻抽油杆与油管磨损的井下工具。分为滚动式和滑动式两种。

滚动式抽油杆扶正器　变化形式较多，典型的有以下两种：

（1）滚轮式抽油杆扶正器（又称滚轮接箍）。滚轮式抽油杆扶正器除了具有普通接箍的连接作用外，在加长接箍圆周上装有滚轮，改善了油井中抽油杆与油管之间的工作条件，变滑动摩擦为滚动摩擦，减少了抽油杆与油管的磨损。常用的有三轮式和四轮式，结构见图 1。一般在中和点以下每根抽油杆下一个扶正器，在井斜或方位角变化大的位置加装扶正器，最后在结蜡段下部装一个，效果较好。

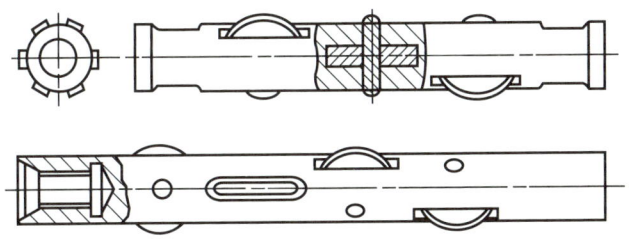

图 1　三轮、四轮滚轮式抽油杆扶正器

（2）滚珠式扶正器。将半嵌在接箍上的肘形座孔里的滚珠代替滚轮，起到与滚轮扶正器相同的作用，而且滚珠滚动不受方向的影响，所以进一步减小了杆柱与油管的摩擦力，其缺点是过流面积小，流动阻力大。特别是经常发现滚珠脱落，造成卡泵事故，现场使用较少。

滚动式扶正器的缺点是存在滚动件硬度不好掌握，过硬会磨坏油管，过软会因运动件磨平而不转动，变成滑动摩擦，加速油管的磨损。

滑动式抽油杆扶正器　一种尼龙制品，滑动式扶正器可分为具有刮蜡作用的和不具有刮蜡作用的两种，前者称为刮蜡器，后者称为扶正器（见图2）。其结构特点是：两端带有较大的导角，中间有与抽油杆直径匹配的孔，外径较油管内径小。在外圆柱上开有数条均匀分布的螺旋槽作为液流通道，其中一条较宽的螺旋槽与内孔相通，作为往抽油杆上安装的入口，在中和点以下用限位器固定扶正器。普通扶正器外圆上无刮蜡片，不具备刮蜡作用，普通扶正器能够减少抽油杆与油管的磨损，从而延长其寿命。

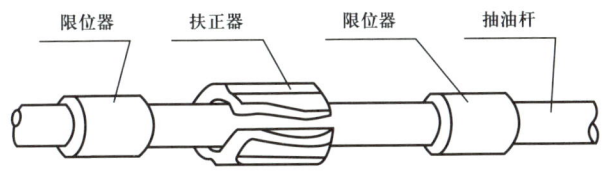

图 2　滑动式抽油杆扶正器

（叶利平）

【抽油杆减振器 sucker rod vibration absorber】　安装在光杆上，用于减少抽油杆柱的振动的工具。当抽油机驴头带动抽油杆柱做上下往复运动时，由于载荷大小和方向的变化引起抽油杆柱产生不同程度的振动，这种振动给抽油杆柱带来附加冲击载荷，使抽油杆载荷增加并使连接螺纹松脱。抽油杆减振器的作用就是缓冲和减小这种振动，从而降低抽油杆柱断脱的次数。

抽油杆减振器主要由弹性元件和安装弹性元件的壳体或框架组成。弹性元件随抽油机型号规格和油井井况的变化而有所不同，主要有橡胶、蝶形弹簧等。

（李明忠　于乐香）

【抽油杆防脱器 sucker rod anti-dropout device】 防止抽油杆脱扣的工具。在抽油杆柱上下往复运动的过程中，由于井斜、杆柱弯曲以及杆柱振动等原因，容易造成抽油杆柱受到附加扭矩的作用，这个扭矩可能对抽油杆柱连接螺纹产生旋松力矩。另外，抽油杆本身的螺纹轴线与台肩面的垂直度偏差以及组装抽油杆柱过程中预紧力不足，使得抽油杆柱的抗松脱能力大大降低。旋松力矩的存在以及抗松脱能力的降低容易造成抽油杆柱脱扣。而在抽油杆柱适当位置安装防脱器后，可以将杆柱产生的旋松扭矩释放掉，从而避免了杆柱接头螺纹的松动。

目前常用的抽油杆防脱器，短抽油杆和连接套分别与抽油杆柱连接，它们之间通过套筒和止推轴承发生转动，当抽油杆柱附加扭矩大于防脱器转动的扭矩时，短抽油杆或外壳转动，消除了附加扭矩，从而起到了防止抽油杆脱扣的作用。

（李明忠　于乐香）

【光杆 polished rod】 位于抽油杆柱顶端的、外表经加工处理的实心或空心、表面光滑的特殊杆件。光杆是将抽油机悬点的往复运动传递给抽油杆的一个重要部件，它通过光杆卡、悬绳器与抽油机连接，并通过光杆接箍与抽油杆连接。在抽油机的带动下，光杆在抽油光杆密封盒内做往复运动，将抽油机的往复运动传递给抽油杆，上冲程时裸露在空气中，下冲程时浸没在井液中，和抽油杆一样承受着不对称循环载荷，外圆柱面与光杆密封盒形成滑动密封，是在大气腐蚀、井液腐蚀、不对称循环载荷以及滑动摩擦条件下工作，不出油时还要承受高温，在悬挂抽油杆柱时，还要承受方卡子的预应力，容易刮伤形成疲劳源。应具备耐大气腐蚀、井液腐蚀的性能以及具有一定的腐蚀疲劳强度和耐磨性，光杆承截面积要比最上一级抽油杆大。以螺纹与抽油杆柱连接，应保证连接可靠，与抽油杆连成的杆柱有较高的直线度。分为普通型和一端镦粗型两种。普通型光杆两端均为较最上一级抽油杆大1级或2级的抽油杆螺纹，杆体直径大于两端螺纹最大外径，其优点是当一端磨损严重时，可掉头继续使用。一端镦粗型光杆是光杆的一端镦粗并加工成抽油杆螺纹，另一端不镦粗并加工成普通螺纹，其特点是镦粗端螺纹连接性能好，但缺点是两端不能互换。

（叶利平）

【加重杆 sinker bar】 在抽油杆柱中易出现弯曲杆的下部所连接的较大直径或内部灌铅的杆。为了克服有杆泵采油运行过程中柱塞下行阻力和抽油杆柱中和点以下的抽油杆承受拉、压应力出现的螺旋弯曲，需要对抽油杆采取加强措施。大泵深抽、抽稠油和深井抽油时，抽油杆柱的下部发生纵向弯曲，使抽油杆承受附加弯曲应力，引起抽油杆发生断脱事故。在抽油杆柱拉、压应力交界点（中和点）以下用加重杆可减轻或避免下部抽油杆柱受压应力作用发生的弯曲，从而改善抽油杆柱的工作状况，提高抽油杆的工作寿命和泵效。加重杆的主要尺寸是根据其工作条件确定的，并有一定的重量和刚度。

加重杆的设计计算常用以下两种方法：

（1）以避免抽油杆柱受压为目标的设计方法。其原理是将所有上顶力的总和除以加重杆在液体中单位长度重力，计算出加重杆长度。

（2）以帮助柱塞下行和打开游动阀为主要目的的设计方法。其原理是打开游动阀时的上顶力除以加重杆在液体中单位长度重力，计算出加重杆长度。为了简化计算方法可用经验计算加重杆长度：

$$L_\mathrm{b} = \frac{9.81 \times 10^{-6} C \rho_\mathrm{l}}{(1 - 0.128 \rho_\mathrm{l}) W_\mathrm{b}}$$

式中：L_b 为加重杆长度，m；C 为加重杆系数；ρ_l 为产出液密度，kg/m³；W_b 为加重杆单位长度重力，kN/m。

（叶利平）

【抽油杆失效 sucker rod failure】 抽油杆柱承受多种载荷和不同腐蚀介质的联合作用，而发生断裂、脱扣等损坏的现象。抽油杆的失效类型有两种：一种是断裂，即在抽油杆柱的某个截面发生断裂；另一种是脱扣，这是由于接头的螺纹连接松动，使得抽油杆与接箍脱开。抽油杆断裂主要是疲劳断裂，也有因卡泵时超载拉断或接箍严重磨损而引起的。抽油杆疲劳断裂部位通常是在外螺纹接头、扳手方颈、锻造热影响区和杆体。接箍的疲劳断裂大多数是从内部与外螺纹接头第一个完整螺纹相重合的地方开始，也有发生在外表面的磨损、凹坑、刻痕处或扳手平面的圆角处。

抽油杆柱承受的载荷包括：抽油杆柱重力、液柱的重力；抽油杆柱和液柱的惯性载荷；抽油杆柱在运动中受的摩擦阻力；抽油杆柱和油管柱的弹性引起的振动载荷；由液击引起的冲击载荷；由井斜变化、螺纹不同心、悬绳器摆动等因素造成的扭力等，而且承受的是不对称的交变载荷。抽油杆柱承受的载荷随深度有所变化，如抽油杆柱承受的向下载荷随深度越深载荷越小，而抽油杆柱向上的载荷越靠近底部越大，在中和点以下抽油杆柱上行程承受张应力，而下行程变成压应力，迫使抽油杆弯曲，增大了扭力和摩擦力，使得下部抽油杆工作条件更加恶劣。实际上中和点以下的抽油杆承受的是不对称拉压循环载荷，承受压应力造成最小应力成为负值，超出了 修正古德曼图 的安全范围。加上抽油杆本身未加工面积高达 85% 以上，不可避免地会有疲劳源存在，从而产生疲劳断裂。同时还受腐蚀介质的侵蚀作用，而产出水中又会含有各种腐蚀介质，如 CO_3^{2-}、HCO_3^-、SO_4^{2-}、腐蚀性微生物等，伴生气中也会有 CO_2、H_2S 等腐蚀气体。抽油杆的主要失效形式是疲劳断裂或腐蚀疲劳断裂。

失效因素 （1）制造过程中始锻温度过高引起过热或过烧，降低材料的强度和韧性；终锻温度过低会引起锻造缺陷，减小有效承载面积，降低承载能力，特别是末端的应力集中，大大缩短疲劳裂纹的萌生期。（2）热处理的影响。为了保证抽油杆的抗疲劳性能，必须通过热处理使其获得一定的综合力学性能，既要有一定的强度，又要有一定的塑性和韧性。（3）螺纹加工质量的影响。（4）螺纹中心线与台肩承载面垂直度不好。对预紧力影响很大，容易产生脱扣现象。（5）机械损伤的影响。这些缺陷都会因应力集中而形成疲劳源，导致疲劳断裂。在腐蚀环境中这些缺陷也会加速腐蚀，引起腐蚀疲劳断裂。（6）抽油杆弯曲的影响。抽油杆承受载荷时在弯曲部位的凹侧面会产生附加的拉应力，对于循环应力来说，这种附加拉应力使得应力幅增大，具有更大的危险性。（7）预紧力不足的影响。易造成脱扣。（8）液击和碰泵的影响。（9）腐蚀的影响。

延缓抽油杆失效的方法 （1）复查抽油杆最大和最小应力及应力范围（见修正古德曼图），判断是否超负荷。如果超负荷应及时调整。（2）绝大多数抽油杆失效是由于存在各种缺陷，形成疲劳源，而导致疲劳失效，要严格控制疲劳源的产生和形状。美国抽油杆杆体表面不允许有超过 0.004in（0.1mm）深度的缺陷存在，中国规定认为抽油杆杆体表面裂纹深度不超过 0.12mm 时在交变载荷作用下缺陷不会扩展。（3）应按周边位移上紧螺纹或采用防脱接箍防止脱扣。（4）防止抽油杆弯曲。任意 152mm 长度内直线偏差小于 0.8mm，可认为对疲劳寿命无影响；任意 152mm 长度内直线偏差为 0.8～3.2mm，可进行冷校直后继续使用；任意 152mm 长度内直线偏差大于 3.2mm，应确定为死弯，不能进行冷校，热校后还应进行热处理消除余应力。

（叶利平　于乐香）

【抽油杆柱 sucker rod string】 由 光杆、抽油杆、拉杆等组成下入油气井中带动抽深井泵作往复运动的杆柱。由等直径抽油杆连接组成的抽油杆柱称为单级抽油杆柱；由直径不等的抽油杆连接组成的抽油杆柱称为多级抽油杆柱。连接抽油杆时，为了防止抽油杆松脱或粘扣，对不同抽油杆所要求的最佳上扣扭矩值称为抽油杆旋紧扭矩。抽油杆柱在自身的重力和液柱重力的作用下所增加的长度称为抽油杆柱的伸长。抽油杆柱的振动是指在抽油过程中，液柱载荷周期性作用在抽油杆柱上引起抽油杆柱的纵向振动。抽油过程中抽油杆的自身振动频率称为抽油杆柱的固有频率。

（李明忠　于乐香）

【**抽油机载荷** pumping unit load】 抽油机在不同抽汲参数下运行时悬点所承受的载荷。包括静载荷、动载荷和摩阻载荷，是选择抽油设备和分析设备工作状况的重要依据。

静载荷 包括抽油杆自重、柱塞上部液柱形成的静液柱载荷。上行程和下行程计算公式为：

$$W_{ju}=9.81(q_rL+A_pL_1\rho_1)+10^6(p_t-p_c)A_p \tag{1}$$

$$W_{jd}=9.81q_rL \tag{2}$$

式中：W_{ju} 为上行程悬点静载荷，N；q_r 为每米抽油杆在液体中的质量，kg/m；L 为泵深，m；A_p 为柱塞面积，m^2；L_1 为动液面深度，m；ρ_1 为油管内流体密度，kg/m^3；p_t 为油管压力，MPa；p_c 为套管压力，MPa；W_{jd} 为下行程悬点静载荷，N。

动载荷 由惯性载荷和振动载荷组成。惯性载荷可以用静载荷乘以惯性因子求得。振动载荷包括抽油杆柱和油管内的流体作不等速运动而产生的抽油杆和液柱的动载荷。实际的抽油杆柱和液柱长度很长，具有相当的弹性和可压缩性。而抽油杆柱做周期性地上下运动和液柱载荷周期性地作用于下端，使抽油杆柱产生弹性振动，同时液柱下端周期性地被柱塞推动而使液柱也产生振动，如果油管下部未锚定，在液柱载荷周期性的作用下，管柱也要产生振动。这三组弹性体的振动互相影响，加上阻尼作用，使得整个系统的振动作用相当复杂，要准确地计算弹性振动载荷是很困难的，一般用抽油杆柱的纵向振动方程，忽略了强迫振动项的简化计算方法。

摩阻载荷 每口井情况千差万别，除液柱与抽油杆之间的摩擦力和液体通过游动阀的摩擦阻力可以用公式计算外，其余各种摩阻载荷都只能凭经验估算，如抽油杆与油管的摩擦力根据矿场经验，在直井内通常不超过抽油杆重力的 1.5%。柱塞与泵筒之间的半干摩擦力根据矿场经验，当泵径不超过 70mm 时，半干摩擦力不超过 1717N。液柱与油管之间的摩擦力根据高黏度油井的现场资料统计，约为液柱与抽油杆之间摩擦力的 0.77 倍，也可以用公式进行计算。

如果下泵深度和沉没度都不很大，在油管压力和冲数都不太高的稀油直井中，通常可以忽略振动载荷、摩擦载荷、液柱惯性载荷以及油套管压力和沉没压力的影响，抽油机悬点最小载荷和悬点最大载荷计算公式可以进一步简化为：

$$W_{\max} = (W_r + W_l)\left(1 + \frac{SN^2}{1790}\right) \tag{3}$$

$$W_{\min} = W_r(1 - 1.28\gamma) - W_r \frac{SN^2}{1790}\left(1 - \frac{r}{l}\right) \tag{4}$$

式中：$W_{\max}$ 为悬点最大载荷，N；$W_{\min}$ 为悬点最小载荷，N；W_r 为抽油杆在空气中重力，N；W_l 为液柱在柱塞环形面积上的重力，N；S 为冲程，m；N 为冲数，$\min^{-1}$；r 为曲柄旋转半径，m；l 为连杆长度，m；γ 为油管内流体相对密度。

📒 **推荐书目**

邬亦炯，刘卓钧，赵贵祥. 有杆抽油设备与技术　抽油机[M]. 北京：石油工业出版社，1994.

（叶利平）

【**抽油杆折算应力** equivalent stress of sucker rod】 抽油杆柱工作时，承受交变载荷，抽油杆内产生的由最大到最小的非对称循环应力。为了利用由实验所得的对称循环的疲劳极限应力，在计算非对称循环应力作用下的抽油杆柱的强度时，采用的应力值等于循环应力的应力幅与最大应力乘积的平方根，此应力称为折算应力。

（李明忠　于乐香）

【**有杆泵抽油系统设计** rod pumping production design】 使有杆泵抽油系统工作性能合理、技术指标先进、经济有效而进行的设计。通常要先做初步设计，然后进行校核、调整，以达到优化设计的目标。主要设计内容为：

（1）抽油能力与地层供液能力协调。这是有杆泵抽油系统设计中的重要环节，如果抽油能力过大，必然降低系统效率。如果抽油能力过小，必然影响产量，不能发挥油层的潜力。为此要进行产量、流动压力、沉没压力和泵排出压力等方面的预测。

① 根据开发方案或配产配注方案中要求的产量（最少预测10年）和逐年油藏压力保持水平，推算产量和流动压力。或者根据方案中提出的驱替压差要求推算出流动压力。然后用油井流入动态曲线（IPR曲线）预测产量，所需的油层静压、饱和压力都是已知的，而产量、流动压力、含水率是油井日常录取的数据，只要有一组数据，则可求出产油指数或产液指数，或确定该井的IPR曲线，

从而预测产量，进而计算出流动压力，为下一步预选泵深提供了依据。

② 计算井筒压力分布和液面高度，从流动压力开始用多相垂直管流，计算出井筒中压力分布和液面高度。利用充满系数和沉没压力的关系式，求得沉没度，进而求出下泵深度。

③ 计算泵的排出压力，假设抽油杆和油管直径，利用油井流出动态曲线（OPR曲线），从油管压力向下进行杆管环形空间多相垂直管流计算以算出压力梯度，得出泵的排出压力，也可以用持水率方法粗略估算油管内压力梯度。

必须建立在油藏工程要求的基础上，以抽油能力与油层供液能力协调的方法，确定产液量、流动压力、沉没度和下泵深度。

（2）初选抽汲参数。根据产量和泵效的要求，初选深井泵工作参数（泵径、冲程、冲数）。

（3）初选抽油机型号。计算最大和最小载荷、扭矩等参数初选抽油机。

（4）抽油杆柱设计。如果设计结果表明抽油杆超负荷或系统效率低，则应重新设置参数，重选抽油机和抽油杆柱，重复计算直至设计结果合理。

（叶利平）

【**抽油杆柱设计** sucker rod string design】 为了满足抽油杆柱强度要求，并留有余地，确保有杆泵抽油系统效率高，对抽油杆柱进行的优化设计。设计内容包括：（1）确定抽油杆许用应力，常用的方法有修正古德曼图或奥金格等寿命曲线。（2）确定抽油杆柱组合，常用方法有抽油杆柱等强度设计或抽油杆柱等应力范围设计。

（叶利平）

【**抽油杆柱等强度设计** sucker rod string uniform strength design】 使各级抽油杆顶部所受应力相等的抽油杆柱设计方法。设计方法为：

（1）按各级抽油杆顶部最大应力相等的原则计算各级抽油杆的长度。先初定抽油杆柱的级数和杆径，然后按以下公式计算各级抽油杆长度占全杆柱的百分数：

$$X_i = \frac{W_{\max}}{B} \times \frac{d_i^2 - d_{i+1}^2}{d_1^2 d_i^2}$$

二级抽油杆最后一级长度比例：$X_2=1-X_1$

三级抽油杆最后一级长度比例：$X_3=1-X_1-X_2$

四级抽油杆最后一级长度比例：$X_4=1-X_1-X_2-X_3$

$$B=0.0065878L（1-0.128\gamma_L+0.225）$$

式中：X_1，X_2，X_3，X_4 为各级抽油杆长度比例，小数（顶部为一级）；d_1，d_2，

d_3，d_i为各级抽油杆直径，mm；W_{max}为悬点最大载荷，N；L为泵深，m；γ_L为油管内液体相对密度，小数；i为各级抽油杆级数，一级为最上一级。

（2）计算各级杆顶部应力。对比各级杆顶部应力是否接近，偏差不超过10%，并且绝对值符合原设计要求。

精确地计算可采用以抽油杆柱波动方程为基础的示功图预测模型，计算各级抽油杆顶部最大和最小载荷，再除以该级抽油杆的截面积，得出最大和最小应力，计算出各级抽油杆顶部许用应力，如果设计结果不理想可调整参数后重新进行核算，直至理想为止。

（3）计算泵效及产量。如果不能满足油藏工程要求，则返回重算，直至满意为止。

（4）校验抽油机载荷。计算最大载荷、最小载荷、扭矩和功率，若计算结果抽油机指标超标，则调整参数重新设计，或更换抽油机型号。

（5）进行最后抽油参数优选。主要校核产供协调、泵效、系统效率、抽油机利用率、抽油杆强度利用率、加速度因子和频率因子等方面是否合理，否则重新设计。

（叶利平）

【**修正古德曼图** modification to Goodman diagram】 美国石油学会推荐进行抽油杆柱设计和应力分析计算时采用的无限疲劳寿命应力图。1945年以前抽油杆柱设计都是按静强度计算的，显然这种计算方法不符合抽油杆承受交变载荷的受力特点。美国在古德曼等人的寿命曲线基础上提出了修正古德曼图设计方法，改善了抽油杆柱设计方法，使抽油杆柱工作寿命大为延长。

古德曼等寿命曲线见图1，σ_{max}和σ_{min}极限值是取对称循环疲劳极限σ_{-1}和极限强度σ_b的两条直线之间的数值，形成等疲劳寿命设计许用应力。

修正古德曼图是在古德曼等寿命曲线的基础上加大了安全系数，将古德曼图横坐标的平均应力σ_m改变为最小应力σ_{min}，在抽油杆承受交变载荷条件下，当抽油杆最小应力为零（$\sigma_{min}=0$）时，抽油杆承受的最大应力σ_{max}取1/2抽油杆极限强度（$\sigma_{max}=\sigma_b/2$），见图2中的直线2。考虑抽油杆承受的交变载荷波动很大，最小载荷与最大载荷之比可达0.3~0.7，故再取安全系数为2，求得A点$\sigma_b/4$，并规定抽油杆承受的最大载荷不得大于抽油杆的屈服

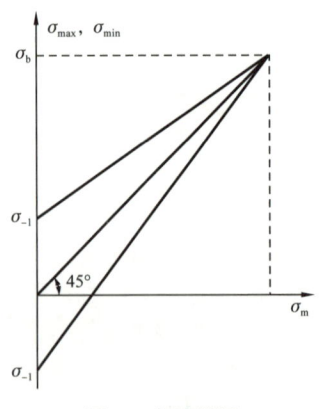

图1 古德曼图

极限 σ_s（一般取 $\sigma_s=\sigma_b/1.75$），建立了抽油杆柱最大许用应力为直线1，满足了抽油杆无限寿命疲劳设计的要求。

修正古德曼图无限寿命疲劳设计中抽油杆最大许用应力 $[\sigma]$ 表达式为：

$$[\sigma]=\left(\frac{\sigma_b}{4}+0.5625\sigma_{min}\right)SF$$

式中：$[\sigma]$ 为最大许用应力，MPa；σ_b 为抽油杆极限强度，MPa；σ_{min} 为抽油杆最小应力，MPa；SF 为抽油杆使用系数。

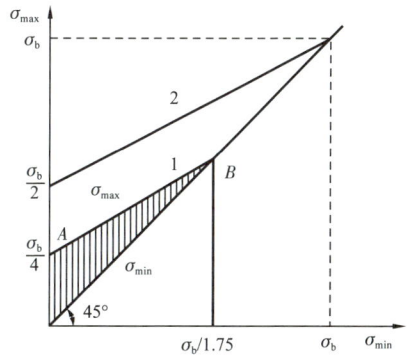

图2　修正古德曼图

1—取安全系数为4时抽油杆等疲劳寿命曲线；
2—取安全系数为2时抽油杆等疲劳寿命曲线

抽油杆最大许用应力公式计算出的最大许用应力控制在图2中阴影部分，抽油杆使用系数 SF 是根据抽油杆工作环境决定的，一般介质无腐蚀性时取1，介质为地层水时取0.9（高含盐时取0.7），介质含 H_2S 取0.5。

应力范围 PL 表达式为：

$$PL=\frac{\sigma_{max}-\sigma_{min}}{[\sigma]-\sigma_{min}}\times100\%$$

式中：PL 为应力范围，%；σ_{max} 为抽油杆最大应力，MPa。

抽油杆修正古德曼图无限寿命疲劳设计时计算应力范围，原则上不能大于100%，考虑抽油井后期负荷增大可取70%～90%。

抽油杆修正古德曼图无限寿命疲劳设计方法比较接近实际，绝大多数国家都采用这种设计方法，中国20世纪80年代以后也都采用修正古德曼图无限寿命疲劳设计方法。但是，抽油杆柱中和点以下抽油杆受压应力，而修正古德曼图设计方法还没有考虑抽油杆柱受压应力的影响，有待进一步完善。

（叶利平）

【**奥金格等寿命曲线** Auking isolife curve】 阿塞拜疆石油研究所对在不同条件下各种钢材进行疲劳研究而提出的抽油杆柱设计中的强度设计等寿命曲线。图中AB线代表最大许用应力 σ_{max}，CD线代表最小许用应力 σ_{min}，在这两条线的范围内抽油杆具有无限寿命，即循环次数大于107。计算公式为：

$$\sigma_c=\sqrt{\sigma_{max}\sigma_a}$$

$$\sigma_a = \frac{\sigma_{max} - \sigma_{min}}{2}$$

$$\sigma_c \leqslant [\sigma]$$

式中：σ_c 为折算应力，MPa；σ_{max} 为最大应力，MPa；σ_a 为应力幅度，MPa；σ_{min} 为最小应力，MPa；$[\sigma]$ 为抽油杆的许用应力，MPa。

C 级和 K 级抽油杆许用应力 $[\sigma_{-1}]$ 为 70MPa，D 级抽油杆许用应力 $[\sigma_{-1}]$ 为 90MPa，H 级抽油杆许用应力 $[\sigma_{-1}]$ 为 100～120MPa。抽油杆柱设计时要考虑油井生产的全过程对抽油杆柱的要求，选用许用应力 $[\sigma_{-1}]$ 的 60%～100%。

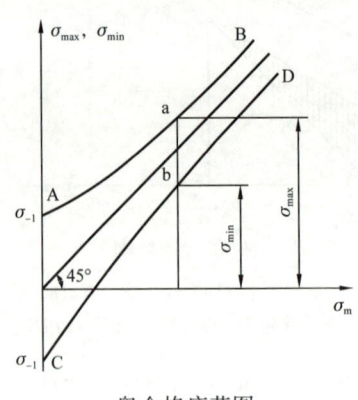

奥金格疲劳图

（叶利平）

【玻璃钢复合抽油杆柱设计 fiberglass combined steel rod string design】 由玻璃钢抽油杆和钢抽油杆组成抽油杆柱的设计方法。玻璃钢复合抽油杆柱是由上部玻璃钢抽油杆和下部钢抽油杆组成的抽油杆柱，玻璃钢抽油杆和钢抽油杆的密度和弹性模量不同。其设计方法与钢抽油杆基本相似，但必须进行修正。玻璃钢复合抽油杆柱的工作特性也可由 API 推荐方法所给出的无量纲参数的关系曲线求出。玻璃钢抽油杆复合杆柱的平均密度、弹性常数、频率因子、弹簧常数等计算方法不同，玻璃钢抽油杆的接头和杆体的材料密度和直径差别较大，应对吉布斯一维波动方程进行应力波在抽油杆中传播速度的修正。玻璃钢复合抽油杆柱设计时应注意的问题：

（1）在满足强度要求的条件下，以柱塞冲程最大为目标选择玻璃钢抽油杆和钢抽油杆的比例，保证中和点在钢抽油杆部分。

（2）阻尼对柱塞冲程的影响。柱塞的超行程与无量纲冲数 N/N_o 的大小和阻尼的大小有关，见图。当 $N/N_o=1$ 时，将产生共振，N/N_o 应选在 0.5～0.8 范围之内，可以获得较大的柱塞冲程。无量纲阻尼因子越小，柱塞冲程越大，稀油井或井下阻尼小的井，容易获得超行程。

（3）超行程与泵径的关系。玻璃钢抽油杆弹性模量低，只是钢的 1/3～1/4，弹性很大，无量纲液柱载荷 F_o/SK_r 越高，无量纲柱塞冲程 S_p/S 越小，泵径越大，超行程效应越小。玻璃钢抽油杆占复合抽油杆比例过大或玻璃钢抽油杆直径过小，都会使无量纲液柱载荷增加，从而减弱超行程效应。

（4）防冲距问题。玻璃钢复合抽油杆柱设计得合理，会在上死点和下死点产生超行程，防冲距过小或泵筒过短会产生碰泵和柱塞拔出泵筒，要准确计算防冲距。

（5）计算上下死点行程增量，优选泵筒长度。

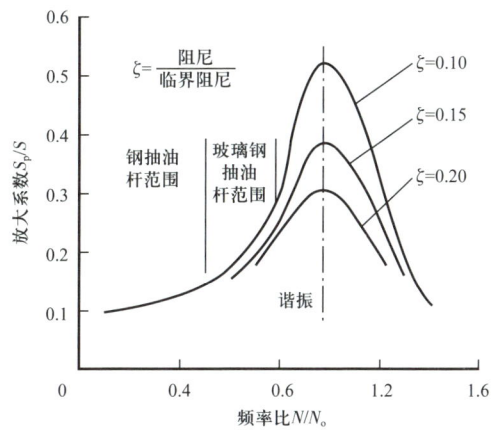

阻尼和机械谐振对柱塞冲程的影响

（叶利平）

【**有杆泵抽油系统效率** sucker rod pumping system efficiency】 井下液体举升至地面的有效功与抽油机输入功之比。输入有杆泵抽油系统中的总能量扣除传递环节中损失的能量，就是有杆泵抽油系统获得的有效能量。

各种抽油机的功能和效率差异较大。游梁式抽油机是将电能转换为旋转运动，再经过减速箱和四连杆机构将旋转运动转化为直线往复运动，运动规律类似于简谐运动，其最高速度和加速度都很大，造成惯性载荷和启动扭矩过大，启动扭矩大，被迫选用大功率电动机，电动机长时间在低负荷状态下运转，游梁式抽油机本身机械效率只有72%。而无游梁式抽油机是采用匀速运动，其最高运动速度相对较低，加速度就小，惯性载荷较低，启动载荷小，选用小功率电动机，电动机低负荷运行现象有所改善，无游梁式抽油机中的直线电动机抽油机直接将电能转换为直线往复运动，传动环节少，机械效率可达96%。

系统效率的分解 有杆泵抽油系统效率可分为地面效率和井下效率。以游梁式抽油机为例还可进一步分解如下：

（1）电动机效率。电动机输出功率与电动机输入功率之比。游梁式抽油机工作时电动机载荷变化极大，甚至会出现负载荷（负扭矩），存在不同程度的低负荷运行现象，电动机的效率变化极大，一般正常情况下为86%~92%。

（2）皮带—减速箱效率。减速箱输出功率与电动机输出功率之比。曲柄旋转妨碍减速箱输入轴的功率测试，尚没有合适的仪器测量，将皮带、减速箱的效率合并。如果皮带—减速箱效率低于76%，一般可认为效率低，可采取张紧皮带或更换皮带后，重测皮带—减速箱效率，一般不应低于83%。为了减少皮带传动损失，应当减小皮带的纵向弯曲模量和截面惯性矩，并增加皮带的拉伸弹性模量。20世纪70年代以来，对皮带做了大量改进工作，创造出窄V带、多楔带、同步带等，使得传动效率由83%提高到94%。齿轮传动能量损失根据经验统计，一对齿轮传动功率损失约为2%，三对齿轮共损失6%，加上轴承、密封和润滑影响减速箱传动功率总损失为9%~10%，减速箱总传动效率约为90%。若润滑情况更差，则效率还要下降。

（3）四连杆机构效率。光杆功率与减速箱输出功率之比。一般不应低于94%，否则应查找原因进行整改。

（4）密封盒效率。光杆功率减去摩擦功率损失的差值与光杆功率之比。要准确地确定密封盒效率很难，只能采取模拟实验的方法求得。

（5）抽油杆效率。光杆功率减去抽油杆摩擦功率损失的差值与光杆功率之比。在抽油过程中抽油杆与油管和抽油杆与液体之间会产生摩擦造成功率损失，对斜井或定向井摩擦功率损失更为严重。当上冲程时抽油杆向上运动，摩擦力的作用方向向下，增加了悬点载荷；下冲程时抽油杆向下运动，摩擦力作用方向向上，减少了悬点载荷。由此可见摩擦力增加了悬点最大载荷，减小了悬点最小载荷，加大了抽油杆承受的应力幅，增加了示功图面积，不但对抽油系统带来不利影响，而且使功率损耗大大增加。对稀油而言，抽油杆与液体之间摩擦力很小，一般不超过100~200N，可以忽略不计。但对稠油井而言，抽油杆对液体的摩擦力相当大。对于抽油杆与油管之间的摩擦力，每口井的情况千差万别，非常复杂也无法准确计算，只能利用泵示功图的面积除以光杆示功图面积，定义为密封盒加抽油杆效率。一般稀油井不应低于85%。

（6）深井泵效率。包括深井泵的容积效率和机械摩擦造成的功率损失，一般情况下深井泵机械摩擦造成的能量损失很小，可以忽略不计。当原油黏度低时深井泵功率损失主要表现为漏失损失功率，当原油黏度高时深井泵功率损失主要表现为摩擦损失功率。

（7）油管功率损失效率。主要包括油管漏失功率损失、油管水力摩阻功率损失效率。

<u>提高系统效率的措施</u>　在系统效率分解测试的基础上，按最低标准要求，电动机效率不应低于86%，皮带传动效率不应低于92%，减速箱效率不应低于90%（皮带传动+减速箱效率不应低于83%），四连杆机构效率不应低于94%，

地面总效率不应低于 67%，密封盒+抽油杆效率不应低于 85%，深井泵效率不应低于 78%，油管功率损失效率不应低于 95%。当各部效率低于以上数值时就应具体分析原因，采取措施。

（1）电动机效率低。检查电动机选型是否合理，按厂家提供的电动机外特性曲线检查电动机工作时平均功率是否达到额定功率 35% 以上，否则需要更换电动机。检查功率因数是否过低，应考虑加电容补偿。

（2）皮带传动效率低。皮带类型是否选择适当，应尽量选用窄 V 带、多楔带、同步带。检查每根皮带张紧度是否一致，否则应调整或更换。检查皮带是否过松或有油污，应调整或清洗。

（3）减速箱传动效率低。检查是否缺油或润滑油变质，应补充或更换。检查轴承是否磨损，应及时更换。检查减速箱齿轮齿是否磨损，如磨损需大修更换。

（4）四连杆机构传动效率低。检查轴承润滑油是否不足或变质，应补充或更换。检查轴承是否磨损，应及时更换。

（5）密封盒效率低。驴头对正井口超标，应及时校正；密封盒类型不正确，应及时更换；密封过紧，及时调整。

（6）抽油杆传动效率低。检查是否结蜡造成阻力过大，及时清蜡；抽油杆与油管摩阻大，设计、调整扶正器或滚轮接箍；油稠摩阻大，应更换大油管或加药降黏。

（7）深井泵效率低。漏失超标应检泵；泵效低，检查原因，提高泵效。

（8）油管功率损失效率低。检查油管漏失情况，及时检泵。如果油管未锚定，则应锚定。

（叶利平）

【有杆泵抽油系统故障诊断 sucker rod pumping system fault diagnosis】 利用动力仪测得的光杆示功图可以了解油层生产能力以及抽油系统工作状况，以判断抽油系统的故障。主要诊断方法包括有杆抽油图解法诊断、有杆抽油模拟示功图诊断和有杆抽油计算机诊断。

有杆抽油图解法诊断 利用弹簧方程来描述抽油杆柱的动态，对光杆示功图进行分析，重点诊断有杆泵冲程有效利用程度，进而判断深井泵工作状况，利用停机测游动阀载荷线变化，求出深井泵漏失量，可以对井下泵和地面设备进行定量分析。这种诊断方法只适用于浅井或低冲次的中深井。

有杆抽油计算机诊断 根据实测光杆示功图，利用一维黏滞阻尼波动方程计算并绘出井下示功图，能对深井泵和地面设备工作状况进行定量分析，是油田广泛应用，较成熟的诊断方法。在深井测得的示功图，由于应力波经过千米以上的抽油杆传递到光杆,加上动载荷和振动载荷的影响,使测得的光杆示功图扭曲变形,极大地增加了诊断的困难。早在 20 世纪 50 年代中期人们就认识到利用光杆示功图诊断方面的缺陷,国内外都做了大量的工作,直到 1966 年美国 S.G.Gibbs 建立了抽油杆系统的一维黏滞阻尼波动方程,边界条件利用光杆示功图的载荷时间曲线和位移时间曲线,并用分离变量法求得抽油杆任意截断面的傅立叶级数近似解,这个方法可以绘出抽油杆柱任意截面和泵的示功图,克服了光杆示功图诊断的缺陷。20 世纪 60 年代以来一维黏滞阻尼波动方程一直作为计算机诊断的理论基础,在国内外得到广泛的应用。

其描述抽油杆柱运动和应力传播的黏滞阻尼波动方程如下式所示:

$$\frac{\partial^2 u(x,t)}{\partial t^2} = a^2 \frac{\partial^2 u(x,t)}{\partial x^2} - c\frac{\partial u(x,t)}{\partial t}$$

式中:$u(x,t)$ 为抽油杆柱任一截面 x 处在任意时刻 t 时的位移;a 为应力波在抽油杆柱中的传播速度;c 为阻尼系数。

<u>有杆抽油模拟示功图诊断</u>　以 API BUL $11L_2$ 模拟计算机模拟的 1121 张模拟示功图为基础,与实测光杆示功图对比,可定性地诊断出井下泵和地面设备工作状况。

1965 年美国中西部研究所利用抽油机冲数与抽油杆固有频率比值(无量纲冲数)N/N_0 和整根抽油杆柱伸长一个冲程长度所需的力(无量纲液柱载荷)F_0/SK_r 两个相似准数相同时示功图形状相似的原理,考虑了抽油杆柱结构、泵的阻尼、抽油杆阻尼、电动机的滑差等因素,采用 API 有杆抽油系统载荷预测方法,求得 N/N_0 和 F_0/SK_r 两个相似准数,在 API BUL $11L_2$ 模拟计算机模拟出 1121 张示功图中找出相应的示功图,与现场实测示功图对比;可定性地分析有杆抽油系统存在的问题。

(叶利平)

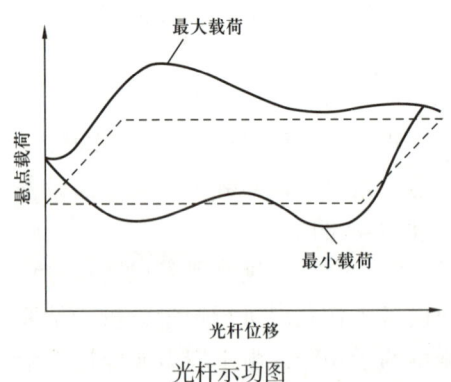

光杆示功图

【**光杆示功图** polished rod dynamometer card】抽油机井在一个冲程循环中,悬点载荷(纵坐标)与光杆位移(横坐标)变化的封闭曲线图形。只考虑静载荷时的理论示功图为平行四边形,考虑动载荷时示功图为不规则封闭曲线(见图),现场通过<u>动力仪</u>测得的实际示功图为不规则封闭曲线。对比理论和实测示功图可反映抽油系统的工作状况，根据示功图的形状和示功图所圈闭的面积（表示出一个冲程所做的功），可以对抽油系统故障进行诊断。

（陈宪侃）

【理论示功图 theoretical dynamometer card】 考虑抽油杆柱及油管内液柱质量及抽油杆柱和油管柱变形时的光杆示功图。它反映了泵在最理想条件下工作时悬点载荷随光杆位置的变化规律及载荷变化与泵的工作之间的对应关系。虽然在实际情况下，由于各种因素（如气体进泵、漏失、振动等）的影响，使实测示功图与理论示功图不同，但理论示功图是实测示功图对比分析的基础。

（李明忠　于乐香）

【井下示功图 down-hole dynamometer card】 油井从光杆以下到活塞的整个抽油杆柱任一截面上所受载荷与位移的变化图（示功图）的总称。抽油杆柱最下端（即活塞上）的载荷与位移所构成的图称泵的示功图。它可直接反映泵的工作状况，排除了用地面示功图分析泵的工作状况时所遇到的各种不定因素，多级抽油杆柱每级连接截面上的示功图可用于分析抽油杆柱的受力状况及杆柱组合是否合理。在20世纪30年代曾用井下动力仪直接测量泵的示功图，但因测量不便而未得到推广。到20世纪60年代后期提出了把实测的光杆载荷和位置变化曲线利用电子计算机经过数学处理绘制井下示功图的技术，既克服了直接测量的困难，又为示功图的解释技术开辟了新途径。

（李明忠　于乐香）

【动力仪 dynamometer】 测取抽油机光杆载荷随光杆位移变化曲线的仪器。又称示功仪。主要有水力式和电子式两种。

水力式动力仪 将液体压力传递给包氏管（盘簧纹管）带动记录笔记录光杆载荷变化，依靠记录台运动记录光杆行程。这种仪器由于弹性滞后，精度不高，已经淘汰。

电子式动力仪 利用载荷传感器和位移传感器将载荷和位移等物理量转换成电讯号，将载荷变化作为纵坐标，位移变化作为横坐标记录下来。并已向数字化发展，它能方便地测出游动阀载荷和固定阀载荷，为有杆抽油图解法诊断提供了方便条件。随着有杆泵抽油系统故障诊断技术的发展，电子式动力仪已向计算机化发展，形成了功能齐全的抽油机井电子诊断仪，具有电子动力仪的所有功能，而且能画出扭矩曲线、电流曲线。在现场可以进行简单的诊断，而且可以储存，在室内回放入计算机进行全面的详细诊断。为了便于现场操作又发展成为无线抽油机井低压测试仪（见图）。

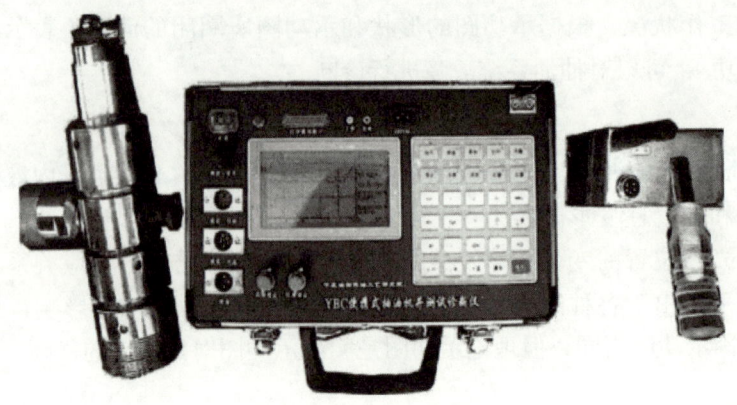

无线抽油机井低压测试仪

（陈万薇）

【抽油井液面 fluid level in pumping well】 油井内油管和套管环形空间的液面。其位置用离井口的距离表示，可直接用回声仪在地面测得。为了直接用液面反映井底压力的大小，并便于将不同套压下测得的液面进行比较，而将套压不等于零时测得的液面折算成套压等于零时的液面，称为折算液面。抽油关井后，井内恢复到稳定时的液面，称为静液面。油井正常生产时的液面称为动液面。通常静液面反映井区平均油藏压力。动液面反映井底流动压力。

（李明忠 于乐香）

【回音标 reflector】 以回声仪测量抽油井油套管环形空间液面位置时，用于反射声波的井下辅助装置。简称音标。它为一柱状短节，套接在液面以上规定深度的油管接箍上。长 0.3～0.5m，其直径可遮住 50%～70% 的油套管环形空间截面积。测液面时，在井口可分别接收到回音标和液面的反射波，根据声波记录曲线和音标位置便可计算出液面位置。由于双频道回声仪的出现，在井内装设回音标的作法已逐渐减少。

（李明忠 于乐香）

【回声仪 echometer】 用于测量抽油井内液面位置的仪器。它利用声波遇到障碍物时会发生反射的原理来测量从井口发出的声波遇到井内液面反射回来的时间，然后根据声波在井内气体中的传播速度计算出液面到井口的距离。声波速度是利用声波遇到井内回音标的反射时间和已知的音标深度计算。在未下音标的井内可利用井内气体的相对密度计算理论声波速度。一般回声仪由声波发生器、接收器、信号放大器和记录装置等部分组成。不同型号的回声仪其相应部分的结构、原理和性能均有所不同。双频道回声仪不仅在记录曲线上反映出液面位置，还可测得液面以上每根油管接箍反射声波的信号，然后根据油管记录确定液面位置。

（李明忠　于乐香）

【**间歇抽油 intermittent pumping**】　油层供油能力低于设备最小工作能力的低产量抽油井，为了减少设备磨损和电力消耗所采用的将抽油机按一定周期定期开动和停止一种采油方式。停抽时，油层继续有油流向井底，并储存在井筒内使液面上升，开抽后，由于泵排量大于油层供油量，原来储存的液体和油层供给的液体同时被泵抽出，故井内液面下降，至接近泵口时便停抽，让井内液面重新恢复。开抽和停抽时间一般根据油层情况和设备能力，通过试验确定。

（李明忠　于乐香）

【**提捞采油 swabbing production**】　用捞油筒将井下原油捞出地面或用套管抽子将井下原油抽到地面的一种采油方式。适用于产能特低、采用其他采油方式都不经济时的油井。用捞油车，自带轻便井架，定期对油井进行提捞作业。早期是用捞油筒捞油，20世纪80年代以后美国制造出套管抽汲车，自带井架和井口密封装置进行套管抽汲采油。

（李明忠　于乐香）

【**电动潜油泵采油 electric submersible pump production**】　利用潜油电动机带动电动潜油多级离心泵将井下原油举升到地面的一种人工举升采油方法。简称潜油电泵采油或电潜泵采油。电动潜油泵系统包括井下机组、地面控制和电力传送三个部分。井下机组主要有电动潜油多级离心泵、潜油电动机和潜油电动机保护器；地面控制主要有采油井口装置、电动潜油泵控制柜和电动潜油泵变压器；电力传送部分是电动潜油泵电缆。用电动潜油泵电缆将地面电力送到井下，通过潜油电动机保护器（防止井液进入电动机）将电力输送给潜油电动机，带动电动潜油多级离心泵。为了防止停机后油管内井液倒流迫使机泵倒转损坏部件，电动潜油多级离心泵上部安装单流阀。电动潜油泵机组结构见图。

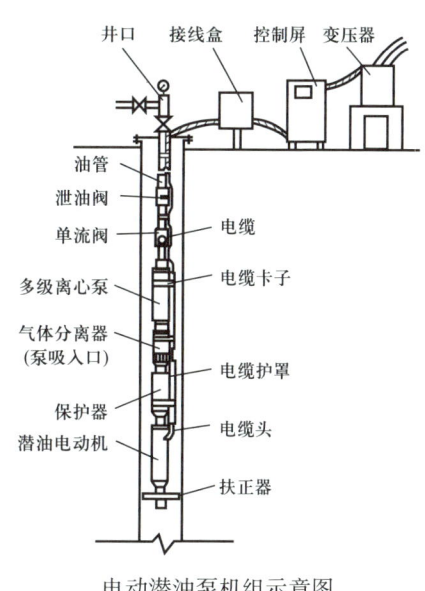

电动潜油泵机组示意图

电动潜油泵采油具有排量大，在 $5^1/_2$in 套管中可达到 700m³/d，适应于中高产量油井、高凝油、定向井、中低黏度井，扬程可达 2000～3000m。井下工作寿命长、地面工艺简单、管理方便。但一次性投资高，耗能大，维护费用高，不适用于出砂井和高气油比井。

推荐书目

万仁溥. 采油工程手册［M］. 北京：石油工业出版社，2000.

（陈万薇）

【**电动潜油泵机组** electric submersible centrifugal pump train】 由潜油电动机、潜油电动机保护器、油气分离器和电动潜油多级离心泵组成的机组的总称。它的配套设备有井下机组、地面控制设备、电动潜油泵电缆及监测仪表等。

（李明忠　于乐香）

【**电动潜油泵井口装置** electric submersible pump wellhead equipment】 电动潜油泵井井口控制设备。主要由电缆穿越式四通法兰、电缆穿越式油管挂、接头、橡胶密封垫（内引进电缆入井）、压紧法兰等组成。

（李明忠　于乐香）

【**电动潜油泵控制柜** electric submersible pump control box】 用于控制井下电动潜油泵机组的运行和保护的装置。由电动机启动器、过载和欠载保护、手动开关、时间继电器、电流记录仪等组成。用途为：自动控制电动潜油泵的启动、停机；提供电缆系统的短路、电动机过载或欠载的自动保护；通过电流记录仪、电压表、井下压力显示仪随时测量电流和电压，跟踪系统运行状况；通过变频器可无级调整井下电动机转速，灵活调节和控制产量大小。可由转换开关实现人工控制和自动控制。在自动控制状态下，能实现供电间断后的再启动以及由于供液不足而欠载停机，并自动按设定的时间间隔再启动。国外生产的电动潜油泵控制柜系列为：功率 18.6～1291.4kW，电压 600～5000V，电流 25～300A。国内生产的电动潜油泵控制柜系列为：功率 100～250kW，电压 500～2500V，电流 65～100A。

（陈万薇）

【**电动潜油泵机组配电盘** switchboard for electric submersible pumping unit】 保证电动潜油泵机组正常运行和进行控制、保护的地面设备。最简单的配电盘只带有挤扭式磁力启动器和过载保护，较完备的配电盘带有熔丝隔离开关、电流记录仪、过载与欠载及抽空保护、指示灯、间歇起动定时器和遥控仪表等。

（李明忠　于乐香）

【**电动潜油泵电缆** electric submersible pump cable】 将电能传送到电动潜油泵机组的专用电缆，由电缆卡子固定在油管上。有圆电缆和扁电缆两种，扁电缆主要用于电动机或套管环形空间间隙较小的井。电缆中的导线为铜线或铝线，具有多股，导线之间和导线外部为绝缘层，绝缘层必须耐温、耐压、耐井液浸蚀。电动潜油泵电缆的要求为：绝缘层密封条件好，保证井液不会渗入绝缘层内；耐压性能好，在井下温度和压力下能长期正常工作；机械强度高，能抗击井下作业过程中的破坏力。有时在绝缘层外采用防护套，在防护套外用金属铠装保护。

（陈万薇）

【**电动潜油多级离心泵** electric submersible multistage centrifugal pump】 安装在井下由潜油电动机驱动用于举升井下液体的专用离心泵。简称电动潜油泵。一般由多级叶轮组成，是多级串联的离心泵。

结构 转动部分由轴、键、叶轮、垫片轴套和限位卡簧等组成。固定部分由壳体、上接头、下接头、导轮和扶正轴承等组成。相邻两节泵的泵壳用法兰连接，轴用花键套连接。泵的结构见图1。泵叶轮是多级离心泵增加扬程与排量的部件，其流道形状不同排量不同，泵级数不同扬程不同。泵导轮是多级离心泵流体的导向部件，与泵叶轮配合完成导向和提高扬程的作用。

工作原理 与普通离心泵相同。但受套管内径限制，直径小，长度大，泵的扬程高，叶轮和导轮级数多，泵的外形呈细长状。垂直悬挂运转，产生较大的轴向力，会使泵的转动部分发生轴向窜动，引起叶轮振动，轴承发热磨损。为消除轴向力，当泵工作时，在轴向力作用下，叶轮靠在导轮止推套上，轴向力通过导轮逐级传到泵外壳上。在叶轮上钻有平衡孔，用来减少叶轮的轴向力。导轮止推套外面与叶轮凹槽内面相接触，起到径向扶正作用。在泵的两端，装有扶正轴承，限制泵轴和叶轮的径向摆动。在泵上部的单流阀可防止停泵后液体倒流、泵旋转部分倒转，损坏机件。

特性曲线 由生产厂家通过试验绘制。

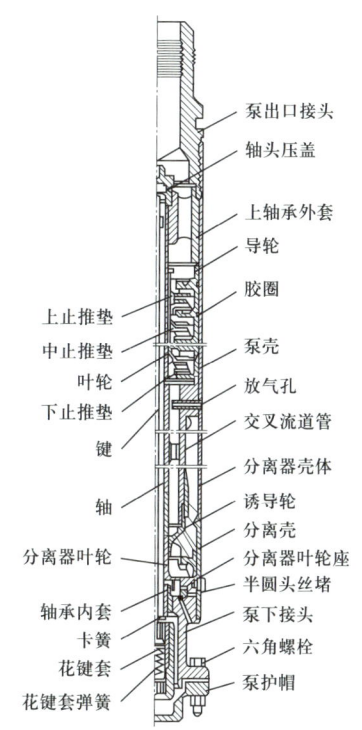

图1 电动潜油多级离心泵结构示意图

在一定的转速下,调节泵的出口阀门给出不同的压力,在每个压力下,测量出电动潜油多级离心泵的排量和消耗在泵轴上的实际功率。这样就获得了在不同排量下的排量Q—扬程H、排量Q—功率P特性曲线。有了排量—扬程曲线,就可以计算出在不同排量下,电动潜油多级离心泵传给液体的有效功率,可以计算出在不同排量下电动潜油泵的总效率,得出了排量—效率特性曲线,见图2。在最高效率点A附近有一个排量范围,其效率随排量增加或降低而下降得很少,在选泵时应尽可能选在高效率范围内。

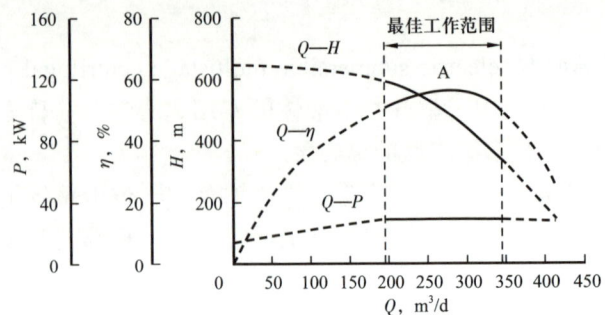

图2 电动潜油泵特性曲线

电动潜油多级离心泵都已形成系列,国外泵的扬程为1899~3962m、排量为20~901m³/d(5$\frac{1}{2}$in 套管);中国泵的扬程为1000~3000m、排量为100~700m³/d(5$\frac{1}{2}$in 套管)。

(陈万薇)

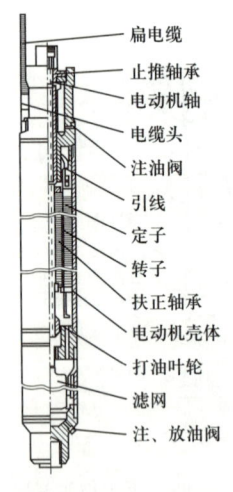

潜油电动机结构示意图

【潜油电动机 electric submersible motor】 在井下用于驱动电动潜油多级离心泵的专用电动机。外形呈细长型,定子和转子分成数节,每节定子都固定在电动机壳上,转子靠键和卡簧固定在轴上,在细长轴上串装多级转子和扶正轴承的细长电动机。

结构 由定子、转子、扶正轴承、止推轴承和油循环系统组成(见图)。电动机内充满专用润滑油,起润滑、冷却、绝缘和平衡电动机内外压力的作用。属于三相鼠笼式异步感应电动机。

工作原理 当定子绕组的三相引出线接通三相电源时,在电动机内产生一个转速为60r/s的旋转磁场,转子绕组与旋转磁场之间有相对运动,转子导体中将产生感应电动势。而转子绕组是闭合的,转子导体中将有感应电流通过。由此产生电磁扭矩，其方向与旋转磁场的方向一致。当电磁转矩大于轴上的阻力矩时，转子就会沿旋转磁场方向转动，此时电动机从电源接受的电能转变为机械能输出。

潜油电动机已形成系列，国外潜油电动机外径 95.3～115.8mm、功率 4.66～149.1kW、电压 275～2233V；中国电动机外径 107～116mm、功率 9～90kW、电压 375～1890V。

（陈万薇）

【潜油电动机保护器 electric submersible motor protector 】 将井下液体与潜油电动机绝缘油隔离开，防止井液进入电动机，破坏电动机绝缘，保护电动机的专用装置。起到补偿电动机内润滑油的损失并起到平衡电动机内外压力的作用，防止井液进入电动机及承受泵的轴向负荷。通常使用的保护器有连通式保护器、沉淀式保护器和胶囊式保护器，也有连通式和沉淀式组合的保护器。

连通式保护器　电动机中的润滑油通过保护器连通孔与井液连通的保护器。由机械密封、内外腔体和轴承等部件组成（见图1）。给保护器内腔注入润滑油，外腔注入隔离液，隔离液通常为相对密度1.8～2.2的重质油，将井液与润滑油隔离开。保护器内的机械密封使井液不能进入电动机。电动机中的润滑油通过保护器连通孔与井液连通，在重质油作用下使电动机内压力稍高于保护器外的压力，并能及时调整平衡。下井运行后，温度不断升高，电动机和保护器内的润滑油和隔离液受热膨胀，一部分隔离液进入井筒，即保护器呼出过程。电动机停止运行后，温度降低，润滑油和隔离液收缩，井液由连通孔进入保护器，积存于隔离液上方，即保护器吸入过程。但是这种保护器在多次启停电动机后会将隔离液全部排入井筒中，失去保护作用。

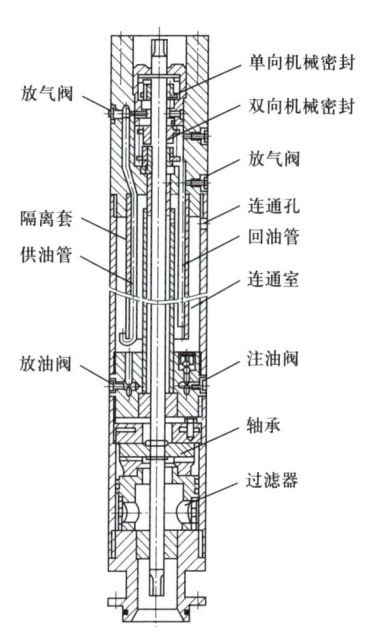

图1　连通式保护器

沉淀式保护器　井液通过补偿管进入沉淀室沉入底部的保护器。由机械密封、沉淀室、补偿管和止推轴承等组成（见图2）。将保护器内全部注满润滑油（相对密度小于1），下井运行后温度升高，润滑油膨胀，经补偿管上浮进入井筒，即保护器呼出过程。电动机停止运行后，温度降低，润滑油收缩，井液通过补偿管进入沉淀室沉入底部。经过反复呼吸过程沉淀室被井液充满，当井液液面没过连通管后进入下一级沉淀室。当所有沉淀室都充满井液时,井液就会沿连通管进入电动机,失去保护作用。

胶囊式保护器 利用胶囊将润滑油和井液完全隔开的保护器。常用的有单胶囊和双胶囊两种,其结构下部为沉淀室,上部为胶囊(见图3)。利用胶囊将润滑油和井液完全隔开,只要胶囊不破损,井液就不会进入电动机。是靠胶囊体积变化来完成呼吸过程。缺点是胶囊在高温下容易老化而破损。

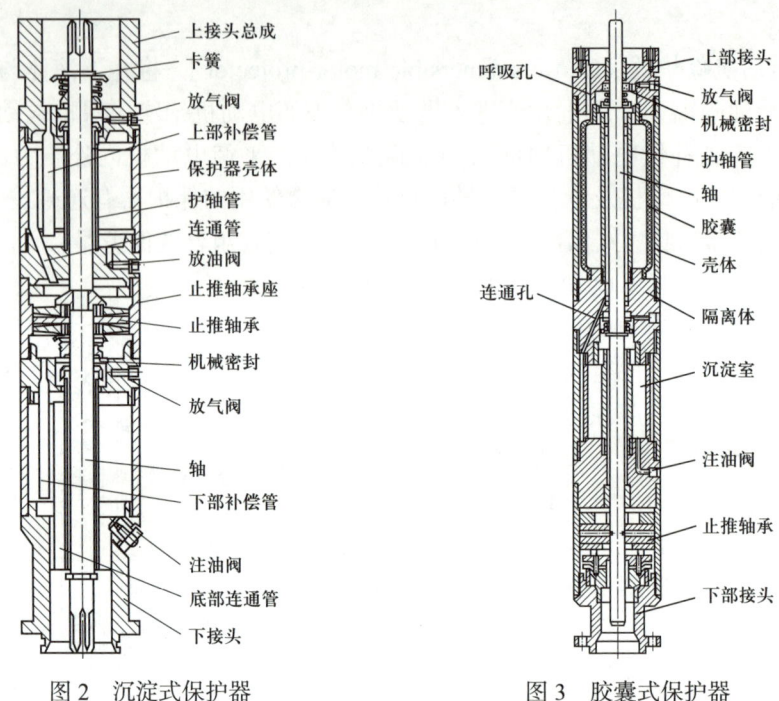

图2 沉淀式保护器　　　图3 胶囊式保护器

(陈万薇　李明忠　于乐香)

【油气分离器 oil and gas separator】 安装在离心泵液体吸入口处用于分离气液混合物的仪器。当混气流体进入多级离心泵之前,先通过分离器,把自由气体分离出来防止和减少气体进泵,以保证电潜泵具有良好的工作特性,使多级离心泵能够正常工作。常用的分离器有沉降式分离器和旋转(离心)式分离器。

沉降式分离器 包括风包型和回流型两种。风包型靠重力分离;回流型靠油气速度差异分离。分离效果较差,一般只能分离出占油、气、水三相总体积10%以下的气体。

旋转油气分离器 可以分离占油、气、水三相总体积30%左右的气体。

(李明忠　于乐香)

【电动潜油泵故障诊断 electric submersible pump fault diagnosis】 利用控制柜上配置的自动记录电流卡片和记录产液量可诊断电动潜油泵工作状况的诊断方法。基本原理是电压乘以电流等于功率，如果电压下降则电流成比例上升或电流下降则电压成比例上升，说明井下泵功率没有变化，工作正常。如果电压不变时，电流变化反映井下机组功率变化，进而可以分析出井下机组运行状况。

一般有以下五类情况：

（1）电源电压波动时电流卡片上电流值随电压波动而波动，而且产液量基本不变，说明泵工作正常。

（2）泵充不满时电流卡片上启动后电流平稳，以后逐渐下降，当液面降至泵的吸入口时电流急剧下降并自动停泵，而且短时间启动不起来。

（3）气体影响，当沉没度低或气锚分气效果不理想时，电流卡片上电流曲线呈小范围波动。这种情况产液量将会降低，下次检泵时应予调整。当发生气塞时，电流卡片在刚启动时比较平稳，但随着液面降低，产量和电流都缓慢下降，游离气分离得越多，电流出现上下波动，波动幅度随时间延长越来越大，直到因气塞而停泵。

（4）欠载保护失灵时电流卡片上电流反映与泵充不满相似，只是当电流下降到电动机空载电流时仍不停机，说明欠载保护失灵。欠载指潜油电机输出功率大于举升井液所需的实际功率时的工况。

（5）泵内含有异物时在正常运行过程中，电流卡片上电流曲线突然发生明显波动，过一段时间后，又自行恢复正常。

海上使用的电动潜油泵多采用毛细管氮气测压力技术进行故障诊断，测得流动压力和泵吸入口压力配合电流卡片以及产量进行综合分析，诊断准确率有所提高，但有待进一步完善。

（陈万薇）

【电动潜油泵测试 electric submersible pump test】 对电动潜油泵采油井的测试技术。电动潜油泵外径比较大，油套管环形空间狭窄，测试仪器无法通过，一般采用如下测试技术：

（1）在检泵时，利用气举的方法模拟电动潜油泵抽油时的工作制度进行油井分层测试。这种工艺因为模拟工作制度很难与正常生产工作制度一致，且成本高，较少采用。

（2）预先用专用的电缆将综合测试仪下到油层中部深度，然后下入电动潜油泵，投产正常后接通地面仪表进行测试。这种工艺的测试仪表和专用电缆必须等下次起泵时才能起出，也较少采用。

（3）在电动潜油泵机组下端连接一个专门的测试仪器，通过动力电缆将测试信号传递到地面二次仪表。这种工艺只能测压力和温度，不能测剖面。

（4）在电动潜油泵管柱单流阀以上泄油阀的位置，安装测压阀，其作用是在油管内下入压力计，使油套管连通，这时压力计承受的是套管内的压力，可进行压力测试，将测试结果折算到油层中部深度。这种工艺只能测压力、温度，而且计算误差较大。

（5）利用回声仪测量动液面和静液面再计算井底流动压力和静止压力。这种工艺计算误差也较大。

（6）在 7in 以上套管中，泵出口上装一个 Y 形接头（见图），从油管中下入小直径仪器，经过导管下到泵下套管中进行测试。这种工艺虽然简单，但要求套管尺寸比较大，中国大部分井采用 $5\frac{1}{2}$in 套管，使用有一定局限性。

（7）在油管外平行下一根细钢管（毛细管），用氮气测压。这种工艺占用设备少，应用比较广泛。

（陈万薇）

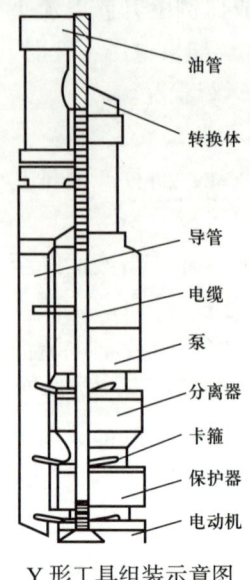

Y 形工具组装示意图

【电动潜油泵冷却 electric submersible pump cooling】 电动潜油泵下到产油层以下时，为了解决电动机冷却问题而采取回流的方法，使井液流经潜油电动机进行冷却的措施。

潜油电动机运行时是靠井液冷却的，潜油电动机又安装在最下部，当产油层在潜油电动机以上时就没有流动的井液将热量携带走。对于低饱和油田泡点压力很低，为了加大生产压差，有可能将电动潜油泵下到产油层以下，一般采用护罩的办法，引导井液向下流动至潜油电动机以下，再上返流经潜油电动机将其散发的热量带走（见图）。

（陈万薇）

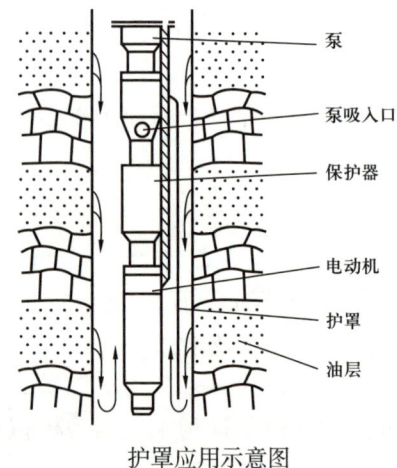

护罩应用示意图

【变速电动潜油泵 variable speed electric submersible pump】 利用变频技术实现无级调速的一种电动潜油多级离心泵。在地面控制柜中增加一套变频系统和微机控制系统，进行自动跟踪改变电源频率，从而改变潜油电动机的转速，调节多级离心泵的排量，使电动潜油泵的特性与油井生产能力匹配得更好。技术特点为：

（1）利用变频控制柜，可以使频率为30～90Hz范围内调节，从而扩大了电动潜油泵的工作范围，增强了与油层配伍的适应性，减少井下作业次数。

（2）变频控制柜具有软启动功能，在启动时由低频逐渐提高到所要求的工作状态，消除了井下机械和电力冲击，延长了使用寿命。

（3）变频控制柜可以使电动机从不平衡电压状态脱离开，而不会自动停机，避免电动机产生高温。

（4）利用吸入口压力变化，调整频率，使泵的生产能力与油层供液能力协调，既能有效地节能，又能避免停机，减少启动次数。

（陈万薇）

【电动潜油泵特性曲线 performance curve for electric submersible pump】 以电动潜油泵排量为横坐标，扬程、泵效和功率为纵坐标绘制的扬程、功率、泵效随泵排量变化的关系曲线（见图）。每种型号的泵有各自的特性曲线。根据油井产量和需要的扬程就可由不同型号的泵的特性曲线选择合适的泵型。由于出厂时提供的特性曲线是用于水的，因此在电动潜油泵井设计计算中除进行密度校正外，对于高黏液体还需要对特性曲线进行黏度修正。有些厂家提供的特性曲线是用单级（级数等于1）扬程和功率绘制的。由相应排量下的单级扬程去除需要的泵扬程就可获得需要的总级数。泵扬程是泵在正常工作状态下能举升液体的高度。电动潜油泵额定功率指潜油电动机输送给泵轴的有效功率。电动潜油泵

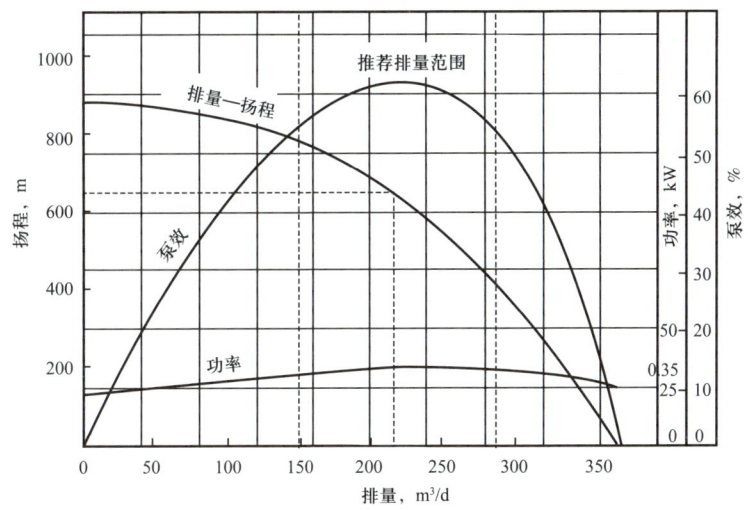

电动潜油泵特性曲线图

输出功率指电泵在单位时间内向外界提供的能量。电动潜油泵泵效是泵的输出功率与泵的额定功率之比。

（李明忠　于乐香）

【**电缆悬挂泵** cable-suspended pump】 用电缆（不是装在油管上）下入井内的电动潜油泵。井内一般不下油管，电动潜油泵机组由电缆下入井内预定位置后，可由专门的坐封件支撑和锁紧，上提电缆时锁紧爪收回便可起出电动潜油泵机组。坐封件可密封泵吸入口和排出口之间的套管环形空间，可在不下油管的井内使泵排出的油层流体从套管中流出。这种泵用电缆起下，检泵很方便，但电绳要有足够的强度。这种电缆主要靠两层相互反向缠绕的经过淬火处理的高强度钢丝来保证其强度。

（李明忠　于乐香）

【**电动潜油泵油井生产系统** production system for electric submersible】 由油层、井筒、井下电动潜油泵机组、地面出油管线与分离器等组成的系统（见图），每个子系统都有各自不同的流动规律，要使油井高效率地稳定生产，就必须在生产系统设计时充分利用各子系统协调的油井生产规律。

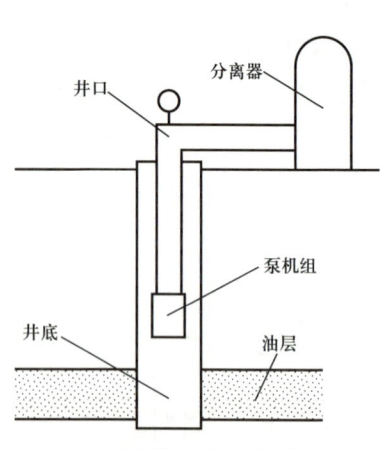

电动潜油泵节点设置图

油层系统 油层流动系统的流动规律可用流入动态曲线（IPR 曲线）来描述，通常采的是油、气、水三相流动时的广义 IPR 曲线。

井筒流动系统 井筒流动系统包括油层流体从井底流到泵吸入口和泵以上油管中的流动。它们都遵守气—液多相管流流动规律。

潜油离心泵系统 厂家所提供的曲线是对纯水的实验结果，而电动潜油泵实际使用时，所抽汲的流体是油、气、水三相混合物。由于混合物高速流经电动潜油泵时，同时被叶轮充分搅拌，易产生乳化，会使油水混合物黏度急剧增高。使用时，随着混合液中含水量的增加（0～70%），电动潜油泵的特性曲线随之变坏，当含水率为 60%～70% 时，H-Q 和 η-Q 特性下降最厉害。但当含水率达 80% 以后，电动潜油泵特性反而有所改善。因此，当电动潜油泵井含水后，进行设计时必须对其特性采取黏度校正。

当电动潜油泵吸入口压力低于饱和压力时，游离气随液体进泵后会使泵的排量、压头和效率下降，泵特性变差，工作不稳定。为了消除游离气的有害影响，提高电动潜油泵在多气油井中的使用效果，在泵入口处加油气分离器，控制进泵的气量。同时，对少量气体进泵后的电动潜油泵特性也需进行气体影响校正。

（李明忠　于乐香）

【**螺杆泵采油** progressive cavity pump production】 使用螺杆泵将井下原油举升到地面的人工举升采油方式。螺杆泵系统由电控部分、地面驱动部分、井下螺杆泵及一些配套工具组成。电控部分包括电控箱和电缆等。地面驱动设备是螺杆泵采油系统的主要地面设备，是把动力传递给井下泵转子，使转子实现自传和公转，实现抽汲原油的机械装置，包括减速箱、皮带传动、防爆电动机、密封装置、支架和方卡子。井下泵部分包括定子和转子。配套工具部分包括专用井口、特殊光杆、抽油杆扶正器、油管扶正器、抽油杆防倒转装置、油管防脱装置、防蜡器、防抽空装置和筛管等。螺杆泵本身运动件少，只有转子是螺杆泵唯一的运动件，没有阀件和复杂的流道，依靠转子和定子之间互不连通的封闭腔室，当转子转动时，封闭腔室沿轴线方向由吸入端向排出端方向运动，实现抽汲作用。油流扰动小，连续排液，使产出液中的砂粒不易沉淀，特别适用于深层稠油排砂蚯蚓洞开采及高气油比井采油。螺杆泵按驱动方式可分为地面驱动螺杆泵、电动潜油螺杆泵、液压驱动螺杆泵。适用于原油黏度2000mPa·s以下、含砂小于5%、扬程1400～1600m、排量小于200m^3/d、工作温度低于120℃的井。20世纪后期，随着合成橡胶技术和硫化粘接技术的进步，法国对螺杆泵进行了较大的改进。螺杆泵已能适应黏度不大于15000mPa·s的原油开采，含砂不超过60%、扬程高达3000m（电动潜油螺杆泵）、排量可达1050m^3/d、耐温不超过120℃，为深层稠油冷采提供了好的装备。

　　根据油藏工程方案要求的油井长期产量、油井流入动态曲线确定井底流动压力（动液面）、沉没度和泵深；根据生产厂家提供的螺杆泵工作特性曲线初选螺杆泵和地面驱动头以及抽汲参数。螺杆泵抽油杆柱受力状况与有杆泵抽油杆柱不同，除受拉伸载荷外还受扭矩载荷，应采用第三强度理论进行设计计算。如果设计结果抽油杆超负荷或系统效率低，则应重新设置参数，重选抽油杆柱，重复计算直至设计结果合理。

推荐书目

万仁溥.采油工程手册[M].北京：石油工业出版社，2000.

（叶利平　于乐香）

【**螺杆泵** progressing cavity pump】 依靠泵体与螺杆所形成的啮合空间容积变化和移动来输送液体或使之增压的回转泵。又称移动腔室泵。螺杆泵按螺杆数目分为单螺杆泵、双螺杆泵和三螺杆泵等。它的主要工作部件是偏心螺旋体的螺杆（转子）和内表面呈双线螺旋面的螺杆衬套（定子）。转子是泵的唯一运动部件，可由抽油杆下入井内，并通过抽油杆将地面动力传递给转子使其转动，也可用井下电动机直接带动转子转动。前者称地面驱动螺杆泵，后者称电动井下螺杆泵或电动潜油螺杆泵。由于螺杆泵运动件少，没有阀件及复杂的流道，油流扰动小，排量均匀。螺杆与衬套（橡皮套）之间带有滚动和滑动的性质，使原油中的砂粒不易沉积，螺杆转动产生的抽汲及推挤作用对油气混合物和稠油有较好的输送效果。因此，螺杆泵最适用于高黏度、高含砂及高气油比井。它结构简单、尺寸小、质量轻、容易制造，但橡皮衬套易磨损。对于地面驱动螺杆泵，由于受抽油杆柱传递扭矩能力的限制，其最大下泵深度远比柱塞泵小，因而不适于深抽。

（于乐香）

【**地面驱动螺杆泵** surface driving progressive cavity pump】 由地面电动机带动驱动头经减速带动光杆和抽油杆柱旋转，驱动螺杆泵转子旋转抽油的抽油泵。它是一种容积式泵，由地面驱动装置带动抽油杆和转子（螺杆）在定子橡胶衬套内旋转，转子和定子之间的容积均匀上移产生抽汲、推挤作用实现连续排油。具有结构简单，运动件少，故障率低，价格便宜等特点，适用于稠油、高含砂和高气液比的井。但抽油杆既受拉力又受扭力，下入深度较浅。抽油杆在油管中旋转，必须扶正以防止固定部位磨损或磨断油管以及油管或抽油杆脱扣。

（叶利平）

【**电动潜油螺杆泵** electric submersible progressive cavity pump】 利用电缆将电力输送到井下潜油电动机，经减速器带动螺杆泵转子旋转而抽油的抽油泵。它是一种容积式泵，由井下潜油电动机带动转子（螺杆）在定子橡胶衬套内旋转，转子和定子之间的容积均匀上移产生抽汲、推挤作用的连续排油。适应于稠油、高含砂和高气液比的井，克服了受抽油杆强度限制，能够适应深抽的要求。但价格及耗能较高，减速机构故障率高。

（叶利平）

【**液压驱动螺杆泵** hydraulic driving progressive cavity pump】 由供液泵提供高压液体，通过液马达转动驱动螺杆泵工作的一种抽油泵。由地面部分和井下部分组成。地面部分由管汇、油水分离器、供液泵组成；井下部分由旁通阀、液马达、封隔器及螺杆泵组成。特点是设备较多，流程较复杂，测液面需停机。

（于乐香）

【单头螺杆泵 single screw pump】 螺杆（转子）表面与螺杆衬套（定子）内孔表面均为螺距相同的螺旋面，其螺距间只有单螺旋面（单头）的螺杆泵。单螺杆泵是一种内啮合偏心回转的容积泵，泵的主要构件：一根单头螺旋的转子和一个通常用弹性材料制造的具有双关螺旋的定子，当转子在定子型腔内绕定子的轴线作行星回转时，转子和定子之间形成的密闭腕就沿转子螺线产生位移；因此就将介质连续地，均速地、容积恒定地从吸入口送到压出端，基于这件特性，单螺杆泵特别适合于输送高黏度介质、含有颗粒或纤维的介质的工作。其含量一般可达介质的40%，若介质中的固体物为细微之粉末状时，最高含量可达60%或更高也能输送。要求输送压力稳定，介质固有结构不受破坏时，选用单螺杆泵输送最为理想。但是单头单螺杆泵由于受到自身结构和油井井身结构的限制，其排量比双头单螺杆泵要小，从而难以满足油井的产量需求。

（于乐香）

【双头单螺杆泵 dual-head single screw pump】 由双线螺杆（转子）和三线内螺旋面（定子）组成的单螺杆泵。双螺杆泵是由主从动轴上相互啮合的螺旋套和泵体或衬套间形成一个容积恒定的密封腔室，介质随螺杆轴的转动分别被送到泵体中间，两者汇合在一起，最终送达泵的出口，从而实现泵输送的目的。双头螺杆泵比单头螺杆泵工作腔室多，泄漏少，泵的排量大，效率高。

（于乐香）

【转子 screw pump rotor】 螺杆泵中转动的螺杆。其表面为螺旋面，与定子配合。转子在定子内转动，实现抽汲功能。转子由合金钢调质后，经车铣、抛光、镀铬而成。每一截面都是圆的单螺杆。转子的任一截面都是半径为 R 的圆。每一截面中心相对整个转子的中心位移一个偏心距 e，转子的螺距为 t，螺杆表面是正弦曲线 ABCD 绕它的轴线转动，并沿着轴线移动形成的。如果面对螺杆的一端，要使油液向前运动，当螺杆向右转动时，螺旋线采用左旋；而当螺杆泵向左转动时，螺旋线采用右旋（见图）。

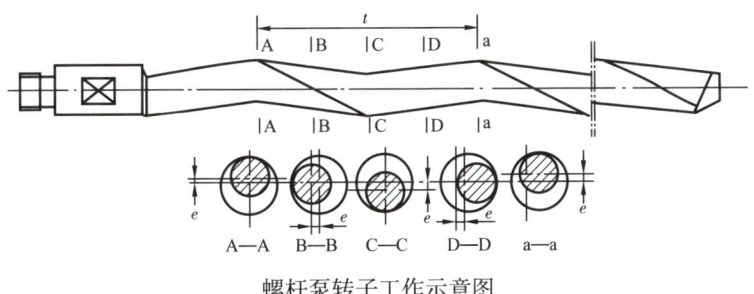

螺杆泵转子工作示意图

（于乐香）

【定子 screw pump stator】 螺杆泵中不转动的衬套,靠其与转子配合抽吸液体。定子是由丁腈橡胶硫化粘接在缸体内形成的。定子与螺杆泵转子配合。丁腈橡胶衬套的内表面是双线螺旋面,其导程为转子螺距的2倍。每一断面内轮廓是由两个半径为 R(等于转子截面圆的半径)的半圆和两个直线段组成的。直线段长度等于两个半圆的中心距。因为螺杆圆断面的中心相对它的轴线有一个偏心距 e,而螺杆本身的轴线又相对衬套的轴线又有同一个偏心距 e,这样两个半圆的中心距就等于 $4e$(见图)。衬套的内螺旋面就由上述的断面轮廓绕它的轴线转动并沿该轴线移动所形成的。衬套的内螺旋面和螺杆螺旋面的旋向相同,且内螺旋的导程 T 为螺杆螺距 t 的2倍。入口面积和出口面积及腔室中任一横截面积的总和始终是相等的,液体在泵内没有局部压缩,从而确保连续、均衡、平稳的输送液体。

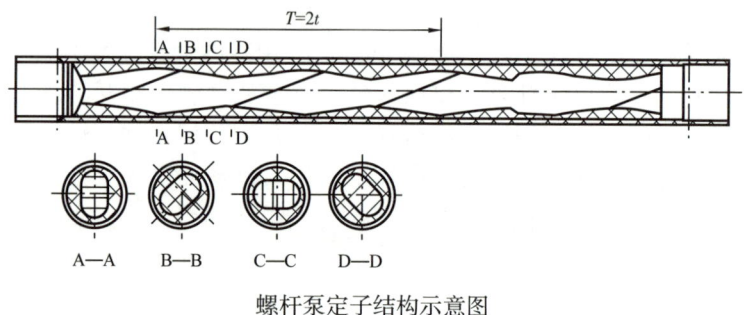

螺杆泵定子结构示意图

(于乐香)

【定子导程 stator lead】 定子衬套的螺距。转子上两个相邻螺纹之间的距离称为螺距,每两个螺距为一个导程,单螺杆泵一般规定一个导程为一级。螺杆泵的级数越多,泵的扬程越大。泵的级数决定了螺杆泵定子、转子的长度。

(于乐香)

【偏心距 eccentricity】 螺杆泵转子的中心线到定子的中心线之间的距离。一般来说,转子偏心在加工时符合设计要求。如果加工转子偏心大于设计尺寸,在使用过程中,会出现转子挤压定子橡胶(在定子长轴方向),造成运转扭矩增大,在一个运转周期中扭矩不一致,电动机做功不平稳;若加工转子偏心小于设计尺寸,会造成一个空腔排液不彻底,实际排量小于设计理论排量,泵效低。

(于乐香)

【溶胀率 swelling rate】 螺杆泵定子橡胶受井下气液等介质的影响而产生的溶胀百分比。溶胀是高分子聚合物在溶剂中体积发生膨胀的现象。例如,离子交换树脂是亲水性高分子化合物,当将干的离子交换树脂浸入水中时,其体积常常要变大,这种现象就称为溶胀。溶胀有无限溶胀和有限溶胀两种。

无限溶胀　线形聚合物溶于良好的溶剂中,能无限制吸收溶剂,直到溶解成均相溶液为止。所以溶解也可看成是聚合物无限溶胀的结果。例如,天然橡胶在汽油中,PS在苯中。

有限溶胀　对于交联聚合物以及在不良溶剂中的线形聚合物来讲,溶胀只能进行到一定程度为止,以后无论与溶剂接触多久,吸入溶剂的量不再增加,而达到平衡,体系始终保持两相状态。用溶胀度 Q(即溶胀的倍数)表征这种状态,用平衡溶胀法测定之。

(于乐香)

【**过盈量 interference**】　基本尺寸相同的相互结合的孔和轴公差带之间的代数差。决定结合的松紧程度。孔的尺寸减去相配合轴的尺寸所得的代数差为正时称间隙,为负时称过盈,有时也称过盈为负间隙。螺杆泵的过盈量是泵转子外径尺寸减去定子内径尺寸的一半。

按孔、轴公差带的关系,即间隙、过盈及其变动的特征,配合可以分为三种情况:(1)间隙配合。孔的公差带在轴的公差带之上,具有间隙(包括最小间隙等于零)的配合。间隙的作用为贮藏润滑油、补偿各种误差等,其大小影响孔、轴相对运动程度。间隙配合主要用于孔、轴间的活动联系,如滑动轴承与轴的连接。(2)过盈配合。孔的公差带在轴的公差带之下,具有过盈(包括最小过盈等于零)的配合。过盈配合中,由于轴的尺寸比孔的尺寸大,故需采用加压或热胀冷缩等办法进行装配。过盈配合主要用于孔轴间不允许有相对运动的紧固连接,如大型齿轮的齿圈与轮毂的连接。(3)过渡配合。孔和轴的公差带互相交叠,可能具有间隙、也可能具有过盈的配合(其间隙和过盈一般都较小)。过渡配合主要用于要求孔轴间有较好的对中性和同轴度且易于拆卸、装配的定位连接,如滚动轴承内径与轴的连接。

配合中允许间隙或过盈的变动量称为配合公差。它等于相互配合的孔、轴公差之和,表示配合松紧的允许变动范围。

(于乐香)

【**螺杆泵防冲距 shock isolation space of screw pump**】　转子下入井中后最下端到定位销之间的距离,为了防止转子和泵的定位短节碰撞而使两者之间保持的一定距离。下完泵后要将转子上提防冲距,以保证螺杆泵井在正常生产过程中转子不磨定子的限位销。防冲距是由抽油杆柱自然伸长量和转子受轴向应力作用使杆柱伸长量确定的。为了安全可靠,还要考虑定子衬套最下端到限位销的距离。上提防冲距时，要考虑杆柱弯曲的影响，上提时当地面指重表指示为全部杆重时开始计算防冲距。

（于乐香）

【螺杆泵特性曲线 performance curve for screw pump】 以泵扬程为横坐标，容积效率、扭矩和系统效率为纵坐标绘制的容积效率、扭矩和系统效率随泵扬程变化的关系曲线（见图）。包括：（1）容积效率曲线—扬程与容积效率的关系曲线；（2）扭矩曲线—扬程与转子扭矩的关系曲线；（3）系统效率曲线—扬程与系统效率的关系曲线。螺杆泵的工作特性曲线是指导螺杆泵抽油的技术基础，无论是选井、选泵、施工设计还是使用管理都要以泵的特性曲线为基础。

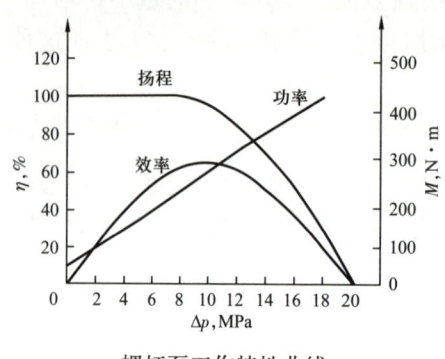

螺杆泵工作特性曲线

螺杆泵转子的偏心距、直径、导程三者之间存在一定的联系，只有在维持一定比例的条件下单螺杆泵才能保证高效率和长期的工作。设计时选用较大的偏心距和较小的转子直径，是提高泵效、延长使用寿命的一条途径。螺杆泵的扬程（即承压能力）是由定子、转子间形成的空腔数量（即级数）决定的。定子、转子间过盈在一定程度上决定了单级承压能力的大小，过盈量将直接影响螺杆泵工作特性。过盈小会降低举升能力，而过盈大会增加定子、转子间的摩擦，降低效率，定子、转子间的过盈选择是螺杆泵制造和选用时的关键技术之一。

转子转速是影响螺杆泵容积效率的因素之一，转速的增加可以有效地增大举升扬程，不同程度地弥补因转速增加而加剧的定子磨损造成的漏失。随着转速的提高，在同一举升扬程条件下，泵的容积效率升高；在同一容积效率条件下，泵的举升扬程增加。另一方面，转速增加，加速了定子橡胶的老化而缩短其寿命，因此，选择泵的适当转速是很有必要的。对于高含砂油井，磨蚀是限制泵转速的又一重要因素。在磨蚀工况下，定子橡胶的磨损量与转速的平方成正比。因此，在高含砂油井中，螺杆泵不宜高速运转。

（于乐香）

【螺杆泵防脱 progressive cavity pump back-off control】 螺杆泵采油时防止油管或抽油杆脱扣的技术。

油管柱防脱 螺杆泵的转子在定子内顺时针旋转，转子扭矩作用在定子上，定子承受的扭矩会使上部的正螺纹油管脱扣。一般采取的措施是锚定油管，特殊情况采用反螺纹油管。

抽油杆防脱　抽油杆柱很长，传递扭矩时抽油杆柱会储存一定的弹性变形能，一旦停机，抽油杆内储存的弹性变形能释放出来造成抽油杆高速反转而脱扣或因固定阀失灵停机后油管内液体回流造成抽油杆反转而脱扣。防脱的措施有：

（1）采用机械防反转装置。在驱动头上安装防反转装置，使抽油杆不能反转，从而达到阻止因抽油杆反转造成脱扣的目的。该装置采用定向离合器原理，使抽油杆只能做单向转动（见图）。在定向离合器的外壳上安装刹车带，当需要上提抽油杆时先缓慢松开刹车带，将弹性变形能缓慢释放，使抽油杆只能做单向转动，能有效地防止抽油杆脱扣。

（2）降压制动防反转。采用电器控制原理。停机前，先降压运行一段时间，降低驱动电机的负载能力，使抽油杆弹性变形能释放出一部分，然后利用时间继电器控制停机，从而达到防反转脱扣的目的。

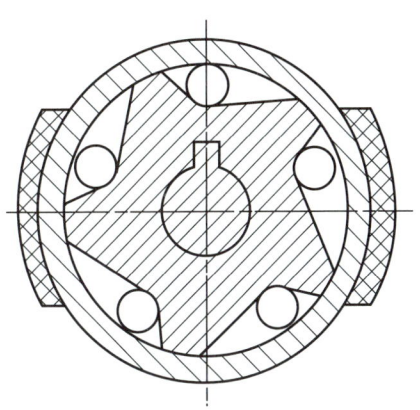

抽油杆防反转装置原理

（3）井下回流控制阀。在螺杆泵的吸入口处安装单向阀，使液体只能做举升方向上的单向流动。停机后油管内液体不回流。抽油杆也不会因液体回流而反转，达到防脱扣的目的。

（4）放气阀防正转脱扣。在井口安装放气阀，当套压大于阀的调定压力时，放气阀自动打开，气体进入输油管线；当套压低于阀的调定压力时，放气阀关闭，从而保证套压始终不致过高，降低油套环空对泵的液力作用，防止转子在液力作用下正转，实现抽油杆防脱。

（5）采用插接式空心抽油杆，防止抽油杆倒转时脱扣。

（叶利平　于乐香）

【**螺杆泵防磨** progressive cavity pump wear control】　螺杆泵采油时减轻油管和抽油杆磨损的技术。对于油管来说，由于螺杆泵转子离心力的作用，定子受到周期性冲击产生振动，为减小或消除定子的振动，在井下安装油管扶正器。采用正扣油管的油管柱，一般在定子上接头处安装油管扶正器，采用反扣油管的油管柱，在定子上、下接头处安装油管扶正器。油管扶正器有弹簧式和橡胶式两种。通常在抽油杆柱的上端即光杆附近、抽油杆柱的下端即转子附近以及中下部一定要安装扶正器。另外，在井斜变化大的狗腿子位置也应适当增加抽油杆扶正器。抽油杆扶正器一般采用耐磨的尼龙材料制造，形状与尼龙刮蜡器相似。

（于乐香　叶利平）

【**螺杆泵井故障诊断** progressive cavity pump diagnosis】螺杆泵采油井下泵工作状况的诊断方法。螺杆泵由于管理不当、工况不合理或产品质量有问题，会出现一系列故障。由于螺杆泵采油的特殊性，各类故障的特征反应和诊断方法同其他采油方式有所不同。螺杆泵采油井常见故障有抽油杆断脱、蜡堵、油管漏失、定子橡胶脱落等。诊断方法有电流法和憋压法两种。

电流法　通过测试工作电流，根据电流大小诊断泵的工作状况的方法（见表1）。

表1　电流法螺杆泵井故障诊断

工作电流	工况特征	故障形式
接近电动机空载电流	无排量、油套不连通	抽油杆断脱
	油套连通	油管脱落或油管严重漏失、油管头严重漏失
接近正常运转电流	排量很小、液面较高	油管漏失、定子橡胶磨损严重或失效
	排量很小、液面较深	泵严重漏失、气体影响、油层供液能力差
明显高于正常运转电流	排量正常、油压正常	结蜡严重
	排量降低，油压明显升高	输油管线堵
	投产初期、排量正常	定子橡胶溶胀大、定子不合格
周期性波动	脉动出液	部分密封腔室不密封

憋压法　通过关闭采油树回压闸门进行憋压，观测井口油压和套压变化进行诊断井下泵况的方法（见表2）。

表2　憋压法螺杆泵井故障诊断

压力	工况特征	故障形式
油压不上升	无排量	抽油杆断脱
油压不上升且接近套压或油压上升异常缓慢且与套压变化规律一致	无排量或很小	油管脱落或油管严重漏失
油压上升缓慢且不同于套压	排量小、泵效低、动液面较深	泵严重漏失、气体影响、供液能力很差
油压与套压接近	油套连通	定子橡胶脱落

（叶利平）

【螺杆泵井测试 progressive cavity pump test technology】 针对螺杆泵采油井地面工作参数和井下压力的测试技术。地面工作参数的测试包括运行电流、工作转速、工作扭矩、系统效率等；井下压力的测试包括流压和静压。电参数测试最常用的是用电流表测试驱动电机的工作电流，因为工作电流的大小直接反映工作负载的大小，同时根据工作电流的大小也能诊断一些故障。而使用功率仪或电度表能够测量电机的输入功率，从而能够计算出螺杆泵采油井的系统效率；转速的测量主要是应用非接触式的转速表测量，光杆转速决定了螺杆泵的排量，它是螺杆泵采油的主要工作参数；负载扭矩亦称光杆扭矩，它是分析油井工况和故障诊断的关键依据。它的测量可以用螺杆泵光杆扭矩测试仪直接测量，也可以通过电参数测量的功率法间接得到；螺杆泵采油井的井下压力测试只能通过液面法折算流压和静压，因为螺杆泵井无下井压力计的通道和测试工艺。

（于乐香）

【水力活塞泵采油 hydraulic piston pump production】 由地面动力泵向井下供给高压动力液，驱动井下水力活塞泵将原油举升到地面的一种人工举升采油方式。属于一种液压传动的无杆泵抽油系统，适合高扬程、大排量的油井使用。由地面泵泵组、井口装置、水力活塞泵高压管汇、水力活塞泵井下机组和辅助装置组成。

（1）动力元件。主要是水力活塞泵采油地面泵，将机械能转换为压力能。

（2）执行元件。主要是水力活塞泵采油井下机组，将压力能转换为驱动活塞泵的机械能。水力活塞泵工作筒是承接水力活塞泵井下机组的专用设备，一般与喷射泵工作筒通用。

（3）控制元件。主要是水力活塞泵高压管汇中的流量阀、压力阀及水力活塞泵井下机组中的换向阀以及采油树顶部的回收装置，是控制液压传动时所需要的力、速度和方向的主要设备。

工作原理 利用水力活塞泵动力液的压力驱动水力活塞泵机组动力端的柱塞运动，带动泵端柱塞运动，完成抽汲动作，上下运动是靠换向阀控制。按动力液的循环方式分为开式循环和闭式循环两种：（1）开式循环系统的动力液经地面泵升压后，通过高压管汇进入动力液管线和井口装置，经井下油管进入井下水力活塞泵，驱动井下机组的液马达带动深井泵工作，抽出的井液与乏动力液混合排出到封隔器以上的油套管环形空间返出地面（见图1）。其优点是井下管柱结构简单，缺点是动力液处理量增大，计量误差大。（2）闭式循环系统的动力液经地面泵升压后，通过高压管汇进入动力液管线和井口装置，经井下油管进入井下水力活塞泵，驱动井下机组的液马达带动深井泵工作，乏动力液经乏动力液管柱返出地面，抽出的井液排出到封隔器以上的油套管环形空间返出地面（见图2）。其优点是动力液处理量小，计量误差小，缺点是井下管柱结构复杂。

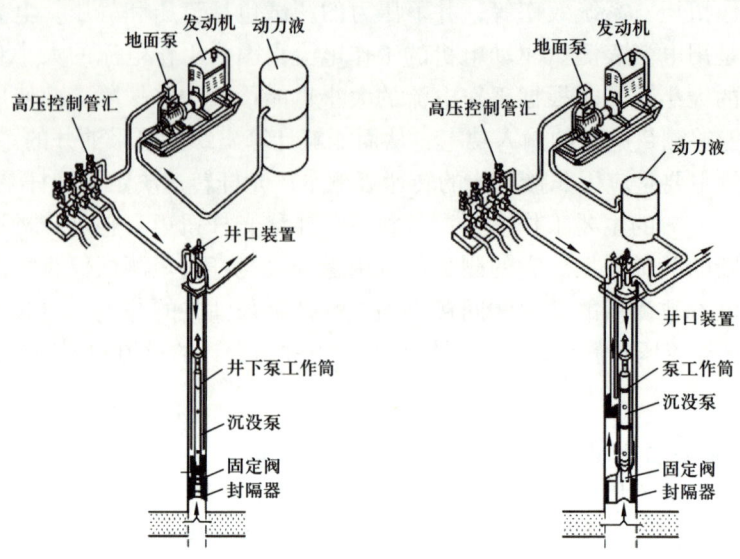

图1 开式水力活塞泵采油系统　　图2 闭式水力活塞泵采油系统

技术特点　（1）泵效高，整机效率可达40%～60%。（2）扬程高，中国最深4000m，国外最深达到5500m。（3）排量适应范围比较大，在 $5\frac{1}{2}$ in 套管内排量可达30～600m^3/d，在7in套管内最高可达1300m^3/d。（4）井下泵可用液力起下，不动管柱，节约作业费用。（5）便于加药和加温，适合高凝油、稠油、高含蜡和易结垢的油井。（6）井口装置简单，适合于丛式井、斜井、海上平台和地理环境恶劣地区。（7）采用开式循环时计量误差大。采用闭式循环，地面、地下结构都过于复杂。（8）开式循环用油作动力液，当油田开发到中高含水期时，地面油水处理工作量急剧增加，扩建地面工程浪费投资，增加运行成本。（9）油基动力液黏度高时泵压高，动力损失大。水基动力液需加各种添加剂，成本高。

（陈万薇）

【**水力活塞泵** hydraulic piston pump】　将动力液高压势能转变为往复运动的机械能，使井下原油举升到地面的一种泵。由马达和泵通过空心活塞杆相连组成，液马达和泵有一个或两个。按结构形式分为双作用泵、单作用泵、双泵端泵和双液马达泵。

双作用泵　水力活塞泵的基本型，推广面占80%～90%。结构特点是换向滑阀在上柱塞和下柱塞中间，上柱塞和下柱塞既是液马达柱塞又是深井泵柱塞，两柱塞与柱塞杆连接面交替受高压动力液作用，而两柱塞的另一端交替将液缸中的井液排出泵外。柱塞杆始终受拉力，受力状况好，可以设计出较大的冲程（见图）。当换向阀处于下极限位置时，高压动力液通过流道进入上液缸的下腔推动柱塞组上行，上腔内的井液通过上排出阀排到油套管环形空间。同时井液通过固定阀、吸入阀进到下液缸的下腔，下液缸上腔的乏动力液通过流道排到油套管环形空间。当柱塞组运动到接近上极限位置时，高压动力液通过拉杆下部的换向槽作用到换向滑阀的下端，滑阀两端的面积差产生向上推力，使得滑阀换向。高压动力液通过换向滑阀孔及流道进入下液缸的上腔，而上液缸下腔内的乏动力液通过流道排至油套管环形空间。当柱塞组向下运动到接近下极限位置时，拉杆上部的换向阀槽将孔同泄油孔连通，使换向滑阀的下腔与

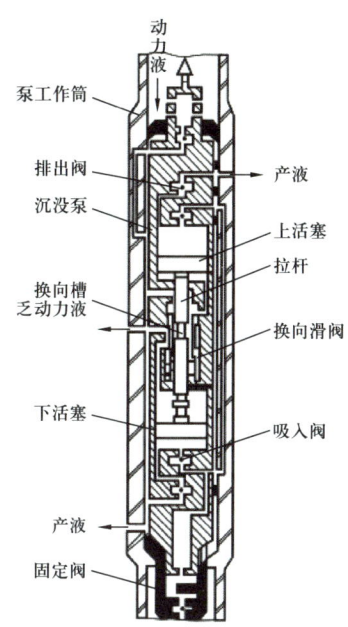

双作用水力活塞泵

低压连通。换向阀在高低压压差作用下向下运动，柱塞组又换向运行，如此反复循环，不断地将井液举升到地面。

单作用泵　在双作用泵的基础上进行局部修改而成。结构特点是柱塞组中上柱塞直径比下柱塞直径小，并设计成一定比例，使上下行程的负载和工作压力平衡。只有一组吸入排出阀，设在大直径柱塞一端。工作原理与双作用泵相似。特点是显著地降低泵的压力比和井口工作压力；相同井口工作压力，泵的举升能力显著提高，但泵的排量也相应地减小。适应于低液面小产量油井。

双泵端泵　在双作用泵的基础上，增加一个泵端柱塞，不论是上行程还是下行程都由一个液马达驱动两个泵端柱塞，泵的排量大为提高。适应于大产量油井。

双液马达泵　在双作用泵的基础上，增加了一个液马达柱塞，不论是上行程还是下行程都由两个液马达驱动一个泵端柱塞，泵的扬程大为提高。适应于深井抽油。

（陈万薇）

【水力活塞泵井下机组 hydraulic piston pump downhole subassembly】　水力活塞泵将井液举升到地面的井下装备。主要由水力活塞泵工作筒和安装在工作筒内的水力活塞泵组成。按井下安装形式分为：

（1）固定式，在开式循环水力活塞泵上使用，即井下泵随油管柱一起下入井下，缺点是检泵时必须起出全部油管柱，优点是在相同尺寸套管情况下，比其他类型泵的泵径大，排量高。

（2）插入式，在闭式循环水力活塞泵上使用，即泵工作筒随大直径油管下入井内，水力活塞泵连接在动力液油管柱下端下入，并插入工作筒内。检泵时只需起出动力液油管柱，不必起出工作筒及其管柱。

（3）投入式，在开式循环水力活塞泵上使用，即泵工作筒随油管柱下入井内，水力活塞泵从井口投入，并用动力液将其送入泵工作筒。优点是起下泵很方便，节约修井作业费用。缺点是泵径受限制，排量小。现场多采用这种方式。

（陈万薇）

【水力活塞泵选泵设计 selection design of hydraulic piston pump】 为了水力活塞泵系统工作性能合理、技术指标先进、经济可靠、能满足油井举升要求而进行选泵设计。选泵设计内容为：

（1）油井产能预测。一般是采用给定井口回压条件下，以泵口为求解点来选择使油井能获得最大可能产量的水力活塞泵。首先使用油井流入动态曲线确定油井合理的产量及流动压力，确定选泵排量。再使用油井流出动态曲线计算泵下压力分布，经过压力、温度、黏度、气体等方面的校正确定下泵深度和沉没度。（见有杆泵抽油系统设计）

（2）选泵。选泵方法为：① 按要求的排量和泵深以及沉没度优选泵型、冲程及冲数。② 计算井筒温度、油管动力液温度和油套管环形空间混合液温度。③ 计算井口动力液压力、液马达入口动力液压力、乏动力液与泵的排出口压力以及机组压力损失。根据流体黏度和泵冲数计算井下机组摩阻。计算液马达入口动力液压力，并对动力液排量进行校正。从液马达入口向上计算动力液压力分布及动力液井口压力，如果大于原设定的井口压力，则返回重新计算，若小于原设定的井口压力，则水力活塞泵选泵设计可以结束。

📖 推荐书目

张琪．采油工程原理与设计［M］．东营：石油大学出版社，2000．

万仁溥．采油工程手册［M］．北京：石油工业出版社，2000．

（陈万薇）

【水力活塞泵高压管汇 hydraulic piston pump high pressure manifold】 向井下水力活塞泵输送动力液并控制动力液流量和压力的管汇系统。可以利用管汇中的流量控制阀对各生产井的动力液用量进行恒流量分配，利用管汇中的压力控制阀对系统工作压力进行恒定压力控制，利用管汇中的流量计、压力表对流量和压力进行显示及记录。各部件均采用法兰连接，组合式"O"形密封圈密封、橇装结构，典型结构见图。

（陈万薇）

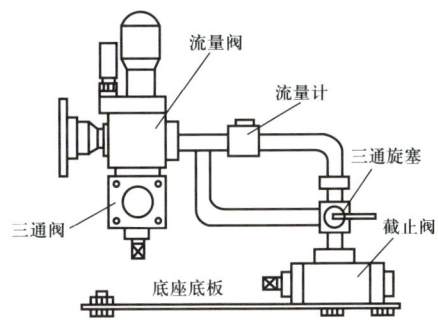

水力活塞泵高压管汇示意图

【水力活塞泵采油地面泵 surface pump of hydraulic piston pump production】 为水力活塞泵采油提供动力液的地面动力设备。水力活塞泵采油系统原则上尽量应用比较高的压力和低的排量，以降低系统的摩阻损失，增加举升能力和效率，一般采用三缸或五缸柱塞泵，其功率为 55～225kW，地面运行压力 14～25MPa，排量 100～500m³/d。结构与通用往复泵类似，只是锥阀液力端采用"T"形结构，为了减轻冲击，阀球最大升距与冲数的乘积控制在 600～700mm/min。要求能耐高温、高压，不易被含有微量机械杂质的动力液刺坏。通常配套球形稳压器。

（陈万薇）

【水力活塞泵动力液 hydraulic piston pump power fluid】 由水力活塞泵采油地面泵通过水力活塞泵高压管汇向井下水力活塞泵传递动力的液体介质。动力液应满足的条件为：具有抗腐蚀性，减少对设备的腐蚀；含机械杂质少，减缓对设备的磨损；具有适当的黏度，减少漏失，但也不能过高，要兼顾尽可能降低水力摩阻；对有结垢趋势的动力液要适当地防垢；要有一定的润滑性能。在中低含水期一般采用低黏度原油，到高含水期可采用水基动力液，但这种动力液价格较高。使用开式流程（见水力活塞泵采油）时可以结合注入水水质要求筛选配方，注入水水质也要求防腐、防垢，对油水黏度比大的注水开发油田也需要提高注入水的黏度，这样可以降低成本。对闭式流程动力液，可以回收重复使用，适量补充。高含水期也可以用清水稍加些防腐、防垢剂等添加剂作为动力液。

开式流程 水力活塞泵的动力液与油层液体会发生混合。这种流程的井下管柱简单，便于改善含蜡井、稠油井的开采条件，但动力液的地面净化设备庞杂，动力液也无法严格选择，因而不能保持良好的性能，井下机组的润滑条件差，用于高含水井时，动力液处理工作量大、成本高。

闭式流程 水力活塞泵的动力液与油层液体不发生混合。其优点是可以选择保证液马达良好性能的动力液，并可反复使用和简化动力液净化系统。但须增加下入井内的管柱，从而增加投资和修井工作量，同时又会限制井下机组的尺寸，使结构复杂化。

（陈万薇　于乐香）

【水力活塞泵故障诊断 hydraulic piston pump fault diagnosis】 对水力活塞泵抽油井工作状况进行分析、判断故障的技术。根据对水力活塞泵井在地面测试所获得的油井产量、压力及动力液排量，压力变化资料，经计算机处理以了解油层，井筒和井下设备所组成的油井生产系统，特别是井下设备（泵和液马达）工作状况的技术。常用的方法有直观分析判断法和综合分析判断法两种。

直观分析判断法 通过分析井下泵吸入压力、泵效和液马达容积效率，可以直观和定性判断水力活塞泵的故障（见表）。以水力活塞泵系统的压力平衡方程为基础，利用实测地面动力液压力和出油管线压力变化进行诊断。其内容包括：泵的工况（冲数、泵排量、泵效、吸入压力及气体影响等），液马达工况（总排量、效率），井下压力损失（回油系统、压力损失、动力液压力损失及机组压力损失）。

水力活塞泵井常见故障

序号	泵工作状况	原因分析	处理措施
1	工作正常	泵效与图中查得的泵效接近	维护正常生产
2	泵效降低	在冲数不变条件下，井口工作压力下降或在井口工作压力不变条件下，冲数明显增加	更换沉没泵
3	泵效始终低	井下泵启动压力高、产量低，提高冲数也不能增加产量	加深泵挂，选择合适泵型；对气油比高的油井使用无封隔器管柱
4	封隔器漏	冲数高、井口工作压力低，混合液量低于动力液量，井口憋压可证实	换封隔器
5	固定阀漏	正常生产时无影响，起下沉没泵时间长	换固定阀
6	吸入流道堵塞	启动压力高、产量低，测算吸入压力接近于零	换沉没泵或换固定阀、通尾管
7	油管漏	动力液耗量大，投入堵塞器验证	换管柱
8	有增产潜力	提高冲数，井口压力和产量都增加，泵效不降	提高冲数或换大泵

综合分析判断法 利用顶部测压方法、计算法或图版法中求得泵吸入口压力和折算流动压力，结合直观分析判断法，进行综合分析（见图）。以动力液地面压力及液量变化为边界条件，求解带阻尼的波动方程，可计算出液马达入口处的动力液压头和流速，从而可进一步获得反映液马达和泵工作状况及井下示功图。

如果泵吸入压力、泵效都比较高，而井口工作压力偏低则说明该井供液充足，泵工作正常，应提高泵的工作冲数，或更换排量大的泵；如果泵吸入压力、泵效都较低，而井口工作压力很高，则说明该井供液不足，泵工作正常，应限制工作冲数或更换扬程高的泵并加深泵挂深度；如果泵吸入压力较高，而泵效和井口工作压力都很低，则说明泵的密封元件失效或吸入、排出阀损坏，泵工作不正常，应起泵检查。

（陈万薇　于乐香）

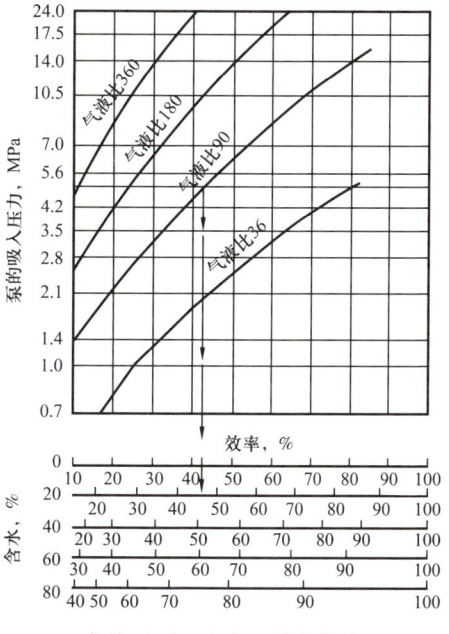

套管型泵理论容积效率曲线

【自由式水力活塞泵 free type hydraulic pump】 不需要接在油管上下入井内，起下泵可以不移动管柱的一种水力活塞泵。泵的上端有特制的起升皮碗和打捞头，需要起泵时，在地面改换动力液流向即可将泵推举到井口，由装在井口的捕捉器捕捉后，便可起出地面。

（于乐香）

【恒流量控制阀 constant flow control valve】 为了在水力活塞泵动力液系统压力变化情况下，保持送往各个井的动力液排量恒定而安装在动力液管汇上的流量控制设备。当压力变化时，它通过弹簧、膜片和导向阀等组合件，使主控阀的压力降保持恒定，从而保证流量恒定。

（于乐香）

【控流离心分离器 cyclone centrifugal separator】 独立井场动力站上用于清除开式系统动力液中机械杂质的设备。简称旋流分离器或旋流除砂器。外壳为锥形，未除砂的动力液沿切线方向进入，在旋流器中产生较大的离心力，将杂质驱向分离器壁后螺旋式的加速向下运动，与部分液体从下口排出后进入出油管线。在离心力作用下被驱向中心的另一部分脱砂后的清洁动力液沿旋流定向器螺旋式的向上流动，从上出口排出后，供给地面动力液泵。

（于乐香）

【独立井场动力站 individual well site power plant】 在偏远或井距较大的油井上

用水力活塞泵采油时，在井场上对单井就地提供动力液的成套装置。它由气液分离器、旋流除砂器、地面泵、调节阀、控制管汇及压力和流量测试仪表组成。全部设备装在拖橇上，具有简单、轻便、灵活的特点，但不便于集中管程，而且对操作人员的技术要求较高。

（于乐香）

【轴流涡轮—轴流泵 downhole axial flow tubine—pump unit】 由轴流涡轮及轴流泵组成，用高压动力液将地面能量传至井下，驱动轴流涡轮来带动轴流泵。经泵加压后的井下原油与返回的动力液混合后返出地面。这种装置与其他无杆泵相比，具有能量传递效率高、动力密度（单位体积的动力液所能产生的功率）高和对油井条件适应性较强等优点，但不适用于低产量井。

（于乐香）

【射流泵采油 jet pump oil production】 利用射流原理使注入井内的高压动力液经过射流泵将油层产出液举升到地面的一种无杆人工举升采油方式。由地面动力液供给系统、动力液及产出液在井筒内流动系统和射流泵三部分组成（见图）。

工作原理 利用喷嘴将高压动力液的压能转换为高速流动液体的动能，并在喷嘴后形成低压区，高速流动的低压动力液与被吸入低压区的油层产出液在喉管中混合，流经截面不断扩大的扩散管时，因流速降低，将高速流动的液体动能转换成低流速的压能，压力升高到排出压力，将混合液举升到地面。扬程一般可达2000m，最大可达3500m，排量可达10～500m³/d，最高可达1500m³/d。

技术特点 （1）井口装置简单，适合于丛式井、海上平台和地理环境恶劣地区。（2）泵的结构简单，外形尺寸小，在 $5\frac{1}{2}$in 套管内可实现大排量。（3）无运动件，免修期长。对动力液要求不高。（4）不受砂、气的影响，气体通过泵进入油套管环形空间还能产生气举效应，降低喷射泵的排出压力。（5）便于加药和加温，适合高凝油、稠油、高含蜡油和易结垢油井使用。（6）井下泵可用液力起下，不动管柱，节约作业费用。（7）射流泵起下泵速度快、抗腐蚀性能好，特别适用于试油（单井计量不存在计量误差问题）、中途测试、措施后排液排酸以及排污等作业。（8）中高含水期水力活塞泵使用油作动力液时动力液处理量过大，而喷射泵用

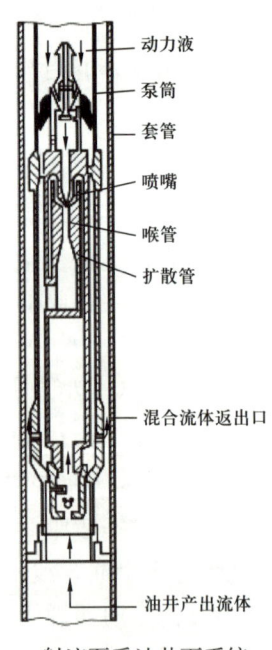

射流泵采油井下系统

水作动力液可以解决动力液处理量过大的问题。（9）采用开式循环时计量误差大。采用闭式循环，地面和地下结构都过于复杂。（10）高压动力液通过喷嘴时的水力阻力损失和高速流动的动力液与低速流动的油层产出液混合时产生的高湍流混合损失，造成射流泵的效率远低于容积式泵的效率。

选泵设计　为了射流泵采油系统工作性能合理、技术指标先进、经济可靠、能满足油井举升要求而进行选泵设计。设计内容为：

（1）油井产能预测，一般是采用给定井口回压条件下，以泵口为求解点来选择使油井能获得最大可能产量的射流泵。首先使用<u>油井流入动态曲线</u>确定油井合理的产量及流动压力。再使用<u>油井流出动态曲线</u>计算泵下压力分布，确定沉没度和下泵深度。

（2）计算井筒温度分布和压力分布，计算压头比、流量比和泵效。

（3）在泵的特性曲线上找出最高泵效所对应的扬程，然后计算出射流泵出口压力，反推射流泵进口动力液压力，最后沿井筒向上求出动力液井口压力。此压力小于地面系统额定压力，则选泵成功，否则返回重算。

推荐书目

张琪.采油工程原理与设计［M］.东营：石油大学出版社，2000.

万仁溥.采油工程手册［M］.北京：石油工业出版社，2000.

（陈万薇）

【射流泵　jet pump】　根据射流原理制造的一种通过两种流体之间的动量交换实现能量传递的一种水力无杆抽油泵。又称喷射泵。主要由喷嘴、喉管及扩散管组成。动力液由地面泵加压后经油管输至井下，从泵的喷嘴高速喷出，在喷嘴前形成低压区，井内原油被高速动力液吸入低压区。经混合后的液流通过扩散管时，因流速减慢，把动能转换成压能。混合液流提高压力后沿油套管环形空间流出地面。射流泵没有运动件，结构简单、容易制造，但效率低、产量不易量准。多用于液面较高和产量较大的油井。

工作原理是压力为 p_1、流量为 q_1 的动力液通过面积为 A_n 的喷嘴时提高了流速，在喷嘴后形成低压区，压力为 p_3、流量为 q_3 的油层产出液被吸入喉管的吸入截面，在喉管中与动力液混合，进入扩散管流速降低，压力升高到排出压力 p_2、排出流量 q_2，排出到地面（见图1）。其排量和扬程取决于喷嘴面积与喉道面积的比值 R（A_n/A_t），由射流泵无量纲特性曲线（见图2）可以看出，当 R 值大时，因其周围环形面积较小，限制了流入喉管的油层产出液流量，动力液传递给油层产出液的能量较大，使泵具有高压头、低流量的特性。随着 R 值减小，泵的流量增大，压头降低。图中以 H 表示泵的压头比（p_2-p_3）/（p_1-p_2）；以 M 表示抽汲液流量和动力液流量的比值（q_3/q_1）；射流泵泵效的定义是油层产出液与动力液得失能量之比，$\eta=HM$，当 R 接近 0.2 时达到泵的最高效率（约 33%），随 R 值增大，泵的效率下降很快，而压头增加迅速。

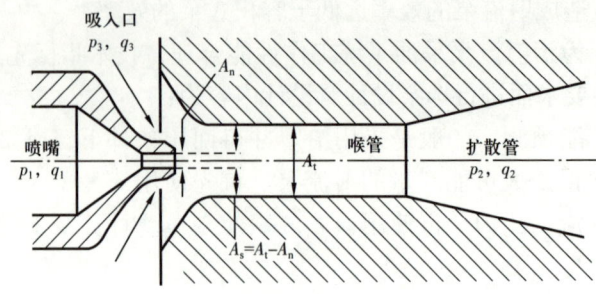

图 1　射流泵工作示意图

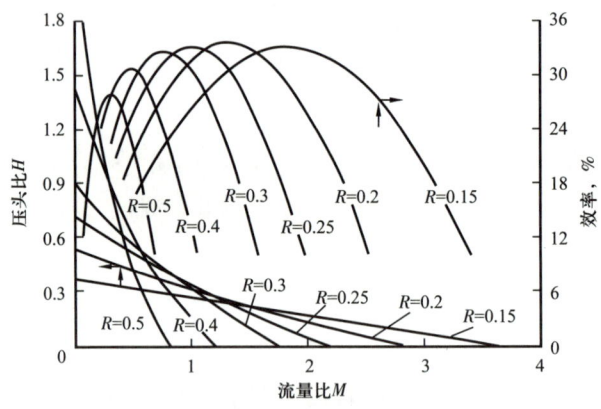

图 2　射流泵无量纲特性曲线

（陈万薇）

【喷嘴 nozzle】 射流泵用来喷出高速动力液的部件。液体射流泵喷嘴一般采用收缩圆锥形成流线型。

（于乐香）

【喉管 throat】 射流泵高速动力液与吸入的油气层流体混合流经的低压通道部件。喉管是射流泵最重要的部件。工作流体与被吸流体的传能与混合过程主要是在喉管内进行的，它的尺寸直接影响到射流泵效率的高低。在射流泵的设计中，喉管的长度一般是以其直径的倍数关系来表示。一般人们期望在一定的几何和动力条件下，工作流体和被吸流体正好在喉管出口处完成混合过程，两股流体在喉管出口处形成管流的流速分布。因此，喉管的长度应适中，过长的话，由于喉管内的流速较高会形成较大的流动损失；反之，则工作流体和被吸流体在喉管出口处没有完全混合均匀，会在扩散管中形成较大的流动损失。喉管一般采用圆柱形。

（于乐香）

【扩散管 diffuser】 射流泵动力液与吸入液降速升压部件。扩散管的作用是把射流泵喉管出口处液体的动能转变为压能。扩散损失与扩散管入口流速分布、扩散角和扩散断面直径比有关。一般采用均匀扩散角5°～8°，扩散断面直径比2～4，对于面积比（喷嘴截面面积与喉管截面面积的比值）小于4的射流泵，为了减少扩散损失，可以采取分段扩散。

（于乐香）

【水力射流泵泵效 hydraulic jet pump efficiency】 井液获得的能量与动力液提供的能量的比值。压力比是泵内井液压力的增量与动力液压力的降低量的比值。体积流量比是井液体积流量与动力液的体积流量的比值。

（于乐香）

【射流泵气蚀 cavitation erosion of jet pump】 喷嘴和喉管的过流面积决定喉管入口处的环空流道。环空流道过流面积越小，给定的油井产出流体流过该面积的速度就越高。流体的静压力随其流速增加的平方而下降，在高流速下静压力将下降到流体的蒸汽压。这降低的压力将导致蒸汽穴的形成，这个过程称为气蚀。

气蚀的出现对进入喉管的液流起节流作用。即使增加动力液的流量和压力，在那样的泵吸入压力下也无法提高油井产量。随着泵内压力的增加，气穴随后破坏，可导致冲蚀，亦即气蚀损害。因此，对于一个给定的油井产量和泵吸入压力来讲，将存在一个最小的环空过流面积，这可以保持流速到足以防止气蚀。

（于乐香）

【物理法采油 physical method production】 一种利用物理方法提高原油采收率的技术。主要包括声波、振动、电磁场、高压水射流等技术。这种技术通过应用声场、电场、磁场、电磁场或其复合场等来激励或处理油水井或油层，以达到解除油层或油水井污染、改善近井或油层的渗透性，最终实现增产、增注和提高采收率的目的。物理法采油技术具有成本低、效果好、无污染、工艺简单、适应性强等优点，与化学驱油技术相比，它是一种解堵、增产、增注的新技术，具有明显的增油控水效应，在油气田开采中发挥着重要作用。物理法采油技术包括水动力学方法采油、声波振动采油、超声波采油、水力振荡采油、低频电脉冲采油、低频振动采油、注磁化水采油等。

（于乐香）

【水动力学方法采油 hydrodynamic oil recovery】 采用周期性的提高和降低注水量或者采液量的办法改善油层开发效果的技术。又称周期性不稳定注水技术，或脉冲注水技术。这种方法包括：周期性增加和降低注水量，周期性增加和降低采液量，周期性交替注入水或气，气、水混合注入，改变液流沿非均质层流动方向等。

采油机理 对于孔隙度、渗透率、油（水）饱和度都不均匀的水湿油层（例如夹层、小层、层段或区块等）人为地造成一种随时间周期变化的不稳定压力，油层中便会周期性地出现升高和降低的压力波。由于具有高含油饱和度低渗透层的导压性和压力传播速度低于具有高含水饱和度的高渗透层，在油层压力升高（或增加注入量，或降低采液量）时，高含水饱和度油层的压力高于高含油饱和度油层的压力。反之，在油层压力降低（或降低注入量或增加采液量）时，高含水饱和度油层的压力低于高含油饱和度油层的压力，即出现负压力差。在正负压力差的作用下，液体在非均质油层中会进行重新分布，使不同油层间的含油饱和度趋向均匀，同时能够消除高含水层与高含油层层面上毛细管力的不平衡。在不同的油水饱和度层带之间产生的正负压力差，以及油层岩石表面的亲水性有助于加速水向含油层带的毛细管渗吸作用，即有利于水从高含水层带沿小孔隙通道浸入高含油层带，和油从高含油层带沿大孔隙通道进入高含水层带，这样，有助于克服毛细管力的不连续性，使油水饱和度均匀，即有助于提高非均质油层的注水波及体积。对于岩石表面亲水的油层，周期性注水有利于发挥毛细管力的渗吸作用驱油。同时，注采井之间（平面上）液流方向的改变也会使提高注水波及范围的过程进一步加强。

应用条件 周期性注水，气、水交替注入或者气水混注等水动力学采油方法主要应用于：（1）孔隙度、渗透率严重非均质油层、油带或区块。（2）裂缝发育油层。（3）溶洞发育油层。（4）分选沉积差、严重微观非均质。（5）岩石亲水油层。

（杨承志　李明忠）

【声波振动采油 sound wave shaking oil recovery】 利用不同声波的振动频率处理近井底地带油层以解除油层堵塞，提高油层内流体的渗流能力，从而达到增加油井产量，提高石油采收率的采油方法。这是一种物理处理油层的技术。根据对油层的作用方式和振动频率的不同，声波振动采油可分为超声波采油、水力振荡采油、低频电脉冲采油和低频振动采油等。

（杨承志）

【超声波采油 ultrasonic wave production】 利用超声波发生器，产生强大声波处理储层进行采油的方法。利用超声波（频率为15～33kHz）的振动作用和空化作用等对油层进行处理，解除井底近井地带的污染和堵塞以达到增产增注目的的工艺措施（见图）。施工时地面超声波发生器产生的电功率振荡信号经由井下电缆传入下入井底的换能器，由换能器转换成机械振荡能—声波，声波经地层流体介质（油水混合物）耦合进入油层，对污染和堵塞油层的污物进行解除处理，提高油层的渗透性。

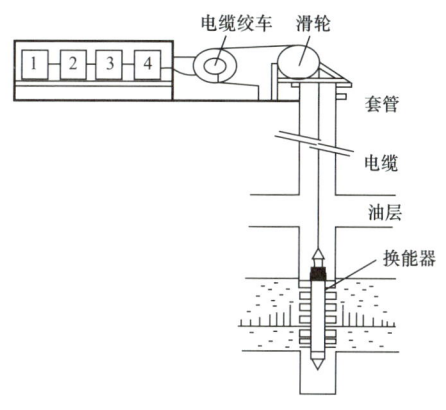

超声波处理油层示意图
1—三相四线交流电源；2—声波发生机电源；3—声波发生机；4—输出监测脉冲波形、电压

增产增注机理 （1）声波传递方向与流体流动方向具有相反的特性，无论其强弱，都会促使原油加速向声源流动，因而与渗流方向相反的井底辐射波可以促进油层流体向井筒渗流和聚集。（2）超声波处理可使原油降黏、破乳、凝固点下降。（3）超声波的振动、空化作用可以解除近井地带的堵塞和产生微小裂缝，恢复和提高油层渗透性。（4）超声波的振动作用使毛细管半径不断发生变化，破坏了油层流体的受力平衡，有利于部分毛细管束缚的原油被开采出来。（5）对注水井而言降低水的表面张力和毛细管渗流阻力，同时具有杀菌、防垢等作用。

主要设备 由地面声波—超声波发生器、传输电缆和井下大功率电声转换装置（发射型换能器）等三大部分组成。常用的超声波处理油层装置采用380V/220V、50Hz电源提供电能，声波频率为15～33kHz，输出功率为4～30kW。

（李明忠　于乐香）

【水力振荡采油 hydraulic vibration oil production】 利用液体的振动原理在井下产生水力脉冲振荡压力，直接作用于油层解除油层内的各种污染堵塞，达到增产增注的采油方法。用水力振动器为井下振源，下至处理储层井段，地面供液源按照一定排量将工作液注入振动器内，振动器依靠流经它的液体激励产生水力脉冲波，对储层产生作用解堵采油。该技术的关键部件是下入井底的水力振荡发生器，发生器内设计有一个亥姆霍兹空腔，打入的流体（清水、活性水和原油等）会在其中产生周期性压力振荡频率，该频率有剪切层自持反馈式振荡和声波驻振荡两类。振荡波脉冲传入油层会解除各种堵塞岩石孔隙的污染物，其深入地层的能力根据振荡频率的不同可达到0.1m左右。

增产增注机理 （1）振动波作用于油层使油层流体及岩石发生振动，减少油—岩的亲和力；油—水界面形成乳状液；毛细管时大时小，减小了毛细管力的影响；使岩石应力时大时小的变化而产生疲劳裂缝，即振动波压裂的原理。（2）振动波具有很强的穿透能力，使油层流体发生快速的往复振动，堵塞物如垢等从介质上脱离，从而疏通流道，提高油层渗透性。（3）在振动波场中原油分子结构在剧烈振荡作用下进行周期性的排列组合；空化作用使分子键断裂，从而降低原油的黏度。高频振动波的振荡及空化作用，使石蜡在未凝结之前分散，长链分子发生断链，从而降低其固化温度，加上振动波场的热效应，可起到防蜡和清蜡作用。这一机理比较复杂，降黏和降凝作用在实验和现场应用中均见到效果，但仍有待进一步研究。

主要设备 由地面设备和振动管柱两部分组成（见图）。地面设备包括泵车、储液罐车和修井机；振动管柱由井口、油管扶正器和振荡器组成。

（于乐香）

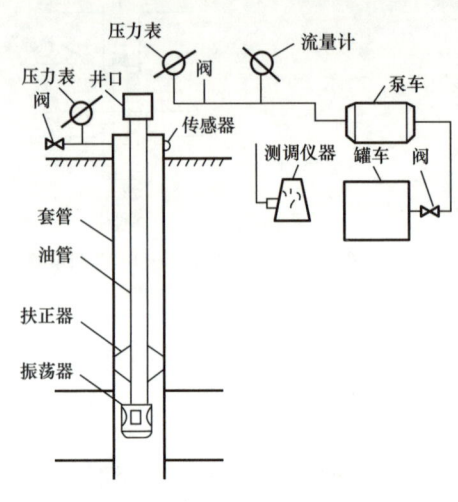

水力振荡解堵现场施工示意图

【**低频电脉冲采油** low frequency electric impulse oil production】 将电能通过一定手段蓄积在电容器中，通过瞬时释放在井液中产生振动波作用于储层的采油方法。又称电液压冲击法采油或电爆处理油层。其物理原理是高压电击穿充满井内的局部介质，在容积很小的通道内迅速释放出大量能量，即水下爆炸，从而产生强大的冲击波，在油层内的定向传播会清除地层内部的堵塞，达到油井增产水井增注的目的。该技术的主要部件是下入井底的井下低频电脉冲发生器，仪器内的偶电极在2200～2350V电压下放电，在形成放电的高导通道内的物质被加热温度升高至4.0×10^4K，压力升高至1.5×10^3MPa。在放电过程中高导通道内形成具有高的热辐射能力的水蒸气等离子区，同时电爆炸迅速扩张形成冲击波，并在传播的瞬时空间产生"空化"作用，这些冲击波都会解除油层的污染物堵塞。

增产增注机理 （1）产生压力波和空化作用，解除油层孔道中的堵塞。（2）在油层中产生微裂缝和改造原有裂缝，改善油层流体渗流能力。（3）在脉冲作用下，压差交替变换大小和方向，减小了毛细管力的影响，使油层流体由滞留区向排液活动区流动，提高原油的采收率。

　　主要设备　主要有地面整流变频器、电缆和井下放电仪（见图）。

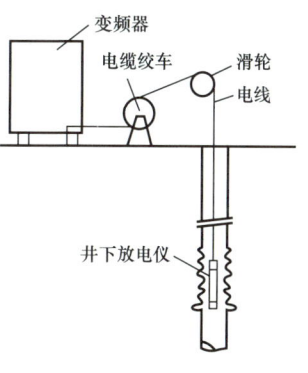

电脉冲处理油层示意图

（于乐香）

【**低频振动采油**　low frequency vibratory oil production】利用弹性振动能量处理油层的采油方法。主要设备为人工振源装置，振源装置可以产生 40～800kN 的振力和 5～20Hz 的振动频率，施工时在地面启动振源，产生的低频振动波传至油层对油层进行振动处理，增加油相渗透率及毛细管渗流和重力渗流速度。但是，地面产生的巨大震动波会对操作人员以及周围生物带来损伤。

（于乐香）

【**注磁化水采油**　enhanced oil recovery by injecting magnetized water】将经过磁化处理的水注入油层提高石油采收率方法。水分子是氢键缔合而成的三维结构，在磁场作用下，能够使其扰动，价电子发生新的取向，引起缔合分子间新的排列组合，因此，产生了改变氢键形态的可能性，使其发生弯曲或扭动，改变键角或键强度，这种改变与磁场方向、磁场梯度、磁处理速度和作用时间有关。水分子结构经磁场作用发生的变化引起一些物理、化学性质的变化，如水的表面张力下降、蒸发速度加快、溶解性能增强、对氧化硅的亲润热降低、光学性质发生异变以及使黏土膨胀性减弱等。磁化处理的水在磁场撤除后，其性能可以恢复，但是有一个滞后过程，即磁化"记忆"效应。使水磁化通常采用的磁性材料为永磁性材料，石油矿场大多采用的是稀土永磁材料钕—铁—硼，将其制备成磁化处理器，安装在地面同注水管线连接，注入水流经磁化器后被磁化，石油矿场使用的磁化器的磁场强度为 120～300mT。一些实验表明，由于经过磁化的水使水的表面张力降低、岩石中黏土矿物膨胀性减弱，因此注入能力增加，同时发现水中的机械杂质颗粒变小，腐生菌的繁殖受到了限制。但是，由于注入磁化水使油层石油采收率增加的报道至今为止还不多见，此方法仍然处于探索过程中。然而，使用磁化技术防止或减缓油层水结垢、防止采油过程中蜡的析出等则有一些见效的报道资料。

（杨承志）

【**露天开采法**　surface oil mining】对于裸露地表或者埋藏很浅的烃类矿藏直接

应用大型采掘机械和运输工具挖掘开采含烃矿石的采掘方式。这种采掘方式主要用于埋藏很浅（或者露头）的沥青矿和油页岩矿，由于埋藏浅便于机械挖掘，对挖掘出来的油页岩矿物在地面进行干馏加工得到适用的烃类；对于挖掘出来的沥青可以直接形成商品，沥青砂通过提炼后形成商品。天然沥青矿在世界上分布很广，据估计地质储量为 $2500 \times 10^8 \sim 3000 \times 10^8 t$，可采储量在 $400 \times 10^8 t$ 左右，例如加拿大的阿塔巴斯卡（Atabaska）、委内瑞拉的奥里诺卡（Orinoka）以及苏联的伏尔加—乌拉尔地区、鞑靼和东西伯利亚地区等都有大量的沥青储藏。在加拿大阿尔伯达的阿萨巴斯卡油田有世界上最大规模的沥青砂露天矿场和沥青砂处理厂。油页岩作为石油能源的补充也在许多国家受到重视，预计美国油页岩和煤干馏得到的烃类约占烃类总需求的12%。在苏联、加拿大和巴西等国利用油页岩都有相当规模。中国在东北地区有大量的油页岩矿，在20世纪五六十年代进行了开发利用，进入70年代后，由于大庆等油田的发现以及油页岩加工成本较高，油页岩的采掘加工逐渐淡出石油工业。

（杨承志）

【坑道采油法 gallery oil mining】 通过矿井和地下巷道采掘含烃矿层的矿石（砂）并将其提升到地面的开采烃类的方法。这种采掘方法主要应用于埋藏较浅的重油（或沥青）油藏。坑道采油法又分为直接矿井开采法和间接矿井开采法，前者通过矿井和地下巷道采掘含油层的矿石（矿砂），采掘工人通过矿井下入巷道，在作业面开采含烃矿石（矿砂），然后通过运输设备将其提升到地面后再进行加工处理成可供使用的成品油；后者通过矿井和地下巷道构筑泄油通道（坑）进行排泄烃类，然后将排泄到泄油通道（坑）的烃类提升到地面，通常伴随着加热法进行开采，即通过巷道钻凿适量的井筒，然后通过这些井筒注入蒸汽或热水加热含重油岩层，加热了的重油渗入泄油通道，再有相应的装置将其提升到地面。这是一种十分古老的开采重油和沥青的方法，法国在18—19世纪、沙皇俄国和苏联在1913—1943年、日本在1940年，以及德国和加拿大等曾作为一种工业规模的采油方式。随着技术和工业的发展，直接矿井法已经被淘汰，但是间接矿井法在俄罗斯和加拿大的一些浅层重油油藏还能见到。

（杨承志）

【爆炸采油法 explosion oil recovery】 利用火药或火药推进剂燃烧产生的脉冲加载并通过控制压力上升速度使其在井下释放巨大的高温、高压气体作用于油层岩石，对近井底地带进行处理，达到（油井）增产（水井）增注目的的采油方法。又称高能气体采油。送入井底的火药（固体或液体）由燃烧剂和氧化剂组成，引燃后火药燃烧爆炸产生由 CO_2、H_2、O_2 和 H_2O 组成的高能气体，其温度达 1200～1470℃，瞬时峰压力达几十到几千兆帕。巨大的高温高压气流能够对油层产生压裂和清洗作用。

根据火药的性质，高能气体采油作业工艺分为：固体燃料施工工艺和液体燃料施工工艺。固体燃料施工工艺的关键设备是高能气体发生器，它又分为有壳高能气体发生器和无壳高能气体发生器。有壳高能气体发生器的外壳用于承载火药和保护套管，由电火花引燃点火具（引燃火药）进而点燃主火药（引爆），主火药由内向外逐渐燃烧，产气速度不断加快，进而产生巨大的气流；无壳高能气体发生器是由芯管、主药剂和外层包敷黏接而成的"炸弹"，作业时将"炸弹"下入井中液面 50m 以下由点火具接通引爆。液体燃料施工工艺是将液体燃烧剂通过注入管柱注入目的油层部位，其上部注入密度较低的压井液，敞开井口，通过油管或套管由电缆下入适合的高能气体发生器于液体燃烧剂中，在地面输入电信号点燃固体高能发生器，引爆液体燃烧剂进而达到处理油层的目的。该技术在作业过程中重要的是设计和控制压力增长速度、压力峰值和压力持续时间，压力增长速度一般为 10^3～10^5MPa/s，压力峰值为 60～90MPa，压力持续时间为 100～200ms（有壳弹）、200～400ms（无壳弹）。这种技术主要用于油层压裂工艺，在三次采油中的应用只见有关对注入聚合物溶液的注入井进行压裂，以提高注入能力的文字报道，很少见直接应用于三次采油的文献。由于巨大的高能气体能量对于套管造成的破坏作用，该技术目前还在进一步改进和探索中，因此难以在油田更广泛地应用。

（杨承志）

【**注浓硫酸采油** producing oil by injecting sulfate】 在油层注水开发之前，向油层中注入浓硫酸开采石油提高石油采收率的方法。

采油机理　注浓硫酸提高石油采收率是利用浓硫酸同油层岩石、地层原油和地层水综合作用的结果进行采油，主要原理是：(1) 浓硫酸与原油反应就地产生表面活性物质，浓硫酸同原油中的芳香烃类化合物反应生成烷基芳基磺酸，磺酸是一种亲油性的表面活性物质，能够降低油—水界面张力，因而降低了毛细管滞留（剩余油）的作用。(2) 浓硫酸被水稀释释放热能，注入油层的浓硫酸被油层中的地层水稀释过程中会释放大量的热能，油层中的原油被释放的热量加热而使其黏度降低。(3) 浓硫酸同地层岩石中的碳酸盐反应生成二氧化碳，二氧化碳溶解在原油中降低原油黏度，同时岩石反应后渗透率增加。(4) 浓硫酸同地层中的钙离子反应生成低溶解能力的石膏晶粒，石膏晶粒能够局部堵塞大孔隙，从而促使注入水转向，提高波及效率。(5) 改善驱替剂与被驱替剂的流度比，在油层温度下（45℃），浓硫酸的黏度（12.2mPa·s）明显大于水的黏度（0.6mPa·s），因而扩大了波及效率。

应用条件 苏联全苏油气科学研究所针对注浓硫酸采油的特点，提出这种方法的应用条件是：原油芳香烃含量大于15%，油层温度22～98℃，岩石碳酸盐胶结物为1%～5%，油层埋藏深度为1000～3300m，油藏具有活跃的边水和较宽的油水过渡带等。

（高振环　于乐香）

【人工地震处理油层 artificial seismic processing oil layer】 利用地面人工震源产生强大的波动场作用于油层进行振动处理，从而提高油层中油相渗透性及毛管渗流和重力渗流速度，促使石油中的原始溶解气及吸附在油层中的天然气进一步分离，以达到提高原油产量及采收率目的的方法。

采油机理 振动波具有很强的穿透能力和其特有的共振现象，当其作用于油层时，将产生以下有利于采油的作用：（1）振动加速油层中流体的流动。（2）振动可降低原油黏度，降低界面张力，从而改善原油流动和降低水油流度比，有利于水驱油过程。（3）促进气体从原油或岩石孔隙表面上分离，产生气驱油作用。（4）振动使孔隙表面的某些沉淀污染物脱落分散被液流携走，起到疏通孔隙通道、解除油层污染的作用。

主要设备及工艺过程 主要包括人工震源和震动监测与分析系统。人工震源由可调频起震机和可调重基础构成；震动监测与分析系统包括两个子系统，即井下监测与分析子系统和震动地面公害监测与分析子系统。目前采用的起震机和检测设备多种多样，但其工作原理基本相同，施工时由地面起震机起震，产生的低频振动波传至油层进行震动处理，同时利用仪器检测其频率和井中液面变化状况，据此优化震动频率及其他施工参数，从而确定出利用震动系统处理油层的最佳工作状态。

一般地，震源的工作频率为2～50Hz，震动力为40～800kN，最大垂向作用深度可达1300m左右，平面波及范围可达1000m。与其他油气层处理措施相比，人工地震处理油层技术具有更清洁、对油层无损害、能耗低、设备简单、效益高、易推广等优点。该项技术的震源设备、起震及设备操作规程、测试手段、使用条件、经济效益评估等方面已形成较成熟的工艺技术，现场使用时，选择合适的震源位置，科学地制定实施方案，震动不会产生公害。

（于乐香）

油田注水

【**油田注水** oil field water flooding】 通过注水井将水注入油藏保持合理油藏压力，确保合理的驱替压差，有效利用水驱的作用驱动原油流入生产井，实现油田高产、稳产的技术措施。

注水方式 可分为边缘注水、切割注水和面积注水。

（1）边缘注水。对高渗透油田可采取在边水或底水中注水，以保持合理的边底水压力，对渗透率高的油田注水压力可传导到全油田。

（2）切割注水。对中等渗透率油田，采取将油田切割成若干区块（也可是条状的），在区块边缘布置注水井，拉成水线，向水线两侧驱油，将油驱到生产井中采出。

（3）面积注水。对低渗透油田，将注水井和采油井按一定的几何形状和井距，均匀地布置在整个油田面积上，实质上是将油田分割成许多更小的单元。每口生产井在几个方向上受注水井的影响。一口注水井同时影响几口生产井，这种注水方式可有效地提高低渗透油田的采油速度，对复杂油田适应性很强。

注水时机 可分为早期注水开发和晚期注水开发。

（1）早期注水开发。为了使油藏压力水平保持在原始油藏压力附近，油田投入生产后不久即开始注水，注水时机视油田地质条件、采油速度和驱动类型而定，对弹性驱及溶解气驱油田，一般应当尽早注水。

（2）晚期注水开发。对于天然水驱油田，可以根据水驱活跃程度和所要求的采油速度决定，原则上应尽量利用天然能量，减少人工注水量，但要综合考虑，保持油藏合理压力水平，压力水平过低不能满足驱替压差，人工举升耗能过高，井底流动压力低于饱和压力也会带来一系列问题。

注水工艺配套 在多油层、小断块、低渗透和稠油油藏以及裂缝性块状油藏等进行注水开发，应形成适合油藏特点的配套技术，如注水水质处理、分层注水、增注解堵、注水井排液、注水井洗井、提高注水系统效率和注水井生产测试等技术。

（李明忠　于乐香）

【注水水质 quality of flood water】 对油田注入水的质量所规定的指标。必须确保油田注水开发全过程注入水对油层的伤害较轻，辅以解堵增注等措施，能顺利、经济地完成最终累积注水量。必须根据油层的润湿性、敏感性、孔隙结构和油层均质状况等资料进行综合分析并结合室内外试验结果来确定水质。保证注入水与油层配伍，敏感性伤害轻微，大部分堵塞能够解除，所有装备腐蚀轻微并避免二次伤害。现场注水水质一般要求为：悬浮固体含量小于 1.0mg/L，悬浮物颗粒直径中值 1～4μm、含油量小于 5mg/L、平均腐蚀率小于 0.076mm/a、SRB 菌少于 25 个 /mL、铁细菌少于 100 个 /mL、腐生菌少于 10000 个 /mL、溶解氧小于 0.05mg/L（国际上小于 0.005mg/L，是防止水质二次污染的一项重要指标）、硫化物小于 2mg/L。各油田应根据各油田具体情况制定各自水质标准，不能用一种水质标准去适应不同类型、物性的油层进行注水。

（陈宪侃）

【注入水处理 injection water treatment】 清除注入水中的机械杂质、溶解盐类、溶解氧和有机物，使之符合注水水质标准的工艺过程。

由于各种水源的水质不同，一般直接采用水源的水不能完全达到注入水的水质标准，因而需进行净化处理，达到水质标准后方可注入。通常采取的净化措施为：（1）除去固体悬浮物（泥砂及杂质）。（2）用物理或化学方法除去水中的溶解气（主要是氧，也有二氧化碳及硫化氢等）。（3）对油井产出水（油田污水）应采用静止分离和化学破乳等方法除去水中的油滴。对不同水源，可根据其水质情况制订具体的净化措施和流程。

沉淀　来自地面水源的水，总是含有一定数量的机械杂质，因此在处理上首先是沉淀，以便除去机械杂质。其方法就是让水在沉淀池（罐）内有一定的停留时间，使其中所悬浮的固体颗粒借自身的重力而沉淀下来。沉淀池结构见图 1。

沉淀时要有足够的沉降时间，以便使悬浮固体凝聚并沉淀下来。一般在池或罐内还装有迂回挡板，利于颗粒凝聚与沉淀。为了加速水中的悬浮物和非溶性化合物的沉淀，可在沉淀过程中加入聚凝剂。常用的聚凝剂为硫酸铝，它和碱性盐如碳酸氢钙作用后形成絮状沉淀物。

过滤　过滤设备常用过滤池或过滤器，内装石英砂、大理石屑、无烟煤屑及硅藻土等。水从上向下经砂层、砾石支撑层，然后从池底出水管流入澄清池加以澄清。

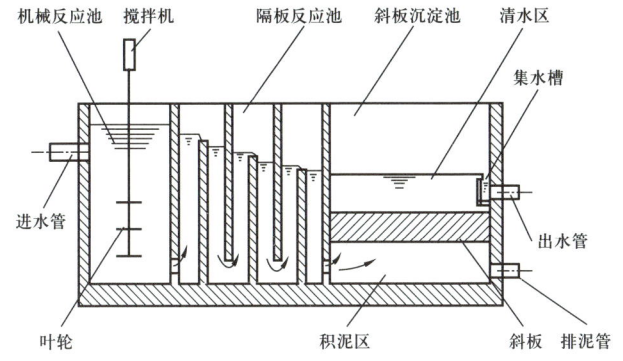

图 1 反应沉淀池结构示意图

滤池中的水面与大气接触，利用滤池与底部水管出口，或水管相连的清水池水位标高差进行过滤的称为重力式滤池；滤池完全密封，水在一定压力下通过滤池称为压力滤罐。油田常用压力滤罐，见图2。压力滤罐是一个立式或卧式的密闭金属容器，是由滤料层、支撑介质（砾石垫料层）和进水管、排水管、洗水管等组成。为了除去滤料层过滤的污物，要定时进行反冲洗，在反冲时滤料层要完全浮起来，而支撑介质则不动，一般反冲速度为

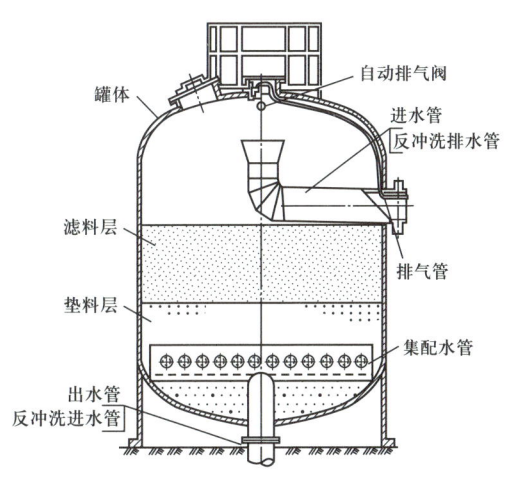

图 2 压力式滤罐示意图

30～70m/h 范围。还需指出，过滤后的水中杂质含量应小于2mg/L才算合格。

地面水处理系统采用一级精细过滤器对注入水进行精细过滤，在注水井井口安装磁清渣器可进行二次处理。

杀菌 地面水中多数含有藻类、粪类、铁菌或硫酸还原菌，在注水前必须将这些物质除掉以防止堵塞油层和腐蚀管柱。因此，要进行杀菌。考虑到细菌适应性强，一般选用两种以上杀菌剂使用，以免细菌产生抗药性。

常用的杀菌剂有氯或其他化合物，如次氯酸、次氯酸盐及氟酸钙，甲醛既有杀菌又有防腐作用。氯气杀菌时，由于和水作用而生成次氯酸，而次氯酸是一种不稳定的化合物，分解后产生新生态的氧［O］，［O］是强氧化剂，可以杀菌。

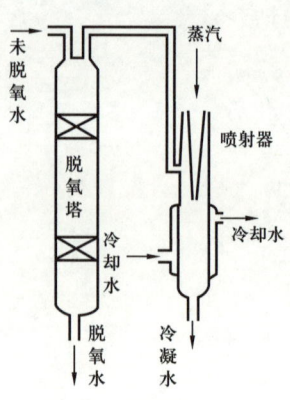

图 3 真空脱氧示意图

水脱氧 为了防止注入水中的溶解氧及少量二氧化碳和硫化氢等气体腐蚀注入设备和引起油层堵塞而用物理或化学的方法进行的除去水源水中有害气体的工作。油田上采用的方法有:

（1）真空脱氧法，利用减压造成真空除去水中的氧。用抽真空设备（水力喷射器、真空泵）将脱氧塔抽至真空，使塔内溶解氧的分压降低，并从水中分离出来的方法，见图3。通过喷嘴的高速空气在喷射器内造成低压，使塔内水中的氧分离出来被蒸气带走。为了使水中的氧气易于脱出，塔内装有许多小瓷环。真空脱氧的流程见图4。

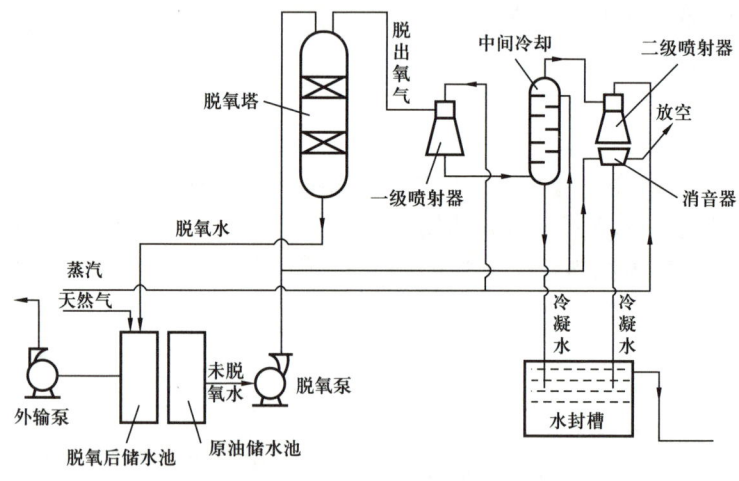

图 4 真空脱氧流程图

（2）天然气脱氧法，根据道尔顿分压定律，利用天然气对水逆流冲刷，使空气中氧的浓度下降，从而降低水表面上氧的分压，使水中的氧不断分离，并被天然气流带走，从而除去水中的氧气。

（3）化学脱氧法，利用化学除氧剂除去水中的氧，常用的除氧剂有亚硫酸钠（Na_2SO_3）、联氨（$H_2N \cdot NH_2$）和二氧化硫（SO_2）等。化学脱氧法通常是在用真空脱氧或天然气脱氧后达不到注入水含氧指标时，为了进一步除去水中剩余的氧而采用的方法。

曝晒 水处理中一种用阳光照射除去水中碳酸盐、重碳酸盐的工艺方法。当水源含有大量的过饱和碳酸盐（如重碳酸钙、重碳酸镁和重碳酸亚铁等）时，由于过饱和酸盐极不稳定，注入地层后由于温度升高可能产生碳酸盐沉淀而堵塞油层，因此需预先进行曝晒处理将碳酸盐沉淀下来使水质稳定。

（于乐香）

【含油污水处理技术 oily water treatment technology】 应用物理、化学方法去除含油污水中油、杂质和微生物，使其达到规定水质指标要求的工艺技术。将油田采出水处理后回注于地层，可以回收水中的原油、减少环境污染、提供较充足的注水水源、实现水的循环利用、节约大量的淡水资源。主要包括油田采出水净化技术、缓蚀技术、防垢技术、微生物及其杀菌技术等。

油田采出水净化技术 通过相应的设备将油及杂质从水中分离出来，使污水得到净化。主要分为沉降分离、过滤、滤料再生、污水及污油回收等沉降分离技术。沉降分离主要是利用油、水、悬浮物的密度差而实现分离；过滤技术就是通过吸附、絮凝、沉淀、截留等作用机理去除未被油水分离去除的部分，使处理后的污水达到相应的注水及排放指标要求；滤料再生技术就是恢复滤料的过滤能力；污水及污油回收就是为了减少再次污染，并回收其中少量的原油。

油田采出水缓蚀技术 在油田采出水中加入缓蚀剂防止和减缓其腐蚀性。缓蚀剂又称腐蚀抑制剂或阻蚀剂。

油田采出水防垢技术 在油田含油污水处理及注水系统中，压力、温度的变化，水中的部分离子将以晶体析出，逐步沉淀形成垢。结垢会给生产带来严重危害，必须进行防垢。油田防垢方法分为物理法和化学法。物理法防垢是应用物理仪器产生的磁力、电子等功能抑制垢的形成；化学法防垢是加入化学防垢剂，通过络合增溶、分散、晶体畸变等作用阻止垢物形成或沉积。

油田采出水微生物及其杀菌技术 在油田生产中，普遍存在着各种微生物。给油田生产带来危害的主要有硫酸盐还原菌、腐生菌、铁细菌，这些细菌可引起金属腐蚀、地层堵塞和化学剂变质，必须设法消除其危害。

伴随着油田开发的不同时期，油田采出水处理技术得以相应的发展。针对不同的注水要求，具有相应的不同处理技术。同时随着油田开发的不断深入，采出水量会越来越大，加之聚合物驱油、三元复合驱油等技术的深入应用，采出水的成分会越来越复杂，处理难度也会越来越大。采用高效节能、低投入、低成本的含油污水处理技术将是发展趋势。

（陈忠喜 古文革）

【油层污水回注 formation water reinjection】 油田污水经净化处理达标后回注油层的措施。油层污水是指从油井中与原油一同采出而分离之后的水。把这些水经过净化处理使其达到注入水水质标准后，再经注水井注入油层，既可解决水源不足，又可解决污水对环境的污染。

污水回注优点：(1) 污水中含表面活性物质，能提高洗油能力；(2) 高矿化度污水回注后，不会使黏土颗粒膨胀而降低渗透率；(3) 污水回注保护了环境，提高了水的利用率。污水回注应解决的问题：(1) 处理后的污水应达到注水水质标准；(2) 水在设备和管线中既不产生堵塞性结垢，又不产生严重腐蚀；(3) 和地层水不起化学反应生成沉淀以免堵塞油层。

（于乐香）

【油层污水结垢 formation water scaling】 随原油一起采出的水（油层污水）在温度、压力降低时或与其他水混合后，因对其中某些化学物质的溶解度降低而产生沉淀，并黏附在管线及设备表面上的现象。结垢会降低管道流量，并引起泵的磨损或堵塞。水垢种类很多，油田水垢常见的有碳酸钙、硫酸钙、硫酸钡、硫酸锶和铁化合物（硫酸亚铁、硫化亚铁、氢氧化铁等）。避免将油层污水随意与其他水混合、除去水中的结垢组分和加入防垢剂（无机聚磷酸盐、有机磷酸酯、有机聚合物—聚丙烯酸等）等措施可预防结垢。清除水垢要首先判明水垢类型，然后根据水垢性质确定采用化学除垢法（如用盐酸可溶解碳酸钙水垢）或机械除垢法。

（于乐香）

【注水地面工程 water injection surface engineering】 为油田注水在地面建设的工程设施及生产管理设施和采取工艺技术的总称。主要包括水源泵站、水处理站、注水站、注水管网和配水间及注水井等。注水流程有单管流程、双管流程和回收洗井水流程。单管流程的注入水和洗井水合用一根管，由注水站经配水间把水输送至注水井口；双管流程的注入水和洗井水分别由两根管从注水站输送至配水间；回收洗井水流程其洗井返出水水质不符合排放标准，设置洗井返出水回收管，回收后集中处理达标回注或排放。配水流程主要有单管多井配水流程、单管单井配水流程、小站配水流程和双管配水流程。

（吴　浩　刘俊龙）

【注水站 water injection station】 将净化后的注入水进行增压、计量、向配水间分配水量并通过注水管网输送至注水井口的场所。注水站的规模是由该站所管辖的注水量来确定的，注水站的设计压力是由油层压力来确定的。其工艺流程为：来水进站→计量→水质处理→储水灌→泵出（见图）。注水站的主要设施有储存水的储罐、给注入水增压的高压泵组（多级离心泵或柱塞泵）、计量水量的流量计及将高压水向各配水间分配的分水器等设备。通常按注水泵类型分为离心泵注水站、柱塞泵注水站，按二次升压功能分类有增压泵注水站。

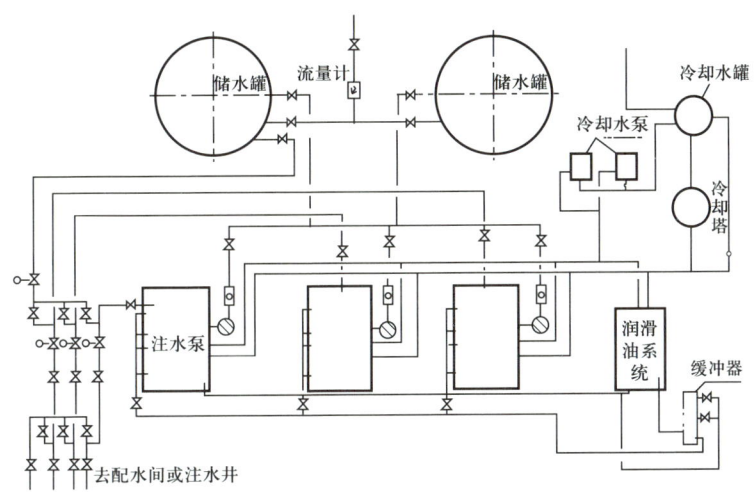

注水站流程示意图

离心泵注水站　利用离心泵作为升压设备，一般注水压力在 20MPa 以下，排量大于 $50m^3/h$。注入压力较平稳，操作维护较方便，使用寿命也较长，建设投资比容积式泵注入站一般要少一些，是油田上广泛采用的注水站形式。

柱塞泵注水站　多用于要求注水泵排量在 $50m^3/h$ 以下或泵压在 20MPa 以上的注水系统。柱塞泵的泵效较高，通常在 80% 以上；但压力不如离心泵平稳，保养维护、维修工作量较大。在中、小油田，以及注水压力要求高的油区被广泛采用。

增压泵注水站　对注水管网中压力较低的来水，经站内增压泵进行二次升压，以满足局部注水区块或个别注水井注水压力的较高要求。这对提高整个注水系统效率，改善注水开发条件，减少能耗损失是十分有利的。通常选用柱塞泵作为增压泵。

参见油田注水。

（吴　浩　刘俊龙　于乐香）

【**配水间** water-injection distributing station 】将注水站来水按所管注水井要求的注水压力和注水量分配至注水井的场所。其主要作用为：对注水站来水进行调节、控制、分配和计量相连注水井的注水量，显示注水压力；为井下作业增注措施提供高压水。配水间主要设施为分水器、正常注水和旁通备用管汇；压力表和流量计，可附设值班室，根据需要可安装对注水井进行控制的自控仪表或注水管道电法保护仪表。

配水间按所辖井数及结构形式的不同，有不同类型。按所辖井数分类为单井配水间和多井配水间。面积注水多用单井配水间，行列注水多用多井配水间。单井配水间只管辖一口注水井，多用于行列注水管网和点状注水井。多井配水间一般管辖2～10口注水井，多用于面积注水管网，井间干扰较小，管理集中，易于实现集中控制，但管网基建投资较大。为适用于管网注水井调整，多井配水间常预留一两个支管接头。

（吴 浩 刘俊龙）

【**注水井** water injection well】 为保持储层能量，用于向储层注水的井。在油田开发过程中，通过专门的注水井将水注入油藏，保持或恢复油层压力，使油藏有较强的驱动力，以提高油藏的开采速度和采收率。依据油藏的构造形态、面积大小，渗透率高低，油、气、水的分布关系和所要求达到的开发指标，选定注水井的分布位置和与生产井的相对关系（称为注水方式）。注水井井距的确定以大多数油层都能受到注水作用为原则，使油井充分受到注水效果，达到所要求的采油速率和油层压力。注水井的吸水能力主要取决于油层渗透率和注水泵压，为使油层正常吸水，注水泵压应低于油层破裂压力。

注水井井口有一套控制设备，它的主要作用是：悬挂井内管柱；密封油、套环形空间；控制注水和洗井方式，如正注、反注、合注、正洗、反洗和进行井下作业。除井口装置外，注水井内还根据注水要求（分注、合注、洗井）下有相应的注水管柱。按功能分为分层注水井和笼统注水井；按管柱结构可分为支撑式和悬挂式；按套管及井况分为大套管井、正常井和小直径井。

注水井的井下管柱结构、井下工具遵循简单原则。大多数情况下（笼统注水），注水井仅需配置一套管柱和一个封隔器，封隔器下到射孔段顶界50m处，对特定防腐要求的注水井，其管材应特殊要求，且必要时，油套环空采用充满防腐封隔液的方法加以保护。这种液体可以是油，也可以是水，一般用防腐剂或杀菌剂进行处理或另加除氧剂等。分层注水的井下管柱可按需设计。

多个注水井构成注水井组，注水井组的注入由配水间来完成。在配水间可添加增压泵，在井口或配水间可另加过滤装置。一般情况下，在配水间或增压站可对每口注水井进行计量。

（于乐香）

【**注水井井口装置** injection wellhead assembly】 安装在注水井口的设备。由套管头、油管头、油管挂、生产闸门及总闸门等组成。主要作用是悬挂井内油管，密封油、套管环形空间，控制注水和洗井方式（正注、反注、合注、正洗、反洗，等等）。注水井井口装置除不装油嘴外，与自喷井井口装置大同小异。为了满足控制注水井和洗井方式的需要，一般采用双翼装置，并将生产闸门和其中一翼套管闸门并联在来水管线上。由于大部分注水井投注前要经过排液，因此注水井大多沿用自喷时的井口装置。

（于乐香）

【**注水系统效率** water injection system efficiency】 油田注水地面系统范围内有效能量（是指注水井井口处的水所具有的能量）与输入系统的能量之比值，以小数表示。而克服地面管网的摩阻及地面节流损失以及机泵效率等，都属于无效能量。注水系统效率大致由三部分组成：

（1）拖动注水泵电动机平均效率，即电动机输出能量与输入能量之比，以小数表示。

（2）注水泵平均效率有两种计算方法。流量法，即以注水泵出口排出压力乘以排量作为注水泵输出能量除以电动机输出能量，以小数表示。另外还可以用温差法进行计算，这种方法只适用于扬程高于1000m的高压离心泵。

（3）注水管网平均效率，注水井井口处的水所具有的能量，即注水井井口压力乘以注水井井口流量，除以注水泵出口能量，以小数表示。也可以对管网摩阻和各处节流损失进行估算，折算出井口能量除以注水泵出口能量。但这种计算方法误差较大。

将以上三部分效率相乘即为注水系统效率。

（陈宪侃）

【**注水井投注程序** water injection well commissioning procedure】 注水井从完钻到正常注水的一系列工艺过程，一般要经过排液、洗井、试注之后才能转入正常的注水。从油管向井内注水称正注，正注井打开油套连通阀（有的井有，有的井没有）、注水阀和总阀，关闭两侧套管阀、测试阀和洗井阀。从油套环形空间向井内注水称反注，反注井打开套管阀、关闭连通阀、注水阀、总阀、测试阀、洗井阀和测套压阀。从油管和油套管环形空间同时向井内注水称合注，合注井打开连通阀、注水阀、套管阀和总阀，关闭测试阀、洗井阀和测套压阀。在注水井上不分层段，在相同的井底压力下进行注水的方式称笼统注水，又称混注；在注水井上对不同性质的油层区别对待，应用分层配水管柱，采用不同型号的配水器实现同一井底压力的分层定量注水的注水方式称为分层注水。

（于乐香）

【**注水井排液** water injection well flowing back】 注水井投注前排出近井油层中的液体的一种工艺措施。目的是为了清除近井油层内的污染物，在注水井近井地带形成适当的低压带，为注水井试注创造有利条件。同时采出近井地带的油，在一定意义上说，可减少注水井附近的储量损失。有利于注水井排拉成水线。

排液时间可根据油层性质和开发方案来决定，排液的强度以不损伤油层结构为原则。

对低渗透油田，排液后油层压力下降不能过大，以免应力敏感伤害油层，而且这种伤害是不可逆的，渗透率下降以后是不能恢复的，对特低渗透油田应力敏感性强的注水井也可以不排液。排液强度不能过大，以不破坏油层结构为原则，一般井口含砂控制在 0.2% 以内。

排液的方法有多种。有自喷能力的注水井可采用替喷排液、混气水排液、泡沫排液等方式。无自喷能力的注水井可采用抽汲排液、气举排液（不能用空气）和各种人工举升采油方式排液。对应力敏感的油层可采用连续油管和氮气将井中液体排出，最好是用泡沫排液，这两种方法，既清洗了井底，也起到部分疏通油层的作用，减轻了应力敏感的影响。

（陈宪侃）

注水井洗井 water injection well wash down

为了清洗井筒和油层层面，从地面向井内按一定排量泵入清洁流体（洗井液），在井筒内建立循环，以清除井筒和油层污物的一种工艺措施。洗井分为正洗和反洗。前者的洗井液是从油套管环形空间进入，油管返出，返出流速高，携带污物和杂质的能力强，后者则相反，洗井液进入井底时流速高、冲刷力强。为了强化清洗作用，特别是为了冲洗孔眼时，有时油管下部带有专门的冲洗工具，并采用逐段清洗方式。一般油井用油作洗井液，注水井用水作洗井液，对低压井刚采用混气液。

为减少对注入层伤害，采用正反循环的方法清洗注水井井筒的作业。在下列情况下注水井需要洗井：（1）注水井投注或转注之前。（2）注水井排液合格后注水井试注之前。（3）分层测试、笼统注水井测指示曲线之前 3～7d 内。（4）油层吸水能力下降超过 15%。（5）注入大量不合格水之后。（6）正常注水井停注 24h 以上或发现井下水质不合格时。

一般洗井时要求循环排量大于 $30m^3/h$，洗井初期井底压力要略低于油层压力，使油层处于微吐状态，促使井底附近污染物及时排出，最后控制出口，使井底压力等于油层压力，保持油层不喷、不漏，或使井底压力略高于油层压力，保持油层微漏的状态，这种状态最容易将井筒清洗干净，洗井必须达到进口、井底、出口水质三点一致。

在油层压力低于静水柱压力时，可采用注混气或泡沫负压洗井，将井壁及近井地带的堵塞物清洗掉，然后升压至近平衡，替出井内不清洁的水，再升压采用注热水或活性水正压洗井，将井筒内和近井地带清洗干净，做到进出口水质完全一致时为止。为防止黏土颗粒的膨胀和运移，在注水井投注或油井转注前需进行防膨处理;由于钻井或排液生产过程中油层受到储层损害时,则在投(转)注前需要进行解堵预处理。

(于乐香 陈宪侃)

【注水井洗井车 water injection well clean-up truck】 用于注水井洗井作业的专用车辆。通过车装的水处理设备,将洗井排出的污水,经过洗井车水质处理设备,使水质达到标准,用车载高压洗井泵泵入井内继续循环洗井,避免洗井时污水外排,污染环境。

在车上装有清除机械杂质和污油的斜板除油器(或旋流除油器)、粗滤罐、精滤罐、相应的管汇和高压洗井泵(见图)。洗井返出的污水经车装水质处理系统,处理成符合注水水质标准的洗井水用于继续洗井。

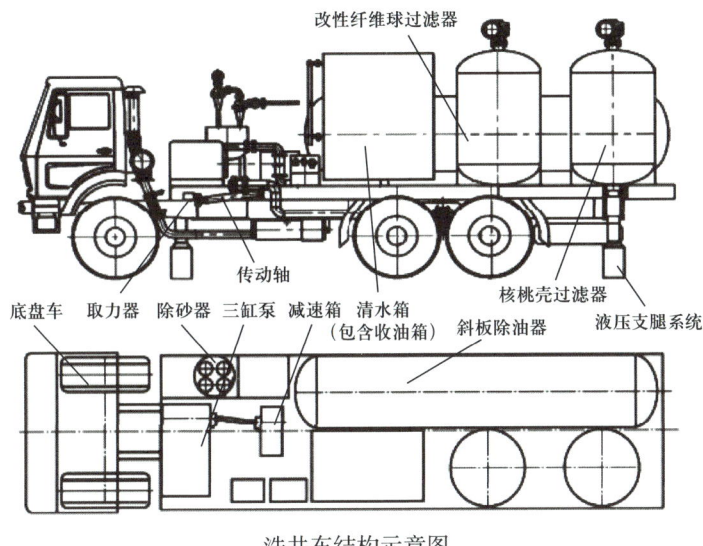

洗井车结构示意图

(陈宪侃)

【注水井试注 water injecting well injection test】 新井投注或油井转注,在正常注水前所进行的试验性注水的工艺措施。是注水井投注前必须进行的一道工序,即通过测试、试验落实完成配注方案要求的各种工艺措施,同时对水敏油层进行黏土防膨处理。必须经注水井排液和注水井洗井合格后,方可开始试注。

试注的目的在于确定能否将水注入油层并取得油层吸水启动压力和吸水指数等资料,根据要求注入量选定注入压力。因此,试注时要进行注水井测试,求出注水压力和地层吸水能力,并测得吸水剖面和分层注水指示曲线(见分层注水),给注水井投注设计取得可靠的数据,优选各种工艺技术。地层吸水能力大小一般用吸水指数表示。如果试注效果好(可与邻井同类油层吸水能力相比较），即可进行转注；如果效果不好，要进行调整或采用酸浸、酸化、压裂等措施，直至合格为止。注水井通过排液、洗井、试注，取全取准试注的资料，并绘出注水指示曲线，再经过配水就可以转为正常注水。

（于乐香 陈宪侃）

【注水井测试 injection well testing】 定期进行测定不同注入压力和相应注水量的工作。测试结果可绘制成注水井指示曲线。测试目的是了解注水井及各层段的吸水能力和层段实际注水量，并检查是否完成配注指标及井下配水工具的工作状况。目前分层注水采用的井上测试方法有投球测试法及井下流量计分层测试法。前者用于采用固定式、桥式及空心配水器进行分层注水的井，后者用于采用偏心配水器进行分层注水的井。

放射性同位素载体法测吸水剖面 在一定的压力下测定沿井筒各射开层段的注入量（即分层的吸水量），目的是为了掌握各小层的吸水能力，以作为合理分层配注的依据。

放射性同位素载体法是将吸附有放射性同位素（如 Zn^{65}、Ag^{110} 等）离子的固相载体加入水中，调配成一定浓度的活化悬浮液。在正常注水条件下将悬浮液注入井内后，利用放射性仪器在井筒内沿吸水剖面测量放射性强度。当活化悬浮液注入井内时，与正常注水时一样，悬浮液将按井筒剖面原有吸水能力按比例进入各层。由于所选择的固相载体颗粒直径稍大于地层孔隙，它就被滤积在岩层表面，而清水进入深处。另外，固相载体又具有牢固的吸附性和能均匀悬浮，所以吸水量大的层，岩层表面滤积的固相载体就多，仪器测得的放射性强度就大，反之，则小，即地层的吸水量、对应射孔井段滤积的载体量、放射性强度三者之间成正比关系。对施工前后两次放射性测井曲线进行对比，施工后放射性曲线所增加的异常值就反映了对应层的吸水能力（见图1）。

投球法分层测试 所用测试管柱包括油管、封隔器、配水器、球座、底部阀（见图2）。

（1）测全井指示曲线。全井指示曲线是井下各注水层段在该井下管柱条件下同时吸水时，注入压力和全井吸水量的关系曲线。测试时通常测四至五个点，即分别测出四至五个不同注入压力和相应的全井注水量。

（2）测分层指示曲线。测得全井资料后，开始测分层指示曲线。其方法是先投小球入井，小球座在最下一级球座上，将最下一层封住（图2为第Ⅲ层），然后对其上第Ⅰ层和第Ⅱ层进行测试，同样测出四至五个不同压力下的注水量。其次投入第二个球将Ⅱ层段封住，便可测得第Ⅰ层段（最上一层）的资料，依此类推，如果井下分注三层，投球两个，井下分注五层，则需从下到上逐级投入由小直径到大直径的四个球，进行测试。

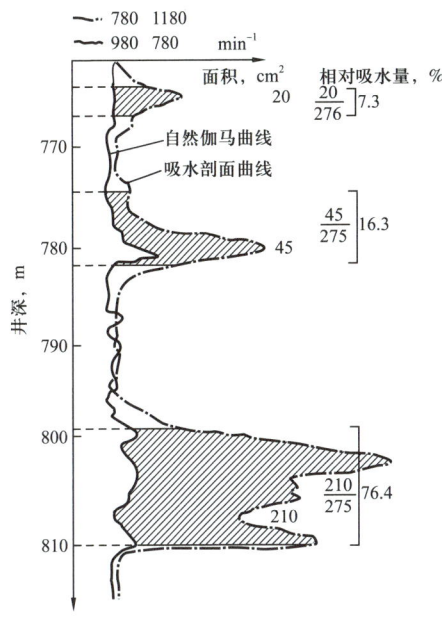

图1 载体法测吸水剖面曲线　　图2 投球测试管柱示意图

（3）资料整理。分层测试得到的资料经整理后便可得出分层指示曲线。将全部测试成果整理列表，可绘出各分层的注入压力与注水量的关系曲线—分层指示曲线。

一般在正常注水情况下，为了检查各层段配水的准确程度，判断井下工具的工作状况，了解各层段吸水能力的相对变化情况而进行分层测试时，均采用井下原有的注水管柱进行测试。只有在为了准确掌握分层吸水能力和调配各层水量时，才专门下入由745-5固定式配水器组成的测试管柱，两者的测试方法相同。

（于乐香）

【注水井指示曲线 injectivity curve】 在稳定流动条件下，井底注入压力与注水量之间的关系曲线。用分层测试结果绘制的指示曲线称分层指示曲线；用全井注入量绘制时则称全井指示曲线，用井口注入压力与相应的注入量绘制时称井口指示曲线。它是研究注水井吸水能力的简便途径，但它不仅与地层性质有关，而且受井下管柱结构及配水工具工作状况的影响，因此它不能完全反映地层吸水能力的大小及其变化。

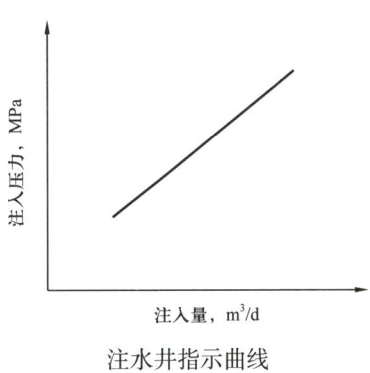

注水井指示曲线

根据注水井指示曲线可以求得该井的 注水启动压力。注水井指示曲线的几何特征可以反映油层渗透性的好坏、油层的连通性、裂缝的生成、井底附近地层的堵塞以及吸水能力的大小和变化等。因此可见，定期测定注水井指示曲线是十分必要的。

（于乐香）

【吸水剖面 water injection profile 】 注水井的注水量在一定注入压力下在各个吸水层段的吸水量分布情况。是确定对注水井是否进行调剖施工的一项重要依据，也是注水井调剖后，检查验证调剖工艺措施成功与否的主要证据。测试吸水剖面有机械方法和电测方法两种。

（1）机械方法测吸水剖面。采用 封隔器 分层，在相同流动压力条件下，测出分层吸水量。

（2）电测方法测吸水剖面。包括：① 井下流量计法：采用井下流量计直接测出各层吸水量。② 示踪法：先在井筒沿吸水剖面测γ（伽马）曲线作基线，再注入放射性同位素，然后测放射性强度变化曲线。两条曲线不重合部分的异常面积代表了小层的 相对吸水量。③ 井温法：正常注水时测得井温剖面，然后注入异常温度的水，再测井温剖面，通过测井温剖面确定各层吸水量。

（代劲光　曾凡芝）

【相对吸水量 relative injectivity 】 同一注入压力下，某小层（或层段）吸水量占全井吸水量的百分数。可用测 吸水剖面 的方法或注水井分层测试结果求得。正常注水过程中只能测得全井注水量，各层（层段）的累计注水量需根据近期测试所得的相对吸水量进行计算。

（于乐香）

【配注误差 error of distribution flooding 】 由于配水嘴选择和计算的误差，以及地层情况的变化，实际注水量一般不等于设计配注量。配注误差即表示两者差别的相对指标：配注误差＝（设计配注量－实际注水量）/设计配注量。可按注水层段和全井分别计算。其值为正时，说明未达到配注水量，称欠注；为负时，说明注入量超过配注水量，称超注；配注误差在某一规定范围内时，即认为此层段配注合格，合格范围随注入层段的性质（控制层、加强层段和均衡层）而有所不同。目前尚无统一的合格标准。大多根据各油田的具体情况规定合格的标准范围。

配注误差在规定范围内的合格层段占注水层段的百分数称为层段合格率。它是检查分层定量配水工作执行情况的一项重要指标。

（于乐香）

【注水压力 water flooding pressure】 油田注水时油层中部实际流动压力。为油藏压力加上油层开始吸水时的启动压差再加上注水压差。注水井口压力等于注水压力加上注水时井下沿程摩阻损失减去井下水柱压力。注水泵压等于注水井口压力加上注水管线和注水泵以外的沿程摩阻损失，加减注水泵站与井口海拔高差的水柱压力。注水压力与注水量成正比关系，应根据油田对注水量的要求来决定，最高不应超过油层破裂压力。

油田开始注水以前，对天然水驱油田，要根据水驱活跃程度进行油藏压力水平优化。当油藏压力低于原始油藏压力时，天然水驱能量就能发挥出来，应充分利用天然能量，减少注水能耗，还要注意油藏压力水平降低，会减少渗流时驱替压差，人工举升能耗就会升高，故有一个优化合理油藏压力水平问题。还应考虑地面管网压力等级问题，不同压力等级的管网，地面工程投资差距相当大，应尽可能采取措施降低井口注水压力，综合以上因素优化合理注水压力。

（陈宪侃）

【注水启动压力 starting injection pressure】 注水层开始吸水所需要的注水压力。指示曲线延长至注水量等于零时的注水压力（指示曲线在纵轴上的截距）即注水启动压力。理论上它应等于地层压力，但实际上却高于地层压力，其机理还有待探讨。

（于乐香）

【注水井工作制度 injection well flow regime】 注水井注水时的某一注水压差。注水井合理的工作制度要求油层不产生新的裂缝或不造成套管变形；注水量能满足周围相关油井的注采平衡要求，并有利于充分发挥各类油层的作用。注水井工作制度可以通过提高或限制注入量来改变，为此需要重新按实际开发情况进行配注。改变注水井工作制度的措施主要有优化增压注水、脉冲注水、周期注水、改变液流方向、单层开采、停止注水等。

（1）增压注水。由于油层堵塞、渗透率下降或油层压力回升，在原注水压力下不能满足配注要求，或为了启动低渗透层段注入，可进行增压注水。增压注水的方法有提高注入系统的泵压，或在配水间添加增压泵，或在井下利用电动潜油泵增压，优化管柱结构，降低井下管柱压力损耗。

（2）脉冲注水。脉冲水嘴增压的基本理论是流体瞬间理论和水声学原理。高压水流过亥姆霍兹振荡器可产生大幅度脉动，形成高频水射流。采用脉冲水嘴增注，不改变原有的配水工艺和测试工艺，有较强的适用性，不需增加投资。而且在频率选择合适的情况下，产生的高频压力脉冲使油层近井带的污染物松动脱落，提高了注入水中固相颗粒及异相液滴在水中的分散均匀度，使其不易附着在油层孔隙的壁面上，从而起到解堵、防堵、增注的作用。

（3）周期注水。周期注水也称间歇注水或不稳定注水。它是周期性地改变注水量和注入压力，在油层中形成不稳定的压力状态，引起不同渗透率层间或裂缝与基岩块间液体的相互交换。同时促进毛细管渗吸作用，并增大其渗吸深度。各层间渗透率差异越大，在压力重新分布时，层间液体交换能力越强，周期注水效果越好。因此，油层具有较强的非均质性，尤其是纵向非均质性，是采用周期注水方法的必要条件。

推荐书目

刘德华，刘志森. 油藏工程基础［M］. 北京：石油工业出版社，2004.

（于乐香）

【**吸水指数 injectivity index**】 注水井（层）吸水能力大小的综合指标。其数值等于注水井在单位注水压差下的日注水量［(单位为 $m^3/(d \cdot MPa)$）］，或注入压力增加单位压力时日注水量的增加值。其大小反映出地层渗透率、厚度、流体黏度等对吸水能力的综合影响。在注水过程中，如果因堵塞而降低井壁附近地层的渗透率时，吸水指数将降低。如果经过增注措施而改善吸水能力，吸水指数值将增大。

在进行不同地层吸水能力对比分析时，需采用"比吸水指数"或称"每米吸水指数"为指标，它是地层吸水指数除以地层有效厚度所得的数值，单位为 $m^3/(d \cdot MPa \cdot m)$，表示一米厚地层在一个兆帕注水压差下的日注水量。

（于乐香）

【**视吸水指数 apparent water absorption index**】 日注水量与注水井井口注入压力的比值。在未进行分层注水的情况下，若采用油管注水，则井口压力取套管压力；若采用套管注水，则井口压力取油管压力。

它是用来反映和研究注水井工作状况的最简便和最直观的指标。因为视吸水指数的大小及其变化，既反映地层吸水能力，也反映井下管柱的工作状况。

（于乐香）

【**吸水能力 water injectivity**】 储层在单位压差下吸水量的大小，若吸水量大则吸水能力强。常采用吸水指数反映注水井的吸水能力。

影响吸水能力的因素 根据现场资料和实验室研究，注水井吸水能力下降的因素可综合为四个方面。

（1）与注水井井下作业及注水井管理操作等有关的因素。主要包括：进行作业时，因压井使压井液浸入注水层造成堵塞；由于酸化等措施不当或注水操作不平稳而破坏地层岩石结构，造成砂堵；未按规定洗井，井筒不清洁，井内的污物随注入水带入地层造成堵塞。

（2）与水质有关的因素。注入水与设备和管线的腐蚀产物［如氢氧化铁$Fe(OH)_3$及硫化亚铁FeS等］造成的堵塞，以及水在管线内产生垢（$CaCO_3$、$BaSO_4$）等的堵塞；注入水中所含的某些微生物（如硫酸盐还原菌、铁菌等），除了自身堵塞作用外，其代谢产物也会造成堵塞；注入水中所带的细小泥砂等杂质堵塞地层；注入水中含有在油层内可能产生沉淀的不稳定盐类，如注入水中所溶解的重碳酸盐，在注水过程中由于温度和压力的变化，可能在油层中生成碳酸盐沉淀。

（3）组成油层的黏土矿物遇水后发生膨胀。

（4）注水井地层压力上升。

<u>改善吸水能力的措施</u>　针对油层吸水能力下降的不同原因，应采用不同的措施防止吸水能力下降。在注水过程中应当采取以预防为主的措施，防止对油层产生堵塞。为了避免泥浆侵害油层或因措施、操作不当引起井底堵塞，一般在注水井进行井下作业时，采取不压井不放喷作业，慎重而正确地进行酸化。

（1）在注水过程中使吸水能力下降的主要原因是水质及注水系统的管理。因此在注水过程中，要防止注水井吸水能力下降，首先必须保证水质符合要求，加强注水井日常管理，尽量避免由于水质不合格所引起的各种堵塞。

（2）为了恢复注水井的注水能力，改善吸水能力差油层的注入量，通常采用酸化、压裂增注及水力振荡和水力射流等井底处理措施。

① 压裂增注：压裂是实现油层增注的常用手段之一。可分为普通压裂和分层压裂。普通压裂适用于吸水指数低，<u>注水压力</u>高的低渗地层和严重污染地层，对于目的层尽可能用封隔器卡开。而对油层较厚、层内岩性差异大或多油层层间差异大，均可采用分层压裂实现增注，以改善层间矛盾。注水井采取压裂增注措施时，其压裂规模不宜过大，并注意裂缝方位，以免引起水窜，降低波及效率。

② 酸化增注：油层<u>吸水能力</u>下降，绝大多数是由于油层被堵塞所引起。因此，要恢复油层吸水能力，就必须解除堵塞。造成堵塞的原因不同，解堵的方法也不同。酸化是注水井解堵增注的重要措施。一方面酸化可用来解除井底堵塞物，另一方面可用来提高中低渗透层的绝对渗透率，原理与一般酸处理相同。

③ 黏土防膨：对于含黏土砂岩油藏的开采，如何防止水敏、速敏、酸敏是一个十分重要的问题，是直接关系到能否开发和开发好这类油藏的重要问题。

注防膨剂是防止注水过程中黏土膨胀的有效措施。黏土防膨剂包括：无机盐类，如 KCl、NH_4Cl，此类试剂虽然能防止不膨型黏土的分散、运移及膨胀型黏土的膨胀，但有效期短；无机物表面活性剂，如铁盐类，此类试剂对施工条件要求严，成本高，有效期短；离子型表面活性剂，如聚季胺，此类试剂有效期长，成本较低，施工容易；无机盐和有机物混合的处理剂也已开始应用。

由于黏土矿物成分和储层岩石的差异，没有一种固定的现成防膨剂通用于各类油层。欲取得理想的防膨效果，必须经过精心的室内筛选。

（于乐香）

【注入流压 water injection flowing pressure】 油田注水时油层中部实际流动压力。为油藏压力加上油层开始吸水时的启动压差再加上注水压差。注水井口压力等于注水压力加上注水时井下沿程摩阻损失减去井下水柱压力。注水泵压等于注水井口压力加上注水管线和注水泵以外的沿程摩阻损失，加减注水泵站与井口海拔高差的水柱压力。注水压力与注水量成正比关系，应根据油田对注水量的要求来决定，最高不应超过油层破裂压力。

油田开始注水以前，对天然水驱油田，要根据水驱活跃程度进行油藏压力水平优化。当油藏压力低于原始油藏压力时，天然水驱能量就能发挥出来，应充分利用天然能量，减少注水能耗，还要注意油藏压力水平降低，会减少渗流时驱替压差，人工举升能耗就会升高，故有一个优化合理油藏压力水平问题。还应考虑地面管网压力等级问题，不同压力等级的管网，地面工程投资差距相当大，应尽可能采取措施降低井口注水压力，综合以上因素优化合理注水压力。

注水井井口压力加井口至注水层位中部的水柱压力（忽略摩擦等阻力），即注水井井底流压。

（于乐香）

【注水强度 water injection intensity】 注水井单位有效厚度油层的日注水量，单位为 $m^3/(d·m)$。它是衡量油层吸水状况的一个指标，注水强度高反映油层吸水能力高，注水强度低反映油层吸水能力差。注水强度的大小直接影响着油层压力和油井含水上升速度。合理的注水强度对充分发挥各类油层的作用、提高油田开发效果具有重要作用。为保持水线均匀推进，要求对不同井网、层系控制不同的合理注水强度。

（于乐香）

【分层注水 zonal injection】 在多储层开采中，按配注要求，在注水井中实现分层（段）控制注水的方式。利用封隔器将多个油层在井筒内分隔成几个层段，然后根据每个层段配注量的要求，通过调节各配水器水嘴的大小，将井口相同的注水压力转换成井下各层段不同的注水压力的注水技术。该技术主要是针对非均质性严重的油层笼统注水时存在的层间、平面和层内注水速度差异较大提出的，通过实施分层注水可以控制高渗透层注水，加强低渗透层注水，从而实现吸水剖面的有效调整。

在一套井网的开采层系中，经常有十几个或几十个含油小层，这些小层之间渗透率差别很大。在注水井笼统注水之后，高渗透层吸水能力强，水向前推进的速度快，而低渗透层吸水能力差，水线推进速度慢。因此，同在一口注水井中，形成各小层之间水线推进非常不均匀的情况。从采油井方面看，与注水井相连通的高渗透层早已见水，见水层的压力和含水率上升，从而干扰和影响了其他小层出油，为了改善这种状况，大庆油田的石油工作者创造出分层注水技术提高注水效率。分层配水管柱是由井下油管、封隔器和配水器组成。它利用封隔器在油管与套管之间的环形空间，将整个注水井段封隔成几个互不连通的层段，每个层段中都装有配水器，注入水通过每个层段配水器上的水嘴，分别注入各层段的油层中去。配水器的主要作用是对于高渗透层，利用配水器上水嘴的节流作用，来降低高渗透层的注水压力，从而达到控制高渗透层吸水量的目的。

对于中、低渗透层，可以根据各层段计划注水量所选定的水嘴，合理地进行配注，必要时还可以提高注入压力，以提高中、低渗透层的吸水量。分层注水多数情况下将整个注水井段分为 3—4 级。

分层注水的效果可以用分层注水井指示曲线、吸水指数、视吸水指数等指标表示，还可以用相对吸水量来表示。有了各小层的相对水量，就可以由全井指示曲线绘出各小层的分层指示曲线，而不必进行分层测试。分层注水指示曲线是注水层段注入压力与注入量的相关曲线。同一层段在不同时间里的指示曲线的变化反映了油层吸水能力的变化及井下工具的工作情况。

📝 **推荐书目**

王永春，隋军，李彦兴．大庆油田注水开发技术与管理［M］．北京：石油工业出版社，2010．

（陈宪侃　于乐香）

【**笼统注水** single-string multi-zone injection】在井口采用同一注入压力且不对各注水层进行分置处理的注水方法。优点是操作简单，成本较低。缺点是对地下各层压力缺乏控制，在对一些地层产生驱油作用的同时，对另外一些地层则有可能产生异常高压,破坏断层封闭性,发生溢油污染。

适用笼统注水的条件是:(1)各层段层间矛盾小,各小层吸水能力相近;(2)井下技术状况变差,不能下入分层管柱;(3)单层开采井。

人们在长期开采实践中,为解决上述矛盾设计了分层注水开采方式。笼统注水方式适用于单层油藏注水开采,操作相对简单,分层注水方式则多用于同井穿过多层油层开采。

(陈宪侃)

【井下配水嘴 down hole choke】 装在井下配水器上的节流工具。注入水要进入相应层段,必须流经配水嘴,利用其节流损失的大小对各层段的水量进行控制。水嘴直径根据相应各层段的配水量选定,以便在相同井口注入压力下实现分层定量配水的要求。

通常使用配水投捞器投捞已调整好的配水堵塞器。实施步骤为:

(1)整理已有的分层指示曲线(见图),再根据分层配注方案要求的配注量,在分层指示曲线上查出相应的井口分层配注压力。

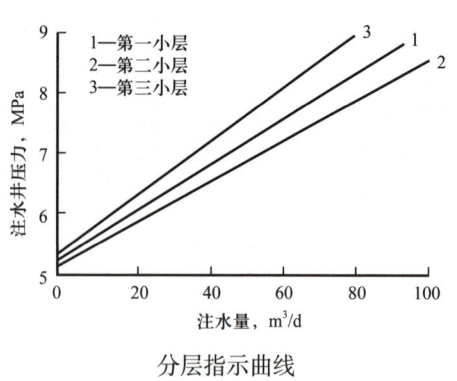

分层指示曲线

(2)选定注水管网能够提供的井口压力。

(3)计算油管摩阻损失压力。

(4)求出配水嘴嘴损压力,即注水管网能够提供的井口压力减去井口分层配注压力再减去油管摩阻损失压力等于配水嘴嘴损压力。

(5)根据配注水量和配水嘴嘴损压力,在分层配水嘴损曲线上查出水嘴直径。

(6)下入选择的水嘴进行测试验证,如不合格再进行调整。

(李明忠 于乐香)

【嘴损压力 choke pressure loss】 注入水通过井下配水嘴时产生的压力损失。通过的水量越大和水嘴直径越小,则嘴损压力越大。具体数值可根据分层注水量,利用由实验所得的嘴径与流量、嘴损关系曲线(嘴损曲线)求得。在实际进行分层定量配水工作时,则是根据分层配注量和相应的配注压力,先确定需要的嘴损压力后,再利用嘴损曲线确定水嘴直径和数量(通常一个配水器可装数个水嘴)。

(李明忠 于乐香)

【嘴损曲线 curve of choke pressure loss】 水嘴尺寸、配水量和通过水嘴的节流损失三者之间的定量关系曲线（见图）。由配注量及嘴损值即可查得相应的配水嘴直径。嘴损的计算分油层无控制（不装水嘴）注水和油层控制（装配水嘴）注水两种情况下由注入量和注入压力之间的关系求得。

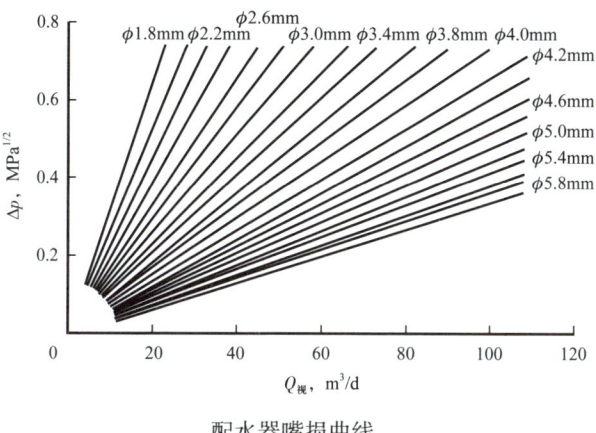

配水器嘴损曲线

（李明忠　于乐香）

【有效注水压力 effective injection pressure】 注入水经过水嘴后到达井底时的压力。它是向地层注水的实际注入压力，其值等于从井口实际注入压力中，减去注入水从井口流到注水层面时的各种阻力损失（包括流经油管的沿程损失、水嘴节流损失及打开定压阀的压力损失）后的有效井口注入压力，加静水柱压力。用有效注水压力或有效井口注入压力绘制的指示曲线，可直接反映地层的吸水能力，而不受管柱及配水工具的影响。

（于乐香）

【分层配水管柱 tubing string for separation injection】 在进行单井分层注水时，井内油管及其各种分层注水井下工具组合的总称。主要包括油管、封隔器、配水器及底部阀等（见图）。封隔器用于将不同的注水层（层段）分开，以达到分层注水的目的。配水器通过水嘴控制该层注入压力和水量。底部阀为一单流阀，用于进行反循环洗井。分层注水通常采用475-8水力压差式封隔器。分层级数和使用的配水器不同时，相应的管柱也不同。为了测试，使用

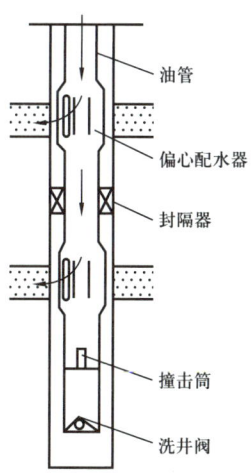

分层配水管柱图

桥式配水器时需加装测试球座，而使用偏心配水器时则需在下部装一撞击筒。

（李明忠　于乐香）

【配水器 water injection regular】分层注水时用节流方法对各油层控制注水量的井下专用工具。在分层配水管柱中与封隔器配套接在油管上，下至对应注水层部位，利用不同的节流水嘴，控制各层不同的注水量。可分为固定配水器、空心配水器和偏心配水器。使用最为广泛的是偏心配水器，其堵塞器不占据通道的中心位置，所以下入级数不受限制，也便于利用流量计进行分层测试。

（陈宪侃）

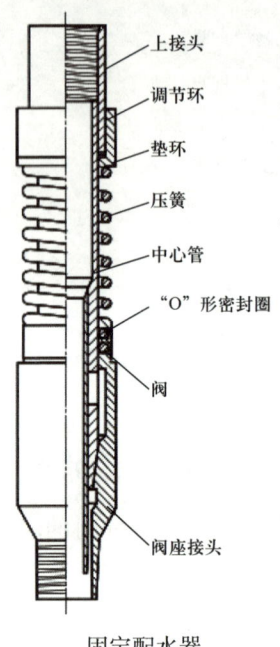

固定配水器

【固定配水器 fixed water injection regular】固定在分层注水管柱上，必须起出油管才能进行调整的配水器。它是单管分层注水最早使用的一种配水器，结构见图。油管加压后，液压作用在阀上，阀压缩压簧离开阀座接头上行，阀开启，高压水经油套环形空间注入油层。调节环用来调节压簧的松紧，以控制阀的开启压力。这种配水器最大缺点是调配时必须起管柱，使用时间长了以后阀座会磨损，注水量自动增大。固定配水器已被淘汰。

（陈宪侃）

【空心配水器 hollow water injection regular】各级内通径大小不同的配水芯子组合成的一种活动式分层配水器。主要由工作筒和配水芯子组成，是单管分层注水常用的一种配水器，结构见图。用封隔器将分注层段分隔开，各分注层段的工作筒装在分注管柱上，对准分注层段，然后将各级内通径大小不同的配水芯子（上大下小）用专用工具投入到各级工作筒中，利用芯子上不同大小的水嘴来调节注水量。优点是投捞故障较少，多在深于2500m的井中使用，缺点是投捞作业复杂，必须逐级投捞，且受内通径影响，使其使用级数受到限制，一般不超过3级。

（陈宪侃）

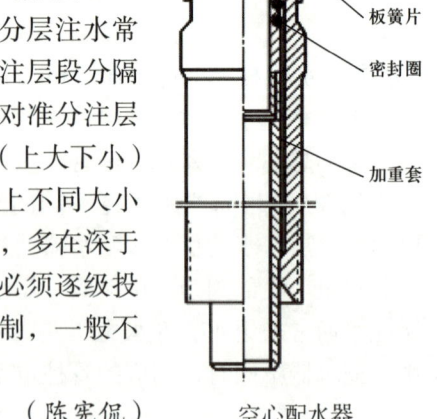

空心配水器

【偏心配水器 side-pocket water injection regular】 带配水嘴的配水堵塞器偏离油管中心线，而居于管柱侧面的一种活动式配水器。主要由工作筒和堵塞器组成，是单管分层注水使用最广的一种配水器，结构见图。配水嘴装在堵塞器内，坐于工作筒的偏孔上，凸轮卡于偏孔上部的扩孔处，固定牢靠，堵塞器上的"O"形密封圈起密封作用。注入水经堵塞器滤罩、水嘴进入油套管环形空间注入油层。配水投捞器可捞出堵塞器或放入堵塞器。投捞作业简单，可进行任何单级投捞，不受通径限制，从技术角度来说一般以三四层为宜。

（陈宪侃）

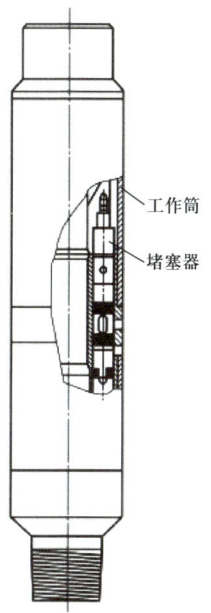

偏心配水器

【配水堵塞器 water injection regular plug】 偏心配水器中配水嘴总成。由打捞头、凸轮和水嘴组成，见图。用钢丝作业可以投捞已更换水嘴的堵塞器，坐于偏心配水器偏孔内，用于调整注水量。堵塞器上、下两组四道"O"形密封圈封住偏孔的出液槽，注入水经滤罩、水嘴、堵塞器主体的出液槽和工作筒主体的偏孔进入油套管环形空间注入油层。正常注水时，堵塞器主体的 $\phi 22mm$ 台阶坐于工作筒主体的偏孔上，凸轮卡于偏孔上部的扩孔处将堵塞器固定牢靠。

（陈宪侃）

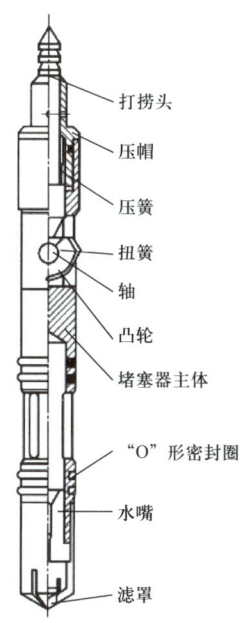

配水堵塞器

【配水投捞器 fishing and dropping tool of water injection regular】 偏心配水器投捞配水堵塞器的工具。主要由投捞块、压簧、投捞头、导向体等组成，见图。

捞配水堵塞器时，将配水投捞器的投捞头上安装打捞器，收拢并锁好投捞爪的导向爪，用钢丝作业将投捞器下过配水器工作筒，然后上提到工作筒上部。打捞器锁块过工作筒主通道遇阻，打捞器的锁块和锁轮一起向下转动，投捞爪和导向爪解除锁定，向外张开。再下放投捞爪，导向爪沿工作筒导向体的螺旋面运动。当导向爪进入导向体的缺口时，投捞爪已进入工作筒扶正体的长槽，正对堵塞器头部，捞住堵塞器打捞杆，再上提投捞器。堵塞器打捞杆压缩压簧上行，下端与凸轮脱离接触，凸轮在扭簧的作用下转动而内收，堵塞器被捞出并起到地面。

投堵塞器时，将投捞器的投捞头安装投送器，把堵塞器的头部插入投送器内，二者用剪钉连接好，然后按上述施工步骤将堵塞器下入工作筒主体的偏孔内。上提投捞器，凸轮的支撑面已卡在偏孔内的上部扩孔。剪钉被剪断，堵塞器留于工作筒内，投捞器被起出。

（陈宪侃）

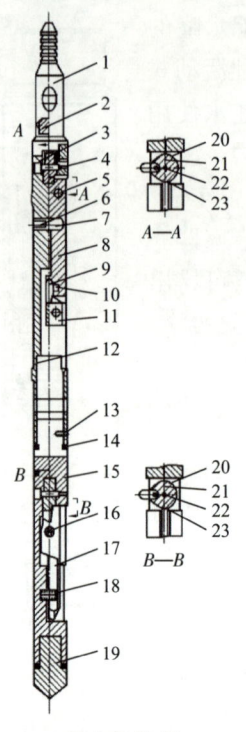

配水投捞器

1—绳帽；2，3，14—"O"形密封圈；4，5，10，13—螺钉；6—销钉；7—压簧；8—投捞块；9—压簧；11—投捞头；12—投捞体；15—导向体；16—轴；17—导向爪；18—压簧；19—导向头；20—锁轮；21—扭簧；22—轴；23—锁块

【封隔器 packer】 为了满足油气水井某种工艺技术目的或产层改造技术措施的需要用于分层封隔的井下专用工具。一般由钢体、胶皮封隔件部分和控制部分构成。广泛应用于固井、试油、采油、注水和储层改造等作业中，不同作业采用的封隔器不同。按封隔器封隔件实现密封的方式不同可分为自封式、压缩式、扩张式和组合式4种。自封式封隔器靠封隔件外径与套管内径的过盈和工作压差实现密封；压缩式封隔器靠轴向力压缩密封件，使密封件外径扩大实现密封；扩张式封隔器靠径向力作用于封隔件内腔，使封隔件外径扩大实现密封；组合式封隔器由自封式、压缩式、扩张式任意组合实现密封。作业过程中，封隔器在给定的方法和载荷作用下产生动作，使封隔件进入工作状态，这种操作称为封隔器坐封；需要起出封隔器时，按给定的方法和载荷解除封隔件的工作状态，称为解封；封隔器在井下预定位置坐封后是否起到封隔作用，验证其密封性能的操作称为验封。

（谢荣院 方代煊）

【水力压差式封隔器 hydraulic pressure differential packer】 利用高压液体使油管内外产生压差达到密封作用的一种封隔器，是油田应用比较广泛的一类封隔器，主要用于分层注水、分层酸化及分层压裂等特种作业中。其型式有多种，结构略有差异，工作原理均是通过油管注入高压液体，造成压力损失，油管内外产生的压差（0.5～0.7MPa）使胶皮筒有足够的力量扩张，从而达到密封油套管环形空间的目的。水力压差式封隔器的优点是结构简单，制造方便，操作工艺简便，密封可靠，可以多级灵活使用。缺点是胶皮筒疲劳后易破裂，耐压性差。

（于乐香）

【**水力压缩式封隔器** hydraulic–compressive packer】 利用高压液体在油管内压缩胶皮筒达到密封作用的一种封隔器。主要用于找水、堵水、试油、采油等作业。使用时，将封隔器下至预定井深后，从油管内加一定压力的液体经中心管孔眼进入液压室将销钉剪断，推动下钢碗上移，压缩胶皮筒，密封油套管环形空间，密封后靠卡瓦锁紧。水力压缩式封隔器的优点是密封性较好，不需清理井底，可以多级使用。缺点是卸压比较困难。

（于乐香）

【**支撑式封隔器** support–type packer】 具有密封和加压支撑两种作用的一种封隔器。主要用于找水、堵水、分层采油及一般的压裂、酸化等作业。这类封隔器的共同特点是需要借助一个支点（井底），依靠封隔器以上管柱的重量，向下加压，使封隔器胶皮筒产生轴向压缩和径向膨胀，从而达到油套管环形空间密封的目的。其结构上要由密封和加压支撑两部分组成。密封部分主要由上、下接头及胶皮筒和隔环等组成。支撑式封隔器的优点是结构简单，组装试压方便，密封性可靠。缺点是尾管过长时，耐高压性能差，一般 63.5mm（$2\frac{1}{2}$in）油管其尾管不宜起过 50m；对严重出砂井，必须冲砂至井底；多级使用受到限制。

（于乐香）

【**卡瓦式封隔器** slip–type packer】 通过卡瓦卡在套管上起到支撑和密封作用的一种封隔器。常用于找水、堵水、试油等作业。这类封隔器有水力卡瓦式和轨道卡瓦式两种形式。前者是依靠水力作用将卡瓦上移，与套管内壁接触，并卡在套管上。后者是到达坐封位置后，通过上提和下放管柱，在扶正块与套管内壁的摩擦作用下，使轨道销钉在轨道内换向，让卡瓦与套管内壁接触，然后卡在套管内壁上，起到支撑上部管柱的作用；当继续下放管柱时，其压力使封隔器胶皮筒轴向压缩，径向膨胀，达到密封油套管环形空间的目的。卡瓦式封隔器的优点是操作简便，不需以井底为支点，并可与支撑式封隔器等组成多级封隔器。缺点是结构较复杂，对套管有一定的损伤。

（于乐香）

【**皮碗式封隔器** cup packer】 通过高压液体使皮碗与套管壁紧贴而达到密封作用的一种封隔器。当封隔器下入设计井深后，从油管内加压，高压液体推动活塞，使胶皮碗撞开，由于液体压力和活塞推力的双重作用，使皮碗与套管壁紧贴而达到密封油套管环形空间的目的。皮碗式封隔器的优点是结构简单,制造方便,有自封作用,密封性好。缺点是起管柱时胶皮不能很好收缩,容易造成砂卡。

(于乐香)

【水力自封式封隔器 hydraulic self-sealing packer】 通过高压液体使胶皮筒达到密封作用的一种封隔器。下井前靠剪钉、拉紧环和下胶皮筒座把胶皮筒拉伸,直到胶皮筒外径等于110~113mm时锁住,封隔器下到设计井深后,向油管内加压,通过滑动套作用于拉紧环,使剪钉剪断,胶皮筒恢复原来尺寸,达到密封。下井时,必须用两个封隔器,一个倒装,一个顺装,组成一级封隔器。水力自封式封隔器的优点是密封性好。缺点是起封隔器时,因胶皮筒不缩小,只能硬拔,因此容易造成砂卡;因需两个封隔器对装,工艺比较复杂。

(于乐香)

【水力密闭式封隔器 hydraulic closed packer】 通过高压液体依靠密封自锁机构使胶皮筒达到密封作用的一种封隔器。利用向油管内注入的高压液体涨开胶皮筒,密封油套管环形空间后,依靠密封自锁机构来保持胶皮筒内的压力,油管内压力降低后仍可保证密封。所以,注水井停泵后层间不会发生窜流。当需要起封隔器时,可用各种卸压工具,打开密封自锁机构,使胶皮筒卸压。水力密闭式封隔器由于对密封元件要求较高,往往由于缓慢卸压而无法长期用于采油井,一般可作短期分层测试用。

(于乐香)

【水力机械式封隔器 hydraulic mechanical packer】 通过高压液体依靠自锁机构使胶皮筒达到密封作用的一种封隔器。在油管内高压液体作用下将锥体推入胶皮筒,使胶皮筒胀开,密封油套管环形空间。当油管内压力降低后,依靠自锁机构继续保持环形空间的密封,提升管柱时,先在油管内加压,解除自锁,并将锥体拉出胶皮筒,便可解封。这种封隔器的优点是结构比较简单,不需清理井底。缺点是对密封段套管有变形的井不适用,解封比较困难。

(于乐香)

【洗井注水封隔器 water injection and wash down packer】 一种适合注水井具有专用反洗井通道的封隔器。结构见图,坐封时高压液体经中心管的水眼进入到柱塞腔内,推动柱塞上行,压缩胶筒,使胶筒直径变大,封隔油套环形空间。在压缩胶筒的同时,锁套上行被锁环卡住,洗井柱塞在内压作用下下行关闭反洗通道,这时可正常注水。洗

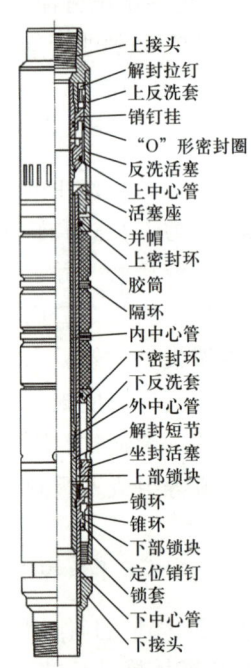

洗井注水封隔器结构示意图

井时由油套环形空间加压，打开洗井柱塞，即可正常洗井。这种封隔器没有卡瓦，不能锚定，使用时应配合 油管锚 固定封隔器位置，以免压力波动时封隔器移动磨损胶筒，对注水封隔器而言，一般应具备锚定装置。

（陈宪侃）

【封隔器丢手接头 packer discarding joint 】 用于具有一定自喷能力，连喷带抽的抽油井中，以实现抽油井不压井作业专用的井下工具。管柱下井时，用丢手接头连接上部及下部的油管；当 封隔器 坐封后，从油管中投入加重杆，使销钉剪断，实现脱手。当需要检泵时，只要把丢手接头以上的管柱起出地面即可，丢手接头以下的管柱留在井内不动。丢手的方式采取锁球丢手。

（于乐香）

【水力锚 hydraulic anchor 】 为了防止因压力波动而引起 封隔器 上下蠕动或封隔器损坏而引起的油管上顶，所采用的一种固定油管的井下工具。其主要结构包括水力锚体、扶正器、内弹簧、外弹簧、防砂套及外壳等。它接在油管上下入井内，依靠水力作用将锚体上的外牙推出，外牙与套管内壁镶嵌而阻止油管移动。使用时应注意将水力锚下入水泥环返高范围以内，以防止由于压力过高而造成套管变形。

（于乐香）

【活塞效应 piston effect 】 井下管柱因内外的压力作用在直径变化处或密封端面上引起管柱长度伸缩的现象。

（于乐香）

【螺旋弯曲效应 spiral-winding effect 】 紧靠 封隔器 上部油管内部压力大于该处环空压力时油管产生螺旋弯曲的现象。压力不仅沿油管轴线垂直作用于封隔器处的密封端面和底部丝堵部位，也水平地作用于油管的壁面上。

（于乐香）

【鼓胀效应 ballooning effect 】 当油管内压大于外压时，水平作用于油管内壁的压力会使油管直径增大的现象。反之称为反鼓胀效应。

（于乐香）

【温度效应 temperature effect 】 管柱因温度变化引起长度伸缩的现象。

（于乐香）

【注水井增注 injection well stimulation 】 对地层原始 吸水指数 小，或吸水指数降低后，不能完成配注指标的注水井进行恢复和提高吸水指数所采取措施。由于注入水水质不合格而引起的各种堵塞（悬浮的泥砂、铁锈等机械杂质的堵塞，硫酸还原菌、铁菌等引起的细菌堵塞及注入水在地层条件下生成的沉淀等）以及油层岩石中的黏土膨胀均会使吸水能力降低，而且渗透率越低，反应越敏感。由于吸水能力降低的原因不同，为提高或恢复吸水能力所采取的措施也不同。除一般油井、气井采用的酸化、压裂外，注稀酸活性液（低浓度的盐酸和氢氟酸与活性剂的混合溶液）、注磁化水及杀菌处理等均属注水井增注的专门措施。其他措施（如水力振荡和声波处理以及热气体化学处理等）也被用作注水井的增注措施。

磁增注 磁增注技术可以使注水井增加注水量，但它有一定的条件，一定要先做岩心模拟试验，取得效果以后再推广。磁增注是一个缓慢过程，要等1～3个月后才能看到明显效果，因此采用磁增注技术不可急于求成。磁增注技术虽然有增注效果，但它代替不了注水井的油层改造措施，经验表明，注水井经酸化处理后，再注磁化水能起到延长酸化有效期2～3倍的作用。可以作为一种辅助措施来提高其他措施的有效性，在注水井采用精细过滤装置处理油田注入水以后，再配上磁技术，不仅可以增加注水量，而且还可以巩固水质。油田注入水的磁化效应与流速的相关性强，因此在选择注水井时应注意它的适应条件，流速过大或过小都不利于提高增注效果。

水力压裂增注 由于裂缝的产生使得注入水渗流面积增大，并且裂缝中的渗透性远远大于油层的渗透性，所以注入水从井底流向裂缝、再从裂缝中流向油层的流动阻力远远小于注入水从井底径向地流入油层的阻力。因此，在注入条件相同的情况下，注水井经过压裂后的注入量将大幅度提高。

酸化增注 在低于地层破裂压力的条件下，向储层注入酸液，利用酸液的溶解和溶蚀作用，溶解储层岩石中的可溶物质以及钻井、完井、修井、采油作业过程中造成的堵塞储层物质，改善和提高储层的渗透性能，从而使注水井增注。酸化增注技术的发展趋势主要体现在对地层特征认识的深入、新型酸液和添加剂的研发，以及酸化工艺的创新上。这些趋势共同推动了酸化增注技术在油田开发中的应用和发展。

排酸酸化增注 对储层注入酸液，关井反应后，先返排残酸及反应物实现注水井增注。

不排酸酸化增注 针对某些特殊储层，在酸液中添加相应的稳定剂，以避免反应物沉淀，酸化关井反应后，不排出残酸及反应物直接进行注水实现注水井增注。

高能气体压裂增注 利用火药或火箭推进剂在井下燃烧产生的高温、高压气体压出多条径向裂缝以取得增产、增注效果。

高压增注 当储层堵塞，原有施工压力难以注入，将注入压力提高至低于储层破裂压力，以达到提高注水能力目的。

（于乐香　管保山）

稠油开采

【**稠油开采** heavy oil recovery】 为解决稠油流动性差，采取降低原油黏度，从而降低油层渗流阻力和减少举升过程的流动阻力的采油方式。

开发稠油与开发稀油不同之处主要是稠油黏度大、密度高、流动性差。它不仅增加了开采难度和成本，而且使油田的最终采收率非常低。稠油开采的关键是提高在油层、井筒和集油管线中的流动能力。稠油的黏度对温度很敏感，从黏温曲线可以明显地看出，随着温度降低，其黏度显著上升。一般温度降低10℃，原油黏度增加一倍以上，国内外开采亚Ⅰ-1类普通稠油多采用普通稠油注水开发方式，辅以各种井筒热力降黏技术；而开采亚Ⅱ-2类普通稠油、特稠油和超稠油都是基于稠油的特点，对油藏埋藏浅，温度低的油藏，稠油在油层中流动性能差，多采用热采的办法开采稠油，如蒸汽吞吐、蒸汽驱和火烧油层开采技术。中国的稠油油藏埋藏较深，但是，注蒸汽热采最优的深度在1200m左右，大于1600m时由于热损失大，进入地层的蒸汽温度和干度都很低，效果非常差。对埋藏深、温度高的油藏，稠油在油层中黏度不太高，可以流入井筒，可采用稠油冷采的方法开采，只要在井筒中采用各种井筒降黏技术就能正常生产，常用的井筒降黏技术有掺活性水降黏、掺稀油降黏、化学降黏、井筒热力降黏。可采用电动潜油泵采油、水力活塞泵采油和射流泵采油等。对深层稠油也可采用稠油出砂冷采等。

📝 推荐书目

张琪.采油工程原理与设计 [M].东营：石油大学出版社，2000.

张琪，万仁溥.采油工程方案设计 [M].北京：石油工业出版社，2002.

（陈宪侃）

【**稠油** heavy oil】 地层条件下原油黏度大于50mPa·s或地面脱气原油黏度大于100mPa·s的原油。稠油属沥青基石油，胶质、沥青含量高，轻质馏分少。世界稠油资源极为丰富，全世界稠油的总资源量约为已探明常规原油储量的6倍（约为15500×10^8t）。国际稠油分类标准，一般以原油黏度作为第一指标，原油密度作为辅助指标，UNITAR推荐的重质原油及沥青分类标准见表1。

表1　UNITAR推荐的重质原油及沥青分类标准

分类	第一指标	第二指标	
	黏度[①]，mPa·s	密度（60°F），kg/m³	API重度（60°F），°API
重质原油	100～10000	934～1000	20～10
沥青	>10000	>1000	<10

[①] 黏度指油藏温度下脱气油黏度。

中国稠油资源也较丰富，预计储量在12×10^8t以上，主要分布在松辽、渤海湾、准噶尔等盆地。稠油的特性是黏度大、密度高、流动性差。1981年2月联合国培训署通过了关于重油（稠油）和沥青砂的标准：重油（稠油）是指在原始油藏温度下，脱气原油黏度为100～10000mPa·s或在15.6℃及101.3kPa条件下密度为934～1000kg/m³。沥青砂是指在原始油藏温度下，脱气原油黏度大于10000mPa·s或在15.6℃及101.3kPa条件下密度为1000kg/m³。中国稠油的沥青质及金属含量较低，胶质含量很高，黏度高，相对密度不太高，稠油分类标准见表2。常规稠油是指储层条件下黏度大于50mPa·s、储层温度条件下脱气黏度小于10000mPa·s、相对密度大于0.92的原油。特稠油是指储层温度条件下脱气黏度为10000～50000mPa·s，相对密度大于0.95的原油。超稠油是指储层温度条件下脱气黏度大于50000mPa·s、相对密度大于0.95的原油。

表2　中国稠油分类标准

稠油分类			主要指标 黏度，mPa·s	辅助指标密度（20℃），g/cm³	开采方式
名称	类别				
常规稠油	Ⅰ		50[①]（或100）～10000	>0.9200	
	亚类	Ⅰ-1	50[①]～150[①]	>0.9200	可以先注水
		Ⅰ-2	150[①]～10000	>0.9200	热采
特稠油	Ⅱ		10000～50000	>0.9500	热采
超稠油	Ⅲ		>50000	>0.9800	热采

[①] 黏度指油层条件黏度，其他指油层温度下脱气原油黏度。

（陈宪侃）

【黏温曲线 viscosity-temperature curve】 原油的黏度与温度的关系曲线。原油黏温曲线纵坐标为动力黏度，单位为 mPa·s，横坐标为温度，单位为℃。含蜡量在 8% 以下的稠油黏温曲线都呈直线关系。黏度和凝固点都高的稠油，黏温曲线为折线，折点与牛顿流体向非牛顿流体转变的临界温度以及析蜡温度有关。稠油的黏度对温度非常敏感，随温度升高黏度大幅度降低，当温度达到 300℃时，一般稠油黏度降到 1mPa·s。而且黏度越高，下降的幅度越大。这是稠油热采的基础理论。

（陈宪侃）

【普通稠油注水开发 conventional heavy oil waterflooding】 对油层条件下黏度 50～100mPa·s 的稠油采用注水进行开发的技术。在油藏埋藏深度合适，黏度 50～100mPa·s 的原油能够流入井底，只需保持井筒温度，使流体在流动过程中有较低的黏度和良好的流动性即可采用普通注水开发方式进行开采。在开采过程中应通过热力、化学、稀释等措施使得井筒中的流体保持低黏度，达到改善井筒流体的流动条件，缓解抽油设备的不适应性，提高稠油的开发效果。

常用井筒降黏技术有掺活性水降黏、掺稀油降黏、化学降黏和井筒热力降黏等。

（陈宪侃）

【掺活性水降黏 viscosity reduction by active water】 向井内稠油中掺入活性水，使井内稠油形成水包油乳化液降低黏度的方法。其机理是向井内产出的稠油中加入水溶性活性水，使产出液形成不稳定水包油的乳化液黏度大为降低，流动时为水包油，静止时则油水分离。要优选与稠油匹配的活性剂，而且用量尽可能少，浓度约为水溶液的 1‰～0.5‰，掺水比为 25%，掺入活性水需加温至 80℃，提高其效果。

（陈宪侃）

【化学降黏 chemical viscosity reduction】 在稠油中加入适当的化学剂使其黏度下降的一种降黏方法。通常利用油溶性的马来酸酐、苯乙烯、丙烯酸高级酯三元共聚物或丙烯酸二十二酯、醋酸乙烯酯三元共聚物等，它们的分子结构中含有环状结构单元，且具有一定极性，与稠油中胶质、沥青起作用降低稠油黏度。值得注意的是稠油中含有的氮和硫等杂质与稠油黏度密切相关，选择化学剂时，要针对不同的稠油进行筛选。这种方法往往室内试验效果很好，一到现场效果就变差，主要是加药方法不科学，不能保证药剂浓度始终符合设计要求从而效果变差，加之成本较高，使用面较小。

（陈宪侃）

【井筒热力降黏 viscosity reduction by heating wellbore】 对井筒内加热，提高井筒温度，降低稠油黏度的一种降黏方法。利用稠油的流动性对温度敏感这一特点，通过提高井筒温度使井筒流体黏度降低。常用的方法有：开式热流体循环加热（即热流体循环后与产出液混合一起采出地面）、闭式热流体循环加热（即循环热流体与产出液不混合分别采出地面）、空心抽油杆电加热、自控电热电缆加热、利用水力活塞泵采油或射流泵采油的热动力液加热等降低井筒黏度。

（陈宪侃）

【掺稀油降黏 viscosity reduction by adding diluted oil】 通过向井筒内掺入稀油，使井筒稠油黏度降低的一种有效方法。从油套管环形空间加入低黏度原油，与井下产出的稠油混合，降低其黏度，从而达到改善井筒流体的流动条件，缓解抽油设备的不适应性，提高稠油的开发效果。优点是对油层伤害轻微，减少掺活性水后产出液的处理工作量。但改变了油品性质，影响下游经济效益。

（陈宪侃）

【稠油出砂冷采 heavy oil production by cold wormhole】 稠油油藏含有一定的溶解气，使稠油在油层中可以渗流的条件下采取的不注蒸汽、不防砂的一种枯竭式稠油开采方式，又称蚯蚓洞开采稠油。开采机理是不注热量，不防砂，利用螺杆泵采油将原油和砂一起采出。首先是形成蚯蚓洞，提高了油层渗透率，见图。其次是要求原油中存在一定量的溶解气，形成泡沫油，给原油提供了内部驱动能量，同时也能降低稠油黏度。优点是成本低，具有一定产能，日产量可达10~40m³。缺点是采收率低，仅有8%~15%，一般为10%，另外，生产出的油砂处理费用高。稠油出砂冷采适应的条件：（1）油藏埋藏深度较浅，但也不能太浅，否则油藏能量不足。（2）油层厚度一般不低于3m，否则不利于蚯蚓洞网络的形成。（3）油藏初始压力不应太低，压力越高越容易造成较大的生产压差，这对出砂以及泡沫油形成都有利，一般应大于2.5MPa。（4）稠油黏度与携砂能力以及泡沫油的稳定性有关，黏度越高携砂能力越强，形成的泡沫油越稳定，但黏度过高又会失去流动性。应用出砂冷采的油藏脱气原油黏度大致在1000~50000mPa·s，脱气原油密度为0.92~0.98g/cm³。（5）稠油油藏应含有一定的溶解气量，因为溶解气能使地层中形成稳定的泡沫油使原油膨胀，可提

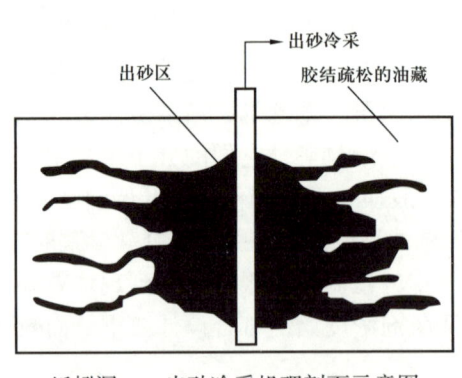

蚯蚓洞——出砂冷采机理剖面示意图

供驱油能量，通常要求溶解气油比大于 5m³/m³。

完井要求与稀油开采相同，但要采用 7in 以上套管，固井水泥返高至地面。射孔采取大孔径（25mm）、高孔密（25～40 孔 /m）等。还应考虑采出砂的处理问题。出砂冷采后的接替开采技术尚未解决。

（陈宪侃）

【蚯蚓洞 earthworm–shaped channels】 稠油出砂冷采工艺中，降压开采稠油时油层大量出砂，在井底油层形成的类似"蚯蚓"形状的出油通道。稠油油藏埋藏浅，油层胶结疏松，而原油黏度高，携砂能力强，使砂粒随原油一道产出。油层大量出砂后沿射孔孔道末端在高孔隙度区域内形成蚯蚓洞，并继续沿储层内相对脆弱带向外延伸，发展成的蚯蚓洞网络（见图），使油层孔隙度和渗透率大幅度提高，极大地提高了稠油在油层中的流动能力。

蚯蚓洞示意图

（于乐香）

【稳定泡沫油 steady foamy oil】 稠油出砂冷采工艺中，随着稠油向井底降压流动，溶解气发生聚集，并形成气泡产生较稳定的混气原油。稠油油藏原油溶解气油比较小（一般为 5～20m³/t），油层埋藏较浅，地层压力较低，地饱压差较小，原油很容易脱气。当地层油从油层向井底流动的过程中，地层孔隙压力不断下降，当孔隙压力低于饱和压力时，溶解在原油中的气体就会分离出来形成气泡，被原油所包裹的气泡形成泡沫油流动；气泡不断发生膨胀，泡沫油的黏度逐渐降低，原油的流动性逐渐增强，同时泡沫油的存在使砂子更容易被携带出地面。原油黏度越大，包裹气泡的油膜强度越大，泡沫油稳定性越好。室内实验结果表明，黏度低于 50mPa·s 的原油不能形成稳定的泡沫油，见图。

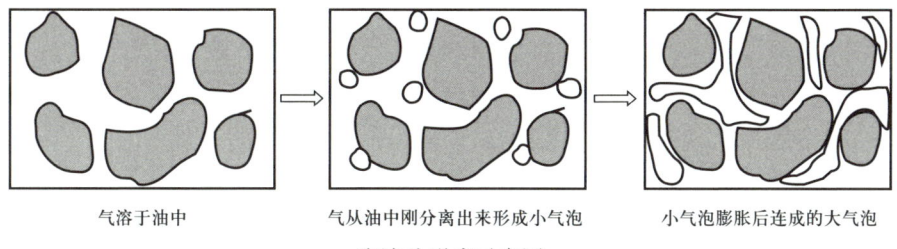

气溶于油中　　气从油中刚分离出来形成小气泡　　小气泡膨胀后连成的大气泡

泡沫油形成示意图

（于乐香）

【热力采油 thermal recovery】对稠油油层进行加热，降低稠油黏度，增加稠油流动性，从而降低油层渗流阻力和减少举升过程的流动阻力的采油方式。对油层进行加热的方法有：将热流体注入油层，如蒸汽吞吐、蒸汽驱和蒸汽辅助重力泄油等；在油层内燃烧产生热量的火烧油层开采。

（陈宪侃）

【稠油注蒸汽开采 heavy oil production by injecting steam】通过向油层注入高压湿蒸汽，提高油层岩石和流体的温度，降低稠油黏度，减小油层渗流阻力，热膨胀增加了油藏驱油动力，达到开采稠油的目的。

注蒸汽开采稠油的方法根据其采油工艺特点可分为蒸汽吞吐开采和蒸汽驱开采两种方式。与常规采油工艺最大不同点是温度变化范围大，一般做法是先蒸汽吞吐若干周期后再转蒸汽驱。蒸汽吞吐采收率为15%～20%，蒸汽驱采收率为50%～60%。稠油热采井的完井要求为：（1）一般稠油油藏油层胶结疏松，容易出砂，完井时应采取防砂措施。另外，开采过程中有可能采取分层作业，应尽可能采用射孔完井。（2）稠油流动阻力大，应采用大油管（3in以上），而且注蒸汽时要采用隔热油管，需要选用大套管（7in以上）。（3）射孔应采用大孔径、高孔密（孔径16～25.4mm，孔密20～40孔/m）以减少入井流动阻力。（4）注蒸汽压力大（达17MPa）、温度高（达350℃），对套管的耐温性和强度的要求都比较高，通常采用壁厚大于9mm的N80或P110套管和抗拉特殊螺纹。（5）高温和温度变化大，应采用预应力固井、高温水泥，水泥返高到地面，以防止套管和油层损坏。

（陈宪侃）

【蒸汽吞吐 heavy oil production by steam huff and puff】向稠油井注入一定数量的蒸汽，提高油层岩石和流体的温度，降低稠油黏度的一种热力采油方式。在一口井完成注蒸汽、焖井和开井生产三个连续过程，从注蒸汽开始至油井不能正常生产为止，即完成一个过程，称为一个周期（见图）。根据油藏实际情况，可吞吐若干个周期。这一技术主要用于油田投产初期，一般应用多轮循环注蒸汽吞吐后，当采油量下降到经济极限时，就转为蒸汽驱。蒸汽吞吐一方面可采出一定量的原油，另一方面通过蒸汽吞吐采出一定量原油后，地层压力降低，进一步发挥蒸汽的膨胀作用，为蒸汽驱作了必要的准备。同时，由于蒸汽吞吐属于衰竭式开采，为进一步提高采收率，蒸汽驱是蒸汽吞吐发展的必然结果。

注汽阶段 为提高蒸汽吞吐效果，向油层中注入蒸汽时主要应控制好几个关键技术：

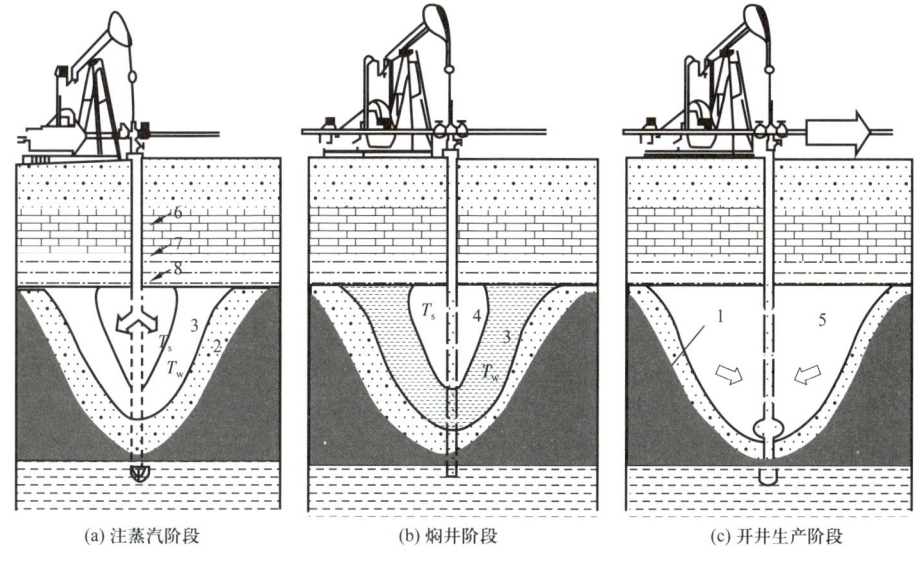

蒸汽吞吐示意图

1—原油；2—加热带；3—蒸汽凝结带；4—蒸汽带；5—流动原油及蒸汽凝结水；
6—套管；7—隔热油管；8—隔热封隔器

（1）提高井底蒸汽干度，即提高单位蒸汽热焓值，这样不但节约能源消耗，而且在相同的蒸汽注入量下，热焓值越大，加热的体积增加以提高蒸汽吞吐效果。

（2）优选周期注蒸汽强度。对一个稠油油藏，整个吞吐开采周期注入量有一个优选问题，每一周期注蒸汽量要适当增加。但是，随着注汽量增大，加热体积增长速度减缓，产量增加幅度减小，吞吐油汽比下降。为此需要优化周期注入量。

（3）优化注蒸汽速度，为了减少热损失应尽量提高注蒸汽速度，有利于减少井筒的热损失和扩散到非目的层的蒸汽热能，在注入相同量的蒸汽时，高速度注入蒸汽对油层加热范围大。但提高注蒸汽速度必然使注汽压力升高，当注蒸汽压力超过地层破裂压力时会破坏油层结构，更严重的是引起汽窜和油层出砂等问题。

关井焖井阶段　应使蒸汽与油层岩石和流体进行充分的热交换，但焖井时间过长，热量传递到非目的层或向油层纵深传热过多，井底附近温度下降太大，原油黏度又会升高，影响效果。焖井时间过短，则热量没有充分交换，剩余热量随采出液排出浪费了热能。

开井生产阶段　生产一段时间后井筒温度逐渐下降，黏度上升，阻力增大，这时必须辅以井筒降黏措施，当产量下降到不经济时，再开始进行第二轮注蒸汽吞吐。

蒸汽吞吐开采稠油要抓紧时间采油，充分利用蒸汽的热能，否则蒸汽的热能会扩散到非产层而浪费掉。油井开井生产后由于集中于近井地带的蒸汽随热量的传递，蒸汽温度下降冷凝成热水，油井含水变化很大，这时应尽可能将蒸汽冷凝水排出，否则下一轮注汽时一部分蒸汽的热量加热冷凝水是不合算的。随着吞吐周期推移，周期注汽量增大，油层含水饱和度逐渐上升，含油饱和度逐渐下降，周期产量逐渐降低，经济效益变差。当周期产量低于经济产量时，应停止蒸汽吞吐采油。虽然单井蒸汽吞吐工艺简单，见效快，但波及体积小，通常周期注蒸汽强度按水当量计算，每米油层注入70～120t蒸汽，注入10～20d（以不超过破裂压力为限度），注入蒸汽的干度要高，井底蒸汽干度要求达到50%以上，焖井2～7d后开井。采收率一般不超过15%～20%。有条件的稠油油藏也可以将单井蒸汽吞吐作为蒸汽驱开采稠油的先导。常用的评价指标是油汽比和回采水率等。

（陈宪侃　于乐香）

【吞吐周期 steam huff and puff period】 蒸汽吞吐开采稠油时从开始注蒸汽阶段起，经过焖井阶段，到生产阶段后期，当产量下降到不经济时，再开始进行第二轮注蒸汽吞吐之前的间隔时间。

一般第一蒸汽吞吐周期产量最高，经济效益最好，以后逐渐变差，直至经济效益不好。停止蒸汽吞吐开采稠油，可改为蒸汽驱开采稠油。

（陈宪侃）

【蒸汽干度 steam quality】 湿蒸汽中汽相质量与湿蒸汽总质量（气相+液相）的比值，它是衡量蒸汽含热量的指标。

蒸汽吞吐开采稠油时，注入蒸汽干度越高，在相同的蒸汽注入量下，热焓值越大，加热的油层体积越大，蒸汽吞吐开采稠油效果越好。根据湿饱和蒸汽的特性，在相同压力下，干度越高，比热容越大，但随压力升高，同样干度下比热容减小。压力越高，同样的注入量，蒸汽干度越高，油藏加热体积越大，增产效果越好。为了提高蒸汽吞吐开采效果，应尽可能地提高井底蒸汽干度。蒸汽驱时，如果井下蒸汽干度过低，油层中蒸汽容易变为热水，不能实现蒸汽驱油，开发效果变差。

井下蒸汽干度测试可以揭示井下注汽干度的剖面，为现场实施有效的井下工艺、选择最佳注入蒸汽干度、制订合理的注汽方案提供可靠的资料。对蒸汽干度的监测，尤其是井下蒸汽干度的监测，其主要方法有蒸汽取样测定与通过压力和温度损失折算两种。利用蒸汽取样器进行井下蒸汽干度取样测试，其测试结果真实、可靠，精度较高，一般误差不大于5%。根据井筒热损失理论以及井筒中测试的温度和压力的变化，可以计算出蒸汽干度的变化。

（于乐香　陈宪侃）

【**注蒸汽速度** steam injection velocity】　蒸汽吞吐开采稠油时，单位时间内注入油层的蒸汽量。注蒸汽速度直接影响蒸汽热能的利用率，如速度高有利于减少井筒的热损失和扩散到非目的层的蒸汽热能，注入相同量的蒸汽时对油层加热范围更大。但是，注汽速度高则需要较高的注入压力，当注入压力超过油层破裂压力时会压裂地层，破坏油层结构，更严重的是引起汽窜和油层出砂等问题，因此，应该全面考虑优化注汽速度。

（陈宪侃）

【**周期注蒸汽强度** periodical steam injection volume】　一个蒸汽吞吐开采周期内注入的蒸汽量。原则上蒸汽注入量越大，加热体积增加，产量越高，效果越好。但是，随着注汽量增大，加热体积增长速度减缓，产量增加幅度减小，吞吐油汽比下降。周期注汽量过大，井底压力增高，对有效地提高蒸汽干度产生影响。同时，注汽时间长，油井停产时间长，生产时效低，必须综合考虑，优选合理的周期注汽强度。

（陈宪侃）

【**油汽比** oil steam ratio；OSR】　蒸汽吞吐开采稠油时一个周期内生产出的原油量与注入的蒸汽量之比。它是衡量蒸汽吞吐开采效果的一个重要指标，其物理意义是每注1t蒸汽换回多少吨原油，油汽比越高说明开采效果越好。实践表明，油汽比大于0.2t/t才具有经济开采价值。

（陈宪侃）

【**汽油比** steam oil ratio；SOR】　蒸汽吞吐开采稠油时一个周期内注入的蒸汽量与生产出的原油量之比。油汽比的倒数，其物理意义是每采1t原油需要注多少吨蒸汽。汽油比越低蒸汽吞吐效果越好，它是检验注蒸汽效果的重要指标。

（陈宪侃）

【**回采水率** water recovery】　蒸汽吞吐开采稠油时一个周期内产水量占注入蒸汽量的百分数。蒸汽吞吐的油井开井生产后，由于集中于近井地带的蒸汽随热量的传递，蒸汽温度下降冷凝成热水，油井含水变化很大，这时应尽可能将蒸汽冷凝水排出，否则下一轮注汽时蒸汽的热量不能全部加热原油，部分热量加热冷凝水，降低了蒸汽热量的利用率，增产效果变差。

（陈宪侃）

【蒸汽驱 heavy oil production by steam driving】 按照一定的注采井网，向注蒸汽井注入蒸汽驱替，原油从生产井采出的一种热力采油方式。蒸汽注入油层后，在注入井周围形成蒸汽带，由于热交换作用，前缘形成蒸汽的凝析水带、热凝析液带和油藏流体带。依靠降黏、热膨胀、蒸馏、轻质馏分的混相驱、乳化驱等作用，将井间大量原油驱替到生产井中采出（见图）。注入的蒸汽既是加热油层的能源，又是驱替原油的介质。当油汽比达到一定经济极限时（一般为0.15t），则蒸汽驱结束。蒸汽驱开采采收率可达50%～60%。

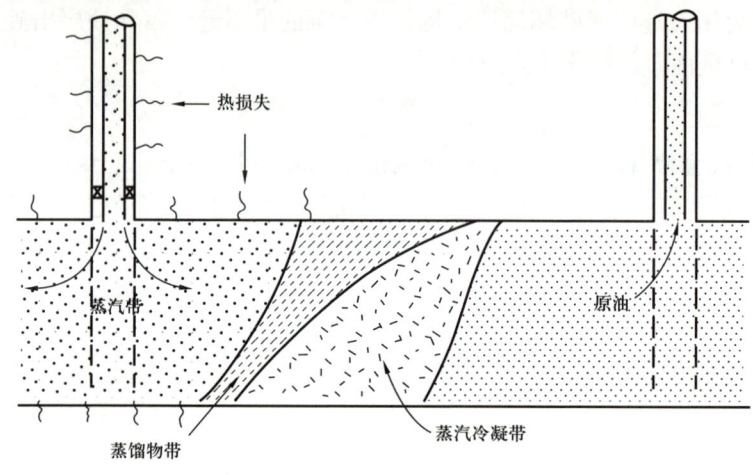

蒸汽驱油过程示意图

（陈宪侃　于乐香）

【蒸汽发生器 steam generator】 为蒸汽吞吐和蒸汽驱开采稠油提供蒸汽的专用设备。又称注汽锅炉。由锅炉主体和辅助设备组成。锅炉主体包括辐射段（炉膛）、对流段、过渡段和给水预热器。辅助设备主要包括给水系统、加热系统、燃烧器及控制设备等，见图。

辐射段为用厚度为6mm钢板制成的卧式圆筒，一般直径约3.2m，长度约12m，是注汽锅炉的主要受热面，炉膛里的炉管直接接受火焰的辐射热、烟气的对流热和炉衬的反射热，然后把所接受的热量传递给炉管内的水，使水变成蒸汽。对流段为方形框架结构，长约3m，宽约2.5m，高约2.7m，炉管采用叉排布置，是注汽锅炉的辅助受热面，布置在尾部烟道里，利用烟气的余热加热锅炉给水。锅炉给水先进对流段，使水温升高，其吸热量约占锅炉给水总吸收热量的40%左右。过渡段位于对流段和辐射段之间，为连接作用的半圆形烟气转向通道。检修时，工作人员可通过过渡段进入辐射段进行检修。

稠油开采

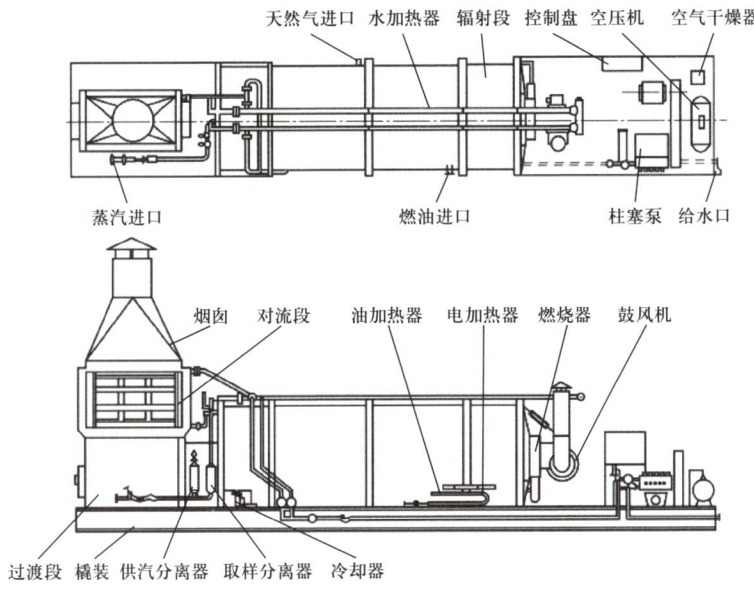

蒸汽发生器

由水处理设备来的软化水经柱塞泵升压后分为两路：一路直接进入对流段，经对流段给水加热升温到318℃左右后，进入给水换热器的内管；另一路进入给水换热器的外管。换热器内、外管的水由于存在温差而进行热量交换，换热器外管的水温升高并与第一路水汇合，使混合水温度升高到露点温度（116～138℃）以上，再进入对流段继续升温；而换热器内管的水温损失一部分热量而下降到274℃左右进入辐射段。水在辐射段吸收热量变为温度354℃、压力17MPa、干度80%的饱和蒸汽经单向阀、截止阀送到井口。

（陈宪侃）

【**隔热油管** insulated tubing】 注蒸汽开采稠油时使用的具有隔热保温功能的油管。为双层同心管柱，两层管的环形空间充填绝热材料、惰性气体或真空。根据结构特点，隔热油管分为固体隔热油管和预应力隔热油管两种。注蒸汽开采稠油时使用隔热油管可以减少热损失，提高蒸汽干度。预应力隔热油管可以克服因温度变化发生的伸缩变形。中国于1985年开始生产固体隔热油管，其基本结构是由外管和内管组成同心管，两管之间填入隔热材料，如珍珠岩粉、

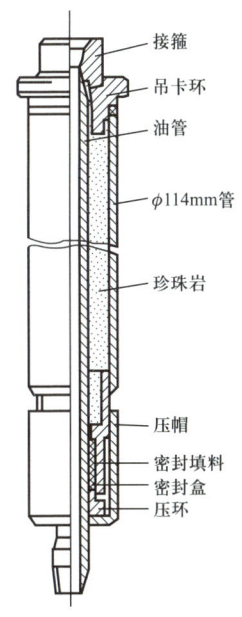

隔热油管结构图

- 209 -

超细玻璃棉、氩气、氮气、氙气等，最高使用温度可达400℃，一般隔热寿命可达30个吞吐周期。在使用过程中渗入到隔热材料内的氢气会使隔热管导热系数成倍增长，造成热损失增加。现场测试证明，隔热管每使用一个吞吐周期，含氢量以4%左右的速度递增，即导热系数以20%左右的速度变化。20世纪90年代研制的高真空度隔热油管提高了隔热效果，延长了使用寿命。

（陈宪侃　于乐香）

【预应力隔热油管 prestress insulated tubing】 在内管上施加预应力的具有隔热保温功能的油管。由内管和外管组成，内管在拉力作用下与外管两端焊接成一体，内外管之间的环形空间填充隔热材料。内管采用预应力处理以补偿内外管由温差引起的不同伸长量，确保隔热油管在高温下正常工作。管内填充的隔热材料为硅酸铝纤维、氮气，内管用铝箔包装，另外还在环形空间内填入吸气剂（吸收掉进入内外管空间的氢气）。

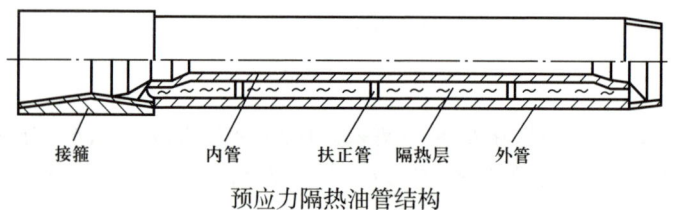

预应力隔热油管结构

（于乐香）

【热采封隔器 thermal packer】 由耐高温高压密封件制成的热力采油专用封隔器。密封件使用的耐热材料主要是高温橡胶、石墨或延展性很好的金属。热力采油时使用可有效地减少热损失，保护套管，提高井底蒸汽干度、改善注汽效果。热敏金属扩张式热采封隔器是利用蒸汽的热能使两层热膨胀系数不同的热敏金属发生挠曲变形而启动胶筒坐封，以热敏金属的降温收缩而自动解封。

（陈宪侃）

【高温高压伸缩管 high-temperature and high-pressure telescopic tubing】 注蒸汽开采稠油井下管柱中用于补偿油管柱受热伸缩的一种工具。又称热胀补偿器。其作用是防止注蒸汽后因温度变化产生的弹性变形。当超过预应力的弹性变形时会引起管柱变形，而高温高压伸缩管则可自由伸长或缩短，不至于将管柱顶弯，能起到保护管柱的作用，其补偿长度可达5m。对于特定的稠油井，按预计的注汽温度计算出管柱伸长的理论值选择高温高压伸缩管。

伸缩管主要由两层管组成，内管可以移动，两管接触面用石墨密封件密封。普通汽驱管柱所采用的伸缩管在蒸汽驱长期注汽过程中内外管壁易结垢，使密封件很容易磨损,导致伸缩管动密封效果减弱,使用寿命缩短。为提高伸缩管的长效动密封性能,以确保其在蒸汽驱开采长期注汽过程中具有可靠的热补偿性能,蒸汽驱高温长效隔热技术研制了压力补偿式隔热型汽驱伸缩管,见图。

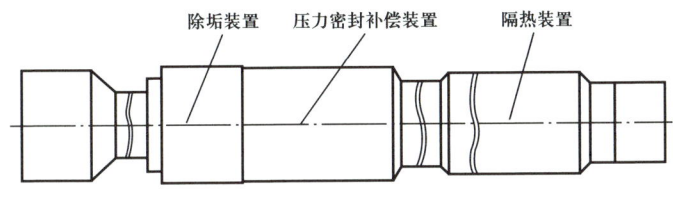

压力补偿式隔热型汽驱伸缩管结构示意图

(于乐香　陈宪侃)

【**蒸汽辅助重力泄油** steam-assisted gravity drainage】 针对原油黏度非常高的特稠油油藏或天然沥青的开采方式。简称 *SGD*。基本机理是热传导与流体热对流相结合,以蒸汽作为热源,依靠沥青及凝析液的重力作用开采稠油。它可以通过两种方式来实现:一是在靠近油藏底部钻一对垂直间距 6～10m 的水平井,上部水平井注入高干度的蒸汽,加热地层原油,使其在重力的作用下流入下部井中;二是在底部钻一口水平井。蒸汽从上面的注入井注入油层,注入的蒸汽向

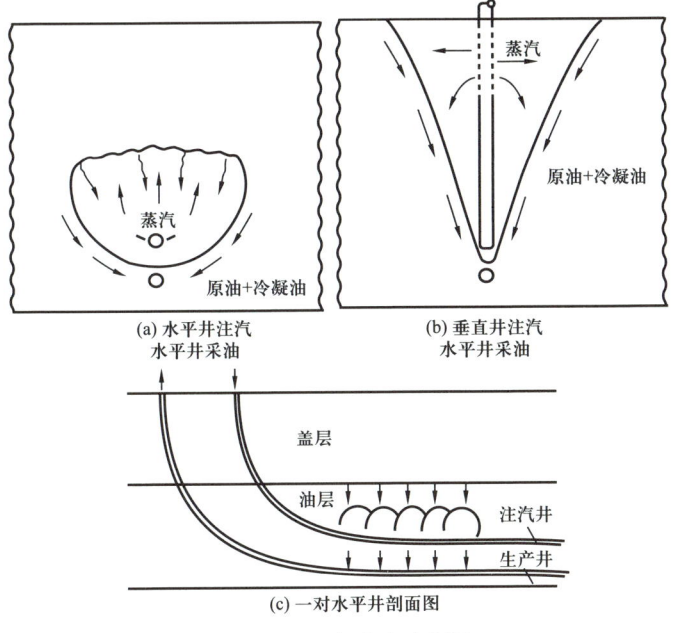

蒸汽辅助重力泄油示意图

上及侧面移动；蒸汽中的汽相依靠与油层流体的重力差异进入油层的上部，加热原油并逐步在油层上部形成蒸汽腔，加热后的原油和冷凝水依靠重力分异作用流到下部的水平井并被采出；随着原油的采出，蒸汽室逐渐扩大。重力泄油开采超稠油的优势在于利用蒸汽潜热加热原油，不仅油层得到了必要的热量，而且补充了生产过程中所需的驱替能量，弥补了因吞吐造成的油层能量衰竭，削弱了因蒸汽指进所产生的一系列问题，使超稠油开采获得了较高的采收率。

推荐书目

邹艳霞．采油工艺技术［M］．北京：石油工业出版社，2006．

（于乐香）

【**火烧油层开采** in-situ combustion production】 向油层注入空气，使油层内原油燃烧，依靠热力和其他综合驱动力的作用将原油驱向生产井并举升到地面的一种采油方式。又称火驱法采油。这是提高油田采收率的方法之一。可以在一个井组实施，也可以在全油田通过井网全面实施。驱油效率是其他采油方法无法比拟的，室内实验证明：燃烧驱替后，油层残余油饱和度几乎为零，被烧掉的原油为油层储量的10%～15%，理论最终采收率可达85%～90%。现场实际最终采收率为50%～80%。适用于比较均质、平面和剖面上渗透率差异不能过大、特别不能存在稍大裂缝的油藏，如果存在这些因素会大大降低氧化剂的波及体积，使采收率大为降低。该技术对油藏条件要求严格，一次投入大，需建高压空气压缩机站，铺设高压注气管网，油田应用不是很广泛。

驱油机理　在注气井中点燃油层后，通过不断向油层注入适量的氧化剂（空气或富氧）助燃，形成径向移动的燃烧前缘。前方的原油受热降黏、蒸馏，蒸馏后的轻质油、蒸汽和烟道气驱向前方，留下来的未被蒸馏的重质成分，在高温下进一步产生裂化、分解，部分轻质成分驱向前方，最后剩下的裂解产物——焦炭作为燃料维持油层继续向前燃烧。在高温下油层水、注入水及燃烧生成水变成蒸汽，携带大量热量传递给前方油层，再次洗刷油层中的原油。火烧油层具有热驱、凝析蒸汽驱、混相驱和气驱的特点，形成一个多种驱动方式的复杂过程，把原油驱向生产井（见图）。

火烧油层方式　根据注入氧化剂方向分为正向燃烧和反向燃烧两类。燃烧的前缘与注入的空气同方向流动的是正向燃烧。燃烧前缘和气流向相反方向流动的方式称为反向燃烧。根据注入氧化剂方式可分为干式、湿式和富氧等。湿式燃烧比单纯注空气的干式燃烧经济效果好。现场一般采用以下三种方式：干式正向燃烧、湿式正向燃烧、干式反向燃烧。

油层点火　欲实现火烧油层的目的，首先要把油层点燃，而油层点燃程

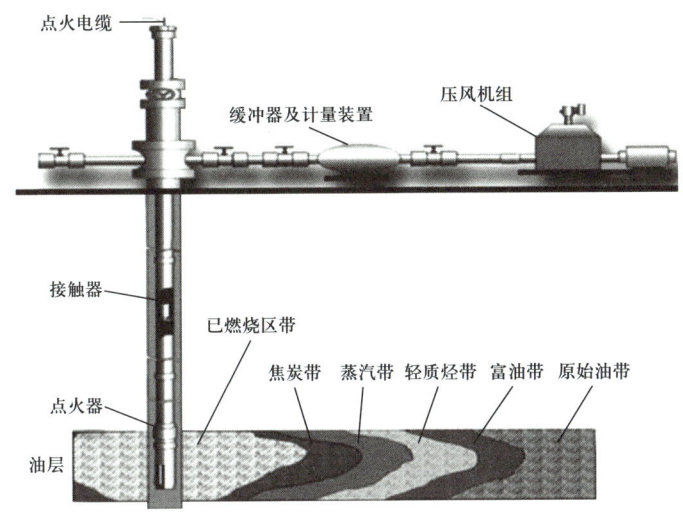

火烧油层开采示意图

度的好坏，又直接影响火烧油层的效果。一般分为层内自燃点火和人工点火两大类。

（1）层内自燃点火。向油层注入空气时，油层中的原油在油层温度下遇氧会发生氧化放热作用，致使油层温度缓慢升高，温度升高后又加速了原油的氧化速度，从而导致油层温度进一步升高。一直持续到油层温度升高到焦炭燃料的自燃温度，就会点燃油层，产生一个径向移动的燃烧前缘。为了缩短点火时间，可适当提高注入空气的温度，一般把油层温度提高到93.3℃，点火时间可缩短到1～2天。这种方法比较安全，不容易烧坏套管。

（2）人工点火。有电热器、井下燃烧器、化学剂和注热介质四种方法。① 电热器点火。这种电热器具有结构简单，不怕油、气、水，供热量稳定，调节方便，可防止烧坏套管。从邻井产出气的组分分析结果可以判断油层的点燃程度。② 井下燃烧器点火。利用两个通道分别将燃料和空气输入到井下混合，通过电点火器引燃，用燃烧得到的烟道气加热油层，实现点燃油层的目的。这种点火方法发热功率大，油层点火时间短，但温度较难控制，容易烧坏套管，用生产井产出气体分析难以判断油层点燃程度。③ 化学剂点火。先将容易被氧化的化学剂挤入油层，再连续注入空气，该化学剂遇到空气发生剧烈的氧化作用，直至燃烧。化学剂成本高，施工复杂，且不安全，故较少使用这种方法。④ 注入热介质。一般是注入热空气或热烟道气。井筒热损失较大，只能在浅油层中应用。

技术要求　应维持燃烧带均匀并稳定推进，降低空气耗量，最大限度地获得火烧油层波及体积（多产油）和经济效益。从油层开始燃烧起，对注气井的注入速度严加控制，如果通过燃烧带单位截面积的注气速度（通风强度）太小，则燃烧带推进速度慢，温度低，油层难以维持稳定的燃烧。通风强度太大，易使注入气体窜流，火线推进不均匀，影响火烧油层效果。随着燃烧面积的扩大，注气速度应随之增大，一般合理通风强度需要由物理模拟来确定。

（陈宪侃　于乐香）

【干式正向燃烧 dry forward combustion】 进行火烧油层开采时，油层层内燃烧的燃烧前缘与注入空气流动方向一致的层内燃烧方式。在注气井（火井）中点燃油层后，通过不断地向油层注入适量的氧化剂（空气、富氧）助燃，形成径向移动的燃烧前缘，当空气连续注入时，燃烧前缘离开注入井向外扩展，驱动原油推向生产井（见图）。优点：原油中无价值的重烃以焦炭的形式烧掉了，燃烧前沿后面的地带剩下的是干净的砂子。缺点：一是采出的原油必须通过油藏的低温区，如果原油黏度过高，则可能形成流体阻塞。故只适用于相对密度小于 0.966 的原油。二是注入的空气不能有效利用。为改善上述缺点，有时在燃烧过程中或燃烧过程后注水。

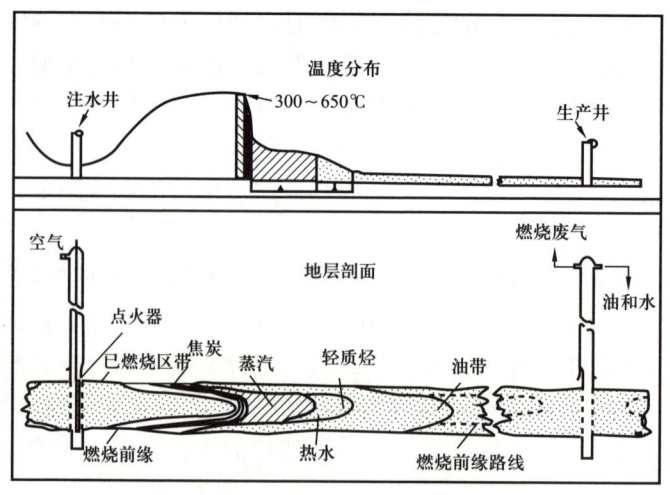

干式正向燃烧稠油开采原理示意图

（陈宪侃　于乐香）

【湿式正向燃烧 wet forward combustion】 进行火烧油层开采时，注入空气的同时注入一定量的水或燃烧后交替注空气和注水的正向燃烧方式。正向燃烧时，为了充分利用正向干式已燃烧区的热量，自注入井交替注空气和水，或同时注空气和水，注入的水受高温作用全部或部分汽化，穿过燃烧前缘形成蒸汽或热水带，使水转变成蒸汽，将这部分热能向前推进，有效地加热下游的原油，有助于驱替出燃烧带前面的油，燃烧前缘离开注入井向外扩展，驱动原油推向生产井（见图）。这种方式是为了利用燃烧带后面储备的热能，提高热能效果的油层层内燃烧法。该法可减少所消耗的燃料和空气对油比。应当注意的是水空气比要适当控制，随着水空气比增大，燃烧带后面的高温带范围缩小，水空气比进一步增大时，燃烧将部分熄灭。

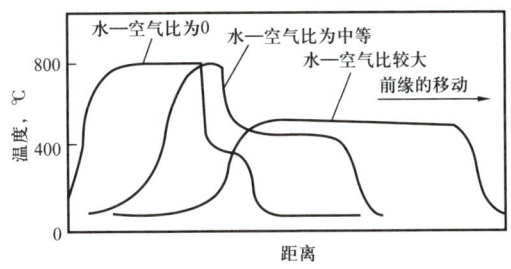

湿式正向燃烧稠油开采原理图

（陈宪侃　于乐香）

【**干式反向燃烧** reverse combustion】 进行火烧油层开采时，燃烧前缘与注入空气运动方向相反的燃烧方式。反向燃烧的初期为正向燃烧，通过点火井将油层燃烧后，待向外燃烧一定距离后，改为向生产井注入空气，原注入井变为生产井，驱动原油通过燃烧带受热降黏向点火井推进（见图）。该方法主要用于开采特稠的油藏。虽然在实验室一般都很成功，但现场试验却相当复杂。

干式反向燃烧稠油开采原理示意图

（陈宪侃　于乐香）

【**高凝油开采** high pour point oil production】 围绕高凝油在环境温度低于其凝固点时失去流动能力的问题而采取的一整套开采方法。高凝油属于石蜡基原油，含蜡量高（大于35%），凝固点大于40℃。原油温度高于凝固点时原油黏度很低，当原油温度降到凝固点时，立即失去流动性，凝固成固体。中国部分高凝油油田的原油凝固点大于40~50℃（最高达58℃），含蜡量超过35%~45%（最高达57%）。中国大多数高凝油油田埋藏较深，油层温度高，原油流动性好，与常规稀油开采没有多大区别（见人工举升）。但在井筒中向上流动过程，压力和温度不断下降，当温度低于凝固点时，原油失去流动性，使油井不能正常生产。如果保持井筒温度，使其不低于凝固点，就能保证油井正常生产。常用的保持温度开采的方法有热载体循环洗井、井下自控热电缆清防蜡、电热抽油杆清防蜡，采用电动潜油泵采油、水力活塞泵采油和射流泵采油等。

（陈宪侃）

【高凝油降凝 high pour point oil solidification point reduction】 采用各种化学的方法降低高凝油的凝固点，使高凝油在井筒中具有良好的流动性。

高凝油在温度高于凝固点时，油中的蜡处于溶解状态，流体属单相体系，流动性与常规稀油无甚差别。当温度下降到凝固点后，蜡晶析出且互相连接形成空间网络结构，液态烃被分隔成为分散相，使原油失去流动性而凝固。高凝油降凝实际上与防蜡属同一种机理。高凝油化学降凝也是控制石蜡结晶，主要的机理有：

（1）成核作用。控制蜡晶继续增长，在石蜡晶核析出前，防蜡剂已析出大量细小的结晶核心，使石蜡晶核以分散状态被油流带走或使蜡晶组成扭曲的晶核，阻止石蜡结晶继续长大。如沥青就是一种天然防蜡剂。

（2）吸附作用。控制蜡分子进一步析出和沉积。主要是活性型的防蜡剂，它们吸附在蜡晶表面，使表面具有极性，有效地控制了蜡分子的进一步析出和沉积，或吸附在结晶表面，形成极性水膜，以阻止蜡在其上沉积。

（3）分散作用。控制蜡晶互相聚结长大和沉积，如高分子型防蜡剂，具有石蜡结构的链节和分支结构，在浓度很小的情况下，就能形成遍及整个原油的网络结构，石蜡则在网络上析出，彼此分开，不能互相聚结长大，很容易被油流带走。

高凝油化学降凝往往在室内试验效果很好，而在现场实施效果变差，主要原因是加药方式不科学，不能保证原油中始终保持一定浓度的降凝剂。而且成本较高，使用面不是很大。

（陈宪侃）

【辐射换热 heat radiation】 温度不同的两个或两个以上物体间进行的热辐射和吸收所形成的换热过程。

（于乐香）

【油层加热效率 reservoir heating efficiency】 保留在油层内的热量占注入油层热量的百分数。

（于乐香）

【井筒热损失 heat loss in wellbore】 向油层注热流体过程中，沿井筒向周围地层散失的热量占注入热量的百分数。

（于乐香）

【过热蒸汽 supercritical steam】 干饱和蒸汽继续在等压下加热时，蒸汽温度增加而超过饱和温度时的蒸汽。超过的温度值称为蒸汽过热度。过热蒸汽具有在放热时温度下降但不凝结的特点。

（于乐香）

【干饱和蒸汽 dry saturated steam】 当水达到沸点后，继续加热水完全汽化时的蒸汽。

（于乐香）

【湿饱和蒸汽 wet saturated steam】 既有水又有蒸汽的状态。又称湿蒸汽。

（于乐香）

【净总厚度比 net gross thickness ratio】 注蒸汽开采层段内，油层有效厚度与开采层段总厚度之比。

（于乐香）

调剖与堵水

【**油井出水** water production in oil wells】 油田开发过程中,由于同层水(注入水、边水及底水)的推进,或者由于固井质量或误射水层以及增产措施不当等原因,使外来水(上层水、下层水及夹层水)窜入油井,造成原油含水现象。出水严重者,含水率可高达90%以上,甚至100%。油井出水后,将增加井筒内的压力消耗和地面油气集输系统的脱水设备,有时还会引起油井 出砂。采油过程中,同层水引起的正常出水是不可避免的,但若开发措施不当,会使油井过早出水,不仅影响油井生产,而且会在油层中形成死油区,从而降低油藏采收率。因此,从油田投入开发起,就需要采取一系列正确的措施,防止油井过早出水。

油井出水来源 油井出水按其来源可分为注入水、边水、底水及上层水、下层水和夹层水。

(1)注入水及边水。由于油层的非均质性及开采方式不当,使注入水及边水沿高渗透层及高渗透区不均匀推进,在纵向上形成单层突进,在横向上形成舌进,使油井过早水淹。

(2)底水。当油田有底水时,由于油井生产在油层中造成的压力差,破坏了由于重力作用所建立起来的油水平衡关系,使原来的油水界面在靠近井底处呈锥形升高,即所谓的"底水锥进"现象。结果在油井井底附近造成水淹,含水上升,产油量下降。

注入水、边水和底水在油藏中虽然处于不同的位置,但它们都与要生产的原油在同一层中,可统称为"同层水"。"同层水"进入油井,造成油井出水是不可避免的,但要求缓出水、少出水,所以必须采取控制和必要的封堵措施。

(3)上层水、下层水及夹层水。从油层以外来的水,往往是由于固井质量不高、套管损坏或误射水层造成的,这些水在可能的条件下均应采取水层封堵措施。

油井防水措施 对付油井出水，应以防为主，防堵结合，综合处理，概括起来有以下三个方面的措施：（1）制订合理的油藏工程方案，合理部署井网和划分注采系统，建立合理的注采井工作制度和采取工程措施以控制油水边界均匀推进。（2）提高固井和完井质量，以保证油井的封闭条件，防止油层与水层串通。（3）加强油水井日常管理、分析，及时调整分层注采强度，保持均衡开采。

（李明忠　于乐香）

【油气井找水　water detection of oil & gas well】 找出油气井出水层位和流量的工艺技术。油气井出水后，通过各种途径寻找出水来源、出水的层位，然后采取堵水或调剖措施。找水方法主要有：

（1）综合对比资料判断出水层位法。对出水井的地质情况、采油和注水过程中的动态资料进行综合分析找出出水层位。

（2）水化学分析法。把采出水的化学分析结果与地表水、注入水和原始地层水资料进行对比来判定地层出水位置。

（3）地球物理测试资料判断法。利用地球物理方法，如井温梯度微差测井、流体电阻识别测井和放射性同位素示踪注水剖面测井等测试资料判断出水层或层段。

（4）机械法找水。油气井出水后，下入井下工具将各层分开，分层求出产量和液性，确定出水层位和出水量。

（5）找水仪找水。在油井正常生产情况下，利用专用找水仪确定主要出水层位和流量。找水仪主要由电磁震动泵、注排换向阀、皮球截流器、涡轮流量计、油水比例计等几部分组成。当仪器下到预定位置后，电磁震动泵开始工作，井内液体使皮球膨胀，从而密封仪器和套管的环形空间，使液流全部通过仪器，由地面记录仪记录涡轮转动频率，从而得到该层油和水的总液量。

（于永生　杨振威）

【综合对比资料找水　water detection by comprehensive data comparison】 结合静态和动态资料判断出水层位的间接方法。对出水井的地质情况（如井身结构、开采层位、各层油水井连通情况、各层渗透率和断层以及边水、底水、夹层水的情况等）进行仔细研究，对采油动态资料（产量、压力、生产气油比、含水、水质分析、注水情况等）进行综合分析、对比，判断出水层位。水质资料是确定产出水是来自地层水还是注入水的主要依据，而结合小层平面图、油水井连通图和注采井生产情况则可推断可能的出水层位，这是一种结合静、动态资料判断出水层位的间接方法，还需同其他方法配合才能最后确定出水层位。

（于乐香）

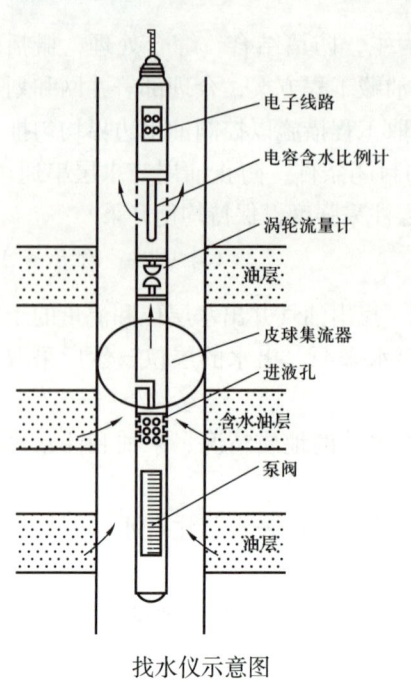

找水仪示意图

【找水仪找水 water detection by down-hole water witch】 用油井找水仪确定油井出水层位的方法。比较常用的井下测试仪是涡轮找水仪,其井下仪器主要由油水比例计、涡轮变送器、集流器、换向阀和电磁振动泵等组成(见图)。皮球式集流器用于分隔试层段,并使被测液流全部通过仪器,集流器的收缩和放大可用电磁振动泵和换向阀控制。涡轮变送器为一涡轮产量计,用于测量被测液体的流量。油水比例计是一个由探头和取样筒作为两个电极的电容器,用来对液流取样,并测量其含水量。涡轮找水仪是一种综合性测试仪,一次下井可测得分层产油量和分层产水量,从而可确定主要出水层位及其出水量。

(于乐香)

【流体电阻法找水 water detection by fluid resistance】 根据不同矿化度的水导电性的不同,利用电阻计测出油井中流体电阻率变化曲线,确定出水层位的方法。其测定步骤大致为:先往井内注入一种与井内水具有不同含盐量的水,进行循环洗井将井内原有液体循环干净,然后测量井内流体电阻率分布,得到一条控制电阻率曲线;再将液面抽汲到一定深度后进行一次测量,抽汲量的大小取决于外来水量的大小;这样交错进行,抽汲一段,测量一次,直到发现外来水为止。注入井内的水的电阻率大于地层水电阻率时测得的曲线见图,从曲线上可明显看出电阻率曲线发生突变处即为出水位置。

这种测量方法设备比较简单,但找水工艺比较复杂,需要多次进行抽汲提捞和测井工作。该方法不适用于高压水层,对于高渗透水层,由于地层水在降压过程中大量流出和在井筒中大量扩散,使根据电阻率曲线突变确定的上限和下限与实际出水层位不符。在因套管损坏而出水的井中,只能测出套管损坏的位置,而测不出实际出水层位。因此,

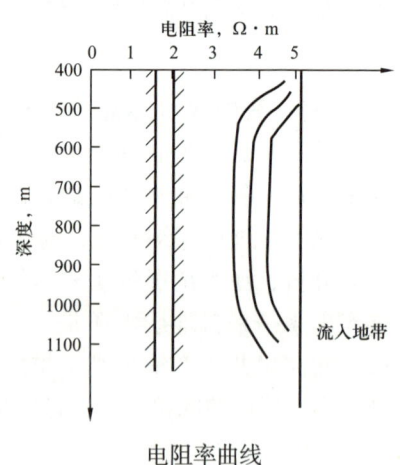

电阻率曲线

这种方法的应用范围受到很大限制。

（于乐香）

【井温法找水 water detection by well temperature】 利用地层水具有较高温度的特点，利用出水层与油水层的温度差，通过测垂直井筒流体温度变化曲线来确定出水层位的方法。测量井温的过程同电阻测定法相似。先用均质流体冲洗井筒使整个井筒内的液柱温度分布稳定后，测量井内温度分布曲线（控制曲线），然后降低液面使地层水进入井内，一直达到测出温差为止。降低液面后所测井温曲线发生突变的部位便是外来水（地层水）进入井内的位置［见图（a）］。如果套管破裂的地方与出水层不重合时，流体要在套管外流动一段距离，由于套管外液体与井内液体的热交换，所以温度曲线上有一段较平稳的高温显示［见图（b）］。由于水的比热大于油的比热，在出水层往往有高温异常显示，因此，也可利用直接测得的井温曲线来判断出水层位，但要求井温仪必须有较高的灵敏度。

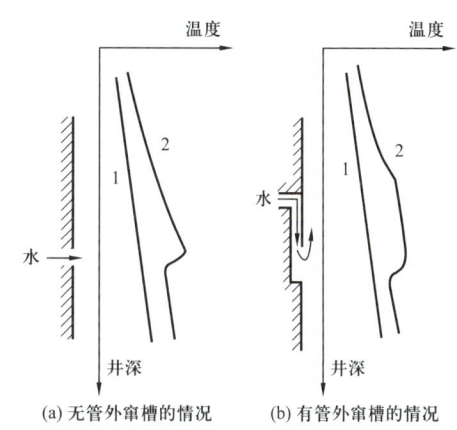

井温曲线找水示意图
1—控制曲线；2—降低液面后测得的曲线

（于乐香）

【放射性同位素找水 water detection by radioactive isotope】 向井内注入同位素液体，人为提高出水层段的放射性强度来判断出水层位的找水方法。根据注同位素液体前后测得的放射性曲线来鉴别出水层位。其步骤是：先测井内自然放射性曲线［见图（a）］，再往井内注入一定数量含同位素的液体（一般1.5～3.3m），并用清水将其替入地层；洗井后，再测放射性曲线［见图（b）］。对比前后两次测得的曲线，如后测曲线在某处放射性强度异常剧增，说明套管在该处吸收了放射性液体。根据此异常，结合射孔资料，便可确定套管破裂位置及与套管破裂位置连通的渗透地层。

用这种方法来追踪套管破裂和套管外液流窜通，一般会得到很好的效果。但是，在确定夹层或水淹层位时，则受到限制。为此，往往采用相渗透法及次生活化钠法。

相渗透法是建立在油、水层对油和水具有不同相渗透率的基础上。施工时将含有同位素的油和水两次分别挤入井内。每挤完一次，测一次放射性曲线。

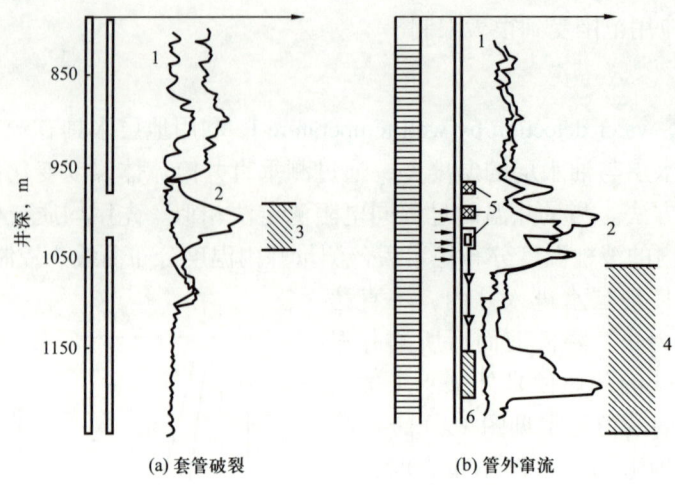

放射性同位素法测套管破裂及管外窜流
1—注同位素前曲线；2—注同位素后的曲线；3—套管破裂位置；4—管外窜通段；5—含油层；6—出水层

水层对同位素水吸收量大，对同位素油吸收量少；而油层对同位素油吸收量大，对同位素水吸收量少。因此对比分别测得的两次同位素测井曲线便可判断油水层。

（于乐香）

【**机械法找水** water detection by machinery】 一种用封隔器或木塞确定出水层位的办法。

（1）压木塞法：利用水能使木塞膨胀的原理，判断套管破裂位置的方法。对套管有一处损坏引起的出水油井，将木塞放在套管内，然后注入液体挤压木塞下行，最后木塞停留位置正好是套管损坏的位置。

（2）封隔器找水：利用封隔器将各层分开，然后分层求产，找出出水层位的方法。这种方法工艺比较简单，能准确确定出水层位，但施工时间长，在窜槽井上，必须封窜后才能应用。套变严重的井不能使用；油、水层之间的夹层很薄的层中则无法确定油、水层。

（于乐香）

【**水化学分析法找水** water detection by chemical analysis】 通过对油井产出水进行化验分析，根据氯离子含量和总矿化度来判断出水层位。该方法主要是依靠地层水和注入水具有不同的化学成分来进行判断。地层水一般具有高矿化度或含有硫化氢及二氧化碳等特点。不同深度的地层水，其矿化度和水型也不同。地层越深，地层水矿化度越高，根据矿化度来判断油井出水是上部的地层水还是下部的地层水。

（于乐香）

【分层测试法找水 water detection by zonal testing】 通过观测、测定水位和取水条件来分层取水来判断出水层位。是一种有效地下水探测方法。这种方法特别适用于获取地下水样品，尤其是在多层含水层中进行抽水及取样的情况下。分层测试法通过实时监测流体含水率变化情况，并取得地层流体样品，可以快速准确的实现找水，为控水增油、提高油井采收率提供技术支撑。

（于乐香）

【环空测试法找水 water detection by passing casing-tubing annulus testing】 利用过环空测试仪与偏心井口配套，将仪器由油套管形成的"半月形"空间用导锥下到目的层进行测试的找水方法。环空测试仪主要是由产量计和含水率计两大部分组成，分集流环空找水仪、半集流大排量找水仪和非集流多参数测井仪三种，可测得分层产液量和分层产水量。

（于乐香）

【油气井堵水 water shut-off in oil & gas well】 利用机械、化学等方法封堵油气井出水层来缓解层间干扰，使未见水层和低含水层充分发挥作用的技术措施。利用各种找水方法确定出水层位，采取相应的堵水措施，尽可能采出剩余油，减少出水量。油气井出水，可分为层内出水和层间出水两种类型。层内出水是指储层部分层段水淹，水淹层段与出油层段之间没有隔层，如果封堵出水层段，水会很快经未水淹层段窜入井内，如果将全层堵死会损失大量的可采储量。对这类出水层不能采用堵水措施，只能从注水井采取调驱措施。层间出水是指油层全部水淹或夹于油层之间的含水层中窜入油井中的水，这类油气井可以进行堵水措施。首先要进行油气井找水确定出水层位和水量，选择合适的堵水方式来完成堵水作业。油井堵水作业可分为机械堵水和化学堵水。

（于永生）

【机械堵水 mechanical water shut off】 用封隔器卡堵油（气）井出水部位的堵水方法。用封隔器将出水层位在井筒内隔开或用填砂及下入胶塞封堵下层水，以阻止水流入井内。

（于乐香）

【化学堵水 chemical water shut-off】 用化学剂控制油气井出水量和封堵出水层的方法。用高压注入泵将堵水剂挤入出水层，在一定的条件下堵水剂在出水层段的水流通道及孔隙内胶凝或固结，从而实现封死出水层。堵水剂采用有机或无机的化学材料配制成。这种方法只适用于储层全部水淹时使用。根据堵水剂对油层和水层的堵塞作用，可分为选择性堵水和非选择性堵水。根据堵水施工方法可分为单液法堵水和双液法堵水。

（于乐香　于永生）

【**非选择性堵水** non-selective water shut-off】　在油井上采用适当的工艺措施分隔油水层，并用堵剂堵塞出水层的化学堵水方法。将配制好的堵水剂打入井内挤入欲封堵的水淹层，在水淹层内发生化学反应，形成堵塞。一般用于层间堵水。

水泥浆封堵　水泥是一种非选择性堵剂，利用它凝固后的不透水性进行封堵。通常用于打水泥塞封下层水，挤入窜槽井段堵窜槽水或挤入水层堵水（见图）。

在封堵作业中，要求水泥浆具有良好的流动性、悬浮性、触变性及一定的凝固时间和固化后有足够的强度。这些性能与使用水泥浆的密度有关。一般使用的密度是为 $1600\sim1900kg/m^3$，具体数值需根据施工目的和条件，通过室内实验来确定。为了改善水泥浆性能，可加入各种添加剂。采用水泥浆挤入水层时，如果油、水层交错，在工艺上无法确保油水层分隔开的情况下，将会堵塞油层。为此，可用油基水泥浆代替普通水泥浆。由于水泥颗粒不易挤入地层孔道，因而用挤入水泥的方法堵水时封堵强度不高，成功率低，有效期短。

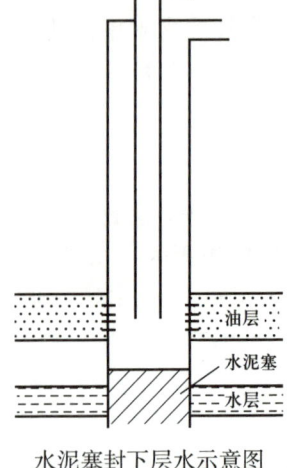

水泥塞封下层水示意图

树脂封堵　将液体树脂（酚醛树脂堵水、糠醇树脂堵水等）挤入水层，在固化剂的作用下，成为具有一定强度的固态树脂而堵塞孔隙，以达到封堵目的。用树脂堵水有易挤入地层、封堵强度大、效果好等优点，但存在成本高、施工麻烦等问题。

硅酸钙堵水　利用密度为 $1500\sim1610kg/m^3$ 的水玻璃（Na_2SiO_3）和密度为 $1300\sim1500kg/m^3$ 的氯化钙溶液，中间以柴油隔离，依次挤入地层，使水玻璃与氯化钙在地层内相遇，则生成白色硅酸钙沉淀，堵塞地层孔隙。水玻璃与氯化钙的比例约为 1∶1，总用量可根据水层厚度、孔隙度及挤入半径来确定，一般挤入半径取 $1.5\sim2m$ 即可见效。这种封堵剂来源广、成本低，施工安全简便，封堵效果较好，但在施工中必须采取有效保护油层的措施，否则会堵塞油层。

（于乐香）

【选择性堵水 selective water shut-off】 利用堵水剂对水敏感的特性，当其进入水层时立即产生化学反应，形成凝胶或固体，将水流通道堵死；或者能够改变岩石的界面张力，极大地降低水的相渗透率。但进入含油层段的化学堵水剂仍保持原来状态并能够随油气流出地面，不影响油气产出。这种方法非常适用于封堵全层水淹的井。

（于永生　于乐香）

【单液法堵水 single liquid water shut-off】 将堵剂配制成单一液体封堵油气井出水部位的方法。将实验室选配好的一种或几种化学物质混配在一起，在一定的时间内和常温常压条件下，这些物质不发生或极缓慢地发生化学反应，堵水剂保持良好的泵注状态。当堵水剂进入到被封堵层位后，由于温度、压力升高，时间延长，几种物质相互间快速发生反应，形成堵塞物质，达到封堵出水层的目的。

（于永生　曾凡芝）

【双液法堵水 twin fluid shut-off】 向目的层注入用隔离液隔开两种能发生反应形成堵塞物的液体封堵出水层的方法。把两种化学堵水剂用惰性液体隔开，先后注入地层，当这两种物质在地层混合后立即反应形成堵塞物，达到封堵水层的目的。

（于永生　曾凡芝）

【人工隔板法堵底水 artificial barrier water shut-off】 在油水界面以上高渗透层段注入化学封堵剂，形成"人工隔板"，将底水与井底隔离开的化学堵底水措施。人工隔板法封堵底水可以防止和减少底水油藏油水界面在靠近井底时呈锥形升高底水向井底锥进，是用于封堵底水的一种方法。该法是在油水界面以上 1～1.5m 进行加密射孔，井内下入封隔器至射孔位置上部，将油管与套管环形空间密封，从套管射孔位置向地层注入封堵剂，在井底附近形成"人工隔板"，以阻止底水锥进。常采用的封堵剂有树脂、硅酸钙、油基水泥等。

人工隔板法堵水特别适用在浅井能形成水平裂缝的井。在油水界面附近，用水力压裂的方法压出水平裂缝，向裂缝中挤入凝固性堵水剂形成人工隔板（见图）。

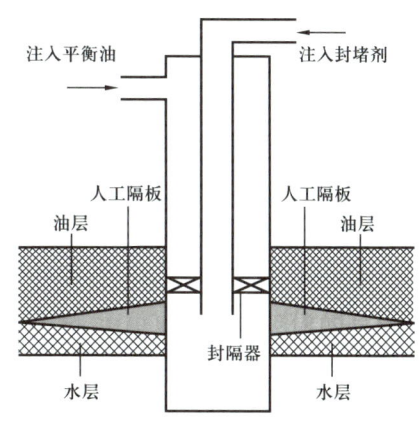

底水油层打人工隔板示意图

（于永生　杨振威）

【机械卡水 water shut-off by mechanical device】 在油气井内下入封隔工具封堵出水层位的方法。油气井的出水层位确定后，采用封隔器与配产器组成卡水管柱，用封隔器封隔油层和水层，油层的油通过配产器产出，起封堵水层开采油层的目的。适合于水淹层内还有相当数量的剩余油，临时将出水层封闭，待未水淹层也出水时，再起出封隔器合采。

（郭 群）

【微生物堵水 microbe water shut-off】 将微生物和培养基注入储层，在储层条件下利用微生物及其新陈代谢的产物达到堵水目的的工艺技术。

（于乐香）

【注水井调剖 injection well profile modification】 在层状注水开发的油田，为了控水稳油，对注水井采取注入对储层有调整吸水能力的调剖剂或调驱剂，以调整层段间吸水能力差别的技术。全称吸水剖面调整。根据注水井调剖对象分为：层间调剖，即水淹层已基本水淹，此时可采用调剖剂将水淹层堵死，增加吸水不好储层的吸水量，启动不吸水的储层；层内调剖，水淹层只有大孔道或高渗透层段水淹，而吸水少和未进水的层段与水淹层段之间并没有隔层，用调剖剂堵死水淹层段后，当加强层段进水水线推进到调剖半径时注入水又会窜到原水淹段造成调剖失败。层内调剖必须采用调驱，用堵而不死的调驱剂，当调驱剂进入水淹层段后降低调驱剂推进速度，但需要保持比加强层段水线推进速度稍快一些，使加强层的水不会窜到原水淹层段，有效地扩大波及体积。

中国大部分油田属于陆相沉积，层内和层间都存在剖面及平面非均质现象，注入水波及体积非常不均匀，为了改善层状注水油田开发效果，提高采收率，采用注水井调剖这项重要的技术措施。而块状底水油田注入水进入底水，无法进行调剖。

注水井调剖主要内容包括测试吸水剖面、大孔道识别、选择性质优越的调剖剂、调剖作业和调剖效果检测。

（1）首先要测试吸水剖面，了解各层段吸水分布情况，以便对症采取措施。

（2）大孔道识别。吸水层段纵向或平面渗透性差异大的非均质油层以及层间渗透性差异较大的多层系注水开发的油田，它们的层内以及层间的吸水能力存在较大的差异，随着注水时间的延长，高吸水层段由于注入水的冲刷、溶解，地层的骨架结构易被破坏，大量砂砾流失，使油水井之间容易形成连通的管流孔道。另外，裂缝性油藏中注入水也容易沿着较大裂缝窜流向油井，注入水在这种裂缝中的流动也同样表现出管流的流动特征。水流大孔道的形成及大裂缝的存在严重降低了注入水的波及体积，甚至造成注入水与油井之间的长期无效循环，不仅达不到驱动油气的目的，还使部分油井暴性水淹，造成油井产量递减、油田的采收率降低，影响油田的正常开发。现场判定大孔道的方法主要有：① 示踪剂法。通过在注水井的注入水中混入放射性同位素示踪剂或化学示踪剂，在产出井采集见示踪剂时间和累计产液量，求出水流方向和推进速度，从而校正地层原始物性参数和判别流动通道。② 专家智能识别方法。通过对已发现存在大孔道的注采井组资料收集研究及形成大孔道的内在原因、大孔道的注采井组表现的特征，进行定性判别。③ 电位法井间监测。以电法勘探的基本理论为基础，以被测井为圆心，在不同半径布三周电极，先测量基础电位，然后注入高电离能量的工作液到目的层，再测量电位的变化值，以此来解释大孔道的流向和方位。

（3）通常要根据调剖工艺选择性质优越的调剖剂。

（4）调剖工艺。分为层内调驱和层间调剖两种。① 层内调驱是深部调剖的发展。对非均质性强的厚油层，且调剖剂用量很大，处理半径大，甚至达到油水井井距的 1/3～1/2 时，称之为深部调剖。层内调驱是利用调驱剂调整吸水剖面，具有调剖和驱油的双重作用，有效地提高油层的动用程度。② 层间调剖是指对于层间吸水差异大得多油层注水井，采用封隔器分层施工管柱，针对高渗透、高吸水层注入调剖剂进行封堵，降低其吸水量，以提高低渗透层的吸水量。这种方法注入堵剂用量少，处理半径小，又称层间小半径调剖。常用的调剖剂为高强度的颗粒类调剖剂，如水泥浆、水泥/黏土（石灰、粉煤灰等）分散体系、水膨体颗粒等。

（5）调剖效果检测。调剖施工后应根据电测法和注采井组动态资料综合判定其效果。通过电测法可确定施工前后吸水剖面的变化情况以及水线推进速度、水线推进方位是否有明显改变，结合注采井组动态资料，注水压力上升幅度、对应的油井含水率下降、日产油量保持稳定或者油井含水率不变日产油上升，可判定调剖施工是否有效。如果是对一个区块进行整体调剖，那么区块的自然递减应得到有效控制或自然递减幅度减小、整个区块的产油量上升。最终要看累计增产油量，分析波及体积扩大的程度来评价调剖效果。

（代劲光　盛江庆）

【调剖剂　profile control agent】 注水井调剖时所用的化学剂。油田使用的调剖剂习惯采用按分子结构分类和按选择性分类。

按分子结构可分为无机化学类调剖剂和有机化学类调剖剂两大类：（1）无机化学类调剖剂，也称颗粒型调剖剂，主要有黏土、水泥、粉煤灰、水膨体颗粒等。属于高强度，凝固型调剖剂。主要用于层间调剖，也可用于堵水。

（2）有机化学类调剖剂，也称聚合物凝胶型调剖剂，以聚丙烯酰胺凝胶为主，交联体系可选用有三价金属离子的络合物、能产生三价金属离子或醛的氧化还原体系等。有凝固型和黏弹体型，凝固型用于层间调剖，黏弹体型用于层内调驱，也称调驱剂。

按选择性可分为选择性调剖剂和非选择性调剖剂两大类：

选择性调剖剂 其选择性通常利用孔隙大小选择或油水选择，属于凝固型调剖剂，多用于层间调剖或堵水，也称堵剂。属于黏弹体型调剖剂多用于调驱。这类调剖剂可分为：（1）聚合物冻胶类堵剂，主要有聚丙烯酰胺（PAM）堵剂、部分水解的聚丙烯酰胺（HPAM）堵剂、丙烯铣胺（AM）地下聚合堵剂、部分水解聚丙烯腈（HPAN）堵剂。（2）多元共聚物凝胶堵剂，除具有凝胶的共性外，还具有其他特性（两性离子、阴阳非离子等）。CAN-1堵水剂就属此种类型。此类堵剂挤入高渗透水层后，遇水膨胀，产生机械堵塞，实验室测得堵水率在95%以上。微粒在油中收缩，堵油率小于10%。（3）改性淀粉堵水剂，淀粉经熟化以后以丙烯腈或丙烯酰胺接枝改性可用于油田调剖堵水。（4）硅酸钠堵剂，这种堵剂可与钙、镁离子反应产生相应的沉淀，用于封堵钙、镁离子含量高的地层水。（5）对烷基酚—乙醛树脂堵剂，这种树脂是用地下合成法产生。方法是将对烷基酚、乙醛和催化剂注入地层，在100℃左右可产生一种支链型的高分子，它溶于油不溶于水，是一种选择性堵剂。（6）超细油基水泥，即将水泥掺入混有表面活性剂的油基载液中，泵入待堵地层，该浆液溶于油，只与水反应，可实现选择性堵水。（7）稠化油堵水剂，稠化油是由高黏原油和表面活性剂组成，即加入了W/O型乳化剂的具有一定黏度的稠油。（8）复合选堵剂，复合选堵一般是由价格低廉的无机堵剂加上聚合物溶液，形成既有一定强度又有一定选择性的复合选择性堵剂。（9）水膨体堵剂，这种堵剂遇水只能溶胀而不能溶解，遇油不发生变化，有一定的选择性。

非选择性调剖剂 属于凝固型，主要用于封堵油井层间水。可分为：（1）树脂型堵剂，由低分子物质通过缩聚反应产生的不溶的高分子物质，如酚醛树脂、脲醛树脂、三聚氰胺—甲醛树脂等。（2）凝胶堵剂。（3）复合离子共聚物堵剂，加强聚合物在带负电的砂岩上的吸附而在聚合物中引入了阳离子。一个聚合物分子上有许多阳离子，就好像有许多锚一样，这些锚抛在砂岩上使聚合物不易被流体所冲刷。

（张秋红　曾凡芝）

【**调驱剂** profile displacement agent】 注水井用于层内调驱时所用的化学剂。参见调剖剂。

（陈宪侃）

【深部调剖 deep profile modification】 向储层深处注调剖剂的调剖方法。

（于乐香）

【区块整体调剖 entire block profile modification】 完整的区块内，根据开发动态的需要进行整体设计，选择调剖井、调剖剂向目的层注入调剖剂，改善开发效果的调剖方法。

（于乐香）

【底水锥进 bottom water coning】 底水油藏开发过程中，由于油水相对密度差和井周围的压力呈漏斗状分布，使油井附近的油水界面呈锥形升高的现象。如果油井完成方法不当，油井生产压差过大，会使水锥上升到井底，将造成油井过早水淹。

（于乐香）

【水窜 water breakthrough】 由于单层内的非均质性，主要是岩石的渗透率在纵向上的差异，使注入水在整个厚度上非均匀推进，呈指状窜流入井，使油井过早见水，含水上升速度很快，层内水洗厚度小，洗油效率降低，导致最终采收率降低。

（于乐香）

【指进 fingering】 两相不混溶驱替过程中，由于驱相与被驱相的流度（渗透率/黏度）比大于1及驱替前沿处微观非均质性的扰动作用，使前沿驱替相呈分散液束形式，在纵向和横向上形成指状不均匀推进。流度比越大，其指进越严重，波及系数也越低。

（于乐香）

【水舌 water jet】 油气藏在开发过程中，油水或油气前缘在平面上发生的局部突进。它以舌状快速突入生产井。在水舌两侧的生产井，可以维持生产较长时期而不水淹。

（于乐香）

【水侵 edge water encroachment】 有边水或底水的油藏，随着油气被采出，油藏压力下降后，边水或底水向油区推进的现象。水侵将使地层能量得到补充，水侵量的大小与油区的连通情况及油、水性质等因素有关，也与边水或底水的水体大小及压头高低有关。

（于乐香）

防砂与清砂

【出砂 sand production】 油井生产过程中,由于油层岩石胶结性较差,松散的砂粒随同油气一起流入井中的现象。油井出砂后会磨损设备及砂卡井下工具。砂粒在井底沉积后形成砂堵,阻碍油气流动,使油井减产,出砂严重时甚至造成停产。根据油井生产过程中观察到的出砂程度分为:

(1)不稳定出砂:正常生产条件下出砂量随时间而递减。该现象通常出现在射孔或酸化后的排液过程中,以及水锥进或放大油流之后,出砂浓度与体积及其衰减时间等物理量变化较大。

(2)连续性出砂:油井生产过程中长时间稳定地出砂。该时期内生产参数、出砂浓度都较稳定、衰减时间变化小。

(3)突发性大量出砂:是指短时间内大量出砂造成油井突然砂堵或关闭事件,如放大油流或关井作业时砂桥造成砂堵,或大量出砂造成井眼砂堵。

(于乐香)

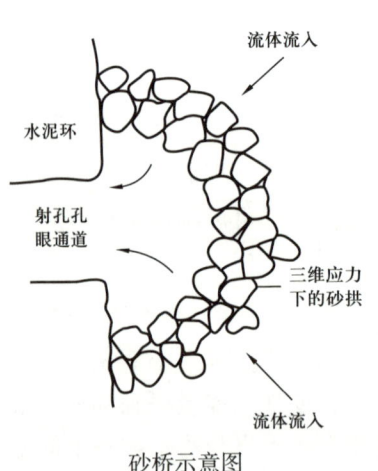

砂桥示意图

【砂桥 sand arch】 储层或井筒内由于砂粒的堆积而形成的砂拱或砂塞。地层砂运移通过射孔孔眼或井眼壁面处空洞时,由于砂粒交织锁紧作用和射孔孔眼开端或井眼壁面处空洞开口及其内的砂粒间应力递变所致的地层砂桥堵(见图)。

(于乐香)

【砂堵 sand plug】 储层出砂后,当井筒中液流上升速度小而不足以将砂带至地面时,砂子在井底沉积所形成的堵塞。砂堵增大了原油流动的阻力,给油气生产带来困难，严重的甚至造成停产。

（于乐香）

【**防砂** sand control】 对于出砂的油井采取机械、化学等方法阻止地层产出砂进入井筒或人工加强井筒附近地层岩石的固结程度从而达到控制地层出砂目的的一系列措施的总称。又称*砂控*。在采油过程中针对油层及油井条件，正确选择固井、完井方式，制定合理的开采措施，控制生产压差，限制渗流速度防止*砂堵*；还要根据油层和油（水）井的条件及出砂历史，直接采取防止油层砂进入井内的工程技术措施，如化学固砂技术及机械（物理）滤砂技术。疏松砂岩油藏的开采，自始至终都会有出砂问题，开采的每一个阶段都需针对油藏的地质动态及油田的具体条件选择和确定相应的防砂方法。各种防砂方法都是利用*砂桥*理论，将油层中 90% 的粗砂阻挡在油层中，防止油层孔隙结构被破坏。允许少量的细砂随产出液排出地面，这样既不会破坏储层结构，而且能提高近井地带的渗透率。防砂是油气田开发中一项重要稳产技术措施。

出砂原因 油、气、水井出砂的主要原因有：（1）未胶结或胶结不好的地层，地层流体渗流时砂粒被产出液携带出来。（2）油气井产水后溶解地层中的胶结物，降低固结强度，使油气井出砂。（3）地层压力下降，使胶结物和岩石破碎产生出砂。（4）滥用酸化等措施，使胶结物破坏。（5）生产时*采油强度*过大造成出砂。（6）频繁改变工作制度引起地层激动，使稳定的砂桥、*砂拱*破坏导致出砂。

生产井出砂危害 油、气、水井出砂会给石油开采带来一系列危害，如砂卡泵、砂堵油嘴、砂堵油管、地面管汇和贮油罐积砂、砂埋等，从而都会造成被迫停产。油井出砂还会磨损抽油泵等井下机具、输油泵等地面设备，甚至刺漏采油树、被迫停产进行设备维修。最严重的是随着地层出砂的不断增加，到一定程度后引起地层结构破坏，盖层塌陷，套管受塌陷地层的影响和地层应力变化的作用，受力失去平衡而产生变形或损坏，严重时会直接导致油井报废。

地层出砂预测 在编制油田开发方案时，就要判断被开发的储层是否会出砂，是否需要采取防砂措施，这个过程称为地层出砂预测。

通常要对储层进行密闭取心，获取有代表性的储层岩心，以便在试验室研究其物理、化学性质，进而预测出砂可能性。但多数出砂层的岩心十分松软，甚至无法进行岩心实验。这时可利用声波测井和密度测井来确定岩石的机械性质、应力状态，预测地层是否出砂。最常采用的预测出砂方法是与同一层段、同一区块、同一油藏的其他井进行类比推理的办法。假设某油田已经开采，而其开采的井深、层位、储层性质又大体相近。再通过单井试油，逐步增加产液排量,直到地层出砂为止,或是直到可接受的确定出砂的最低产液量为止。如果此井试油期间出砂,可直接定为出砂井,并编制防砂方案。

地层砂筛析 使用标准筛按筛号大小顺序排列筛选地层砂,以描述粒径分布特征的实验方法。它是各种防砂措施的理论基础,也是砂桥理论的基础资料,而且是砾石充填防砂设计的科学依据。地层砂筛析包含三项内容:获取真实地层砂样品;在实验室用标准筛筛析样品并绘制筛析曲线;计算粒度中值和不均匀系数。

取得砂样后送实验室筛析。如果砂样是整块岩心,先小心解聚(注意不要压碎砂粒),然后清洗、烘干。取100g砂样,放入一组按大小顺序排列的10个标准振动筛中,振动15min后,用天平精确称重每一级标准筛剩余的砂样并记录,再计算每一级累计质量百分比。以累计质量百分比为纵坐标,每一级砂粒尺寸及对应的标准筛号为横坐标,标绘到半对数坐标纸上,得到"S"形筛析曲线(见图)。在图中的纵坐标50%对应砾粒尺寸为地层砂的粒度中值。

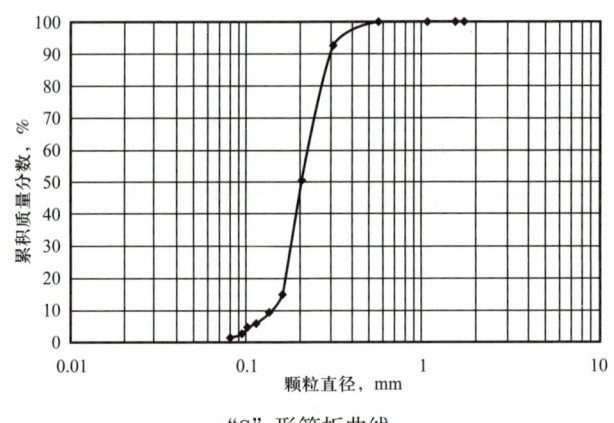

"S"形筛析曲线

地层产砂量 油、气、水井生产一段时间内地层产出砂子的总量。无论采取化学防砂还是机械防砂中的砾石充填防砂,其填砂量均要参考地层产砂量进行设计。一般采用井口取油样,在化验室用离心法分析得出油井流体中的含砂比,乘以每天产液量,求出每天的出砂量,再乘以累计生产时间,得出这段时间产出液携带出来的砂量。加上每次修井作业时冲出砂或捞出砂的累计砂量,最后计算出油井出砂总量。

防砂方法 分为机械防砂和化学防砂。机械防砂又分为衬管防砂、砾石充填防砂和压裂防砂。化学防砂又分为人工井壁防砂和化学溶液防砂。

一般来说,化学防砂适用于渗透率相对均匀的单一薄层段,在粉细砂岩地层中的防砂效果优于机械防砂。但是,化学防砂对地层的渗透率有一定的伤害作用，且成功率、有效期不如机械防砂，相对成本较高，其应用程度远不如机械防砂。选择防砂方法，通常应综合考虑以下因素：

（1）完井类型及完井井段长度。如裸眼井不适于采用化学防砂，而应采用筛管砾石充填防砂。下套管井短井段适于化学溶液防砂、筛管砾石充填防砂，长井段不适于化学溶液防砂。小井眼、多层完井和异常压力的井，不适于砾石充填，而适于采用化学固砂。

（2）井底温度的高低直接影响化学防砂中各种化学剂的反应速度、施工安全及防砂质量。

（3）产能的影响。砂拱防砂对产能影响最小，但常常要限制产量。机械防砂中衬管防砂对产能影响最大，管内筛管砾石充填次之。裸眼砾石充填可获得最高产能，但受完井方式的限制。化学防砂都不同程度影响产能，压裂防砂能提高产能。

（4）地层出砂程度。化学溶液防砂适用于油井先期或早期防砂，而出砂量较多的油井则适于选用人工井壁和筛管砾石充填防砂。

（5）施工设备、防砂费用、经济效益等都是应该考虑的因素。

推荐书目

万仁溥.采油工程手册［M］.北京：石油工业出版社，2000.

（马双才　曾凡芝　于乐香）

【机械防砂 mechanical sand control】 将防砂装置安装于出砂地层所在位置的井段中，当地层产出的流体通过时，将流体中携带的地层砂阻挡于防砂装置之外的防砂方法。防砂装置能阻挡住一定粒度的固体砂粒，而又允许流体通过，由具有相当机械强度的管状过滤器及配套工具组成。机械防砂可分为衬管防砂、砾石充填防砂和压裂防砂三类。世界各油田平均每年防砂施工总井数的80%～90%为机械防砂，其中砾石充填防砂又占机械防砂总井数的90%以上。

（1）衬管防砂方法简便易行，具有一定的防砂效果，但是防砂管柱的缝隙容易被进入井筒的细砂堵塞，效果差、寿命短。衬管主要有金属棉衬管、水泥砂衬管或环氧树脂砂衬管等。

（2）压裂防砂是一种将压裂技术与防砂技术相结合的防砂方法。利用压裂支撑剂作为防砂颗粒，事先将割缝管下到出砂层位，防止填入的防砂颗粒吐出，也可选择合适的涂敷砂代替尾支撑剂进行封口。这种方法可发挥压裂增产的优势，减少防砂影响产量。

（3）绕丝筛管或割缝筛管砾石充填防砂方法能有效地控制地层出砂，并能使地层保持稳定的力学结构，防砂效果好、寿命长。

机械防砂对油层的适应能力强、成功率高、成本低，目前应用十分广泛。

（马双才）

【衬管防砂 sand control by liner tube】 在出砂井下入并固定衬管防砂装置进行防砂的方法。衬管防砂装置的管状过滤器能阻挡住一定粒度的固体砂粒而又允许流体通过。

油气井生产过程中，带砂流体通过炮眼进入井筒，开始会有少量粉细砂随流体通过衬管排出地面，此时油气井的流体中虽然含有少量的砂子但不影响正常生产。对生产影响较大的粗砂粒将滞留在井筒及衬管表面，一直到堆满环形空间和炮眼形成砂桥，从而起到防砂作用。至于应用何种结构的衬管、允许多大粒度的地层砂通过，要根据各出砂地层的砂粒大小、地层压力和产量进行设计。一般情况，可参照生产厂商提供的说明书选择适用的衬管。

现场常用防砂衬管结构为：

（1）单层筛管外部固结防砂层，如粉末冶金防砂衬管、树脂砂衬管和可溶性水泥砂浆衬管等。

（2）双层筛管内填防砂材料，防砂材料有金属棉、砾石等。

衬管防砂施工比较简单，常规的修井作业设备即可满足要求。对于已经出砂较多，形成亏空的地层或砂子粒度很细的地层，为了提高防砂的效果，有时还需要对地层进行预充填一定数量的砂砾。地层填砂量一般按地层统计累计出砂量的 0.75～1.2 倍计算，所填砂子粒度按地层砂的粒度中值的 5～6 倍设计，质量要符合有关标准。

衬管防砂方法简便易行，施工成本很低，但是防砂管的缝隙容易被进入井筒的细砂堵塞。对于出砂严重的地层，防砂衬管外部被地层砂充填，分选差，渗透率低，防砂施工后初期效果较好，很快产量逐步降低。

（马双才 曾凡芝）

【防砂衬管 sand control liner】 在裸眼井内，用悬挂器固定在套管下部用于防砂的一段带有割缝的管子。当油层中液体流向井底时，液流中一部分小砂粒可通过割缝进入井内，较大的砂粒则被阻止在衬管外面，形成砂拱，成拱砂粒又把较小砂粒阻止在其外面，这样，经过自然选择，在井壁处形成一个由粗粒到细粒的滤砂器，既具有良好的通过能力，又能阻止砂粒入井。

（于乐香）

【滤砂器防砂 filter sand control】 将经过特殊工艺制成的、具有滤砂功能的滤砂器用管柱和辅助工具直接悬挂在井内出砂层位，阻止储层砂进入井筒内的防砂方法。滤砂器具有较高的渗透性，允许地层流体通过但可以阻挡地层砂。地层产出液必须经滤砂器才能进入井筒流到地面。目前通常使用的滤砂器有绕丝筛管、割缝衬管、双层预充填砾石绕丝筛管、各种滤砂管以及其他新型滤砂工具等。各类滤砂器不仅可以阻止直径大于滤砂器缝隙宽度（或孔隙、网孔直径），而且可利用"桥架"作用阻止小于滤砂器缝隙宽度的部分地层砂流入井筒。滤砂管可用于裸眼井及射孔完成的井。常见的滤砂管有金属棉滤砂管、陶瓷滤砂管、树脂石英砂滤砂管、多孔冶金粉末滤砂管等。应用时，须注意套管不能有损坏或严重变形，以免卡住滤砂管，防砂井段也不能过长。

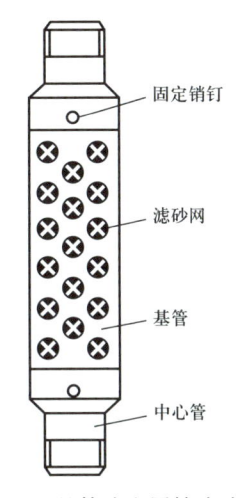

图1 整体式金属棉滤砂管

金属棉滤砂管 由带孔基管、金属棉和保护管组成（见图1）。基管的保护管上均有钻孔，提供流体流动通道。在基管和保护管之间的夹层中充填有不锈网纤维，即金属棉，作为滤砂管的过滤介质。金属纤维按一定的数量置于预制的模具中，经断丝、混丝经滚压、梳分后在一定压力下成型，镶嵌于管壁孔内或套于中心管上，并加以固定并加筛套保护备用。金属纤维体内孔隙直径和渗透率可通过纤维用量及成型压力加调整，使之即保持一定弹性，由具有足够的强度和渗透率，供不同境况的油井选用。金属纤维厚度一般为10～20mm，压缩系数和渗透率可以根据需要调整。保护管用于保护金属棉套不受损坏，孔数为300/m，孔径10mm。

金属棉滤砂管的防砂原理：大量金属纤维被压紧堆集在一起，形成高缝隙密度的防砂滤网阻挡地层砂粒通过，其缝隙大小与纤维堆集紧密程度有关。通过控制纤维的压紧程度达到适应不同油层砂径的防砂要求。由于金属纤维层富有弹性，在一定的驱动力下，小砂粒可以通过缝隙，因而避免金属纤维被堵死。砂粒通过后，纤维又可恢复原状而起自洁作用。大量的地层砂被外层金属网阻挡形成砂拱，可阻挡网眼直径的地层砂。金属棉滤砂管分为单体（镶嵌）式和整体式两种。单体式金属棉是由多孔盖（滤网）、不锈钢金属棉丝、压板、焊缝、基管组成。整体式金属棉滤砂管是由不锈钢金属棉丝、保护套（打孔套管）、中心管、扶正器组成。

陶瓷滤砂管 由外管、陶瓷管、密封部分组成（见图2）。将陶瓷管装入外管内，两端采用耐油、耐水、耐磨性好的铜基密封件密封，下端用螺钉将陶瓷管固定在外管上，上端为自由

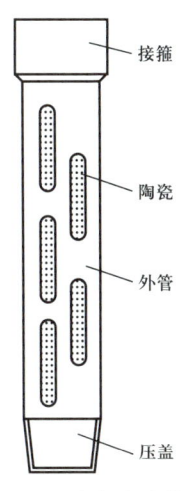

图2 陶瓷滤砂管

滑动端。外管部分主要起保护作用，设计时保证一定的流通面积，并具有一定的抗拉强度。外基管起联结管柱和保护陶瓷管的作用，其流通面积大，足以满足油井高产量要求，并有相当高的抗拉强度，以保证防砂后期处理时不被拉断。陶瓷管与外基管之间上端为自由轴向滑动，以消除陶瓷管热效应影响。陶瓷管是一种具有曲折连通性好的微孔过滤材料，根据油层砂粒中值的大小和渗透率高低，优选不同粒径陶粒砂与一定配比的无机胶结剂粘结定型、经高温烧结而成。当油层流体带出地层砂，流经陶瓷管的微孔连通孔道时，流体进入中心管被采出来，而地层砂被阻挡在陶瓷管与套管环空内起到防砂作用。陶瓷管防砂管柱主要由陶瓷管、扶正器、热胀补偿器、安全接头、耐热封隔器及丢手接头等组成。

树脂石英砂滤砂管　滤砂管、引鞋和中心管三部分组成。用精选好的石英砂和环氧树脂或酚醛树脂，按一定配比均匀混合，装入特制的模具中，在一定条件下固化成型，脱模后取出获得具有一定外形尺寸、适当渗透率的滤砂管和引鞋。

多孔冶金粉末滤砂管　用经过筛选的铜颗粒或铁粉烧结而成，多数采用铁粉烧结，成本低，是由铜合金包覆金属粉末用独特的生产工艺制造的。滤砂管采用密封胶结连接，壁厚薄，连接强度较低，容易开裂，使中心管内充满地层砂，造成堵塞。该滤砂管具有弯曲的过滤通道，孔隙孔道纵横交错，其孔隙度与孔径大小可以控制和再生，具有很高的渗透能力，而且渗透性能稳定，具有足够的强度。有耐高温、抗震动等特性。可防粒度中值大的地层砂。

（于乐香）

【砂拱防砂 bridging sand control】　利用颗粒材料在通过一个比单一颗粒直径大许多倍的孔眼时形成拱桥的防砂方法。如果使松散砂层中的砂粒在炮眼入口处形成一个稳定的、半球状的砂拱，那么这种稳定的砂拱就会像拱桥承载一样，阻挡住以后的地层砂随液产出。由此可见，利用砂拱防砂时，不必向井底下入任何防砂装置或填充物，也不注入任何化学药剂固砂，而是利用颗粒物质在一定条件下通过一孔眼会在孔外自然形成具有一定承载能力的砂拱来阻挡住地层砂。

为了保持射孔完井砂拱防砂的稳定性，一般要求采用小孔径和高射孔密度的炮眼。小孔径有利于形成砂拱和提高砂拱的稳定性，高孔密可增大过流面积，降低地层流体的入井速度。在砂拱防砂中，如果能对井壁施加并保持井筒周围地层的径向应力，就会进一步促使砂拱形成，增强砂拱的稳定性。

（于乐香）

【砂拱 sand bridging】　砂粒在衬管割缝外面互相堆积排列，形成只允许液流通过的拱门现象，它是悬空盘跨于空穴性射孔孔眼并能将垂直应力（上覆地层应力）分解成水平应力的弯曲地层介质结构。砂粒在割缝处成拱的条件是缝宽不大于砂粒直径的两倍，由于地层砂粒大小是不均匀的，通常取岩石颗粒组成累计曲线上 10% 所对应的直径作为砂粒直径来确定缝宽。

（于乐香）

【割缝衬管防砂 slotted liner sand control】 将带有割缝的管子下入井内，用封隔器固定在井壁出砂层上部的防砂方法。在油层部位下预先割缝的衬管，依靠衬管顶部的衬管悬挂器，将衬管悬挂在技术套管上，并密封衬管和套管之间的环形空间，割缝衬管的防砂机理是允许一定大小的、能被原油携带至地面的细小砂粒通过，而把较大的砂粒阻挡在衬管外面，大砂粒在衬管外形成砂桥，而将地层砂阻挡在割缝衬管与套管的环空中，达到防砂的目的。

在金属钢管上用铣刀或陶瓷刀切割出若干条缝隙，这些缝隙按一定的设计形式排列。割缝衬管可直接使用锯片铣刀在铣床上铣削套管而成（见图）。割缝可以使地层流体通过同时阻挡地层砂。缝眼排列方式有平行轴向方向和垂直轴线方向两种排列方式。由于平行割缝的强度较高，通常采用平等割缝，缝眼以交错排列为宜。平行割缝衬管的缝眼长度取 50～300mm，垂直割缝衬管取 20～50mm，小直径高强度衬管取高值，大直径低强度衬管取低值。割缝衬管割缝缝眼的剖面呈梯形夹角为 12℃左右。梯形大的底边为衬管内表面，这种外窄内宽的形状可以避免砂粒卡死在缝眼内而堵塞，具有"自洁"作用。缝隙尺寸决定于铣刀的宽度和强度，

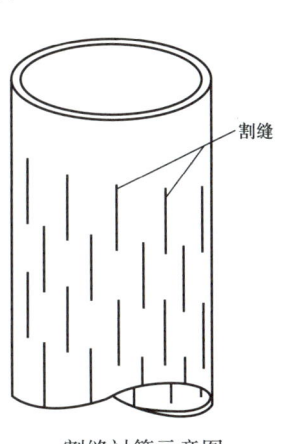

割缝衬管示意图

0.30mm 以下的割缝宽度加工困难，因而割缝衬管适用于中—粗油层砂。而且由于套管是碳素结构钢，耐腐蚀差，尤其是缝隙尺寸易受腐蚀而增大使防砂有效期短，但其成本低。适用于井液腐蚀性弱，油层砂较粗，产能偏低的油层。

（于乐香）

【绕丝筛管 wire wrapped liner】 将梯形金属丝缠绕在圆管形金属骨架上，梯形的短边向内、长边向外。全焊接不锈钢绕丝筛管由基管（带孔中心管）、纵筋和不锈钢绕丝组成（见图1）。基管上钻有一定密度

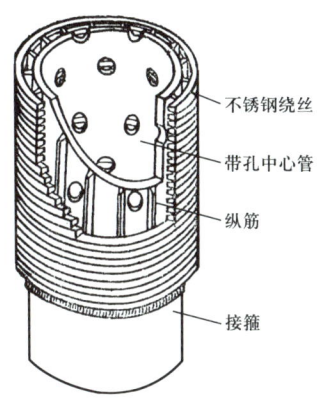

图1 绕丝筛管示意图

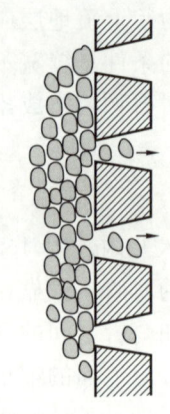

图2 绕丝筛管缝隙的"自洁"作用

和孔径的圆孔,提供流体通过绕丝缝隙后流入井筒的通道。在基管上带有纵筋,以支撑绕丝。国内选用1Cr18Ni9Ti不锈钢丝作为不锈钢绕丝的原料,轧制成一定尺寸的三角形截面的绕丝和纵筋。在绕制过程中,绕丝和纵筋的每一个交叉接触点都用电阻焊焊接在一起,使筛套形成具有一定强度的整体,按一定的长度要求两面三刀端切平,焊上接箍。将带孔中心管穿过筛套。再把筛套两端接箍焊在中心管上。之所以将绕丝压制成三角形或梯形截面,是因为用这种形状的钢丝绕制成的缝隙对于地层砂粒有"自洁"作用(见图2)。一旦有颗粒随液流进入绕丝缝隙,由于越向内空隙越大,砂粒不会滞留堵塞在缝隙内。由于具有耐腐蚀、工作寿命长、外窄内宽的筛缝具有一定的"自洁"作用、连续绕丝形成连续缝隙、流通面积大、在制造工艺上能达到防砂的各种缝隙要求等优点,绕丝筛管应用广泛。但其造价高,通常为割缝衬管的2~3倍。绕丝筛管适用于井液腐蚀性强,油层砂较细,产能较高的油层。

(于乐香)

【**砾石充填防砂** sand control by gravel packing】针对出砂油层射孔井段下入并固定好金属绕丝筛管或割缝筛管后,在筛管外的空间再填充并压实具有一定渗透率的砾石进行防砂的方法。以地层砂在砾石充填面上形成砂桥为理论基础,利用砂拱防砂机理,只不过是多下了一套机械挡砂子的井下装置。将在地面选好的具有一定粒度的砾石,用液体携带到井内,充填于井底,在井壁处构成一个砾石滤器,以阻止油层砂粒流入井内的防砂措施。

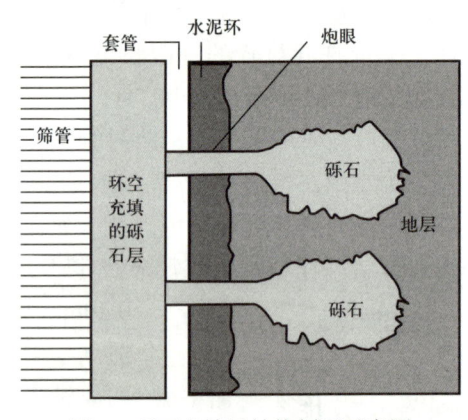

图1 砾石充填层结构剖面示意图

防砂机理 用筛管阻挡并稳定填充的砾石,由填充的砾石阻挡地层砂,从而构成了一个双道防线坚固的高渗透的防砂屏障。对于射孔完成的井,筛管外面的空间包括筛管与油层套管的环形空间、射孔孔眼内的空间以及套管外砾石充填油层的空间(见图1)。对于裸眼完成的井,筛管外面的空间指筛管外表面与扩孔后的井壁之间的空间。

砾石选择　通过地层出砂的粒度中值来确定砾石充填防砂所用的砾石颗粒尺寸和性能，要求小于所选用砾石尺寸的颗粒含量不得超过砾石总质量的2%；砾石的圆度和球度均不低于0.6；在标准土酸中的酸溶度小于1%；水浊度不大于50度。

据不同防砂砾石粒度中值（D_{50}）与地层出砂粒度中值（d_{50}）的比值和渗透率的关系试验绘制出图2。当$D_{50}/d_{50} \leqslant 6$时，充填砾石的渗透率保持不变，砾石与地层砂界面清楚，砾石挡住了地层砂，油、气井基本不出砂；当$6 < D_{50}/d_{50} \leqslant 14$时，充填砾石的渗透率大幅度下降，地层砂部分侵入砾石充填层，造成了砾石与地层砂互混，尽管油、气井不出砂，但产量下降；当$D_{50}/d_{50} > 14$时，充填砾石的渗透率又开始上升，地层砂可以自由通过砾石充填层，砾石渗透率虽然得到恢复，但油、气井防砂无效。充填砾石的粒度中值应是地层出砂筛析试验粒度中值的5~6倍。

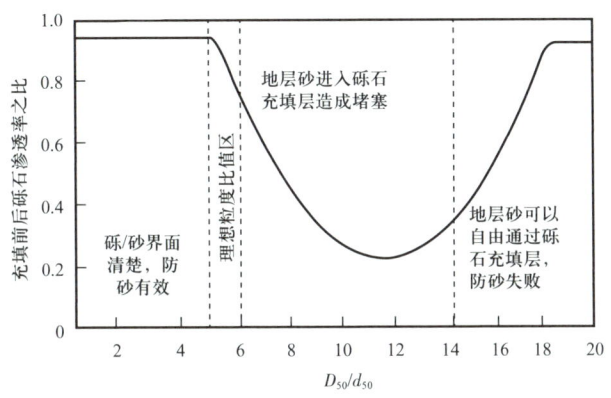

图2　D_{50}/d_{50}比值与砾石渗透率曲线

筛缝选择　通过砾石充填防砂所用的砾石最小颗粒尺寸来确定金属绕丝筛管或割缝筛管缝宽尺寸大小及形状。砾石充填防砂时使用的滤砂装置，一般是金属绕丝筛管或割缝衬管。无论使用哪种筛管都要根据充填砾石的粒度来设计或选择缝形、缝宽。金属绕丝筛管大多为水平的缝型。割缝管大多使用垂向错开式或垂向整齐排列式的缝型。选择缝宽尺寸是依据充填层的砾石绝对停止运移为原则，原则上只要缝宽尺寸与要充填的砾石中最小颗粒尺寸相等就能满足充填的要求。但在实际应用中常选择比砾石中最小颗粒尺寸小一些，有些专家认为缝宽尺寸应为砾石中最小颗粒尺寸的1/2~2/3。砾石充填大斜度井或水平井时，在斜井段易形成砂丘，最终会堵塞通道，砾石不能完全进入筛管与套管的环形空间，致使防砂施工失败。

砾石充填方式　一般分为两种（见图3）：

（1）套管内砾石充填。钻完井后，下入油层套管固井后射孔打开油层，在套管内填砾石。

（2）裸眼砾石充填。下技术套管后裸眼完成，在原井眼的基础上扩大孔眼后，再充填砾石。在油层部位扩眼有两重作用：一是增加了砾石的填充厚度；二是增加了流体的渗流面积，比其他的防砂方法具有较高的产能但分层开采比较困难。裸眼砾石充填多用于油气井的先期防砂。

砾石的充填方法 在地面选好砾石用液体携带至井内，充填于筛管外的空间并将其压实。这是砾石充填防砂方法成败的关键。依照施工工艺的不同，可分为：

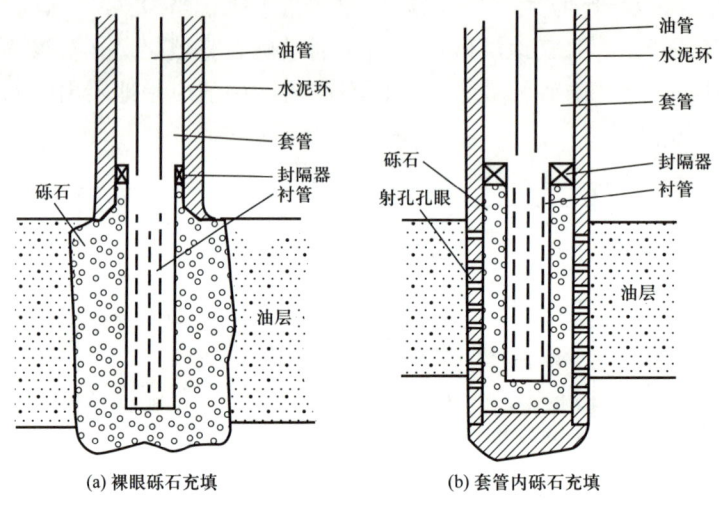

图 3 砾石充填防砂示意图

（1）正洗法砾石充填。先在井筒填入一定数量的砾石，然后下入筛管，同时用液体向下冲洗，使砾石悬浮起来，将筛管下到预定的位置，随后停泵，使砾石自然沉降于筛管和套管的环形空间，再下筛管与套管环空的密封装置完成施工。

（2）正循环砾石充填。又称转换法砾石充填。先将筛管下入预定位置，然后把砾石用携砂液携带并通过油管泵入，经转换通道填充到油管与套管的环形空间。此时携砂液将经过筛管进入冲洗管上行，再经过转换总成进入上部的油管和套管的环形空间返出地面，而砾石将滞留在筛管外逐步堆积起来。当充填压力显著升高时，说明生产筛管及顶部的信号筛管周围都填满了砾石。最后将转换工具与冲洗管从井中起出，完成施工。

（3）反循环砾石充填。用携砂液携带砾石，从油管与套管的环形空间进入井底，携砂液将通过筛管进入冲洗管并经油管返出地面，而砾石被筛管阻挡在筛管周围，逐渐堆积。当泵压显著升高时，证明已把筛管全部埋没填实，最后将冲洗管及油管从井中提出，再下筛管与套管环空的密封装置完成施工。

（4）挤压法砾石充填。主要有两种工艺：第一种是丢手法挤压砾石充填。它是先把筛管送到预定位置，投球丢手后，上提管柱20～30m。然后用携砂液携带砾石沿油管进入筛管和套管的环形空间并以高压挤入地层，当地层填饱后，再把环空填实。此时下放管柱到原丢手处，倒开丢手末端的丝堵，最后下密封皮碗，完成施工。第二种是循环法挤压砾石充填。它是利用类似于正循环砾石充填的转换工具，先将防砂管柱底部的信号筛管填实，再将地层及射孔孔眼填实，然后上提冲洗管柱到生产筛管处，按正循环砾石充填相同的方法，将套管与筛管的环形空间填实，最后把转换工具及冲洗管全部从井中提出，完成施工。

砾石充填防砂方法能有效地控制地层出砂，并能使地层保持稳定的力学结构，适用于地层砂的粒径中值大于0.07mm的各类地层及直井、斜井、水平井等各种井型的油气井。总体表现为防砂效果好，一般情况与防砂前的产量相比，降低幅度不大于20%。寿命较长，有效期可保持在10年以上。

（马双才　盛江庆　于乐香）

【砾砂直径比 gravel-sand size ratio】 砾石充填防砂时选用的砾石直径与地层砂直径之比。由于砾石层的渗透率近似地正比于砾石直径的平方，所以过去曾采用高砾砂直径比，以保持较高的渗透率，但却容易引起地层粉细砂侵入砾石层而发生堵塞。近年来由于提高采油速度和最大限度地利用高含水井，出现了采用较小砾砂直径比的趋向，有的把砾砂直径比减小到6。

（于乐香）

【压裂防砂 sand control of fracturing】 将端部脱砂压裂和砾石充填防砂两种工艺运用于高渗透油藏的防砂方法。为了解决防砂对油层的伤害所降低的产能，而采用压裂技术与防砂技术相结合的一种防砂工艺。利用油层压裂后液体沿着具有高导流能力的裂缝渗流，在近井地带将径向流改变为双线流动，大大降低驱替压差，扩大了渗流面积，降低了渗流速度，从而减轻出砂程度。

压裂液通过油层套管和筛管的环形空间通道进入地层，压开裂缝，割缝筛管用于阻挡压裂支撑剂返出或根据地层砂粒径选择合适的涂敷砂代替最后泵入的支撑剂进行封口。这种工艺一次施工，既达到了压裂增产目的又达到了防砂的目的。压裂一般是用于低渗透、硬地层的一种增产工艺，对于易出砂地层的压裂，在油井生产时压裂支撑剂容易返吐出来，要求进行压裂之前下入割缝筛管进行防砂（见图）。

易出砂地层压开裂缝的关键是要获得宽、短裂缝，现场采用了端部脱砂技

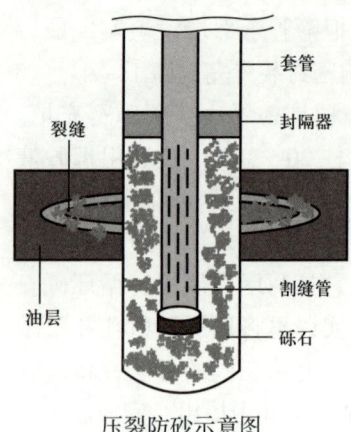

压裂防砂示意图

术。端部脱砂是让支撑剂在裂缝的前端沉积下来，阻止裂缝继续向前延伸，这时裂缝内的压力会逐渐升高，迫使裂缝增宽，最后将裂缝、筛管与油层套管的环形空间都充填满支撑剂。

（马双才　曾凡芝）

【化学防砂 chemical sand control】 利用化学材料胶结地层砂、阻挡地层出砂的方法。主要分为人工井壁防砂、化学溶液防砂两大类。特别适用于单层或相对较薄的油层，且施工后井筒没有任何障碍物，有利于生产井实施其他措施作业。这种方法在中国发展十分迅速，种类很多，应用很广。化学防砂的优点是在不改变套管通径的情况下进行各种井的防砂，缺点是易造成地层伤害。

（于乐香）

【人工胶结砂层防砂 sand control of artificial cement sand bed】 从地面向储层挤入液体胶结剂及增孔剂，然后使胶结剂固化在储层层面附近形成具有一定胶结强度及渗透性的胶结砂层，达到防砂目的的方法。使用广泛的有酚醛树脂溶液及酚醛溶液地下合成等方法。

（于乐香）

【人工井壁防砂 sand control by artificial borehole wall】 将防砂颗粒在地面用胶结剂拌匀，使得颗粒表面都覆盖一层胶结剂，用液体携带至井下，通过炮眼挤入油层出砂部位，在地层条件下固结，形成具有一定强度和渗透率的防砂衬段，从而阻止地层砂流入井内的防砂方法（见图）。

这种方法是一种后期防砂方法，特别适用于脆性砂岩油藏的单层防砂；由于地面搅拌砂浆能力所限，不适于长井段或多井段防砂。但是因为施工后井筒内无障碍物，有利于后续其他措施施工。人工井壁防砂应根据不同出砂井使用不同的颗粒填料和不同的胶结剂。水泥砂浆人工井壁防砂用水泥作胶结剂，石英砂作颗粒填料，在施工现场加水按比例调配均匀用油携带挤入地层；树脂核桃壳人工井壁防砂用酚醛树脂作胶结剂，核桃壳粉碎加工成需要的粒度作颗粒填料，在施工

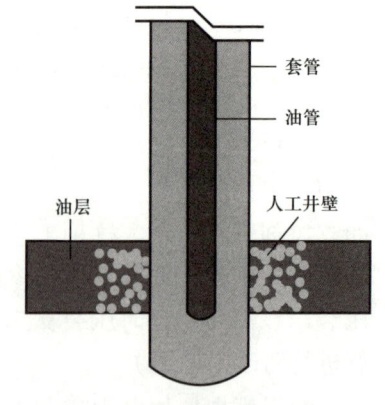

人工井壁防砂示意图

现场按比例搅拌均匀，用携砂液携带挤入地层；塑料预包砂人工井壁防砂是在工厂将石英砂表面包覆一层具有特殊性能的树脂，经干燥、筛选后，加工成塑料预包砂，施工时通过泵车用液体携带至地层，在地层温度或固化剂作用下胶结成人工井壁。这项技术的关键是包覆在石英砂表面的树脂薄膜具有二次软化、固化性能，塑料预包砂挤入油层后，树脂将重新软化、粘结，在地层温度或固化剂作用下进行胶结，将单粒的预包砂胶结成整体。中国使用的树脂多为特制的环氧树脂类和酚醛树脂类。

现场施工时，设计施工压力应小于破裂压力；颗粒填料的用量是该井累计出砂量的 0.75~1.2 倍，以填饱为止。

（马双才　盛江庆）

【化学溶液防砂 sand control by chemical liquid】 从地面向易出砂地层挤入有机或无机的液体胶结剂，在一定的条件下，将靠近井筒附近松散的地层砂胶结起来，形成具有一定强度和渗透率的人工胶结岩层，达到防止油气井出砂的目的的防砂方法（见图）。液体胶结剂应具备如下特点：固化时间具有较大幅度的可调性，保证施工安全；与地层砂表面较好润湿，确保在地下恶劣条件下能够把地层砂胶结起来；固结后，具有良好的耐酸、耐碱、耐油、耐水、耐盐性能，以保持较长的寿命；黏度应足够小确保可泵性、减少泵送过程的摩阻并使之顺利渗透到砂粒中间。现场应用的液体胶结剂有环氧树脂、酚醛树脂、脲醛树脂、不饱和树脂、水玻璃—氯化钙等。这种防砂方法适用于完井之后，油气生产之前，即油气层未受到破坏之前，又称先期防砂技术。

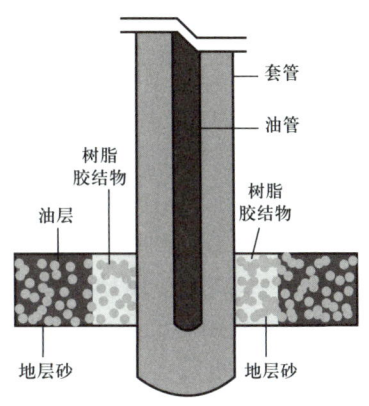

化学树脂溶液防砂示意图

油气层的地层砂表面包裹着原油、垢及石蜡，化学溶液防砂时，无论是有机还是无机的液体胶结液均难以把地层砂胶结起来。在向油气层挤入液体胶结液前必须对欲胶结半径内的地层砂进行清洗，尽量使砂粒表面清洁，保证固结强度。这种用来清洗地层砂表面油污的液体称为清洗液，又称预处理液。在挤入液体胶结液后，产生化学反应前，还必须挤入增孔液。增孔液是为保持人工胶结砂层的渗透性而注入的一种液体，一般为惰性液体，与液体胶结液混合而不与液体胶结液产生化学反应，其作用是一方面将多余的固砂液体胶结液推开，另一方面占据部分空间，由此保证胶结后的砂层有良好的渗透性。

（马双才　盛江庆）

【焦化防砂 coking sand control】 向油层提供热能，促使原油在砂粒表面焦化，形成具有胶结力的焦化薄层的防砂方法。主要有注热空气固砂和短期火烧油层固砂两种方法。

（于乐香）

【先期防砂 initial sand control】 在完井过程中，采用一些方法与手段防止砂子进入井内。采用这种方法的井称为先期防砂井。常用的方法是砾石充填完井和人工固结砂层。

（于乐香）

【水泥砂浆人工井壁防砂 sand control by artificial borehole wall of cement-sand slurry】 以水泥为胶结剂、石英砂为支撑剂，按比例混合均匀，拌以适量的水，用油携至井下，挤入套管外，堆积于出砂部位，凝固后形成具有一定强度和渗透性的人工井壁，防止油气层出砂的方法。该方法是油井后期防砂方法，渗透率较高，原材料来源广泛，施工简单，但用油量较大，胶结后抗折强度小于1MPa，有效期较短。适用于出砂的浅油井（井深1000m左右）防砂。

（于乐香）

【树脂核桃壳人工井壁防砂 sand control by artificial borehole wall of resin walnut shell】 以酚醛树脂为胶结剂、粉碎成一定颗粒的核桃壳为支撑剂，按一定比例拌和均匀，使每个核桃壳颗粒表面都涂有一层树脂，并加入少量柴油浸润，然后用油或活性水携至井下，挤入射孔层段套管外堆积于出砂层位，在固化剂的作用下经一定时间的反应树脂固结，形成具有一定强度和渗透性的人工井壁，防止油气层出砂的方法。该方法适用于油水井早期防砂，胶结后人工井壁渗透率较高，强度较大，具有较好的防砂效果，但原材料来源困难。

（于乐香）

【树脂砂浆人工井壁防砂 sand control by artificial borehole wellbore of resin mortar】 以树脂为胶结剂，石英砂为支撑剂，按比例混合均匀，使石英砂表面涂敷一层均匀的树脂薄膜，并加入少量的柴油浸润，然后用油携至井下挤入套管外出砂层位，凝固后形成具有一定强度和渗透性的人工井壁，防止油气层出砂的方法。该方法是油水井后期防砂方法，适用于吸收能力较高的油、水层，其适应性较强，不受井深限制，但施工中现场拌和劳动量大，加携砂液困难。

（于乐香）

【预涂层砾石人工井壁防砂 sand control by artificial borehole wall of precoated gravel】 用预涂层砾石形成人工井壁的防砂方法。在石英砂外表面，通过物理化学方法均匀涂敷一层树脂，在常温下干固，形成不发生粘连的稳定颗粒。将这种预涂层砾石使用携砂液携带至油井的出砂层位，在一定的条件下（挤入固化剂和受温度的作用）砾石表面的树脂软化粘连并固结，形成具有良好渗透性和强度的人工井壁，以防止油气层出砂的方法。该方法适用于吸收能力较大，温度高于60℃的油层防砂，施工简单，成功率高，胶结后的砾石抗折强度可达5MPa左右，渗透率可保持在原始值的90%以上，是较好的化学防砂方法。

（于乐香）

【酚醛树脂胶结砂层防砂 sand control by phenolic resin cemented sand】 由酚醛树脂将砂层胶结固化防止油气层出砂的方法。以苯酚、甲醛为主料，以碱性物质为催化剂，按比例混合，经加温熬制成甲阶段树脂（黏度控制在300mPa·s左右），将此树脂溶液挤入砂岩油层，以柴油增孔，再挤入盐酸作固化剂，在油层温度下反应固化，将疏松砂岩胶结，防止油、水井出砂的方法。该方法适用于油水井早期防砂，胶结后砂岩抗折强度0.8MPa左右，渗透率可保持原来的50%左右，耐温100℃，耐水、油、盐酸等介质，不耐土酸浸蚀，施工较易掌握，但成本较高，施工作业时间长。

（于乐香）

【酚醛溶液地下合成防砂 sand control by phenolic solution in-situ synthesis】 由酚醛溶液在地层合成达到防止油气层出砂的方法。将加有催化剂的苯酚与甲醛，按比例配料搅拌均匀，并以柴油为增孔剂，酚醛溶液挤入出砂层后，在油层温度下逐渐形成树脂并沉积于砂粒表面，固化后将油层砂胶结牢固，而柴油不参加反应为连续相充满孔隙，使胶结后的砂岩保持良好的渗透性，从而起到提高砂岩的胶结强度，防止油气层出砂的方法。该方法为油井先期和早期防砂方法，适用于温度高于60℃，黏土含量较低的中、细砂岩油层。平均有效期2年以上，施工较为简单，对油层已大量出砂或出水后防砂效果差，不宜选用。

（于乐香）

【复合防砂 compound sand control】 利用机械防砂和化学防砂的优点相互补充的防砂方法。一方面能在近井地带形成一个渗透性较好的人工井壁，另一方面利用机械防砂管柱形成二次挡砂屏障，起到很好的防砂效果。复合防砂效果好，有效期长。复合防砂通常使用的机械防砂管柱为滤砂管和绕丝筛管，与之配合使用的化学方法常为化学剂和涂料砂。复合防砂的适应性广，几乎可以用于任何复杂条件下的防砂措施。但复合防砂工艺复杂，成本高，因此一般在单种防砂方法效果不好时使用，尤其用于粉细砂岩、渗透性差的地层，也用于地层亏空严重的老井防砂。

常规机械—化学复合方法 最常见的复合防砂方法是机械防砂管柱与化学固砂剂相结合使用。图1（a）为绕丝筛管+涂层砾石（涂敷砂）复合防砂示意图。首先进行管外涂敷砂挤压充填，固结后钻塞，然后下入绕丝筛管。图1（b）为化学剂固砂+双层预充填绕丝筛管复合防砂示意图，地层用化学剂固结后再下入双层预充填绕丝筛管。

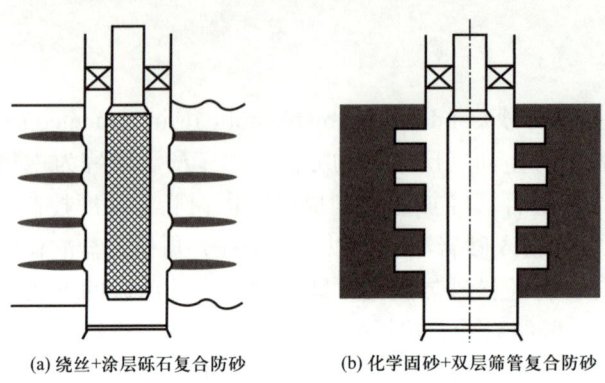

(a) 绕丝+涂层砾石复合防砂 　　(b) 化学固砂+双层筛管复合防砂

图1　复合防砂示意图

高渗透压裂充填防砂 对高渗透的疏松砂岩地层既进行水力压裂，又进行砾石充填，将两种工艺有机结合在一起，达到传统工艺所不能达到的使油井既高产又控制出砂的最佳效果。

高渗透压裂充填防砂主要技术原理：（1）压裂前，均质地层流体进入井筒的流动为径向流；压裂后地层流体的流动为两种模式，先是地层内部向裂缝面流动的线性流，然后是流体沿裂缝直接进入井筒，形成双线性模式（见图2）。（2）具有极高导流能力的压裂裂缝将地层流体由原来的径向流转变成双线性流，在一定程度上降低了生产压差和大幅度降低流动压力梯度。从而缓解或避免岩石骨架的破坏，也就缓解了出砂趋势和程度。（3）流体对颗粒的冲刷与携带能力主要取决于其流速，流速越大，对地层的冲刷作用越厉害，出砂就越严重。由裂缝而产生的双线性流模式及巨大的裂缝表面积可以发挥良好的分流作用，使压后流速大幅降低，从而降低了对地层微粒的冲刷和携带作用，大大减轻出砂程度。（4）与常规的砾石充填类似，裂缝内充填的砾石对地层砂粒有阻挡作

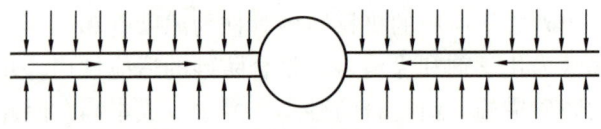

图2　双线性流模式示意图

用。有时可以使用树脂覆膜砂作为支撑剂或以覆膜砂在井底缝口段封口，以提高对地层砂的阻挡能力。

（于乐香）

【支护剂 proppant】 采取人工井壁防砂时，为了使人工井壁具有一定的强度而在胶结剂中加入的固体颗粒，如石英砂粒、核桃壳粒等。使用前要对支护剂进行筛选、冲洗、烘干并按不同粒度分类，以便按需要选择应用。

（于乐香）

【增孔液 pore expansion liquid】 在以化学胶固为基础的防砂方法中，由于胶结剂在胶固砂层后，会使油层渗透性显著降低，而影响油水井正常生产，为了防止这种情况发生，在施工中注入增加胶结物孔隙的液体（如煤油、柴油等）。施工后，增孔液可随油流返出地面。

（于乐香）

【隔离液 buffer fluid】 防砂施工过程中，为了避免胶结剂过早固化而影响施工效果，为将胶结剂与固化剂分隔开，在注入固化剂以前先注入起隔离作用的液体。常用的隔离液有原油、柴油等。

（于乐香）

【清洗液 cleaning fluid】 用于清洗油层砂表面油污，以提高防砂施工质量的液体。常用的清洗液有煤油、柴油等。

（于乐香）

【清砂 sand removal】 为了恢复出砂油井的正常生产，清除井筒中的固体砂粒所采取的措施。通常采用的清砂方法有两种：

冲砂 通过冲管、油管或油套环空向井底注入高速流体冲散砂堵，由循环上返的液体将砂粒带到地面，以解除油水井砂堵的工艺措施，是目前广泛应用的清砂方法。

捞砂 用钢丝绳向井内下入专门的捞砂工具——捞砂筒，将井底积存的砂粒捞出地面，解除砂堵的方法。是针对漏失严重的井使用的作业方法。一般适用于砂堵不严重、套管没有变形、井浅、油层压力低或有漏失层等无法建立循环的油井。

（于乐香）

【捞砂筒 sand bailer】 一种专门用来提捞井内积砂的筒形工具。筒的外径一般选为套管内径的 7/10，其长度为 10~12m，用绞车和钢丝绳下入井中进行捞砂。

该法适用于砂堵不严重的浅井（不超过600m）、低压井及有漏失层面不宜采用冲砂方法的油井。

（于乐香）

【探砂面 sand survey】 井下作业施工中，用管柱或仪器探测井底砂面深度的作业。施工中应确保油管内畅通无阻，井下无落物。探砂面的目的是确定是否砂埋油层。砂埋油层后要及时进行防砂和冲砂施工。探砂面常用的两种方法为：

（1）硬探砂面。利用油管作探砂面工具。若井内是光油管，可以直接加深油管探测砂面，否则应把原管柱起出，冲洗管柱后，下管柱探测砂面。误差按井深来确定，井深小于2000m误差小于0.3m为合格，井深大于2000m误差小于0.5m为合格。

（2）软探砂面。钢丝下面接上铅锤，通过试井绞车系统探测油管鞋以下的砂面深度。软探砂面数据比硬探的准确度要差一些，受稠油的影响较大，有些黏度大的高凝油井不能进行此法。

推荐书目

吴奇.井下作业监督[M].北京：石油工业出版社，2002.

（于乐香）

【冲砂 sand washing】 通过冲管或油管向井内注入高速流体冲散砂堵，由循环上返的液体将砂粒带到地面，以解除油（水）井砂堵的工艺措施。向井内泵注冲砂液，形成油管与环形空间的循环通道，随着逐步加深油管，冲散积砂，用上返的液体将散砂携带到地面，直至冲到人工井底的过程。冲砂液性能以密度适当，既防喷，又防漏，与地层配伍性好，对地层伤害小而来源广的液体较为合适。冲砂方式主要有正冲砂（冲管冲砂）、反冲砂、正反冲砂和联合冲砂等方式。

常用的冲砂方法。

（1）利用光油管冲砂：常用正循环冲砂，其油套管环空截面比油管截面大，同样的排量，油管内流速比环空的流速大，冲刺力强，容易将井下积砂悬浮起来，但环形空间上返流速低、携砂能力弱，砂子返出慢。反循环冲砂，冲刺力弱，砂粒返出快，井筒容易冲洗干净。

（2）气化水冲砂：常用于低压井和漏失井，施工时可以调整混气液的相对密度，冲砂方式采用正冲正洗。用这种方式冲洗，压风机出口与水泥车之间要装单流阀，以防气化液倒流，接单根先停压风机继续开泵5~10min，使液体充满冲砂管柱，返出管线使用硬管线并固定，以防止管线跳动发生事故。此法需在压井成功井内并无天然气的情况下进行。

（3）采用小直径管子冲砂：从油管内下入冲砂小管，解除砂堵。优点是不动管柱，可解除油管内砂桥或油管下有封隔器的井可冲砂到井底。缺点是泵量小，冲砂后要彻底洗井，防止冲砂管砂卡。

（4）连续油管作业机冲砂：冲砂时直接将连续油管下入井内，冲砂液通过滚筒轴进入连续油管，连续地边下连续油管边冲砂作业，直至冲到井底。

（蒋厚良　庞志学）

【冲砂液 sand cleaning fluid】 只用于进行冲砂的液体。为了保证携砂能力和防喷、防漏，以及避免损害油层，对冲砂液的性能（黏度、密度等）应有一定的要求。通常采用的冲砂液有原油、柴油、水、乳化液等，为防止在冲砂过程中油层受到污染，可在液体中加入适量的表面活性剂。一般油井用原油，水井用淡水或盐水，低压井用混气冲砂液进行冲砂。冲砂液的基本要求：具有一定的黏度，以保证具有良好的携砂能力；具有一定的密度，以便形成适当的液柱压力，防止井喷或防止因液柱压力过大产生漏失无法建立循环；不伤害油层，来源广泛等。

（于乐香）

【冲管 wash pipe for sand washing】 可放到油管内进行冲砂的小直径管。某些情况下（如油管被卡死、井下有堵塞器、井架负荷不能承受起、下油管等），不能使用油管冲砂时，为了清除砂堵，常采用冲管冲砂。用冲管冲砂可以不拆井口、不起下油管。根据工作方式的不同分为悬挂堵塞器式冲管冲砂和逐渐加深冲管冲砂两种。

（于乐香）

【正冲砂 direct sand clean out】 冲砂液由冲砂管或油管泵入，被冲散的砂粒随砂液一起沿油套环空返至地面的冲砂方式。随着砂堵冲开程度增大，逐渐加深冲砂管。冲砂管不能下放过快，以免冲砂管插入砂中造成憋泵，在接单根或改罐等需要停止循环之前，必须进行较长时间的循环，以便把井筒内已冲起的砂粒带到地面，防止停止循环期间，这些砂粒沉降造成卡堵管事故。为了增大液流对砂堵的冲击力，可在冲砂管下端装上收缩管或喷嘴。冲砂管下端做成斜尖形，有利于防止下放过快而引起的憋泵事故。

正冲砂冲击力大，易冲散砂堵，但因油套环空截面积大，液流上返速度小，携砂能力低，易在冲砂过程中发生卡管事故，要提高液流上返速度必须提高冲砂液的用量。

（于乐香）

【反冲砂 reverse sand clean out】 冲砂液由油套环空泵入，被冲散的砂粒随冲砂液一起从油管返至地面的冲砂方式。反冲砂冲击力小，但液流上返速度大，携砂能力强。

（于乐香）

【正反冲砂 direct-reverse sand clean out】 结合正冲砂和反冲砂各自优点的冲砂方式。先用正冲砂方式将砂堵冲散，使砂粒处于悬浮状态，再迅速改为反冲砂方式，将冲散的砂从油管内返至地面的冲砂方式。正反冲砂可迅速解除较紧密的砂堵，提高冲砂效率。采用正反冲砂方式时，地面相应配套有改换冲砂方式的总机关。

（于乐香）

【联合冲砂 joint sand clean out】 冲砂管柱距底端一定距离处安装分流器的冲砂方式。分流器用以改变液流通道。冲砂液从油套环空进入井内，经分流器进入下部冲砂管冲开砂堵，被冲散的砂粒随同液体先从下部冲管与套管环空返至分流器后，再进入上部冲砂管内返至地面（见图）。

联合冲砂可提高冲砂效率，既具有正冲砂冲击力大的优点，又具有反冲砂返液流速高、携带能力强的优点，同时又不需要改换冲洗方式的地面设备。

在冲砂过程中应注意中途不可停泵，以免冲起的砂粒沉降而卡住或堵死冲砂管；应尽量保持进出口液流量大致平衡，防止井喷或冲砂液向油层漏失而损害油层；应逐渐加大冲砂深度，不能太快或一次加深过多，以免使冲砂管插入砂体内发生砂堵、憋泵等事故。

（于乐香）

联合冲砂管柱示意图

【负压冲砂 negative pressure sand washing】 在井内建立低于储层压力的"负压"，依靠冲砂液冲散井内积砂并带出井的冲砂方法。又称混气泡沫冲砂。它是把水泥车和压风机在井口并联，分别打出的泡沫液和气体在三通处混合后打入井内形成密度较小的泡沫，从而使井筒液柱压力低于地层压力，达到漏失井段后不伤害油层，且有一定排液解堵作用的目的。泡沫液石油由0.5% ABS起泡剂和0.2%Na_2CO_3稳定剂及水混合而成，泡沫液与高压气体混合后就形成了泡沫。优点是能保护地层，缺点是工艺相对复杂，压力较高、易发生井喷。

（于乐香）

防蜡、防垢与防腐

【油井结蜡 wax deposition】 采油过程中，随着温度、压力的降低及伴生气的逸出，地层原油中溶解的石蜡以结晶形式析出后沉积在油管壁上的一种现象。通常把开始有石蜡析出的温度称为析蜡温度。结晶析出的石蜡若未被油流带走，就会聚集长大成蜡晶体，沉积在油层孔隙、管壁或开采设备（例如深井泵、油管等）内，即出现结蜡现象。

一般沉积在油管壁上的蜡，除了含碳原子数为16～64的烷烃（$C_{16}H_{34}$—$C_{64}H_{250}$）外，还包括胶质、沥青和油质，是一种褐黑色固态或半固态混合物，有时其中还有泥砂和水等杂质。

影响地层析蜡的因素主要包括3个方面：原油的含蜡量、组分和原油中的表面活性物质；压力、温度和溶解气油比；原油中的杂质（砂粒和机械杂质）。

自喷井和抽油井的结蜡规律有所不同。自喷井主要是油管结蜡和地面油嘴结蜡。一般来说油管下部油流温度高，压力高，溶解气多，石油对蜡的溶解能力强。从某一位置开始，由于温度和压力的下降，导致油对蜡的溶解能力下降，越往上结蜡越严重，但接近井口时，结蜡减少，这是由于流动速度大，一部分蜡被流体带走所致。抽油井容易结蜡的位置是泵的吸入口处、固定阀座、阀球及油管等处。

油井结蜡后，会影响正常生产，严重时将导致油井停产。含蜡量高、油层温度较低的油藏在溶解气驱方式下开采时，在井壁附近的油层中亦可能出现结蜡，此时通常采用溶剂或热化学处理将蜡溶解。

（于乐香）

【石蜡 paraffin wax】 含碳原子数为16～64的烷烃（即$C_{16}H_{34}$—$C_{64}H_{130}$）组成的固相物质。纯石蜡为白色，略带透明的结晶体，密度880～905kg/m³，熔点为

49～60℃。在油藏条件下一般处于溶解状态，随着温度的降低其在原油中的溶解度降低，同时油越轻对蜡的溶解能力也越强。

（于乐香）

【析蜡点 wax precipitation point】 原油温度降低过程中，油中溶解的蜡开始析出的温度。原油中所含轻质馏分越多，蜡的初始结晶温度越低，其值主要随原油组成而变化。原油从井底流向井口的过程中，油流温度不断降低；而由于溶解气的脱出，蜡的初始结晶温度又不断提高。这样，当原油温度低于初始结晶温度后，便不断有石蜡结晶析出。

（于乐香）

【油井防蜡 wax control】 防止原油中所溶解的蜡以结晶形式不断析出并聚集增大、防止蜡在固体表面上的沉积的措施。常用的方法有热力法、化学法和机械法等，其防蜡原理包括三方面：保持和提高油流温度；抑制石蜡结晶的聚集；创造不利于石蜡在管壁上沉积的条件。常用的防蜡方法有热油循环、化学防蜡（参见化学清防蜡）、表面能防蜡、磁化器防蜡、固体防蜡剂防蜡、玻璃衬里油管防蜡及采用油管涂层防蜡等。

（于乐香）

【表面能防蜡 surface energy wax control】 在油管内表面加上一层光滑且亲水憎油的材料，造成不利于石蜡沉积的条件，达到防止石蜡沉积的方法。具体的方法主要有：

（1）在油管内壁衬一层玻璃衬里，具有亲水憎油、表面光滑的防蜡作用，特别是油井含水后油管内壁先被水润湿，油中析出的蜡就不容易附着在管壁上，同时内壁表面光滑，使析出的蜡不易粘附，比较容易被油流冲走，减缓了结蜡速度。但这种油管不耐冲击，运输和起下油管要求的条件苛刻，没有大面积推广，一般在自喷井和气举井上使用。

（2）在油管内壁涂一层固化后表面光滑且亲水性强的物质，其防蜡原理与玻璃衬里油管相似。最早使用的是普通清漆，但其在管壁上粘合强度低，效果差而逐渐被淘汰。应用最多的是聚氨基甲酸酯。涂料油管有一定的防蜡效果，特别是新油管便于清洗，涂层质量高，防蜡效果较好，但使用一段时间后，表面蜡清除不净，以及石油中活性物质可使管壁表面性质发生变化而失去防蜡效果。

（陈宪侃）

【磁化器防蜡 wax control by magnetic tool】 利用磁特性制成防蜡器下入井内的防蜡方法。利用磁场作用，使石蜡分子磁化后具有分散特性，不易聚结和沉积，达到防蜡目的的方法。

磁化器防蜡机理 主要有磁致胶体效应、氢键异变和"内晶核"。

（1）磁致胶体效应。原油经过磁化处理后，使本来没有磁矩的反磁性物质（石蜡），在磁场作用下，其分子形成电子环流（即电子的轨道运动状态发生了改变），在环流中产生了感应磁场，即诱导磁矩，干扰和破坏了石蜡分子中瞬间磁极的取向，使蜡分子在磁场作用下定向排列，作有序流动，克服了石蜡分子之间的作用力，破坏了形成石蜡晶体的规律。对于已形成蜡晶的微粒通过磁场后，削弱了石蜡分子结晶时的粘附力，抑制石蜡晶核的生成，阻止了石蜡晶体的生长与聚结，而且析出的蜡粒子细小而松散（粒子的尺寸小到胶体范围）。另外，在有相变趋势的原油中，磁场的作用促进了相变的发生，磁场通过对带电粒子的作用，使纳米至微米这个尺度内的颗粒，表面形成双电层，使粒子成亚稳状态，以较稳定的形式存在，不易聚结，并且有"记忆"效应。在井筒条件下"记忆"效应比较短，磁防蜡器的有效距离只有300~1000m。

（2）氢键异变。对于那些能够在分子间或分子内产生氢键的分子而言，氢键很大程度上抑制着其互相作用的大小和性质。凡是具有极性原子的物质对磁场的作用都比较敏感。当磁场强度比较弱时，不足以打断氢键，但它可以使其价电子发生新的取向造成缔合分子间新的排列组合，这样就产生了改变氢键形态的可能性，使其发生弯曲、扭动，改变其键角或键的强度。磁场作用很弱，发生扰动的程度与磁场强度、磁场的方向、磁场梯度、磁处理时的流速（即作用时间）均有密切关系。对不同碳数的石蜡而言，碳数越高要求的磁场强度、磁场方向、磁场梯度越强，磁处理时间越长。

（3）"内晶核"原理。依靠磁场作用改变晶核的形成过程，使晶体凝聚成大而松散的颗粒，易于被液流带走减少蜡的沉积。

磁化器防蜡效果在各油田差异很大，磁防蜡技术还需要针对不同性质的蜡性，研究磁场参数（磁场强度、磁场梯度、作用时间、有效距离等）及磁处理方式的优化，才能获得好的效果。

<u>磁防蜡器类型</u> 主要有电磁式和永磁式两大类。在油井应用中，无论是自喷井或抽油井，电磁式装置操作比较复杂，投资高，耗能高，很少应用。永磁式防蜡器是采用由永磁体构成磁场方式，不需要电源等附属设备，安装使用方便。中国主要使用永磁式防蜡器。永磁式防蜡器又分外磁式和内磁式两种，每种又以其连接方式、使用温度和场强不同而自成系列。内磁式防蜡器有梯度磁场型和加中心杆型。外磁式防蜡器只有一种形式，内外径相同，其差别只是长度不同，因而磁感应强度各异，且极限载荷也有所差异。外磁式防蜡器结构轻巧，可直接卡装在输油管（或油管）的外围，与铁管形成闭合磁路，使磁化区域内的铁管壁达到磁饱和后，在管内形成与流体方向一致的磁场，当介质通过磁化区域时产生旋进，提高了切割次数，而且有利于分子极化。

（陈宪侃）

【固体防蜡剂防蜡 solid inhibitor wax control】 将固体防蜡剂装入防蜡装置内下入井中适当部位，油流通过防蜡剂时达到防蜡目的的方法。

固体防蜡剂主要由高分支度的高压聚乙烯、稳定剂和 EVA（乙烯—醋酸乙烯酯聚合物）组成。可以制成粒状，或混溶后在模具中压成一定形状（如蜂窝煤块状）的防蜡块置于油井一定的温度区域或投入井底，在油井温度下逐步溶解而释放出药剂并溶入油中。作为防蜡剂用的聚乙烯要求相对分子质量高于 5000，低于 30000，最好为 20000 左右，相对密度为 $0.86 \sim 0.94$，熔点在 $102 \sim 127 ℃$ 之间且结晶比较少，或非结晶型为宜。

防蜡剂中的 EVA 具有与蜡结构相似（$-CH_2-CH_2-$）$_n$ 链节，又具有一定数量的极性基团，溶于原油中，在冷却时与原油中的蜡产生共晶作用，然后通过伸展在外的极性基团抑制蜡晶的生长，而溶解在原油中的聚乙烯，在油温降低时会首先析出，成为随后析出的石蜡结晶中心，蜡的晶粒被吸附在聚乙烯的碳链上，分支的空间障碍和拦隔作用也阻碍蜡晶体的长大及聚结，并减少 EVA 与蜡晶体之间的黏结力，从而使油井的结蜡减少，达到防蜡的目的。使用固体防蜡剂防蜡，其优点是作业一次防蜡周期较长（一般防蜡周期可达到半年左右），成本较低。其缺点是防蜡剂对油品的针对性较强，原油的析蜡点不同，防蜡剂的配方必须根据油井情况具体筛选。

（陈宪侃）

【玻璃衬里油管防蜡 wax control by glass liner tubing】 油管内壁衬上或搪一层厚度为 $0.4 \sim 1.5 mm$ 玻璃的防蜡方法。油管接箍处放置与油管内径相同，并衬有玻璃的钢环。利用玻璃表面光滑及亲水憎油的性质，使蜡不易沉积在管壁上，从而起到防蜡作用。

（于乐香）

【涂层防蜡 wax control coating】 在油管内壁涂上一层固化后表面光滑而且亲水性强的物质的防蜡方法。其作用是改善管壁的润湿性和增加光滑程度，使蜡不易在管壁表面上沉积。近年来由于广泛开展防蜡涂料的研究，提出许多有机涂料配方，其中应用较多的是聚氨基甲酸酯。

（于乐香）

【油井清蜡 well wax removal】 为了维持油井正常生产而将粘附在油管管壁、深井泵、抽油杆等设备上的蜡清除采取的措施。清蜡方法有机械清蜡、热力清防蜡、电热清防蜡、热化学清蜡及化学清防蜡等。

（于乐香）

【**机械清蜡** mechanical wax removal】用专门工具刮除管壁上的蜡,并靠液流把蜡带至地面的清蜡方法。自喷井常用工具有 刮蜡片、清蜡钻头 等。结蜡不太严重时用刮蜡片;结蜡很严重,但尚未堵死的则用麻花钻头;如已堵死或蜡质坚硬的则用毛刺钻头。分为自喷井机械清蜡和有杆泵抽油井机械清蜡。

自喷井机械清蜡　利用刮蜡绞车或通井机将专门的刮蜡工具或清蜡工具下入井内,把附着于井下装备上沉积的蜡清除掉,同时这些碎蜡被油流携带出地面,确保油管畅通。这是一种既简单又直观的清蜡方法。

合理的清蜡制度必须根据每口油井的具体情况来制定。首先要掌握合理的清蜡周期,使油井结蜡能及时刮除,保证压力、产量不受影响。清蜡深度一般要超过结蜡最深点或析蜡点以下50m。机械刮蜡设备见图1,主要包括绞车、钢丝、扒杆、滑轮、防喷盒、防喷管、钢丝封井器、刮蜡片和铅锤。刮蜡片结构见图2,依靠铅锤的重力作用向下运动刮蜡,上提时靠绞车拉动钢丝经过滑轮拉刮蜡片上行,如此反复定期刮蜡,并依靠液流将刮下的蜡带到地面,达到清除油管积蜡的目的。采用刮蜡片清蜡时要摸准结蜡周期,使油井结蜡能及时清除,不允许结蜡过厚,造成刮蜡片遇阻下不去,而且结蜡过多也容易发生顶钻事故,机械清蜡要保证压力、产量不受影响,否则必然是结蜡过多,影响刮蜡作业。

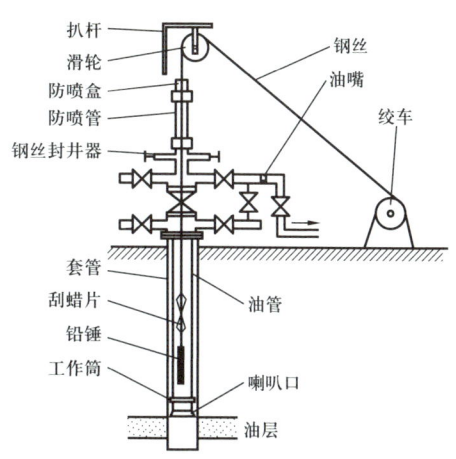

图1　自喷井刮蜡片清蜡装置

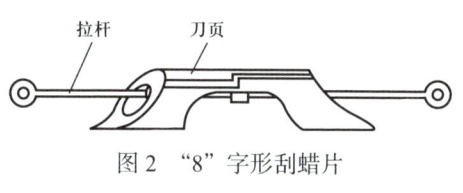

图2　"8"字形刮蜡片

当油井结蜡相当严重时,下刮蜡片已经有困难,则应改用钻头清蜡的办法清除油井积蜡,使油管内通径达到刮蜡片能顺利地起下时则可改回刮蜡片清蜡。钻头清蜡的设备与刮蜡片清蜡设备类似,其不同点是将图中绞车换为通井机,钢丝换为钢丝绳,扒杆换为清蜡井架,防喷管改为10m以上的防喷管,钢丝封井器换为清蜡闸门,铅锤换为直径32～44mm的加重杆(一般是用地质钻杆,内部灌铅),下接清蜡钻头。

有杆泵抽油井机械清蜡　在抽油杆上安装尼龙刮蜡器,抽油杆上下运动时,通过限位器带动尼龙刮蜡器上下运动,从而不断地清除抽油杆和油管上的结蜡。

刮蜡器的行程是靠固定在抽油杆上的限位器的间隔距离控制的，限位器的距离要稍小于 1/2 冲程长度（要考虑抽油工作制度中可能使用的最小冲程）。尼龙刮蜡器要在整个结蜡段上安装，但是它不能清除抽油杆接头和限位器上的蜡，还要定期辅以其他的清蜡方式，如热载体循环洗井、热化学清蜡等措施。

（陈宪侃）

【刮蜡片 wax cutter】 用以清除油管上所沉积蜡的工具，呈"8"字形，用无缝钢管或油管加工而成。刮蜡片的拉杆，上端和下端各有一个环，上端的环和钢丝相接，下端的环与铅锤相连，用绞车下入井内。使用时要根据油管直径正确地选择刮蜡片直径。还有一种不用绞车和钢丝的变径刮蜡片，又称飞刀刮蜡片，其上有活动叶片，叶片收缩后靠自重下行到油管底部，便自动张开，当其被液流冲到井口后又自动收缩。如此往复便可及时清除管壁上的蜡，但这种自动刮蜡片仅适用于自喷能力强的油井。

（于乐香）

【抽油杆刮蜡器 rod scraper】 抽油井中安装在抽油杆上用于清除抽油杆和油管结蜡的机械清蜡工具。有两种类型，较常用的一种是塑料制成的刮蜡器，装在结蜡部位的每节抽油杆上，利用液流能量使其在抽油杆上下旋转以刮去油管壁和抽油杆上的蜡；另一种则是固定在抽油杆上的叶片状刮蜡器，在抽油过程中，利用抽油机的往复运动，带动装在井口的抽油杆柱旋转器使抽油杆柱顺时针旋转，刮蜡器在随抽油杆柱做上下往复和旋转运动时，刮去油管壁上的蜡。目前后者已被前者所代替。

（于乐香）

【尼龙刮蜡器 nylon wax scraper】 一种采用尼龙制成，安装在抽油杆上，用于清除油管和抽油杆上结蜡的清蜡工具。结构见图，表面亲水不易结蜡、摩擦系数小、强度高、耐冲击、耐磨、耐腐蚀，一般是铸塑成型，不需机械加工，制造方便。其高度多为 65mm，值得注意的是，螺旋槽要有一定的夹角以保证油流冲击螺旋面时，产生足够的旋转力，使尼龙刮蜡器在上下运动时同时产生一定的旋转动作。尼龙刮蜡器成圆柱体状，外围有若干螺旋斜槽，斜槽的上下端必须重叠，以保证油管内圆 360° 都能刮上蜡，斜槽作为油流通道，其流通面积应大于 12.17cm^2，为 44mm 深井泵游动阀座孔面积的 3.2 倍以上。尼龙刮蜡器内径大于抽油杆外径 1mm，外径比油管内径小 4mm。在抽油过程中，做往复运动的抽油杆带动刮蜡器做上下移动和转动，从而不断地清除抽油杆和油管上的结蜡。刮蜡器的行程取决于固定在抽油杆上的限位器的间隔距离，限位器的距离要稍小于 1/2 冲程长度（要考虑抽油工作制度中最小冲程）。尼龙刮蜡器要在整个结蜡段上安装，但是不能清除抽油杆接头和限位器上的蜡。

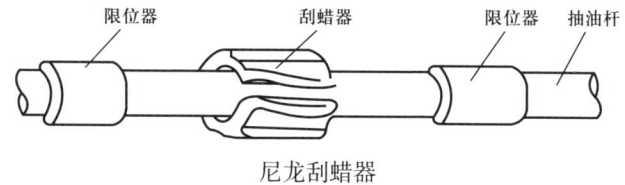

【清蜡钻头 wax removal bit】 在结蜡比较严重的油井中，清除管内壁厚蜡沉积所用的钻头。常用的有麻花钻头和矛刺钻头两种（见图）。通常油井尚未堵死时用麻花钻头，单旋麻花钻头带蜡性能没有双旋麻花钻头好，后者既能刮蜡又能将部分蜡带出地面。但是，结蜡非常严重时麻花钻头下不去，这时就要使用矛刺钻头，将蜡打碎，然后用刮蜡钻头将蜡带出地面。麻花钻头是用约 5mm 钢板扭成麻花形状，长度约 1m，端部磨尖，便于楔入蜡内，钻头上部接有活环，清蜡过程中可以旋转。矛刺钻头的特点是在其四周有铁刺，适用于结蜡严重的井。为了将清蜡钻头下入井中，需用 9.525mm（$^3/_8$in）～12.7mm（$^1/_2$in）的钢丝绳和专门的机动绞车。

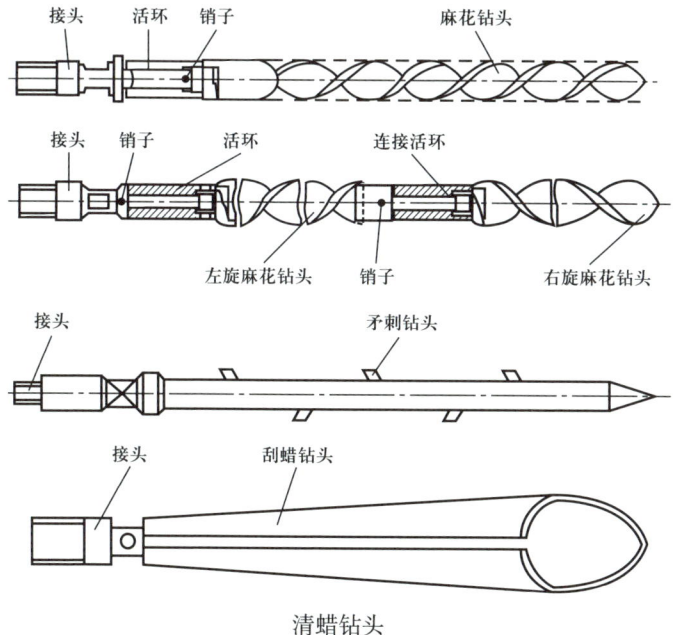

（陈宪侃）

【清蜡绞车 paraffin removal winch】 在自喷井内，用钢丝起下刮蜡器进行清蜡的地面绞车。可分手摇式、电动式和机动三种。用钢丝绳下放清蜡钻头清蜡时，常用装在汽车上的机动绞车。手动和自动清蜡绞车则是用钢丝下入刮蜡片。自动清蜡绞车主要由电动绞车、自动变向开关和自动安全保护装置三部分组成。

（于乐香）

【热力清防蜡 thermal methods of wax removal and control】 用热力的方法阻止蜡结晶沉积或将蜡溶解的方法。利用热能提高抽油杆、油管和液流的温度，当温度超过析蜡温度时，起防止结蜡作用。当温度超过蜡的熔点时，起定期清蜡作用。一般常用的方法有热载体循环洗井、井下自控热电缆清防蜡、电热抽油杆清防蜡和热化学清蜡等。

（陈宪侃）

【热载体循环洗井 remove wax by heating carrier circulation】 利用定期循环洗井的热载体将井内温度提高到蜡的熔点以上，将沉积的蜡清除掉的方法。

一般采用热容量大、对油井伤害小、经济性好而且比较容易得到的载体，如热油、热水等。用热洗清蜡车将热能带入井筒中，提高井筒温度，超过蜡的熔点使蜡熔化达到清蜡的目的。一般有两种循环方法：一种是油套环形空间注入热载体，反循环洗井，边抽边洗，热载体连同产出的井液通过深井泵一起从油管排出，见图1；另一种方法是空心抽油杆热洗清蜡，它是将空心抽油杆下至结蜡深度以下50m，下接实心抽油杆，热载体从空心抽油杆注入，经空心抽油杆底部的洗井阀，正循环，从抽油杆和油管环形空间返出，见图2。

第一种方法洗井液经过泵，可以清除泵内的蜡和杂物，其缺点是热效率低，用的洗井液多，而且洗井液经过深井泵抽出影响时率，对敏感性油层还可能造成伤害。后一种方法热效率高，用的洗井液少，而且洗井液不通过深井泵抽出，不影响时率，洗井液不与油层接触，不存在伤害问题。第二种方法还不够成熟，主要是洗井阀故障较多，同时洗井液不通过深井泵，不能解除深井泵的故障问题。

井下散热和热传导的条件很复杂，热洗设计计算公式都是在很多假设条件下推导出来的，计算结果不够准确。矿场一般采用经验计算方法，据统计采用反循环热洗时热效率取50%，采用空心抽油杆正循环热洗时热效率取80%。根据油井结蜡速度估计结蜡量，以此计算熔化这些蜡所需要的热量，确保清蜡深度以上最低温度超过蜡的熔点。设定洗井温度计算洗井液数量，或设定洗井液数量计算洗井液温度。在压力允许的条件下尽可能提高排量，但是在刚开始洗井时，温度和排量都不宜太高，防止大块蜡剥落，造成抽油系统被卡事故，一般要待循环正常后方能提高温度和排量。

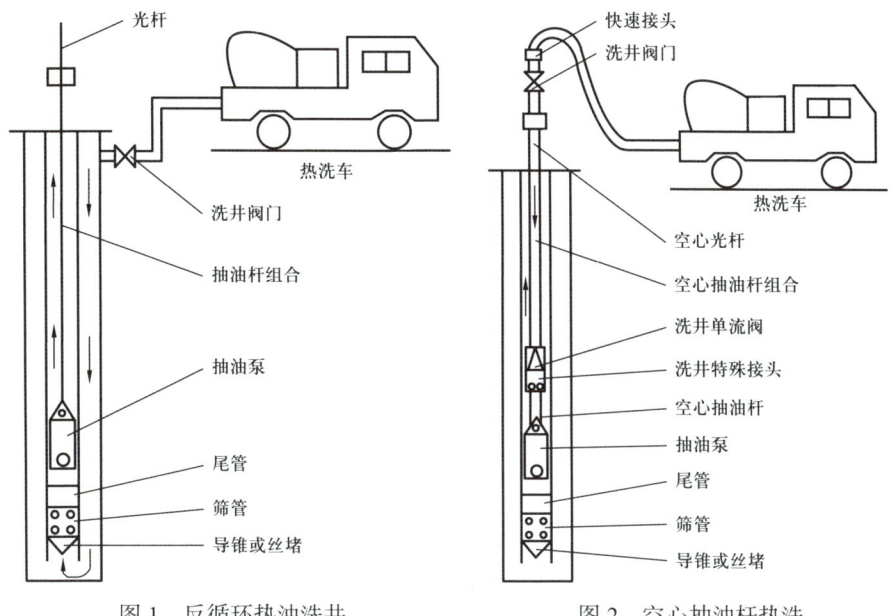

图1 反循环热油洗井　　　图2 空心抽油杆热洗

（陈宪侃）

【热洗清蜡车 heating washing wax truck】 装有洗井泵和加热炉的车载热洗清蜡特种车辆。采用汽车发动机作为动力，经液压传动系统带动鼓风机，给加热炉供风，同时带动三柱塞泵将洗井液经加热炉加热后供热洗用（见图）。利用汽车变速器不同挡位和不同柱塞直径，可提供的排量为4.5～40m³/h，压力为3.5～5MPa。

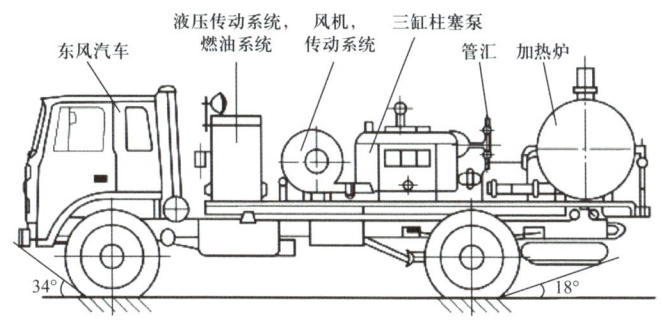

热洗清蜡车结构简图

（陈宪侃）

【井下自控热电缆清防蜡 wax removal and control with downhole self-control heating cable】 利用井下自控热电缆通电后将井下温度控制在析蜡点以上，阻止石蜡析出的一种防蜡方法。

自控热电缆内部为两根相距约 10mm 平行导线，两导线间有半导电的塑料层，是发热元件（见图）。电流由一根导线流经半导电塑料至另一根导线，半导电塑料因而发热。该半导电塑料有热胀冷缩的特性从而改变其电阻，造成随温度不同半导电塑料通过的电流大小就会随着温度而变化，以此自动控制发热量，保持井筒内恒温。当温度达到析蜡温度以上时，则起防蜡的作用，但要连续供电保持温度。作为清蜡措施，可下入自控热电缆后按清蜡周期供电加热至井筒温度超过熔蜡温度。可根据井筒原油温度剖面选择自控电缆规范，根据井筒内原始温度剖面确定结蜡深度，一般取大于析蜡点 2～4℃，据此初定自控热电缆长度和型号。

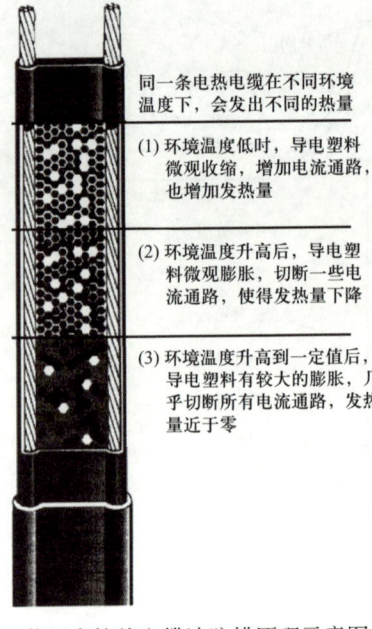

井下自控热电缆清防蜡原理示意图

（陈宪侃）

【**电热清防蜡** electrothermal paraffin removal and control】 常用油井热电缆或井下电热器，将电能经油管或抽油杆转变为热能给油流加热，使石蜡不从油中析出并可熔解已沉积在管壁上的蜡，进行防蜡和清蜡的方法。常用的方法有电热电缆防蜡、电热抽油杆清防蜡等。

（于乐香）

【**电热抽油杆清防蜡** wax removal and control by electric heating sucker rod】 利用空心抽油杆内置电缆，通电加热提高油管内温度进行清蜡或防蜡的一种方法。分为单相集肤效应电热抽油杆清防蜡和三相电热抽油杆清防蜡。这两种方法都要将电缆装在空心抽油杆之中，利用电热抽油杆通电保持井筒内恒温。当温度达到析蜡温度以上时，则起防蜡的作用，但要连续供电保持温度。作为清蜡措施，可按清蜡周期供电加热至井筒温度超过熔蜡温度。根据井筒内原始温度剖面确定结蜡深度，一般取大于析蜡点 2～4℃ 的深度作为清蜡深度。按井筒原油温度剖面计算设计电热抽油杆参数。

单相集肤效应电热抽油杆清防蜡 将空心抽油杆内置单芯电缆，利用空心抽油杆的集肤效应作为回路，提高油管内温度进行清、防蜡。这是最早使用的电热抽油杆清防蜡方法，它由变扣接头、终端器、空心抽油杆、整体单相电缆、传感器、空心光杆、悬挂器等零部件组成电热抽油杆，它与防喷盒、二次电缆、电控柜等部件组成电加热抽油杆装置。将三相交流电源，取其中一相经过控制柜与抽油杆内的单相电缆相连，通过空心抽油杆底部的终端器构成回路，在电缆线和杆体上形成集肤效应（空心抽油杆外径电压为零）使空心抽油杆发热。电热抽油杆控制柜分为 50kW 和 75kW 两种。电缆截面积为 25mm^2，额定电压 380V，额定电流 125A。可按抽油杆设计方法来选择空心抽油杆。这种方法使用单相电源，造成电网三相不平衡，影响电网效率，使用较少。

三相电热抽油杆清防蜡　将空心抽油杆内置三芯电缆，通电后提高油管内温度进行清、防蜡。这是在总结单相集肤效应电热抽油杆清防蜡方法的优缺点的基础上改进而成的一种电热清防蜡方法。它由变扣接头、终端器、空心抽油杆、整体三相发热电缆、传感器、空心光杆、悬挂器等零部件组成电热抽油杆，它与防喷盒、二次电缆、电控柜等部件组成电加热抽油杆装置。将三相交流电接入三相电热电缆，自成回路，电缆本身发热保持井筒内恒温。当温度达到析蜡温度以上时，则起防蜡的作用，但要连续供电保持温度。作为清蜡措施，可按清蜡周期供电加热使井筒温度超过熔蜡温度。根据井筒内原始温度剖面确定结蜡深度，一般取大于析蜡点 2～4℃的深度作为清蜡深度。按井筒原油温度剖面计算设计电热抽油杆参数。

（陈宪侃）

【井下电热器 down-hole electric heater】　一种安装在油管下部用于加热油流的电—热转换器。有电阻式和感应式两种，一般用电缆供电，也曾用油管作为供电导体或直接作为发热体，但耗电量大，井下绝缘不易解决。

（于乐香）

【井筒热循环 hot fluid circulation】　在结蜡严重或高凝固点及稠油井上，用提高井内油流温度，防止石蜡沉积和原油凝固或降低稠油黏度，以维持油井正常生产的措施。循环方式有开式和闭式两种。前者大多是利用油井自身产的原油，经过脱气和加热后使一部分油进入油套管环形空间，从井下进入油管与地层产出液混合后返出地面。闭式循环则是将专门的热载体（油或水）在地面加热后，在筒内进行循环，而不与油井产出液混合。为此，在油、套管之间必须增加一套循环管柱。对高含蜡原油要求井筒油流的最低温度保持在析蜡点以上，对高凝原油则要求高于原油的凝固点。有的结蜡井上常采用开式定期热循环称热洗，其目的是清除沉积在油管上的石蜡。它要求将油流温度提高到石蜡的熔点以上，其热流体为原油、地层水、活性水或蒸汽。

（于乐香）

【**热化学清蜡** heating chemical wax removal】 利用化学反应产生的热能来清除蜡堵的方法。为了清除井底附近油层内部和井筒沉积的蜡，曾采用过热化学清蜡方法，例如氢氧化钠、铝、镁与盐酸作用产生大量的热能。具体在实施热化学清蜡的操作过程中，需要将两种药液用两台泵车（双液法）按比例从环形空间和油管或连续油管等按一定配比注入。在油井射孔段上方附近进行反应使其温度急剧上升。但是要特别注意，套管内不能注入任何带腐蚀性的液体，以保护套管。该反应由于是瞬间完成达到热峰值，因而两台泵车在施工过程中不能有任何失误，否则就容易发生事故，这是热化学清蜡法的缺点。为此，后来在反应催化剂方面进行了深入的研究，研制出各种类型的催化剂可以控制热化学反应开始发生的时间。根据施工的需要选用不同的催化剂，使开始反应的时间在 10min～6h 内随意进行调整。由于新催化剂系列的开发，单液法施工已成为可能，进行热化学清蜡施工时也可以只使用一台泵。

用上述方法产生的热量清蜡，不但不经济，效率也低，而且有不同程度的腐蚀性。很少单独用此清蜡，常与热酸处理联合使用。

（陈宪侃）

【**化学清防蜡** wax removal and control by chemical agent】 用化学药剂对油井进行清蜡和防蜡方法的总称。

化学防蜡机理 原油中蜡的熔点随蜡的碳数增高而上升，如 $C_{16}H_{34}$ 的熔点为 15.6℃，$C_{25}H_{52}$ 熔点为 53.9℃，$C_{60}H_{122}$ 的熔点就高达 99.4℃。原油中结出的蜡不是单一纯净的化合物，而是多种化合物的混合物。它们相互混合在一起，会导致各个纯净化合物的熔点有不同程度的降低。随着油井中原油向井口流动，其温度不断降低，熔点比较高的高碳数蜡会首先结晶析出，形成结晶中心，随后较低碳数的蜡也会不断结晶析出，这是不可改变的自然规律。化学防蜡不是抑制蜡晶的析出，而是改变蜡晶的结构使其不形成大块蜡团并使其不沉积在管壁上。蜡在结晶过程中首先要有一个稳定的晶核存在（这种晶核通常是高碳蜡的聚集体），这个晶核就成为蜡分子聚集的生长中心。随着原油温度的降低，越来越多的蜡分子从原油中沉积出来，沉积的蜡分子浓度也会越来越大，而使蜡晶增长。蜡从原油中结晶析出后，就有可能在管壁表面直接生长，或者油中的蜡晶彼此结合，并在金属表面堆积。解决沉积的办法也有两种：一种办法是使用一种（或多种）物质能在金属表面形成一层极性膜以改变金属表面的润湿性为亲水性，使蜡不易沉积。另一种办法是加入一种（或多种）物质使其改变蜡晶结构或使蜡晶处于分散状态，彼此不互相叠加而悬浮于原油中，这类物质就

是通常所说的蜡晶改进剂和蜡晶分散剂，防蜡剂就是基于上述原理而研制开发的。常用的防蜡剂有：

（1）抑制蜡晶增长的防蜡剂。例如胶质和沥青质（特别是沥青质），它们实际上是一种天然的、非常有效的蜡晶改进剂。当原油中胶质和沥青质达到一定浓度后，原油中析出的蜡晶是以散离的颗粒状存在，彼此聚集在一起的趋势非常小。

（2）与蜡晶结合在一起而干扰蜡晶生长的防蜡剂。这类化学剂最典型的代表就是乙烯—醋酸乙烯酯聚合物（EVA），这类化合物通常与蜡形成共晶体而阻碍蜡晶的相互结合和聚集。

（3）破坏蜡分子束形成的防蜡剂。防止晶核的形成，当然也就改进了蜡晶的结构，防止了原油中蜡的叠加和沉积，聚乙烯就是这类蜡晶改进剂的典型代表。

化学清蜡机理　利用各种溶剂，将已结出的蜡溶解，随产出液带出地面。化学清防蜡剂有油基清防蜡剂、水基清防蜡剂和水包油型清防蜡剂三种液体型清防蜡剂，此外还有一种固体防蜡剂。

化学清防蜡加药方式　采用化学药剂清防蜡时，不但要对不同的原油和石蜡性质筛选最优的清防蜡剂配方，而且很关键的技术是要保证清防蜡剂不间断地在原油中保持设计的配方和浓度，只有这样才能有效地解决石蜡的结晶和沉积问题，达到清防蜡的目的。现场往往发现筛选出的配方、浓度和用量在室内实验时效果很好，而现场实施效果并不理想，甚至无效，主要原因一是配方放大样时失真，二是加药方法不当，使部分时间内原油中没有保持设计的配方和浓度，不能起到清防蜡的作用。化学药剂清防蜡必须根据油井状况和结蜡情况，采用合适的加药方法，来保证充分发挥清防蜡剂的清防蜡效果。总的原则是防蜡时要保证防蜡剂始终按设计配方不间断地与原油和石蜡接触，清蜡时要保证清蜡剂有一定时间与石蜡接触，使石蜡溶解和剥离，为此要根据不同情况采取不同的加药方法。

（陈宪侃）

【油基清防蜡剂　oil-base wax removal and control agent】　一种能起到清防蜡作用的油溶性的化学药剂。现场使用的油溶型清防蜡剂配方很多，主要由有机溶剂、表面活性剂和少量聚合物组成。例如大庆Ⅱ号清防蜡剂的配方为铂重整塔底油30%、120号直馏溶剂汽油66.6%、聚丙烯酰胺0.3%、T—渗透剂0.3%。其中有机溶剂主要是将沉积在管壁上的蜡溶解，加入表面活性剂的目的是帮助有机溶剂沿沉积蜡中的缝隙和蜡与油井管壁的缝隙渗入进去以增加接触面，提高溶解速度，并促进沉积在管壁表面上的蜡从管壁表面脱落，使之随油流带出油井。部分油溶型清防蜡剂加入高分子聚合物的目的是希望聚合物与原油中首先析出的蜡晶形成共晶体。所加入的聚合物具有特殊结构，分子中具有亲油基团，同时也具有亲水基团，亲油基团与蜡共晶，而亲水基团则伸展在外阻碍其后析出的蜡与之结合成三维网目结构，从而达到降凝、降黏的目的，也阻碍蜡的沉积并收到一定的防蜡效果。油溶型清防蜡剂的优点有：对原油适应性较强，溶蜡速度快，加入油井后见效快；产品凝固点低，在冬季使用也很方便。其缺点有：相对密度小，对含水高的油井不太合适；燃点低，易着火，使用时必须有严格防火措施。

（陈宪侃）

【水基清防蜡剂 water-base wax removal and control agent】 一种能起到清防蜡作用的水溶性的化学药剂。由水和多种表面活性剂组成。现场使用的配方是根据各油田原油性质、结蜡条件不同而筛选出来的。在水中加入表面活性剂，常用的有磺酸盐型、季铵盐型、平平加型、聚醚型四大类，这种清防蜡剂可以起到综合效应。其中，表面活性剂起润湿反转作用使结蜡表面反转为亲水性表面，表面活性剂被吸附在油管表面上有利于石蜡从表面脱落，不利于蜡在表面上沉积，从而起到防蜡效果。表面活性剂的渗透性能和分散性能帮助清防蜡剂渗入松散结构的蜡晶缝隙里，使蜡分子之间的结合力减弱，从而导致蜡晶拆散而分散于油流中。水溶型清防蜡剂的优点是：相对密度较大，对高含水油井应用效果较好；使用安全，无着火危险。其缺点是：加入油井见效速度较慢。虽然现在水基清防蜡剂的凝固点可以达到$-30\sim-20℃$，但在严寒的冬季使用，其流动性仍然有待改进。

（陈宪侃）

【水包油型清防蜡剂 oil-in-water wax removal and control agent】 将油溶型清防蜡剂加入水和乳化剂及稳定剂后形成水包油乳状液的清防蜡剂。加入油井后，在井底温度下进行破乳而释放出对蜡具有良好溶解性能的有机溶剂和油溶性表面活性剂，从而起到清蜡和防蜡的双重效果。这种清防蜡剂的优点是具有油溶型清防蜡剂溶蜡速度快的优点，同时这种清防蜡剂的乳液外相是水，因而又像水溶型清防蜡剂那样使用安全、不易着火且相对密度较大。但缺点是在制备和贮存时必须稳定，而到达井下后在井下温度下必须立即破乳，这就对乳化剂的选择和对井底破乳温度有着严格的要求，制备和使用时间条件要求较高，否则就起不到清防蜡作用。

（陈宪侃）

【固体防蜡剂 solid wax control agent 】 一种形态为固体能起到防蜡作用的防蜡剂。主要由高分支度的高压聚乙烯、稳定剂和EVA（乙烯—醋酸乙烯酯聚合物）组成。可以制成粒状，或混溶后在模具中压成一定形状（如蜂窝煤块状）的防蜡块置于油井一定的温度区域或投入井底，在油井温度下逐步溶解而释放出药剂并溶入油中。作为防蜡剂用的聚乙烯要求相对分子质量高于5000，低于30000，最好为20000左右，相对密度为0.86～0.94，熔点在102～127℃之间且结晶比较少，或非结晶型为宜。

防蜡剂中的EVA具有与蜡结构相似链节 $[\text{—}CH_2\text{—}CH_2\text{—}]_n$，又具有一定数量的极性基团，溶于原油中，在冷却时与原油中的蜡产生共晶作用，然后通过伸展在外的极性基团抑制蜡晶的生长，而溶解在原油中的聚乙烯，在油温降低时会首先析出，成为随后析出的石蜡结晶中心，蜡的晶粒被吸附在聚乙烯的碳链上，分支的空间障碍和拦隔作用也阻碍蜡晶体的长大及聚结，并减少EVA与蜡晶体之间的粘结力，从而使油井的结蜡减少，达到防蜡的目的。使用固体防蜡剂防蜡，其优点是作业一次防蜡周期较长（一般防蜡周期可达到半年左右），成本较低。其缺点是防蜡剂对油品的针对性较强，原油的析蜡点不同，防蜡剂的配方必须根据油井情况具体筛选。

（陈宪侃）

【油水井防垢除垢 well scale control and removal 】 在油田开采过程中防止井内设备结垢和除垢的方法。只要有水存在，在适当的条件下就会产生相应的无机盐沉淀，这种沉淀产物即为油田垢，这类垢不但堵塞油层，而且堵塞油管或井下设备、卡死抽油杆、损坏井下设备。大致可分为近井地带结垢、设备内部结垢、注蒸汽热采因温度高结垢、注聚合物结垢和碱驱因pH值过高结垢等。

井筒结垢预测 油田结垢的预测是油田防垢工作中的一个重要环节，如果能准确地预测垢的形成，就能有针对性地采取防治措施，避免或减少结垢对生产造成的损害。大多预测方法是以常见的油田垢在水中的饱和度为基础，建立预测模型，依据温度、压力、pH值、水的组分等热力学参数，推导出经验公式。这些公式简便实用，在一定条件范围内有较好的准确性，在油田生产中应用较为普遍。常用的有碳酸钙垢预测方法、硫酸钙垢预测方法、硫酸钡垢预测方法和硫酸锶垢预测方法。随着油田结垢预测方法的深入研究，发现结垢条件比较复杂，地层流体在运移的不同部位都可能产生结垢。成垢环境变化，油、水、气是处于动态平衡状态中，用简单的数学公式处理这些问题比较困难。以热力学为基础，涉及离子特性、固体物质的溶解反应、气体物质在水相和油相中的溶解反应、沉淀反应、吉布斯自由能等，可建立较完善的结垢化学模型，编成计算机软件，已有一些预测软件在油田生产中应用。

井筒除垢防垢法　采油过程中针对结垢问题采取的除垢防垢方法主要有井筒化学防垢、井筒物理防垢和井筒化学除垢等。

📝 推荐书目

万仁溥.采油工程手册［M］.北京：石油工业出版社，2000.

（陈宪侃）

【**井筒化学防垢** wellbore chemical scale control】　使用各种化学剂防止井筒结垢的方法。主要是应用防垢剂抑制晶体垢盐的生成和聚集，达到防垢的目的。优选防垢剂的理论依据是防垢剂的作用机理。

防垢机理　主要有低限抑制机理、晶格畸变机理、螯合机理和静电斥力机理。

（1）低限抑制机理。垢盐在水中生成先是有晶种出现，继而晶种发育成小的晶体颗粒以及晶体颗粒聚集。防垢剂在水中是一种晶种的毒化剂，能抑制或阻滞晶种生成。水中缺少必要的晶种，垢盐就难以继续生长发育成积垢。这类防垢剂是抑制晶种的生成，与垢盐化合物分子之间不存在定量的化学作用，防垢剂用量很少就能起到很好的防垢效果，性能优良的防垢剂用量可以少到百万分之一。聚磷酸盐就属于这类防垢剂。

（2）晶格畸变机理。结垢的形成过程是晶种发展成底垢再发展成次生垢的连续生长发育过程。晶种出现以后若形成积垢，需要吸附在周围固体表面上而成底垢，这是晶种继续生长发育的依托，继续沉积各种垢盐形成次生垢，最终形成积垢。晶格畸变机理是防垢剂可使已生成的小晶体中毒，使晶体在不同轴向上的晶胞参数异变，晶体的正常生长发育受到干扰，难以吸附在固体表面上成为底垢，积垢的生成就失去了基础。这种防垢剂与垢盐之间不存在定量的化学反应，用量很少，属于高效防垢剂。

（3）螯合机理。由于螯合剂或络合剂这类化合物的分子中有两个或多个配位键，极易与水中的成垢阳离子形成稳定的可溶的络合物。水中失去或减少了成垢阳离子，垢盐生成的可能性也相应地减少。

（4）静电斥力机理。防垢剂在水中因解离作用而显负电，因而能吸附在垢晶的晶核或微晶的颗粒上，使得它们带有负电，形成静电斥力，起到分散作用，阻碍积垢生成。典型的如聚羧酸盐等。

防垢作业　有两类方式：一种是液体化学防垢，首先进行诊断搞清垢的类型和结垢条件，然后经过室内优化筛选配方后，采用循环加药使结垢部位始终保持防垢剂的配方成分，起到防垢作用。也可以采用挤注压裂法，将防垢剂被吸附或滞留在井底附近地层中，当流体经过时防垢剂会逐渐释放出来，起到防垢作用。这种方法要做到液体中始终保持防垢剂配方要求比较困难，使用效果并不理想。另一种是采用改变结垢条件，如调整 pH 值，使其偏酸性，达到防垢的目的。

（陈宪侃）

【井筒物理防垢 wellbore physical scale control】 用磁场、声波等物理方法防止结垢的方法。常用的有改变结垢条件防垢和磁防垢两类方法。（1）改变结垢条件防垢常用的有调整结垢部位的压力或温度，避开结垢的压力、温度范围，使垢晶不再析出。或利用改变表面性，一般憎水性表面垢不容易沉积，如利用涂料改变设备表面性等。（2）磁防垢机理是"磁致胶体效应"，即流体经磁场处理后，流体中析出的垢粒子细小且分散，其表面形成双电层，使垢晶不易聚积结垢。

（陈宪侃）

【井筒化学除垢 wellbore chemical scale removal】 通过化学剂的络合、螯合或吸附作用清除掉井筒结垢的方法。这是一种广泛应用的除垢方法。首先要落实被清除的垢属于哪种类型，然后针对垢型选择除垢剂，如清除 $CaCO_3$ 型的垢可选用 HCl 处理，生成水溶性的 $CaCl_2$，可以被水携带出地面。清除 $CaSO_4$ 型垢可先用 NaOH 处理，生成水溶性的 Na_2SO_4 和疏松状的 $Ca(OH)_2$，这些反应物都可以被水携带出地面。如果是处理油层结的 $CaSO_4$ 垢，因为 $Ca(OH)_2$ 会堵塞油层，还应当再用 HCl 处理，生成物 $CaCl_2$ 易溶于水而被带出地面。$BaSO_4$ 或 $SrSO_4$ 这类垢较难清除，处理油层结的这类垢还没有好的方法。对地面设备可采用转换法，即用过饱和 Na_2CO_3 溶液加热至沸腾的条件下浸泡，可使 $BaSO_4$ 或 $SrSO_4$ 转化为 $BaCO_3$ 或 $SrCO_3$ 再用 HCl 处理，生成可溶于水的 $BaCl_2$ 或 $SrCl_2$，随同水一起带出地面。

油田结的垢往往不纯，夹杂一些污染物，影响除垢剂与垢接触，化学除垢时应用清洗剂清除这些污染物。处理油层结垢应参照油气井酸化的要求实施，凡是使用酸液除垢的方法必须注意防腐措施。

（陈宪侃）

【结垢 scale deposit】 无机物质以晶体形式从水中析出、长大并与杂质共同在固体表面沉积的现象。在注水过程中，钙、镁、钡等矿物质因物理化学作用产生沉淀物，黏附在与之相接触的物体上。其危害是导致孔道堵塞、流体流动受阻，最终影响生产井的产油量。常见的垢有碳酸钙、硫酸钙、硫酸钡、硫酸锶和铁化合物等几种。

发生结垢的主要原因：一是油田水中含有高浓度易结垢盐离子，在采油过程中，因地层压力和温度变化打破了原先的物质平衡而形成垢；二是两种或两种以上不相容的水混合在一起，水中不同离子相互作用而生成垢。

结垢的主要影响因素有注入水（包括混合污水回注水）与储层水的成分及类型、压力、温度、水中含盐量、pH值。预防结垢应从保证注水水质入手，在污水处理过程中尽量少引入或不引入结垢离子，尽量降低各种结垢离子的浓度。同时，在尽量降低回注水中易结垢离子浓度的基础上加入适宜的防垢剂。

📝 **推荐书目**

赵福麟. 油田化学. 东营：石油大学出版社，2000.

（于乐香）

【**物理除垢** physics descaling】 用机械、水力射流等手段清除结在固体表面结垢的方法。机械除垢是指用钻头、刷等工具清除固体表面的结垢；高压水射流除垢是指利用高压柱塞泵和特殊设计的喷嘴产生强冲击力的水射流，清除固体表面的结垢。

（于乐香）

【**油水井防腐蚀** well corrosion protection】 在油水井中采取的各种防腐措施的总称。

油水井腐蚀机理 绝大多数采油设备都属于金属材料制件，而金属腐蚀是金属与周围环境的作用引起的破坏。影响金属腐蚀的因素很多，既与金属自身的因素有关，又与腐蚀环境有关。金属被腐蚀的机理，从热力学的观点看，是因为金属处于不稳定状态，它有与周围介质发生作用转变成金属离子的倾向。其腐蚀机理按腐蚀过程特点可分为金属化学腐蚀、金属电化学腐蚀和金属物理腐蚀。

油水井腐蚀类型及特征 根据金属腐蚀的基本特征，一般将金属腐蚀分为全面腐蚀和局部腐蚀两大类。全面腐蚀是腐蚀分布在整个金属表面上，这种腐蚀危险性相对较小，如果已知腐蚀速度，就可以推知使用寿命，并可以在设计时将此因素考虑在内。局部腐蚀主要集中在金属表面某一区域，其他部分几乎没有破坏，局部腐蚀类型很多。

井下腐蚀环境 井下腐蚀环境是多方面的，主要的有：油田水腐蚀、硫酸盐还原菌腐蚀、氢脆腐蚀。

防腐措施 腐蚀存在于油田生产系统的每个环节，造成腐蚀的因素千差万别。防腐措施首先要对被保护对象所处的环境以及腐蚀介质进行调查，抓住影响腐蚀的主要因素，做到对症下药。设计选用的任何一种防腐蚀技术，必须经过理论和实践证明行之有效，确保发挥防腐投资的最佳经济与社会效益。通常防腐蚀措施有：（1）正确使用金属材料。金属耐腐蚀性的好坏与金属热力学稳定性有关，其标准平衡电位越正，金属的稳定性越高，耐腐蚀性越强。（2）合理设计金属结构。结构形式尽量简单，减小溶液的停滞与积聚，防止残留液与沉积物腐蚀。（3）合理使用覆盖层。这种防腐措施在油田的腐蚀控制方法中占有十分重要的位置，它的主要作用是将金属与腐蚀介质隔离开达到防腐蚀的目的，一般在采油过程中对没有运动件的设备均采用覆盖层防腐。常用的有金属覆盖层和非金属覆盖层两种方式。

化学防腐　采用化学防腐，一种是使用缓蚀剂保护，这时整个系统中凡是与介质接触的金属体均可受到保护，这是任何其他防腐措施都不可比拟的。化学防腐是油田控制金属腐蚀的一种重要措施。

（陈宪侃）

【金属腐蚀 metal corrosion】　在周围介质的化学或电化学作用下，且经常伴有物理、机械或生物等因素的共同作用下金属产生的破坏。按腐蚀过程，一般可分为金属化学腐蚀和金属电化学腐蚀两类。按性质可分为湿腐蚀和干腐蚀两类。由于大气中普遍含有水，化工生产中也经常处理各种水溶液，因此湿腐蚀是最常见的，但高温操作时干腐蚀造成的危害也不容忽视。按腐蚀的形态可分为均匀腐蚀和局部腐蚀两种。在化工生产中，局部腐蚀的危害更严重。当然，腐蚀也有有利的一面，许多生产的工艺是利用腐蚀而进行的。

（于乐香）

【金属化学腐蚀 metal chemical corrosion】　金属与非电解质直接发生纯化学作用所引起的腐蚀。其反应历程的特点是在一定条件下，非电解质中的氧化剂直接与金属表面的原子互相作用而形成腐蚀产物。腐蚀过程中，电子的传递是在金属与氧化剂之间直接进行的，没有电流产生。

如果化学腐蚀所产生的化合物很稳定，即不易挥发和溶解，且组织致密、与金属母体结合牢固，那么这层腐蚀产物附着在金属表面上，对金属母体可以起到保护的作用，有钝化腐蚀的作用，称为钝化作用。

如果化学腐蚀所生成的化合物不稳定，即易挥发或溶解，或与金属结合不牢固，则腐蚀产物就会一层层脱落（氧化皮即属此类），这种腐蚀产物不能保护金属不再继续受到腐蚀，这种作用称为活化作用。

（于乐香）

【金属电化学腐蚀 metal electrochemical corrosion】 金属与电解质溶液产生电化学作用而发生的腐蚀。其特点是在腐蚀过程中有电流产生,它是金属表面产生原电池作用引起的,即合金表面两种金属在电解质溶液中,在水分子作用下,电位较低的金属会失去电子成离子状态溶于电解质溶液中,而电位较高的金属仅起传递电子的作用,使电解质溶液中的氢离子接受电子变成氢气逸出,而电位较高的金属本身不起作用。当金属离子与水分子的结合能力大于金属离子与其电子的结合力时,电位较低的金属离子就从金属表面跑到电解液中,形成了电化学腐蚀。

电化学腐蚀过程是由阳极反应过程、电子流动及阴极反应过程等三个环节组成,三者缺一不可。电化学腐蚀进行的过程必须具备下列三个条件:(1)同一金属上有不同电位的部分存在或不同金属之间存在着电位差;(2)阴极和阳极相互连接;(3)阳极和阴极处在互相联通的电解质溶液中。

(于乐香)

【金属物理腐蚀 metal physical corrosion】 金属由于单纯的物理溶解作用所引起的腐蚀。例如金属在高温熔盐、熔碱及液态金属中可发生物理腐蚀。

(于乐香)

【湿腐蚀 wet corrosion】 金属在有液态水的环境下发生的腐蚀。它是一种电化学反应,腐蚀过程中,金属表面形成一个阳极和阴极区隔离的腐蚀电池,金属在液态水中失去电子,变成带正电的离子,这是一个氧化过程,即阳极过程。同时,在接触液态水的金属表面,电子有大量机会被液态水中的某种物质中和,中和电子的过程是还原过程,即阴极过程。常见的阴极过程有氧被还原、氢气释放、氧化剂被还原和金属沉积等。随着腐蚀过程的进行,在多数情况下,阳极过程或阴极过程会因溶液离子受到腐蚀产物的阻挡,导致扩散被阻而腐蚀速度变慢,这种现象称为极化,金属的腐蚀随极化而减缓。

(于乐香)

【干腐蚀 dry corrosion】 金属在无液态水存在下的干气体中的腐蚀。一般指在高温气体中发生的腐蚀,常见的是高温氧化。在高温气体中,金属表面产生一层氧化膜,膜的性质和生长规律决定金属的耐腐蚀性。膜的生长规律可分为直线规律、抛物线规律和对数规律。直线规律的氧化最危险,因为金属失重随时间以恒速上升。抛物线规律和对数规律是氧化速度随膜厚增长而下降,较安全,如铝在常温氧化遵循对数规律,几天后膜的生长就停止,因此它有良好的耐大气氧化性。

(于乐香)

【均匀腐蚀 uniform corrosion】 均匀分布在整个金属表面的腐蚀。又称全面腐蚀。多数情况下，金属表面会生成保护性的腐蚀产物膜，使腐蚀变慢。有些金属，如碳钢在盐酸中发生的腐蚀即属此例。均匀腐蚀的危险性相对较小，因为若知道了腐蚀的速度，即可推知材料的使用寿命，并在设计时将此因素考虑在内。通常用平均腐蚀率（即材料厚度每年损失若干毫米）作为衡量均匀腐蚀的程度，也作为选材的原则，一般年腐蚀率小于1～1.5mm，可认为合用（有合理的使用寿命）。

（于乐香）

【局部腐蚀 local corrosion】 只发生在金属表面局部的腐蚀。其危害性比均匀腐蚀严重得多，它约占化工机械腐蚀破坏总数的70%，而且可能是突发性和灾难性的，会引起爆炸、火灾等事故。常见的有：

（1）小孔腐蚀。这种腐蚀破坏常集中在某些活性点上，并向金属内部深处发展，通常腐蚀深度大于其孔径，严重时可使金属穿孔。如不锈钢在含氯离子的溶液中常呈现这种破坏形式。

（2）电偶腐蚀。属电化学腐蚀，即凡具有不同电极电位的金属互相接触，并在一定的介质中所发生的腐蚀，如不锈钢与碳钢的连接处，碳钢在介质中作为阳极被腐蚀。

（3）氢脆。在某些介质中，因腐蚀或其他原因所产生的氢原子渗入金属内部，使金属变脆，并在应力作用下发生脆裂，如含硫化氢腐蚀。

（4）应力腐蚀。这种腐蚀在局部腐蚀中居首位。根据腐蚀介质的性质和应力状态的不同，裂纹特征会有不同，显微裂纹呈穿晶、晶界或两者混合形式，裂纹呈树枝状，其走向与所受拉应力方向垂直。如奥氏体不锈钢在热氯化物水溶液中常有应力腐蚀破裂发生。

（5）晶间腐蚀。发生在金属晶体之间界面上的腐蚀。首先在晶粒边界上发生，并沿晶界向纵深处发展。这时金属外观虽看不出什么变化，但其机械性能确已大大降低了。奥氏体不锈钢、铁素体不锈钢常出现这种腐蚀。

（6）选择性腐蚀。合金中某一组分由于腐蚀优先溶解到溶液中去，而另一种金属富集下来。如黄铜脱锌就是这类腐蚀。

（7）其他局部腐蚀。有缝隙腐蚀、沉积腐蚀、浓差电池腐蚀及湍流腐蚀等。

（陈宪侃 于乐香）

【防腐油管 anticorrosive tubing】 采用内衬、内外涂层耐腐蚀材料或用耐腐蚀材料制成的油管。在金属表面与腐蚀介质之间建立的隔离层称为防腐层。

（于乐香）

【腐蚀电位 corrosion potential】 金属在介质中未通过电流时所产生的电位。又称自然电位、自然腐蚀电位和自腐蚀电位。它是在没有外加电流时金属达到一个稳定腐蚀状态时测得的电位，是被自腐蚀电流所极化的阳极反应和阴极反应的混合电位，此时金属上发生的共轭反应是金属的溶解及去极化剂的还原。金属结构物的性质和土质都可能直接影响腐蚀电位，但这种影响不大，当测得腐蚀电位有变化且电位增大时，应考虑土层中有杂散电流存在。

（于乐香）

提高石油采收率

【提高石油采收率 enhanced oil recovery】 利用一系列技术手段，增加最终产出油量占油藏原始石油地质储量（OOIP）的份额。*石油采收率*的高低是衡量油田开发技术和经济水平的重要参数，油田自投入开发后应在每个开采阶段都研究、开发和实施一切可行的技术措施以提高石油采收率。提高石油采收率技术措施指自油田投产到枯竭所采取的增加石油可采储量的技术措施，包括各种驱动方法、吞吐方法和各种增产增注措施等。严格意义上讲，三次采油技术措施只指增加油田水驱后剩余油量的技术措施。实际上，许多油藏的开发过程并非按一次采油、二次采油、三次采油的阶段来进行。油藏不经过一次采油或二次采油而直接进行三次采油可以获得更高的最终采收率，经济上更具有吸引力。

研究内容 提高石油采收率是一项边沿科学技术，它综合了油藏工程、石油地质、物理化学、有机化学、高分子化学和物理、热力学、微生物学、渗流力学以及计算科学等基础科学。这一技术门类包含的主要研究内容为：（1）油藏精细描述及水驱后剩余油的研究、油层岩石及多孔介质内流体的物理化学性质的变化及其规律，为提高采收率方案的注采部署及动态观察和控制提供依据。研究剩余油测试与分布、宏观水洗状况、隙中油水存在状况及其分布，以便根据驱油机理选择驱油方法。（2）驱油剂的分子设计和合成工艺的研究，为油田提供适合的高效率的并且价格低廉的稳定工业产品。（3）驱油剂溶液物理化学性质是化学剂驱油成功的关键，包括驱油剂之间的相互作用和配伍及其溶液的物理、化学和生物作用下的稳定性，流变学特性、表面和界面动力学、界面电性、同油层流体和油层岩石的相互作用的研究等。（4）通过油层物理实验和物理模拟进行油层条件下驱油剂在多孔介质内驱油和流动状态模拟研究，评价和预测驱油效率，进行驱油剂配方的优选。（5）数学模拟预测，根据油藏精细描述、驱油机理、室内油层物理实验和溶液性质研究得到的数据和参数建立数学方程和油藏数学模型，采用相应的解析方法对所建立的模拟器进行运算，预测

驱油动态和驱油效果。(6)油田地质和工程技术研究，设计油田现场实施工艺程序、流程和方法，包括现场开发、现状分析、井网设计、开发过程历史拟合、注入方案设计、现场注入工艺流程和生产动态检测方法和实施细则。(7)环境保护研究，包括油层内和地面的污染防护，注入水水质要求和实现的技术方法、生产污水的治理和再利用循环。(8)风险分析和经济评价，在方案进行前对项目进行常规的风险评估和研究，在方案实施后根据取得的资料对项目进行技术和经济的最终评价，提出能否进行扩大试验或工业试验的建议。

研究方法　从传统意义上讲，除注水保持油藏压力以外，作为油田应用的提高石油采收率主要技术包括：(1)化学驱油技术（表面活性剂驱、聚合物驱、碱水驱、泡沫驱、化学复合驱等）。(2)气混相和非混相驱油技术（烃混相驱、二氧化碳驱、氮气驱、烟道气驱、非混相气驱、气水交替驱和混气水驱等）。(3)热力采油技术（蒸汽驱、蒸汽吞吐、热水驱、火烧油层开采等）。(4)微生物采油技术（微生物驱、微生物吞吐等）。(5)物理法采油技术（波动采油技术、注磁化水采油等）。(6)特殊油田开采技术（露天开采法等）。从广义上讲，还包括油井层内深部堵水、水井调整吸水剖面和油层深部改变水流方向、增加渗滤面积的水平井技术等也常列入油田提高石油采收率技术范围。

（杨承志　于乐香）

【**石油采收率** oil recovery】　在某一经济极限内在现代工艺技术条件下，油藏累积产油量与其原始石油地质储量的比值，或油气田可采储量与原始地质储量的比值，以百分数表示。石油采收率是油田的油藏地质性质、油藏流体性质和相应开采措施的综合指标。该比值取决于驱油剂在油藏中宏观波及的储层体积占井网控制的油藏体积的分数和驱油剂在波及的油藏岩石孔隙中驱出的石油体积占原始储藏的石油体积的分数。石油采收率不仅是油田开发水平和经济效益的重要指标，而且是计算石油可采储量的重要参数。

几种石油采收率概念　在油田生产过程中，有几种不同石油采收率概念：

（1）无水石油采收率。无水采油阶段采出的油气量与原始石油地质储量的比值。

（2）阶段石油采收率。油气田在某一开采阶段采出的累计油气量与原始石油地质储量的比值，例如一次、二次和三次采油采收率。

（3）目前石油采收率。截至目前所采出的油气量与原始石油地质储量的比值，也称为采出程度。

（4）最终石油采收率。油藏开发达到经济极限时所采出的累计采油气量与原始石油地质储量的比值。

石油采收率影响因素 影响石油采收率的因素多且复杂，可以归纳为油藏地质因素、油田开发政策和开采技术等。

（1）油藏地质因素对采收率的影响。影响因素主要有：① 天然驱动能量的大小及类型。国内外油藏开发实践证明，自然水驱的开发效果最好，溶解气驱开发效果较差。② 油藏岩石及流体性质。一般储层岩石渗透率越低、非均质性越强，采收率越小。原油组分、储层的润湿性等也会影响采收率。③ 油气藏的地质构造形态。油藏的地质构造不同，所能利用的天然能量和人工能量不同，油藏的采收率也不同。

（2）油田开发政策和采油技术对采收率的影响。影响因素主要有：开发层系的划分、布井方式与井网密度的选择、油井工作制度的选择、地层压力的保持程度、完井方法与开采技术、增产措施以及新技术新工艺的应用效果和提高采收率的二次、三次采油方法的应用规模及效果。

石油采收率的计算 石油采收率的准确计算首先需要计算原始石油地质储量（包括容积法、动态法等）。准确地计算原始石油地质储量要求精确的油藏描述，以便确定油藏含油面积、油层厚度及其变化分布，储液岩石孔隙结构及其变化；准确测试油层岩石孔隙度和原始含油饱和度；以及准确计算和校对产出油量等一系列油田开发和油藏物性参数。这些是计算石油采收率的基础。通常，石油采收率的波及效率 E_v 和驱油效率 E_d 则受储层地质性质、储层中流体性质和采取的驱油技术及工艺条件等各种因素的制约。

石油采收率的计算方法还有类比法、经验公式法、室内水驱油实验室法、岩心分析法、地球物理测井法、分流量曲线法和油田动态资料分析法。

（于乐香　杨承志）

【油田开采阶段 oil field exploitation stage】 油田自开始开发到油田枯竭经历的不同生产阶段。油田自第一口井正式投产以后便投入了开发，根据驱使油层液体流入井底再通过井筒流到地面的能量来源，油田开采可以分为不同的阶段：利用油藏天然能量开采，称为自然能量开采阶段，又称一次采油；利用人工补充能量开采，称为补充能量开采阶段，又称二次采油；注入驱替剂（除注水以外）开采，称为强制开采阶段，又称三次采油。

在天然能量枯竭或不足的情况下，油田需要人工补充能量恢复（或保持）地层压力进行开采，例如，油田顶部注气、边部注水或油田内部切割注水等。根据补充能量的方式，油藏分为气驱开采、水驱开采等。在补充能量进行气驱或水驱开采接近或达到经济极限的情况下，还需要自地面注入各种不同的驱油剂、溶剂或采用生物和物理化学的方法以开采水驱（或气驱）后剩余油，如各种化学试剂等，根据所采用方法的不同分为化学驱、混相驱、热力驱和微生物采油等。在油藏能量不足时，通常采用单井人工举升采油方式，尽管这也是一种补充能量的方式，但是通常这种单井井筒的采油工艺只是油井生产方式，不被视作油田开采阶段划分的依据。根据油田地质特点、技术和经济条件以及经营者的要求，一个油田的不同开采阶段不是截然分开的，往往是相互交叉或互相衔接的。原则上是根据当前的科学技术水平，在最低的投入情况下，合理有序地划分不同的开采阶段，尽可能最大限度地提高石油采收率。

中国大多数油田多发现于陆相沉积盆地，由于油藏的类型复杂，沉积体积较小，天然能量供给受到限制，因此，绝大多数油田都是早期注水保持油藏压力下进行开发，油田自投入开发以来一直在注水方式下生产，基本上不存在天然能量开采和人工补充能量开采的不同阶段。甚至各种地面注入化学剂、载热介质和其他物理化学及生物学方法的驱油方式也不是在水驱（或气驱）达到经济极限情况下进行，而是在水驱（或气驱）阶段的后期开始实施。

（杨承志　于乐香）

【一次采油 primary oil recovery】 油田依靠油藏天然能量开采石油的阶段。又称衰竭式开采。在油层岩石和其孔隙介质中流体的弹性能量、流体本身的重力、边水或底水的水动力学压能、油藏顶部气体压能或原油中溶解气的膨胀能等作用下，油藏流体被驱至井底再通过井筒流向地面的开采阶段。根据驱油的主要天然能量，油藏分为不同的驱动方式：弹性驱、重力驱、水驱、气驱和溶解气驱。一般在综合能量作用下油井大多处于自喷生产状态。如果油藏有充足的天然水驱能量供给，油藏压力可以长期保持在足够高的水平上，这种条件下的驱油称为天然水驱。天然水驱的驱油动力旺盛，原油采收率最高，是最理想的状况，但油田一般常常缺乏这种旺盛的天然水驱能量。加上早期人们没有认识到补充能量对油气开发的重要性，只能依靠其他天然能量开采，即先采用流体和岩石的弹性能开采，随着地层压力的下降，当地层压力低于饱和压力时，溶解在原油中的天然气将逸出，并急剧膨胀而驱替原油，油藏的这种驱动方式称为溶解气驱。该阶段由于充分利用了油藏本身的天然能量，油田投资主要集中在钻井及油气集输两方面，因此具有较低的开采成本。石油采收率一般为10%～20%（原始石油地质储量）。对于稠油油田由于地层原油具有很高的黏度，无法利用天然能量进行开采，通常一般在开始开发时即采用热力采油的方法开采。

（于乐香　杨承志）

【二次采油 secondary oil recovery】 油田依靠人工补充能量（如注水、注气、注汽），以保持地层能量为目的开采石油的阶段。在天然能量枯竭或不足的情况下，人工地面补充能量恢复（或保持）油藏压力，如注水或注气进行石油开采的阶段。例如油田顶部注气、边部注水或油田内部注水等。根据补充能量的方式，油藏分为气驱开采、水驱开采等。在注水开发阶段，为了提高水驱效率，要合理划分注采层位、合理布置井网和井位、控制合理的采油速度、不断改善注采能力，并根据生产状况不断地调整井网和细划分层。在注气开发阶段，常用的方法有顶部注气和面积注气两种。注气法的发展趋势是注入湿气、液化气和二氧化碳气，以便在增加驱油动力的同时，造成混相驱动或改善油的流动性能，提高采收率。二次采油阶段油田产水率将会不断上升，应当及时采取控制含水上升的措施。注水补充能量开发同其他提高采收率方法相比是比较经济的开发方式，石油采收率一般为30%～50%（原始石油地质储量）。也就是说，还有50%～70%的石油因地质条件、物理和化学作用、开采方式等因素而滞留在油层中，这时油田开发进入后期。为了进一步提高油藏开发后期的采收率，需要进行三次采油。

（杨承志　于乐香）

【**改善二次采油** improved secondary oil recovery】 补充能量开采阶段后期为进一步提高石油采收率而进行各种改善水驱措施的开采阶段。又称改善水驱采油。在油田综合含水不断升高的情况下，为降低含水、稳定油井产量而进行的各种油田作业措施，包括：加密井网、调整开发层系组合、油井堵水、水井调整吸水剖面、周期注水、油层深部调整水流方向、水平井增加井底渗滤面积开采，以及各种油井增产和水井增注工艺等措施。在有些文献中，有时将聚合物驱油、聚合物凝胶调整吸水剖面等也归属于改善二次采油。

推荐书目

王玉普，王广昀，王林．大庆油田高含水期注采工艺技术［M］．北京：石油工业出版社，2001．

（杨承志　于乐香）

【**三次采油** tertiary oil recovery】 在二次采油接近和达到经济极限的情况下，为了开采剩余原油而自地面注入除清水以外的各种驱油介质的开采阶段。注入的驱油介质包括各种化学剂、溶剂、载热介质、微生物等。根据油田地质条件、流体性质和驱油方法的适应性，可以采取各种物理、化学和热力等措施。常用的方法有聚合物驱、各种化学驱（活性水驱、微乳液驱、碱性水驱）及复合化学驱、气体混相驱（不是以保压为目的的注气）、蒸汽驱、微生物采油和火烧油层开采等。

三次采油过程中，要投入大量的资金，建设注入化学剂、载热流体、混相气体的注入设备，注入流体也需要大量的资金。不同的技术达到的最终石油采收率是不同的，一般三次采油比二次采油再提高石油采收率10%～30%（原始石油地质储量），使最终石油采收率达到50%～70%（原始石油地质储量）。采收率提高幅度的大小取决于所采用的采油方法、油藏条件以及当时的技术经济状况等许多因素。由于三次采油的投资规模较大，采收率提高幅度较大，获利较大，因此三次采油具有很大的风险性。

（于乐香　杨承志　陈宪侃）

【化学驱 chemical flooding】 在注入水中加入化学剂改善驱油效果的三次采油方法。利用注入油层化学剂溶液的化学特性，可改善原油—化学剂溶液—岩石之间的物理化学性质，如降低界面张力、改善流度比等，从而提高原油采收率。常用的有混相驱、聚合物驱、泡沫驱、表面活性剂驱和碱水驱等。

（陈宪侃）

【混相驱 miscible-phase displacement】 向油层注入能与原油在地层条件下完全或部分混相的流体，驱替油层中原油提高采收率的一种开采方法。混相后消除了界面效应，从而消除了毛细管力和界面张力对驱油的影响，达到提高采收率的目的。原油相对密度越高，混相压力越高。一般原油相对密度大于0.82、油藏埋深不超过2000m时，其注入压力很可能低于混相压力，不容易实现混相。混相驱可分为两大类：

（1）混相段塞驱，即先注入能溶解原油的溶剂段塞，如轻烃、液态CO_2等，然后用水驱动。溶剂段塞与原油接触便可立即混相，又称一次接触混相驱。

（2）注气混相驱，利用注入能与原油混相的气体，如注天然气、富化气或其他气体，这些气体在油层中与原油多次接触逐渐达到互溶混相的条件而形成混相驱，又称多次接触混相。

为了减少气驱过程中的黏滞指进，有时也采用交替注气和注水的方法进行混相驱。

（陈宪侃）

【聚合物驱 polymer water flooding】 注入聚合物提高原油采收率的一种三次采油方法。注入聚合物，可提高注入水的黏度，改善油水之间的流度比，减少水驱过程中的指进、舌进，提高剖面和平面的波及体积。同时，聚合物水溶液还可以降低水的相渗透率，而对油的相渗透率则可保持相对不变，这有利于降低含水，提高聚合物溶液的驱油效果。聚合物在渗流过程中，会有少量聚合物分子吸附在岩石表面，对后续的注入水形成一种残余阻力，在一定意义上说可促使注入水改变渗流路线，扩大波及体积，提高采收率。

聚合物驱的油藏条件 （1）为了避免聚合物热氧降解，油层温度最好在45～70℃之间。油层温度过高不适合注聚合物。（2）从流度比考虑，油层渗透率过低（小于20mD）或原油黏度大于100mPa·s都不适合注聚合物。（3）泥质含量大于25%的油层不适合注聚合物。(4)水驱残余油饱和度低于25%的油层不适合注聚合物。(5)底水油田慎用聚合物驱。

聚合物降解及控制 聚合物降解一般是高分子主链发生断裂或主链保持不变仅改变取代基的作用。降解的内因取决于聚合物的化学结构，特别与化学键的键能有关。其外因主要与应力、温度、氧、残余杂质或过渡金属等有关。在注聚合物驱油的过程中应尽量减小降解，保持聚合物较长时间的稳定性，是提高注聚合物驱效果的重要因素。减少聚合物降解的主要方法有：

(1)尽可能降低机械剪切强度，当聚合物溶液发生流动时，应尽量减轻其所承受的剪切应力或拉伸应力。

(2)避免化学降解，应尽力避免与某些化学因素作用，如氧、过渡金属或残余杂质等。以氧为例，聚丙烯酰胺对氧非常敏感，在无氧条件下，温度高达120℃仍具有良好的稳定性。当有氧存在时，可以除氧或加入稳定剂，如甲醛或低相对分子质量醇类等。

(3)避免生物降解，是生物聚合物的一个主要问题，特别在较低温度和含盐度条件下更容易发生生物降解。

聚合物配制及注入流程 配制聚合物应采用低矿化度水，特别是严格控制铁离子含量(特别是二价铁离子)，对所有容器和管道都要进行严格的防腐措施。温度控制在70℃以下，严格控制微生物含量，尽量减少机械降解，聚合物溶液的输送、注入均采用容积式泵，计量时避免聚合物溶液发生机械切割，尽量选用电磁流量计。流程包括配制、分散、熟化、泵输、过滤、计量和升压注入(见图)。

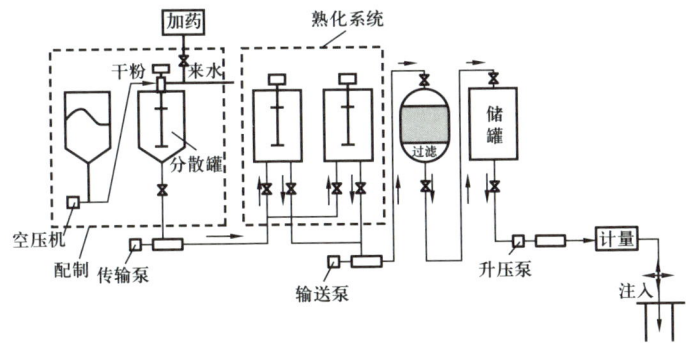

聚合物溶液配制及注入流程

📖 **推荐书目**

胡博仲.聚合物驱采油工程[M].北京：石油工业出版社，2004.

(陈宪侃)

【聚合物 polymer】 具有一定黏度的高分子有机化学物质。可分为两类：（1）天然聚合物，从自然界植物及其种子中得到的，如改进的纤维素类，有时也从细菌发酵中得到，如生物聚合物黄胞胶。（2）人工合成聚合物，如聚丙烯酰胺（PAM）和部分水解聚丙烯酰胺（HPAM）等。油田常用聚合物有聚丙烯酰胺、黄胞胶。

聚合物具有如下性质：（1）高分子物质的溶解与低分子物不同。高分子与溶剂分子的大小相差悬殊，两者的分子运动速度也差别很大，溶剂分子能比较快地渗入聚合物，而高分子向溶剂中的扩散却非常慢。聚合物溶解过程要经过两个阶段，先是溶剂分子渗入聚合物内部，使聚合物体积膨胀，称为溶胀，然后才是高分子均匀分散在溶剂中，经过熟化过程后，形成完全溶解的分子分散体系。（2）聚合物溶液是非牛顿流体，在流动过程中形态的变化导致了聚合物溶液的宏观性质变化。其流变曲线包括牛顿段、假塑段、极限牛顿段、黏弹段和降解段。（3）黏度随剪切速率的变化与高分子溶液中的形态结构有关。在很小剪切速率下高分子构象分布没改变，此为牛顿段。当剪切速率增大时，在切应力作用下高分子取向发生变化，使分子链彼此分离，从而降低了相互运动阻力，这时表观黏度随剪切速率增加而降低，此为假塑段。当剪切速率增加到一定程度以后，大分子取向达到极限状态，取向程度不再随剪切速率而变化，此即为极限牛顿段。当剪切速率再增加时，主链的相邻键偏离了正常的键角，从而产生了弹性恢复力，而表现出黏弹性，使表观黏度增加，此为黏弹段。当剪切速率增加到足以使高分子链断裂时，发生了聚合物降解，黏度下降。（4）聚合物相对分子质量越高，黏度越大。浓度增加，黏度也会增大。

（陈宪侃）

【泡沫驱 foam flooding】 在溶有起泡剂的注入水中加入气体形成均匀而稳定分散的高黏度泡沫液驱油，从而改善驱油效果的三次采油方法。利用泡沫液中大量稳定的小气泡，在多孔介质中渗流时，由于贾敏效应，气泡使大喉道渗流受到阻碍，阻力不断增大，水不能沿高渗透层段继续窜流，迫使水沿低渗透层段渗流，将其中剩余油驱出，改善水驱波及体积，提高采收率。此外，起泡剂本身也是活性剂，也有表面活性剂驱的洗油作用。

（陈宪侃）

【表面活性剂驱 surfactant flooding】 注入表面活性剂进行驱油改善驱油效果的三次采油方法。表面活性剂能显著降低水的表面张力；改变亲油岩石表面的润湿性；使原油乳化，产生叠加的贾敏效应，增加高渗透层的流动阻力，减小黏度指进现象。常用的驱油剂有磺酸盐型、羧酸盐、聚醚、非离子—阴离子表面活性剂，包括微乳状液驱、活性水驱、胶束溶液驱和泡沫驱等。常用的活性剂体系有稀活性剂体系和浓活性剂体系。

（1）稀活性剂体系一般活性剂浓度小于2%，包括活性水，它可以提供低界面张力驱油，且有较好的洗油作用。还有活性剂浓度大于临界胶束浓度的胶束溶液，它可以提供超低界面张力驱油。

（2）浓活性剂体系一般活性剂浓度大于2%，包括油外相和水外相均相微乳液，是利用微乳液对油和水的互溶性，来消除水与油之间的界面，使驱动液有优异的洗油效率，使油层中残余死油变成可动油采出。同时微乳液的黏度可以通过改变配方来调整。

（陈宪侃　于乐香）

【碱水驱　alkalis flooding】 用溶有碱性物质的水来驱油，改善驱油效果的三次采油方法。对含有机酸的原油，通过注各种碱类溶液，使其进行化学反应，产生表面活性剂，改变油层岩石的表面润湿性，降低界面张力或形成稳定乳状液以提高原油采收率。一般碱水多采用氢氧化钠，其浓度在0.05%～0.5%之间。氢氧化钠与原油中的羧酸（环烷酸）生成活性很强的表面活性剂（羧酸钠皂）。当原油中有机酸含量少或者油层中含有大量钙、镁离子和易膨胀的黏土等情况均不适于采用碱驱。

（陈宪侃）

【微生物采油　microbial enhanced oil recovery】 利用向油层注入适宜的微生物菌种，在油层中就地繁殖生长，其产物对油层发生激励和运移，改善油品性质，从而提高原油采收率的一种三次采油方法。

微生物驱油机理：（1）微生物的排泄物生成各种酸，可以改造油层、增大孔隙度提高渗透率，特别对碳酸盐岩有溶解作用。（2）微生物产生的生物体可以选择性堵塞油层孔道，调整渗流通道，扩大波及体积。还能改善油层表面性。大多数微生物都以重烃为食物，因而使原油降解，降低原油黏度和凝固点。（3）微生物排泄出CO_2、CH_4、H_2等气体，可以增加油藏驱动能力，使原油膨胀和降黏。（4）产生溶剂、表面活性剂、高分子聚合物等，可以降低表面张力、帮助乳化、控制流度、调整流向等。

从最初发现微生物在采油方面应用和在油田试验以来，对微生物提高原油采收率的了解不断深入，但许多观点仍有争议，油藏特性和微生物提高原油采收率之间的相互关系比较复杂，有待进一步研究。

（陈宪侃）

采气工程

【采气工程 gas production engineering】 天然气井完井后，为实现气田开发总目标，安全、合理、高效地将地下天然气采出地面，对气井、注入井以及天然气藏所采取的各项工程技术措施的系统工程。主要研究天然气在储层（气藏）、井筒和地面管道中的流动规律，以便采用最经济、有效的工艺配套技术，将天然气安全采出地面。内容主要包括气井完井技术储层保护及投产工艺、储层改造工艺、采气工艺、防腐防垢防砂技术、天然气水合物防治技术、动态监测工艺（见套管井测井、稳定试井）、气井生产管理与井下作业、安全健康环境保护与经济分析等，涉及的学科多、专业性极强。

采气工程研究的对象为气藏，根据气藏地质特征、驱动方式、所含流体性质等，可将气藏分为气驱气藏、水驱气藏、低渗气藏、异常高压气藏、含酸气气藏、凝析气藏和浅层气藏等。中国已探明气藏的特点为：埋藏深度大多在 $3000\sim6000m$ 之间；储层渗透率低，多属中低渗透层；多为分散的中小型产水气藏，气藏无水采收率低，一般为 $40\%\sim60\%$；气藏流体具强腐蚀性，地层水中 Cl^- 含量可高达 $1\times10^4\sim10\times10^4mg/L$，天然气中大多含有 H_2S、CO_2 等强腐蚀酸性体，不仅可能危及人、畜安全，而且腐蚀气井的设备和管线；压力高，如克拉2、迪那2等气藏地层压力高达 100MPa 以上。不同气藏要求有与其相适应的不同采气工程配套工艺技术。

采气工程的任务是在气井开采的各个阶段，采取适合气藏的高温、高压和强腐蚀特点的一系列工艺技术措施，以最经济、最有效和最安全的方式，使天然气从气藏进入井底，并从井底采至地面。主要为：在具体气藏条件下，根据气藏工程总体部署方案的要求，解决好钻井方式、气层保护方法、完井方法、套管程序和开采方式，以确保能最大限度地控制和动用气藏储量；从气井投入开采到枯竭的整个阶段，以最经济、最有效的方式在井筒建立合理的采气生产压差，以获得较高的采气速度和气田开采的最高经济采收率；以最低的消耗完成产出天然气的采集输和气水分离、净化回收。

20世纪60年代以前，中国采气工程研究的主要内容是相对较为简单的气井试井、地面集输、气井管理和酸化解堵、酸液配方、现场施工技术探索等工艺技术。随着新气田的不断发展，到20世纪90年代，中国已形成了东部（黑龙江、辽宁、吉林、山东）、中部（川渝、陕甘宁）、西部（新疆、青海）、海域四大气区，大中小气田数达到了二百多个，随着技术进步，初步完善了完井工程、气藏保护、气井分采、排水采气和堵水采气、含酸气气井开采、凝析气藏开采、特高压气藏开采、低渗透气藏储层增产改造、气藏生产动态监测、气井修井等10多项采气工程配套工艺技术。

📖 **推荐书目**

金忠臣，杨川东.采气工程［M］.北京：石油工业出版社，2004.

（蒲蓉蓉）

【**采气工程方案** gas production engineering project】 在气藏工程研究成果的基础上，为适应储层地质特征、流体性质和地面自然环境，使地层中的天然气以最小的阻力流入井底，并有效地举升到地面，以实现气藏安全、经济、高效开发目标所进行的采气工程配套工艺技术的整体优化设计。

每个新气藏正式开发以前，都必须编制气藏开发方案，内容包括气藏工程方案、钻井工程方案、采气工程方案、地面建设工程方案和总体经济评价五个部分。采气工程方案是气藏开发方案不可或缺的重要组成部分，是指导气藏科学开发的重要依据，可以最大限度地避免开发过程的失误，是实现气藏开发指标和天然气生产计划的工程技术保证，是钻井工程和地面建设工程的依据和出发点，在气藏开发方案中起到承上启下的作用，并具有评价气藏工程方案适应性和可操作性的特殊功能。

设计原则 采气工程方案设计应遵循的基本原则：以气藏工程方案研究成果为依据，符合气藏开发的总体部署和技术政策；方案的主体工艺内容应进行配套优化设计，并具有科学性、系统性和可操作性；方案实施应满足开发生产的需要；设计中应充分应用成熟、先进的技术，以提高方案实施的规模效益。

设计程序 采气工程方案主要以气藏工程方案（包括流体性质、开发方式、储层参数、气藏工程设计的产能规模、完井数、已有气井数、采气速度等开发指标以及试采分析结果）为依据进行设计（见图）。

设计内容 采气工程方案设计应包含完井工程、储层保护、储层改造、采气工艺（包括排水采气、控水采气、堵水采气、低压气井采气等）、防腐、防

- 283 -

垢、防天然气水合物、动态监测、气井生产管理与井下作业、安全健康环境保护和经济分析等内容，设计要点应符合相关规范和标准的要求。

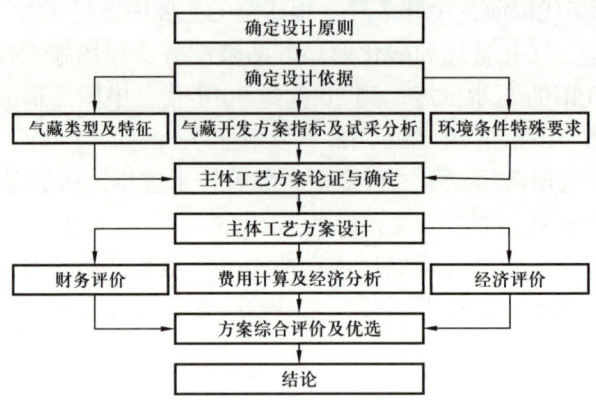

采气工程方案设计程序模式图

📖 推荐书目

李士伦，等.天然气工程［M］.北京：石油工业出版社，2000.

（蒲蓉蓉）

【**天然气** natural gas】广义的天然气泛指自然界存在的一切天然气体，包括大气圈、水圈、生物圈、岩石圈以及地幔和地核中所有自然过程形成的气体（包括油田气、气田气、泥火山气、煤层气、生物生成气、天然气水合物等）；而长期以来通用的天然气的定义是指赋存于地下岩层中以气态烃为主的可燃气体和非烃气体及各种元素的混合物，即狭义的天然气。在石油地质学中，通常指油田气和气田气。它在成分上以烃类为主，含有一定的非烃气体。

天然气的组成 在天然气的组分中，甲烷占绝大部分（摩尔分数可高达70%～98%），乙烷含量小于10%，还有少量的丙烷、丁烷、戊烷及少量非烃类气体，如硫化氢、二氧化碳、一氧化碳、氮气、氧气、氢气和水蒸气等。天然气中可能含有微量的稀有气体，如氦气和氩气，还可能含有毒的有机硫化物，如硫醇、硫醚等。天然气形成过程的多样性，决定了天然气的组成变化较大。

天然气的分类 人们从不同的角度将天然气分为不同的类型。

（1）按天然气在地下存在的相态可分为游离态天然气、溶解态天然气、吸附态天然气和固态水合物。只有游离态的天然气经聚集形成天然气藏。

（2）天然气按照生成的矿藏分类，可分为天然气藏气、油田伴生气、凝析气藏气、煤层气、页岩气、天然气水合物等。

① 天然气藏气：在开采的任何阶段，在地层条件下都呈现气态，在地面分离器条件下可能有部分液态烃分离出来。气体的主要成分为甲烷（含量达80%以上），乙烷—丁烷的含量不等，C_5以上的组分含量甚微或不含。

② 油田伴生气：在地层条件下与油共存，或以气顶形式存在。气体以甲烷为主，但和天然气藏气相比，乙烷和乙烷以上的组分含量较高。

③ 凝析气藏气：在地层原始状态下呈气态，但随着气藏的开采，当地层压力降低到露点压力以后，会有液态油凝析出来，在地面分离器条件下也有部分油凝析出来。凝析气藏开采出来的油气混合物处含有大量甲烷外，戊烷和戊烷以上的组分含量也较高。

④ 煤层气：煤层在其形成演化过程中经生物化学和热解作用所生成的、以吸附态存在于煤层中的一种自生自储式的非常规天然气，又称煤层甲烷，俗称瓦斯。大部分气体以吸附状态存在于煤层基质表面，少量以游离状态分布在煤孔空隙及裂隙内或呈溶解状态溶解在煤层水中。

⑤ 页岩气：赋存于以富有机质页岩为主的储集岩系中的非常规天然气，是连续生成的生物化学成因气、热成因气或两者的混合，可以游离态存在于天然裂缝和孔隙中，以吸附态存在于干酪根、黏土颗粒表面，还有极少量以溶解状态储存于干酪根和沥青质中，游离气比例一般在20%～85%。

⑥ 天然气水合物：天然气和水在低温高压下形成的外形似冰可燃的固体物质，呈透明—半透明、白—灰—黄互生晶体，其成分多以甲烷为主，又称甲烷水合物，俗称"可燃冰"。天然气水合物在自然界广泛分布在大陆永久冻土、岛屿的斜坡地带、活动和被动大陆边缘的隆起处、极地大陆架以及海洋和一些内陆湖的深水环境。2017年5月，中国首次海域天然气水合物试采成功。2017年11月3日，国务院正式批准将天然气水合物列为新矿种。

（3）按天然气组成分类，可分为干气和湿气或贫气和富气等。

① 干气：井口流出物中，在标准状态下C_5以上的重烃液体含量低于13.5cm^3/m^{3}的天然气。

② 湿气：井口流出物中，在标准状态下C_5以上的重烃液体含量超过13.5cm^3/m^{3}的天然气。

③ 富气：井口流出物中，在标准状态下C_3以上的重烃液体含量超过94cm^3/m^{3}的天然气。

④ 贫气：井口流出物中，在标准状态下C_3以上的重烃液体含量低于94cm^3/m^{3}的天然气。

（4）按天然气中含硫量分类，可分为酸气和净气等。

① 酸气：含硫量大于1g/m^3；

② 净气：含硫量小于 $1g/m^3$。

📖 **推荐书目**

李爱芬. 油层物理学 [M]. 3版. 东营：中国石油大学出版社，2011.

（赵俭成　李明忠　王卫阳）

【**气顶气** gas cap gas】 油藏中位于原油的上部并与石油共存于油气藏中呈游离状态的天然气。气顶气是石油伴生气的一种。它在成因和分布上均与石油关系密切，油藏中石油溶解气量达到饱和，自由气体游移到油藏高部位，聚集成气顶。气顶气中重烃气含量仅次于甲烷，属于湿气。随着地层压力的改变，气顶气可溶于或析出石油。在油气藏中气顶体积的大小与其化学组成及地层压力有关。在采油过程中气顶气的膨胀可作为驱油的动力，是一种有效的天然驱动方式。

（赵俭成）

【**溶解气** dissolved gas】 原始地层条件下，以溶解状态存在于原油或地下水中的天然气。在地层温度、压力等不同条件下，分别存在着油内溶解气（油溶气）和水内溶解气（水溶气）。

（1）油溶气常见于饱和或过饱和油藏中，其主要特点是重烃含量高，有时可达40%。油溶气组成与原油性质及地质时代有关，轻质油油溶气中含20%～80% 重烃气，一般以乙烷为主（6%～20%），其次为丙烷、更重烃气及其异构物；重质油油溶气几乎为纯甲烷。在地质时代上，一般古老地层的油溶气较年轻地层含重烃气更多，且随含油气层时代变老，正丁烷、正戊烷与异构物的比值增加。油溶气的含量不等，少则每立方米原油几立方米至几十立方米，多则每立方米原油可达几百立方米至上千立方米。油溶气含量高时，采出后可收集回注油藏以保持油层能量。

（2）水溶气是指溶解于地层水中的以甲烷为主的天然气，是很有潜力的非常规天然气资源。狭义的水溶气为静水压力水层中的溶解气，广义概念中还包括异常压力油气田中的边水、底水和异常高压下的地层水溶解气。水溶气可分为低压水溶气和高压水溶气。低压水溶气气水比为 $1～5m^3/m^3$，高压水溶气常出现在异常高压带以下的高压地热水中，含气量较高，气水比为 $10～25m^3/m^3$。水溶气藏指在地下水中溶解有可供工业开采或综合利用的天然气聚集，分为非边底水式水溶气藏（一般与油气田无关，为自成体系的水溶气藏）和边底水式水溶气藏（水体一般为油气田的边、底水，与油气处于同一流体系统之中）两类。水溶气的主要成分是甲烷和氮，重烃气和二氧化碳含量一般不超过

10%～20%，但在年轻褶皱区的含油气盆地中，含二氧化碳浓度较高，甚至在山前发育二氧化碳气带。水溶气资源在日本、美国、澳大利亚和俄罗斯均有分布。中国水溶气藏主要分布于中部和西部含油气区盆地中。

（赵俭成）

【凝析气 condensate gas】 当地下油气藏温度、压力超过其中液态烃临界条件后，液态烃逆蒸发而形成的气体，其凝析油含量大于 $50g/m^3$。凝析气采出地面后，由于压力、温度降低而凝结为凝析油。凝析气多分布在地下 3000m 以深的储层中。

由于流体性质和外界条件等多种因素均可降低烃类物系的临界压力，因此，即使在不太深的层段也可能发现凝析气藏。它的形成必须具备两个条件：（1）在烃类物系中气体数量要多于液体数量，才能为液相反溶于气相创造条件，通过相图分析，气体体积相当于液体体积的 5～20 倍或更多。（2）地层埋藏较深，地层温度介于烃类物系的临界温度与临界凝析温度之间，地层压力超过该温度时的露点压力（在油气系统从气相变为气、液两相共存的过程中，当压力升高到该温度下的蒸汽压时，比容减小，气相中开始凝析出第一滴液体时相态的压力），这种物系才可能发生显著的逆蒸发现象。中国已发现的凝析气田主要有塔里木盆地塔北牙哈凝析气田、塔西南柯克亚凝析气田（埋深 3800m 左右）和渤海湾盆地黄骅坳陷千米桥凝析气田（埋深 4200～4700m）。

（赵俭成）

【天然气分子量 apparent molecular weight of natural gas】 天然气是多种气体组成的混合气体，工程上为计算方便指在 0℃、760mm 汞柱下，体积为 22.4L 的天然气所具有的质量作为天然气的分子量。换言之，天然气的分子量在数值上等于在标准状态下 1mol 天然气的质量，称为视分子量或拟分子量，简称天然气的分子量。天然气的分子量可根据组分计算。已知天然气中各组分 i 的摩尔组成 y_i 和分子量 M_i 后，天然气的分子量可由下式求得：

$$M = \sum_{i=1}^{N}(y_i M_i)$$

式中：M 为天然气分子量，y_i 为天然气各组分的摩尔数，M_i 为组分 i 的分子量。

显然，天然气的组分不同，其视分子量也不同。所以天然气没有恒定的分子量。一般干气田的天然气视分子量为 16.82～17.98。

（李爱芬　王卫阳）

【天然气密度 density of natural gas】 单位体积天然气的质量，是采气工程中常用的一个重要参数。标准状态下的天然气密度可用下式计算：

$$\rho_g = \frac{m}{V} = \frac{pM}{RT}$$

式中：ρ_g 为标准状况下天然气的密度，kg/m^3；m 为气体质量，kg；p 为绝对压力，MPa；M 为天然气分子量，kg/kmol；R 为气体常数，R 数值约为 $0.008471 MPa \cdot m^3/(kmol \cdot K)$。

天然气是多种气体组成的混合气体，工程上为了计算方便，把20℃时，在0.101MPa压力下，体积为22.4L天然气所具有的质量作为天然气的视平均分子质量。天然气的视平均分子质量不是常数，它随天然气组成而变化。因此，天然气密度也不是常数。在标准状态下，天然气的密度一般为 $0.75 \sim 0.8 kg/m^3$。

（李爱芬　王卫阳）

【天然气相对密度 relative density of natural gas】 标准状况（0.101MPa，20℃）下天然气密度与空气密度的比值。天然气相对密度常用专门仪器测定，如平衡仪、喷射仪等，其值一般在 $0.5 \sim 0.7$ 之间，个别重烃含量多的油田气，可能大于1。由于测量天然气相对密度较为简便，当把天然气和空气看作理想气体时，则可用天然气相对密度求得天然气分子量。

$$M = 28.96 \gamma_g$$

式中：M 为天然气分子量，28.96为空气分子量；γ_g 为天然气相对密度。

（李爱芬　王卫阳）

【天然气状态方程 state equation of natural gas】 描述天然气状态参数——压力（p）、体积（V）、温度（T）之间关系的方程。其表达式为：

$$pV = nZRT$$

式中：p 为天然气压力，MPa（绝对）；V 为在压力 p 和温度 T 条件下的天然气体积，m^3；T 为绝对温度，K；n 为天然气的摩尔数；R 为通用气体常数；Z 为天然气压缩因子。

由于上式中使用了气体偏差因子 Z，所以上式又称为天然气压缩因子状态方程。当天然气中含非烃或重烃（C_5 以上）较多时（如凝析气），使用 Z 值图版误差很大，对凝析油气体系不适用。

在气藏数值模拟中，尤其是在凝析气藏的相平衡计算中，采用了其他状态方程。主要应用的有：VDW（范德华）方程、RK状态方程、PR状态方程、SRK状态方程和LHSS方程等。

天然气状态方程是油气田开发方案设计、油气集输工程、油气加工处理工程进行状态描述相平衡计算、数值模拟计算必用的公式。

（李爱芬　王卫阳）

【天然气压缩因子 compressibility factor of natural gas】 某一温度和压力下，实际天然气所占体积与相同量理想气体所占体积的比值。又称天然气偏差系数。表达式为：

$$Z = \frac{V_a}{V_i}$$

式中：Z 为压缩因子；V_a 为实际气体体积，m^3；V_i 为理想气体体积，m^3。

压缩因子反映相对于理想气体的实际气体压缩的难易程度。当 Z 等于 1 时，实际气体相当于理想气体；当 Z 小于 1 时，实际气体比理想气体易于压缩；当 Z 大于 1 时，实际气体比理想气体难于压缩。

常用的求得 Z 值的方法有施坦丁—卡茨（Standing-Katz）压缩因子图版法、应用状态方程法和应用经验公式的方法。

（李爱芬　王卫阳）

【天然气真临界特性参数 true critical parameter of natural gas】 在天然气的压力—温度相态图上，露点线与泡点线的交点是天然气的真临界点。在此点共存的液相和气相的所有内涵性质都相同。相应于此点的状态参数（压力、温度等）称天然气的真临界参数。它们随气体的组成而变化，可用实验方法测定。通过计算也可以近似求得临界参数值，常用的有正沸点法、分子折射法等。

（李爱芬　王卫阳）

【天然气拟临界特性参数 pseudo critical parameter of natural gas】 天然气的真临界参数难以测定，工程上提出拟临界参数的概念，主要指拟临界温度 T_{pc} 和拟临界压力 p_{pc}。拟临界温度、拟临界压力是天然气各纯组分的临界参数按组成的加权平均值：

$$T_{pc} = \sum (y_i T_{ci})$$

$$p_{pc} = \sum (y_i p_{ci})$$

式中：T_{pc}，p_{pc} 为天然气的拟临界压力和拟临界压力；T_{ci}，p_{ci} 为组分 i 的临界温度和临界压力；y_i 为组分 i 的摩尔分数。已知天然气组成便可按上式计算拟临界参数。也可根据天然气相对密度按一定的公式计算。天然气的拟临界参数主要用于计算天然气的拟对比参数，以求天然气的其他物性参数。如压缩因子、黏度等。

（李爱芬　王卫阳）

【**天然气拟对比参数** pseudo reduced parameter of natural gas】 主要指拟对比温度 T_{pr} 和拟对比压力 p_{pr}。定义式为：

$$T_{pr} = \frac{T}{T_{pc}}$$

$$p_{pr} = \frac{p}{p_{pc}}$$

式中：T_{pr} 和 p_{pr} 为天然气的拟对比温度和拟对比压力；T_{pc} 和 p_{pc} 为天然气的拟临界温度、拟临界压力；T 和 p 为工作温度、工作压力。

天然气有许多物性参数，如压缩因子、黏度、绝热指数、导热系数等，经常应用对应状态原理把它们表示为拟对比参数的函数，欲得到上述物性参数，必须首先求出相同工作条件下的拟对比参数。

（李爱芬　王卫阳）

【**天然气临界凝析参数** critical condensate parameters of natural gas】 主要指天然气的临界凝析压力和临界凝析温度。前者为气液两相共存的最高压力；后者为气液两相共存的最高温度。由于天然气为多组分烃体系，在 p—T 相态图上，真临界点的压力和温度并不是气液两相共存的最高压力和温度。

（李爱芬　王卫阳）

【**天然气体积系数** volume factor of natural gas】 地层条件下，一定质量的天然气所占的体积与其在标准条件下所占的体积之比。计算公式为：

$$B_g = \frac{V_g}{V_{sc}}$$

式中：B_g 为天然气的体积系数，m^3/m^3；V_g 为地层条件下天然气的体积，m^3；V_{sc} 为天然气在标准状况下的体积，m^3。

天然气在标准状况下的体积 V_{sc} 可用理想气体状态方程表示：

$$V_{sc} = \frac{nRT_{sc}}{p_{sc}}$$

式中：n 为天然气的摩尔数；R 为通用气体常数；p_{sc} 为标准状况下压力，MPa（绝对）；T_{sc} 为标准状况下绝对温度，K。

地层条件下天然气的体积 V_g 可根据压缩因子状态方程计算：

$$V_g = \frac{nZRT}{p}$$

式中：p 为天然气压力，MPa（绝对）；T 为绝对温度，K；Z 为天然气压缩因子。

则天然气体积系数为：

$$B_g = \frac{ZTp_{sc}}{pT_{sc}}$$

B_g 随地层压力的增高而减小，其值小于1。它是气藏储量计算、油气藏物质平衡方程式及气体动力学科中的重要参数。

（李爱芬　王卫阳）

【**天然气膨胀系数** expansion coefficient of natural gas】 天然气在标准状况下所占的体积与在储层条件所占体积之比，其值等于天然气体积系数 B_g 的倒数。计算公式为：

$$E_g = \frac{V_{sc}}{V_g} = \frac{1}{B_g}$$

式中：E_g 为天然气膨胀系数，m³/m³；V_{sc} 为标准状态下的体积，m³；V_g 为储层条件下的体积，m³；B_g 为天然气的体积系数。

天然气膨胀系数是天然气藏开发和天然气集输处理的重要参数。

（李爱芬　王卫阳）

【**天然气等温压缩系数** compressibility coefficient of natural gas】 等温条件下，单位体积的天然气随压力变化的体积变化率。又称天然气弹性系数或天然气压缩率。计算公式为：

$$C_g = -\frac{1}{V_g}\left(\frac{\partial V_g}{\partial p}\right)_T$$

式中：C_g 为天然气等温压缩系数，MPa^{-1}；V_g 为天然气体积，m³；$\left(\frac{\partial V_g}{\partial p}\right)_T$ 为温度为 T 时天然气体积随压力变化率，m³/MPa。

气藏工程计算中，特别是当考虑气藏弹性储量大小时，随着压力的改变气体体积变化大小同样是必要的参数。为此，气体等温压缩系数是天然气藏开发和天然气集输工程设计必不可少的重要参数之一。

（李爱芬　王卫阳）

【天然气黏度 viscosity of natural gas】 天然气内部某一部分质点对其他部分质点做相对运动时，所产生的内摩擦力的度量。它与液体一样，遵循牛顿摩擦定律。牛顿流体动力黏度，又称绝对黏度，其表达式为：

$$\mu = \frac{\tau}{\mathrm{d}u_x/\mathrm{d}y}$$

式中：τ 为剪切应力（单位面积上的内摩擦力），N/m^2；u_x 为在施加剪应力的 x 方向上的流体速度，m/s；$\mathrm{d}u_x/\mathrm{d}y$ 在与 x 垂直的 y 方向上的速度 u_x 的梯度，s^{-1}；μ 为动力黏度，Pa·s。

此外，流体的黏度还可以用运动黏度来表示。运动黏度定义为动力黏度（μ）与同温、同压下该流体密度（ρ）的比值，其表达式为：

$$\nu = \frac{\mu}{\rho}$$

式中：ν 为运动黏度，m^2/s；μ 为动力黏度，Pa·s；ρ 为天然气密度，kg/m^3。

通常使用相关公式和黏度图版方法来确定天然气黏度。天然气在高压下的黏度不同于其在低压下的黏度。在压力接近大气压时，天然气的黏度几乎与压力无关，它随温度升高而增大；在高压下，天然气的黏度随压力的增加而增加，随温度的增加而减小，同时随分子质量的增加而增加。

推荐书目

李爱芬．油层物理学［M］．3版．东营：中国石油大学出版社，2011．

（李爱芬　王卫阳）

【天然气比热 specific heat of natural gas】 天然气热力学性质的重要参数，其值等于单位体积、单位质量或 1mol 的天然气温度升高（或降低）1℃时所需要（或放出）的热量。由于度量的单位不同，故分为体积比热，质量比热及摩尔比热。按热力学过程，每种比热又可分比定压热及比定容热。采气工程中常用比定压热。天然气比热与压力、温度及气体组成有关。

（李明忠　王卫阳）

【天然气绝热指数 specific heat ratio of natural gas】 天然气比定压热 C_p 与比定容

热 C_v 的比值，常用 K 表示。天然气绝热指数与压力、温度和组成有关，如已知某状态下的 C_p 和 C_v 值，即可按定义式计算出其数值。工程上通常用纯甲烷的绝热指数代替天然气的绝热指数。各种状态下甲烷的 K 值可查烃类气体的绝热指数图。

（李明忠　王卫阳）

【**天然气焦耳—汤姆逊效应** Joule–Thomson effect of natural gas】　天然气在绝热条件下通过节流装置时，在体积膨胀的同时温度随之降低的现象称天然气焦耳—汤姆逊效应。气体节流膨胀时的热焓不变，其温度变化 Δt 与压力变化 Δp 成比例，即

$$\alpha = \left(\frac{\Delta t}{\Delta p}\right)_H$$

式中：α 称为焦耳—汤姆逊系数。

天然气的 α 与压力、温度和气体组成有关，可通过实验测定。近似计算时，一般用甲烷的焦耳—汤姆逊系数代替。

（李明忠　王卫阳）

【**天然气导热系数** heat conduction factor of natural gas】　单位时间内通过单位等温面的热量与温度梯度的比值，用于表示天然气导热能力的热力学参数。即：

$$\lambda = \frac{q}{\frac{\partial t}{\partial n}}$$

式中：λ 为导热系数，$kJ/(m \cdot h \cdot ℃)$；q 为单位时间内通过单位等温面的热量，$kJ/(m^2 \cdot h)$；$\partial t/\partial n$ 为温度梯度，即在给定时间，增温的温度变化率，$℃/m$。

天然气的导热系数主要取决于压力、温度和组成。欲求某一状态下的导热系数，可借助导热系数比值与拟对比参数的关系图，一般计算时，用甲烷的 λ 代替。甲烷的导热系数为 $0.1047kJ/(m \cdot h \cdot ℃)$。

（李明忠　王卫阳）

【**天然气热值** thermal value of natural gas】　每千克或每立方米天然气在等压或等容条件下完全燃烧时放出的热量。又称天然气发热量或天然气燃烧值。这是表示燃料质量的重要指标之一，通常由热量计直接测定或由天然气组分分析结果近似算出。

天然气热值有高热值和低热值之分，天然气燃烧时产生水蒸气，将这些水蒸气冷却到原来天然气的温度时，不但放出因温度升高所吸收的热量，还

要放出冷凝潜热。总热值中，将冷凝潜热计算在内者，称天然气高热值。扣除该部分热量者，称低热值。工程计算常用低热值，其值为 $3.1401 \times 10^4 \sim 5.0242 \times 10^4 kJ/m^3$。管道所输送的气体都是混合气体，甲烷的热值最低，丙烷热值高。所输送的气体的热值是可以调配的，城市民用的天然气是按热值收费。如能提高天然气热值则等于提高了管道的收益。天然气热值是天然气工程设计和热力机械设计的重要参数。

📖 推荐书目

李士伦，等.天然气工程［M］.北京：石油工业出版社，2000.

（李明忠　王卫阳）

【天然气爆炸性 explosivity of natural gas】 天然气与空气混合达到一定比例时则构成爆炸性混合气体遇到明火即闪火爆炸的性质。在常温、常压下，天然气含量低于5%，因天然气含量不足则不能产生爆炸；天然气含量高于15%，因空气含量不足，也不能产生爆炸。构成爆炸性混合气体时，天然气的含量为5%～15%，称为爆炸范围。爆炸的上限和下限与气体组成有关，可根据天然气的组成和各组分的爆炸的上下限近似计算求得。爆炸范围和爆炸威力也与压力有关，压力增高，爆炸上限增加，爆炸威力也增强。

在天然气开发、集输处理、加工应用等过程中必须了解天然气爆炸性，尽量调整各工艺操作条件在天然气爆炸范围之外，做到安全生产、安全应用天然气。

📖 推荐书目

李士伦，等.天然气工程［M］.北京：石油工业出版社，2000.

（李明忠　王卫阳）

【天然气井生产系统 production system of gas well】 天然气从储层、完井段、油管、井口、地面气嘴、集输管线、分离器、压缩机站到输气干线这一完整的不间断连续流动的系统（见图）。

天然气储层的关键参数包括气藏压力、气藏温度等。气藏压力为关井待压力恢复到稳定时，测得的储层中部压力，也称静压。静压梯度为关井后井底压力恢复到稳定时每100m垂深的压力变化值。

采气树为安装在井口油管头以上的各种阀门、三通或四通、气嘴（针型阀）等的总称。

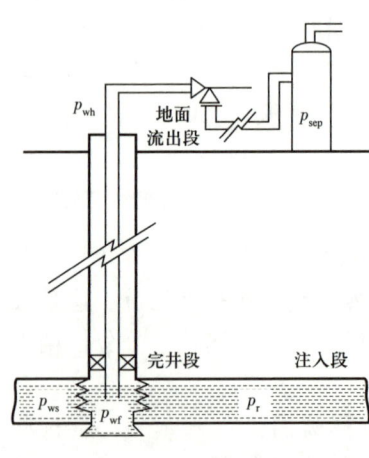

气井生产系统示意图

气嘴（针型阀）安装于气井井口用于调节气量和节流降压。

（白　璐）

【**气井井底压力** gas well bottomhole pressure】 气井产层中部的压力，它反映了气井的生产状况。包括气藏静止压力和气层中部流动压力。取得这些数据的方法包括：（1）应用井下压力计实测。（2）通过井口压力进行计算。

气藏静止井底压力　气井停止生产当压力恢复到稳定时的产层中部的压力，反映了气井的气层压力和能力。可以通过井下压力计在产层中部测得，也可用平均温度、平均偏差系数法或 Cullender-Smith 法进行计算。

（1）用平均温度、平均偏差系数计算公式如下：

$$p_{ws} = p_{ts} \exp\left(\frac{0.03415\gamma_g h}{\overline{T}\,\overline{Z}}\right)$$

式中：p_{ws} 为静止气柱方法计算的井底压力，MPa；p_{ts} 为最大关井井口压力，MPa；γ_g 为气体相对密度；h 为气层中部深度，m；$\overline{T}$ 为井筒内静止气柱的平均绝对温度，K；$\overline{Z}$ 为井筒内静止气柱的平均天然气偏差系数。

计算时可用迭代法试算 p_{ws}，一般迭代 2~4 次即可满足工程要求。对于井深大于 3000m 的井，为提高计算精度，可将井深分为 2~3 段，分段进行计算。

（2）Cullender-Smith 计算公式如下：

$$p_{ws} = p_{ts} + \frac{0.2049\gamma_g h}{I_{ts} + 4I_{ms} + I_{ws}}$$

$$I_{ts} = \frac{Z_{ts}T_{ts}}{p_{ts}}$$

$$I_{ms} = \frac{Z_{ms}T_{ms}}{p_{ms}}$$

$$I_{ws} = \frac{Z_{ws}T_{ws}}{p_{ws}}$$

式中：T_{ts}，T_{ms}，T_{ws} 分别为井口、井中点和井底的温度，K；Z_{ts}，Z_{ms}，Z_{ws} 分别为井口、井中点和井底的天然气偏差系数；p_{ts}，p_{ms}，p_{ws} 分别为井口、井中点和井底的静止压力，MPa。

气层中部流动压力　气井正常生产过程中产层中部的压力，反映气井生产过程中合理性的一个重要参数。可以通过井下压力计在气层中部测得，也可采用平均温度、平均偏差系数法或 Cullender–Smith 法进行计算。

（1）用平均温度、平均偏差系数法计算公式如下：

$$p_{wf} = \sqrt{p_{tf}^2 e^{2S} + \frac{1.324 \times 10^{-18} f\left(q_{sc}\overline{T}\overline{Z}\right)^2}{d^5}\left(e^{2S} - 1\right)}$$

$$S = \frac{0.03415\gamma_g h}{\overline{T}\,\overline{Z}}$$

$$\overline{T} = \frac{T_{tf} + T_{wf}}{2}$$

$$\overline{p} = \frac{2}{3}\left(p_{wf} + \frac{p_{tf}^2}{p_{tf} + p_{wf}}\right)$$

式中：$\overline{Z}$ 为 $\overline{p}$、$\overline{T}$ 条件下的天然气偏差系数；p_{wf}, p_{tf}, $\overline{p}$ 分别为气井井底、井口与平均流动压力，MPa；δ 为公式计算系数；T_{wf}, T_{tf}, $\overline{T}$ 分别为流动管柱内气体井底、井口、平均绝对温度，K；f 为油管摩阻系数；q_{sc} 为标准状态下气井产量，$10^3 \text{m}^3/\text{d}$；d 为油管内径，m。

（2）Cullender—Smith 法计算公式如下：

$$p_{wf} = p_{tf} + \frac{0.2049\gamma_g h}{I_{wf} + 4I_{mf} + I_{tf}}$$

$$I_{tf} = \frac{Z_{tf}T_{tf}}{p_{tf}}$$

$$I_{mf} = \frac{Z_{mf}T_{mf}}{p_{mf}}$$

$$I_{wf} = \frac{Z_{wf}T_{wf}}{p_{wf}}$$

式中：T_{tf}, T_{mf}, T_{wf} 分别为井口、井中点和井底的温度，K；Z_{tf}, Z_{mf}, Z_{wf} 分别为井口、井中点和井底的天然气偏差系数；p_{tf}, p_{mf}, p_{wf} 分别为井口、井中点和井底的流动压力，MPa。

气水同产气井井底压力计算　对气水同产井，特别是产水量大的气井，矿场常用的井底压力计算方法有 Hagedorn 和 Brown 法（1963，1965）、Orkiswski 法（1967）、Aziz 和 Govier 法（1972）、Beggs 和 Brill 法（1973）、Chierice 法（1974）以及 Hasan 和 Kabir 法（1988）等。当标准状况下的天然气产气量与产液量的比值不小于 500m³/m³ 时，Hagedorn 和 Brown 方法优于其他方法，一般工程计算的相对误差小于 2%。

推荐书目

金忠臣，杨川东.采气工程［M］.北京：石油工业出版社，2004.

（蒲蓉蓉）

【气井动态曲线　performance curve of gas well】　气井生产系统中气井井底流动压力或井口流动压力与其对应产气量的关系曲线。从单井来说，它表示了气层向井底的供液能力，综合反映影响产气量的各种因素。它既是确定气井合理工作方式的依据，也是分析气井动态的基础。

不同的气井在不同的井底流动压力下对应不同的产气量，同一气藏的气井，即使地层压力和井底流压都相同，彼此的产气量也不会一样。每口井都有各自不同的动态曲线。根据气井的流入流出特征，可分为气井流入动态曲线、气井流出动态曲线和油管动态曲线（见图）。

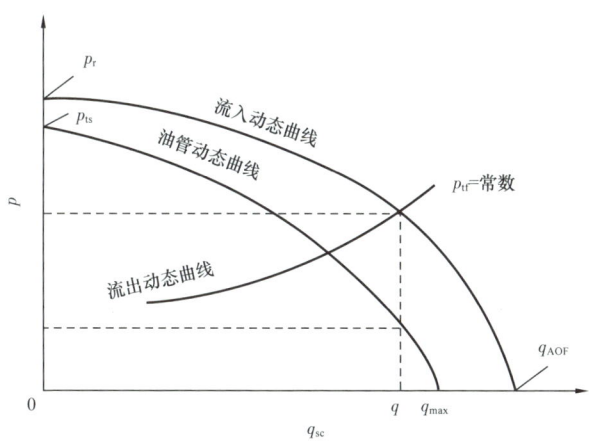

气井动态曲线图

推荐书目

杨川东.采气工程［M］.北京：石油工业出版社，1997.

（蒲蓉蓉）

【气井流入动态曲线 inflow performance ralationship curve of gas well**】** 在气井生产系统中气井井底流动压力与其对应产气量的关系曲线，简称 IPR 曲线。反映了气井的井下动态特征。每口气井都有各自的流入特征，根据短期产能试井录取的资料，经过整理，可以确定反映该井流入特性的产能方程，或称流入动态方程。根据所得的方程，代入不同井底流动压力可解出相应的产气量，从而描绘出一条完整的流入动态曲线。短期产能试井所得到的 IPR 曲线，在一段时期内可用于气井动态预测。

气井的流入动态曲线可通过气井的指数产能方程式或二项式产能方程式绘得。指数式产能方程式为：

$$q_{sc}=c(p_r^2-p_{wf}^2)^n \tag{1}$$

二项式产能方程式为：

$$p_r^2-p_{wf}^2=aq_{sc}+bq_{sc}^2 \tag{2}$$

式中：q_{sc} 为日产气量，$10^4 m^3$；p_r 为平均地层压力，MPa；p_{wf} 为井底流动压力，MPa；c 为产气指数，$10^4(MPa)^{-2n}m^3/d$（c 值与气藏产层的渗透率、厚度、天然气黏度、井底完善程度有关）；n 为渗流指数，取决于气体渗滤方式（当流体为线性渗滤时，$n=1$；当流体渗滤速度很大或为多相流渗滤时，线性渗滤规律破坏，$n<1$）；a 为层流系数，$d·MPa^2/10^4 m^3$；b 为紊流系数$(d·MPa/10^4 m^3)^2$。图中 q_{AOF} 为气井绝对无阻流量，$10^4 m^3/d$。

二项式产能方程式右边第一项表示消耗于黏滞性引起的压力损失，第二项表示由惯性引起的压力损失。这两项损失之和构成了气流入井的总压降。当渗流速度小而成为线性渗流时第一项起重要作用，而第二项可忽略，此时，压力平方差与产量之间为线性关系；当渗流速度变大或为多相流渗流时，就要考虑第二项惯性阻力影响，这时压力平方差与产量为非线性关系。以上两公式中 a、b、c、n 主要通过产能试井来确定。

（蒲蓉蓉）

【气井流出动态曲线 outflow performance ralationship curve of gas well**】** 如果井口压力 p_{tf} 保持不变，对一定直径的油管，给出一组井底流动压力 p_t 可相应地求出一组产气量 q_{sc}，这样可画出一条井底流压与产气量的关系曲线。又称 OPR 曲线。

推荐书目

金忠臣，杨川东. 采气工程 [M]. 北京：石油工业出版社，2004.

（蒲蓉蓉）

【气井油管动态曲线 tubing performance ralationship curve of gas well】 一定的地层压力下，不同的井口流压对应不同的产量，利用该关系式可作出反映地层压力一定时的气井井口产能特征曲线。反映了气井油管的流动特征，应用气井油管动态曲线可掌握气井生产规律并合理地控制和调节气井工作方式。

气井的油管动态曲线可根据不同类型气井的性质，选用不同的井底流压计算公式作出。利用油管动态曲线可以确定在一定地层压力下，不同井口回压的气井合理产量。当 $q_{sc}=0$ 时，纵轴上 p_r 与 p_{ts} 之差为静止气柱所产生的压差；当 $p_{ts}=0$ 时，横轴上井口最大产能 q_{max} 不等于气井的绝对无阻流量 q_{AOF}；在任意 q_{sc} 条件下，p_{wf} 与 p_{tf} 之差反映了流动气柱的质量与摩阻损失。

（李明忠　王卫阳）

【气井试井 gas well testing】 为了解气井的储层参数、无阻流量、含砂量、含水量、井底流动压力、井口压力与产量的关系以及气层压力的变化和井温等资料，而对气井所进行的不同工作制度下的生产测试及研究工作。新井投入生产之前和生产井生产一段时间以后都要进行试井，以便确定气井合理生产方式。确定气层参数常用以气体不稳定渗滤理论为基础的压力恢复试井；气井产能通常通过以稳态流动为基础的气井产能试井来确定。

（李明忠　王卫阳）

【气井产能试井 gas well deliverability tests】 为了确定气井产能而进行的一种矿场生产试验。根据气井所处的地层条件不同，可以选择不同的测试方法稳定的产能试井方法（回压试井）准稳定的测试方法（等时试井、修正等时试井）和单点试井的方法（一点法试井）。气井稳定试井是产能试井的标准方法，与油井的系统试井十分相似。

回压试井　气井从关井状态开井后逐次更换节流孔板或调节节流嘴以改变流量，并测量每次改变后气井的稳定产气量、压力、含砂量、含水量等资料来确定气井产能的方法。又称逐次流量试井。产量可用正态序列由小到大和反向序列由大到小两种方式改变。完整的常规回压试井需改变4～5次产量。利用回压试井测得的稳定产气量 Q、井底流压 p_{wf} 和实测或计算的气藏平均压力 p_r 在方格纸上绘制（$p_r^2-p_{wf}^2$）/Q—Q 关系曲线，可获得表示气井产能的二项式流动方程。如果在双对数坐标纸上绘制（$p_r^2-p_{wf}^2$）/Q—Q 关系曲线，则可得到气井的指数式流动方程。

等时试井　利用在流动期间建立的泄油半径仅是无量纲时间的函数而与流量无关的原理，在开井后多次进行开关井的一种多点测试。一般每次开井时间是相同的；但关井时间不同，它取决于恢复压力所需要的时间，各次开井的产量可逐渐增加，试井过程中测量产量和压力数据。并在双对数坐标纸上描出每一时距的 $Q—\Delta p^2$ 关系曲线，即构成同斜率的一组直线。按稳定试井方法，求出指数 n 和每一时距的系数 c，再绘制 c 与时距 t 的关系曲线。从 $c=f(t)$ 曲线上，可取得所求的系数 c 值。等时试井是在开井后不稳定过程中录取资料，全部测试历时较短，可弥补回压法试井的缺点，多用于低渗透性气藏的测试。

修正等时试井 为了克服等时试井每改变一次流量后关井恢复压力历时长的缺点，将每次关井时间改为相同，无须均关到井底压力恢复，压力数据用记录的井底压力代替气藏压力。由于试井时间缩短，此法较适用于致密的低渗透气层。

一点法试井 仅取一个点的回压法试井，目的是求气井绝对无阻流量。首先求出上次回压法试井所得指数式流动方程中的指数 n 或二项式流动方程中的惯性紊流效应系数 b，然后选择一个气产量，使气井在此产量下稳定生产，录取稳定生产时的气量和井底压力值，并关井测地层压力。利用所得资料和上次回压法试井的指数 n，在双对数坐标纸上作图，即求得气井绝对无阻流量。也可利用所得资料和上次回压法试井的系数 b，由二项式先求出系数 a，再由绝对无阻流量公式求得气井绝对无阻流量。一点法试井有快速、不浪费气体的优点。气井绝对无阻流量反映气井产能，一点法试井结果有助于及时了解气井动态，但确定数据时应慎重。

（李明忠　王卫阳）

【**气井产能** productivity of gas well】 气井生产能力的大小。天然气勘探上一般用气井千米井深稳定产量表示气井的生产能力。气藏工程上，衡量气井单井生产能力常利用气井绝对无阻流量，也可以利用采气指数，均表示气井的产气能力。用米采气指数表示气层生产能力，即消除气层厚度因素影响的气井生产能力指标。从这个意义上，采气指数有气井采气指数和气层采气指数之分。另外，也可以用气井绝对无阻流量来表示气井的产能。

采气指数 气井在单位生产压力平方差下的日产气量。表达式为：

$$J = \frac{Q}{p_r^2 - p_{wf}^2}$$

式中：J 为产气指数，J 值越大表示采气效率越高，J 值的大小与气层性质有关，根据产气指数可确定同气层的其他气井的合理采气量；p_r 为气藏压力，MPa；p_{wf} 为井底流动压力，MPa；Q 为在 p_{wf} 下的日产气量。

最大采气指数 气井绝对无阻流量与生产压力平方差（气藏压力与井底流压的平方差）的比值。它随井的衰竭而变，可用于比较气井的性能。

（李明忠　王卫阳）

【气井产能方程 productivity equation of gas well】 气井产量与气井压力之间在稳定生产条件下的关系方程，即在特定的压力条件下气井日产气量的表达式。

常用的气井产能方程有二项式和指数式两种基本的方式。产能方程可以用压力表示，也可以用拟压力和压力的平方表示。拟压力形式的产能方程，一般在计算机的试井解释软件系统中使用。压力形式的产能方程一般用于高压气藏。

（李明忠　王卫阳）

【视表皮系数 apparent skin factor of gas well】 气体稳态和拟稳态径向流的公式中，与流量无关的表皮系数和与流量有关的流量相关表皮系数之和。又称混合表皮系数。流量相关表皮系数产生的原因是惯性紊流效应。惯性紊流效应是指气体向气井流动时，因流速不断增加，在井底附近出现非达西渗流而产生附加压降的现象。

惯性紊流效应及视表皮系数的概念亦适用于在井壁附近出现非达西流动的高产油井。

推荐书目

李士伦，等. 天然气工程[M]. 北京：石油工业出版社，2000.

（李明忠　王卫阳）

【气井生产系统分析 production system analysis of gas well】 研究气井生产系统中压力与流量的关系称为气井生产系统分析。又称气井压力系统节点分析。吉尔伯特（Gilbert）于1954年首先提出了气井生产系统分析法，但受到数学模型实用性和计算机应用水平的限制，未能推广应用。直到20世纪80年代，布朗（Brown）等提出了油气井节点系统分析方法和分析技术，并随着计算机技术的发展和普及，气井生产系统分析方法才逐步被应用于油气田生产实际并很快见到了效果。20世纪90年代，气井生产系统分析方法已成为油气藏经营管理的一种重要手段。在国外，各主要的石油公司都研制开发了自己的气井生产系统分析应用软件，并广泛应用于油气田的开发研究和生产实际中。中国也开展了气井生产系统分析应用软件的研制工作，并也有相应的研究软件。气井生产系统分析应用软件广泛应用于气田概念设计、评价方案设计、开发方案设计、采气工艺设计等各种方案设计，显著提高了采气工程方案设计的科学性和可操作性。

基本原理　在天然气自气藏流到井口分离器的过程中，沿途经完井段、油管、气嘴、地面管线，在各环节有能量消耗，它们之间的关系为各部分在对应于某一流量下能量消耗与增加的总和。气液通过该系统的压力损耗包括气液克服储层的阻力在气藏中的渗流、克服完井段的阻力流入井底、克服管线摩阻和滑脱损失沿垂管（或倾斜管）从井底向井口流动、克服地面设备和管线的阻力沿集输气管线的流动。

基本数学模型 气井生产系统分析中使用的主要数学模型包括天然气的物性参数、气井的流入动态方程、气井油管流出动态关系式和气体的节流方程（见气井流入动态曲线、气井流出动态曲线）。

分析和优化方法 在气井生产系统分析中，应设置节点与解节点。节点是一个位置概念，分为普通节点和函数节点两类。两段不同流动规律的衔接点属普通节点，其特点是普通节点本身不产生与流量相关的压降；当气液通过井下气嘴、井下安全阀和地面气嘴等部件时，都产生与流量有关压降，取这些部件为节点，称为函数节点。节点将气井生产系统划分为多个既相对独立又相互联系的部分。在运用生产系统分析方法分析具体问题时，集中分析的一个节点称为解节点。解节点的选择与系统分析的最终结果无关，可以在生产系统内任意选择，而不会影响分析结果，但原则上应依据所要求解问题的目的决定。例如：在分析地面生产设施（地面管线长度、管径、分离器等）的影响时，可选气井生产系统中的截流阀为解节点。在大多数气井生产分析中，一般选择气井生产系统中的井底或井口为解节点。

气井生产系统分析的分析过程就是将整个气井生产系统作为研究对象，把天然气从气藏经完井井段、井底、人工举升装备、油管、井口、地面管线至分离器的各个环节作为一个完整的生产压力系统来考虑，对其压力损耗进行综合分析，通过在该系统内设置节点、选择解节点，模拟计算求得流入和流出动态特征参数。通过流入、流出动态特征的模拟计算，可最终分析设计出发挥系统最大潜能的油管直径、井身结构、生产管柱结构、投产方式等，实现全系统的优化生产。

主要目的 气井生产系统分析的主要目的：确定当前生产条件下气井的动态特征，优选气井在一定生产状态下的最佳控制产量；对生产井进行系统优化分析，迅速找出限产原因，提出有针对性的改造和调整措施；确定气井停喷时的生产状态，从而分析停喷原因、确定气井转入人工举升采气的最佳时机，同时有助于人工举升采气方式的优选；使生产管理人员很快找出提高气井产量的途径等多种功能。

（白　璐）

【**气井油管设计** production tubing design of gas well】 设计应以优化天然气井生产为目标，保证较高的合理产量，最安全、合理地利用气藏能量。主要包括确定气井油管的合理直径、钢级、下入深度、抗气体冲蚀、油管携液能力等重要技术参数。

气井油管尺寸敏感性分析 采用气井生产系统分析方法,分析不同管径的油管对气井产能的影响情况,以选择合适的油管尺寸。气井油管尺寸敏感性分析图解及曲线见图,其分析过程为:选择井底为解节点,首先作出气井流入动态曲线(IPR),然后根据给定井口压力 p_t 计算各种油管尺寸下的产量与井底流压 p_{wf} 的关系,并作出气井流出动态曲线(OPR),IPR 曲线与 OPR 曲线的交点即为各种油管尺寸下的生产点。通过分析优选出符合气井产能要求的油管尺寸。一般来说,增大油管尺寸将增大自喷井的产能,但超过临界油管尺寸后,油管尺寸的增加会导致产量的减少甚至不能自喷生产。在井口压力为某一常数时,每一给定油管尺寸对应一条气井流出动态曲线(见气井流出动态曲线),根据对气井的产量要求,可优选不同气层压力下的油管直径。

气井油管抗气体冲蚀性分析 高速流动的气体在金属表面上运动(冲击或湍流),在气体杂质机械磨损与腐蚀介质(H_2S、CO_2 等)的共同作用下,会使油管腐蚀加速;同时,高速气体含有水蒸气,且流动不规则,使得气泡在金属表面不断产生和消失,气泡消失时,形成大压差,对靠近气泡的金属表面产生水锤作用,致使表面保护膜破裂,腐蚀继续深入。高速气体在管内流动时发生显著冲蚀作用的流速称为冲蚀流速。当气流速度低于冲蚀流速时,冲蚀不明显;当气体流速高于冲蚀流速时,油管柱产生明显的冲蚀,且随着流速的增高,冲蚀加剧,严重地影响气井的安全生产。现场实践表明,气体流速超过 21.3m/s 时,冲蚀现象尤为严重。

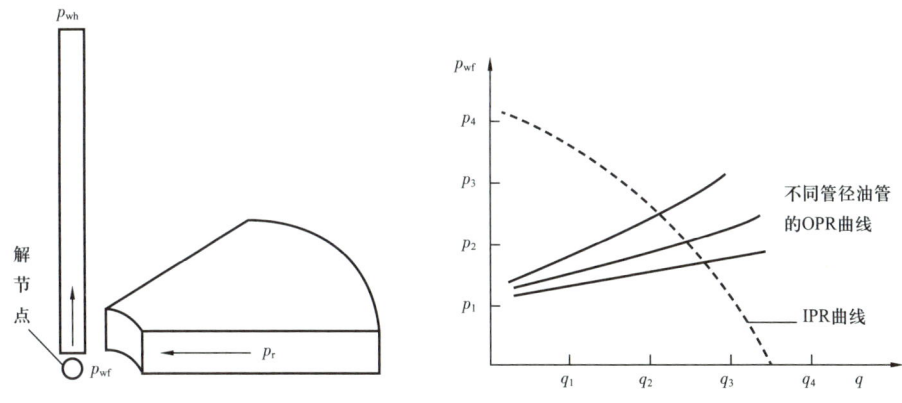

气井油管尺寸敏感性分析图解及曲线示例

气井油管抗气体冲蚀性能表明了油管在冲蚀临界流量约束下的日通过能力。要使气井油管不因气体冲蚀而降低寿命,其产量不能大于相应管串、流压和温度下的气体冲蚀流量。在同一流动温度、流动压力下,气体冲蚀临界流量随油管内径变大而增大。在同一油管内径下，气体冲蚀临界流量随流动压力的变大而变大。随着气藏的开发，气井流动压力降低，气井气体冲蚀临界流量也降低。气井油管抗气体冲蚀流量计算公式：

$$q_e = 5.164 \times 10^4 A \left(\frac{p}{ZT\gamma_g}\right)^{0.5}$$

式中：q_e 为受冲蚀流速约束的油管流量，$10^4 m^3/d$；p 为油（套）管流动压力，MPa；A 为油管截面积，m^2；γ_g 为天然气的相对密度；T 为井筒内静止气柱的绝对温度，K；Z 为井筒内静止气柱的天然气偏差系数。

气井油管流动摩阻损失 天然气从井底流到井口，在油管柱中由于摩擦阻力引起的压力损失。气井油管流动摩阻损失的大小主要取决于气井的产量、井底压力、井的深度以及生产管柱的直径。若油管尺寸选择不当，气体在管柱中的流动摩阻损失太大，会严重地影响气井产能的发挥。

对于定产量井，气井管柱压降、流动摩阻随油管内径变大而减小；对于生产管柱确定的气井，气井管柱压降、流动摩阻随产气量变大而增大。

气井油管携液能力 气井在生产过程中，一定内径的油管将井筒内的流体（气、液）连续带到地面的能力。包括液体薄膜沿着管壁运动和液体小滴由高速气流带走两个过程，是选择油管尺寸时必须考虑的重要因素，以防止井底积液、增大井底回压、影响气井的正常生产。气井油管的携液能力随油管管径的变大而减小。

气井油管强度设计 为满足气井生产需要，应对油管的最佳钢级、壁厚、长度的组合进行优化设计。气井油管柱在井下受到温度、压力及腐蚀等各种因素的影响，对于一次性完井管柱的油管强度设计，除考虑抗拉强度外，还应考虑使用封隔器后因井内温度压力变化而引起的活塞效应、螺旋弯曲效应、鼓胀效应和温度效应。油管必须抗内压、抗挤压、不至于产生永久螺旋弯曲等，同时还应保证射孔、储层改造、投产、测试等工艺正常进行。

由于油管在一般情况下的抗挤和抗内压强度较大，现场初步设计时主要考虑抗拉强度。管材拉力是由油管自重产生的，抗拉强度设计是油管下入深度设计的主要内容。等直径油管可下深度计算公式：

$$H = \frac{p_r}{mq}$$

式中：H 为油管最大可下深度，m；p_r 为最小油管拉断载荷，N；m 为安全系数；q 为油管单位长度的重力，N/m。通常，安全系数取 $m=1.3\sim1.5$，但对于高压含硫化氢深井则宜取 $m=1.6 \sim 1.8$；对于有封隔器的管柱，安全系数应取上限值。

（白　璐）

【气井合理产量 rational production rate of gas well】 能够使气藏保持合理采气速度，气井井身不受破坏，出水期晚，不造成早期突发性水淹，并使气井生产遵循平稳供气和产能接替原则的气井产量。

大型中渗透、高渗透整装气藏，通常期望稳产 10～15 年，采气速度 3%～5%；中型中渗透、高渗透整装气藏，通常期望稳产 7～10 年，采气速度 4%～5%；小型中渗透气藏、高渗透整装气藏，通常期望稳产 5～8 年，采气速度 4%～5%；低渗透气藏、致密气藏和强水侵边水气藏，采气速度<3%；强水侵底水气藏，采气速度<2%；疏松砂岩气藏，以 3% 为基准适当降低采气速度；高酸性气藏，以 3% 为基准适当提高采气速度。

确定气井合理产量需要考虑的因素：（1）气井井身结构是否良好，产层胶结状况疏松还是紧密。对油、套管有变形断裂或产层易垮塌的气井，则产量应低些，以保持气井不受破坏。合理产量应低于气井开始出砂、使气井井身受到破坏的产气量。（2）气井生产压差不能过大，以免引起底水锥进或边水舌进，尤其是裂缝性气藏，生产压差过大，地层水将沿裂缝窜进，引起气井过早出水，甚至造成早期突发性水淹。气井过早出水，产层受地层水伤害，造成加速气井产量递减，甚至造成气井过早停喷，大大缩短气井寿命或形成死气区，增加生产成本，降低采收率等不良后果。（3）气井生产保持阶段性相对稳产，并为其他新井的产能接替创造条件。（4）应用完井测试、试井、试采等资料，综合考虑各因素予以确定。

（白　璐）

【气井工作制度 production mode of gas well】 适应气井产层地质特征和满足生产需要时产量和压力应遵循的关系。又称气井生产方式。气井所选择的合理工作制度，应保证气井在生产过程中能得到最大的允许产量，并使天然气在整个开采过程中压力损失分配合理，以达到充分利用气藏能量，采收率最高。应根据地质、工艺技术、设备情况和用户要求进行选择。合理的工作制度应满足下列条件：井底不水淹、不垮塌、不被水合物堵塞；管柱内气体流速能带出积液，同时管柱内的压力损失不应大于允许的最大压力损失；井口装置和地面管线设备能正常运转、井口压力和产量满足输气和用户要求；年产气量不超过气田开发方案对采气速度的要求。可分为定产量制度、定井底渗流速度制度、定井壁压力梯度制度、定井口（井底）压力制度和定井底压差制度五类。最为常用的是定产量制度、定井口（井底）压力制度和定井底压差制度。

气井定产量制度 气井生产过程中按气井合理产量生产。适用于产层岩石胶结紧密的无水气井早期生产，是气井稳产阶段最常用的工作制度。气井投产早期，地层压力高，井口压力高，采用气井允许的合理产量生产，具有产量高，采气成本低，易于管理的优点。地层压力下降后，可以采取降低井底压力的方法来保持产量一定。

定产量制度下的地层压力 p_r、井底压力 p_{wf}、井口压力 p_{wh} 计算公式分别为：

$$p_r = p_i - \frac{q_{sc}t}{q_{upr}}$$

$$p_{wf} = \sqrt{p_r^2 - (aq_{sc} + bq_{sc}^2)}$$

$$p_{wh} = \sqrt{\frac{p_{wf}^2 - \theta q_{sc}^2}{e^{2S}}}$$

$$\theta = \frac{1.324 \times 10^{-10} f (\overline{T}\overline{Z})^2 (e^{2S} - 1)}{d^5}$$

$$S = \frac{0.03415 \gamma_g h}{\overline{T}\overline{Z}}$$

式中：p_r 为 t 时间的地层压力，MPa；p_i 为原始地层压力，MPa；p_{wf} 为 t 时间的井底流动压力，MPa；p_{wh} 为 t 时间的井口压力，MPa；q_{sc} 为标准状态下的气井产量，m³/d；q_{upr} 为单位压降产气量，m³/MPa；t 为累计生产时间，d；a 为二项式产能方程中层流系数，MPa²/（m³/d）；b 为二项式产能方程中紊流系数，MPa²/（m³/d）²；f 为油管摩阻系数；γ_g 为气体相对密度；$\overline{T}$ 为井筒气柱平均温度，K；$\overline{Z}$ 为井筒气柱平均偏差系数；h 为气层中部深度，m；d 为油管内径，m。

定井口（井底）压力制度 气井在生产过程中，井口压力或井底压力保持一定。一般应用在气藏附近无低压管网和用户，天然气要继续输送到脱硫厂或高压集输管网的气井。凝析气井采用该工作制度，使井底压力高于其凝析压力，可以防止凝析油的析出。随着地层压力的降低，降低气井产量，以减少天然气在地层中的流动压力损失，达到稳定井底压力的目的。可以用下式来近似地预测其产量变化：

$$q_{sc} = -\frac{a}{2b} + \sqrt{\frac{a^2}{4b^2} - \frac{1}{b}\left[p_{wf}^2 - \left(p_i - \frac{q_{gp}t}{q_{upr}}\right)^2\right]}$$

式中：p_i 为原始地层压力，MPa；p_{wf} 为 t 时间的井底压力，MPa；q_{sc} 为标准状态下的气井产量，m³/d；q_{gp} 为气藏或同裂缝圈闭的产量，m³/d；q_{upr} 为单位压降产气量，m³/MPa；t 为累计生产时间，d；a，b 为二项式产能方程的系数。

定井口压力制度是定井底压力制度的变形。

<u>定井底压差制度</u>　使地层压力和井底流动压力的差值保持一定。适用于气层岩石胶结不紧密、易坍塌的井，也适用于储层渗透率不均匀且有边底水的气井，可以防止<u>生产压差</u>过大引起边水舌进或底水锥进。定井底压差制度下确定不同时间的气井产量 q_{sc}、地层压力 p_r、井底压力 p_{wf}、井口压力 p_{wh} 的公式分别为：

$$q_{sc} = -\frac{a}{2b} + \sqrt{\frac{a^2}{4b^2} - \frac{1}{b}\left(\Delta p^2 - 2p_i\Delta p + \frac{q_{gp}t}{q_{upr}}2\Delta p\right)}$$

$$p_r = p_i - \frac{q_{gp}t}{q_{upr}}$$

$$p_{wf} = p_r - \Delta p$$

$$p_{wh} = \sqrt{\frac{p_{wf}^2 - \theta q_{sc}^2}{e^{2S}}}$$

$$\theta = \frac{1.324 \times 10^{-10} f(\overline{T}\overline{Z})^2 (e^{2S}-1)}{d^5}$$

$$S = \frac{0.03415\gamma_g h}{\overline{T}\overline{Z}}$$

式中：q_{gp} 为气藏日常产量，m³/d；q_{sc} 为标准状态下的气井产量，m³/d；p_r 为 t 时间的地层压力，MPa；p_i 为原始地层压力，MPa；p_{wf} 为 t 时间的井底压力，MPa；Δp 为气井允许的最大井底压差，MPa；q_{gp} 为气藏或同裂缝圈闭的产量，m³/d；q_{upr} 为单位压降产气量，m³/MPa；t 为累计生产时间，d；a 为二项式产能方程中层流系数，MPa²/(m³/d)；b 为二项式产能方程中紊流系数，MPa²/(m³/d)²；

f 为油管摩阻系数；$\bar{T}$ 为井筒气柱平均温度，K；$\bar{Z}$ 为井筒气柱平均偏差系数；h 为气层中部深度，m；d 为油管内径，m。

（白　璐）

【**井筒积液**　liquid loading of gas well】气井产量低于气井连续携带液体的最小临界流量，致使气井无法将气井中凝析油或地层水带出井筒而积聚在井底的现象。井筒积液会增大井底回压，使生产压差减小，产气量减小，直至造成气井停产。

气井任意流压下，能将气流中最大液滴携带到井口的最小流速，称为临界携液流速。临界流速与所下油管横截面积的乘积换算到标准状态下则称为气井连续排液的临界流量。当气井产量高于临界流量时，井筒内不会产生积液。临界流速的计算公式为：

$$u_\text{g} = 2.5 \sqrt[4]{\frac{(\rho_\text{l} - \rho_\text{g})\sigma}{\rho_\text{g}^2}}$$

相应临界携液产量公式：

$$q_\text{sc} = 2.5 \times 10^8 \frac{A p u_\text{g}}{ZT}$$

式中：u_g 为液滴临界流速，m/s；q_sc 为标准状态下产气量，m³/d；σ 为界面张力，N/m；ρ_l 为液相密度，kg/m³；ρ_g 为气相密度，kg/m³；p 为压力，MPa；T 为温度，K；Z 为 p，T 条件下的气体偏差系数；A 为油管截面积，m²。

为了延长气井生产周期，提高气藏最终经济采收率，应根据气井举升中的矛盾采取相应的有效措施。用于排出气井井底积液的常用方法为：

（1）调整地面设备，降低地面阻力和气井回压。

（2）调整井下设备，减少流体在油管中的阻力损失，增加举升能力。

（3）降低井口压力，增大采气生产压差，提高气井产量，增强气井排液能力。

（4）井口放喷。因受到输气压力的限制采用降低井口压力生产仍不能将井底积液带出时，为了延长气井生产寿命，最大限度地降低地面设备对气井的回压，而采用井口放空的办法将井底积液带出的一种工艺措施。井口放喷时，井口回压可接近于当地大气压力，生产压差增大，气井带液能力增强。一般放空几分钟后，可见气量明显增大，有雾状液排出，放空 0.5h 左右，停止放空，转入正常生产。待气井生产出现异常时，又采用此方法，可以使气井正常生产。该方法的缺点是每次放空要浪费一定量的天然气，且污染环境。

（5）利用各种排水采气工艺，保持产水气井正常生产。

（佘朝毅　白　璐）

【产水气井采气工艺 gas production technology of gas-water well】 为维护产水气井正常生产而采取的采气工艺措施。气井产水后，气流入井的渗流阻力和气液两相管流的总能量消耗将显著增大。随着水侵影响的日益加剧，气藏的采气速度下降，单井产量迅速递减，自喷能力减弱，气井逐渐变为间歇生产井，井底严重积液甚至会导致气井水淹停产，从而严重降低气藏的采收率。为了使产水气井正常生产，应根据产水气井实际情况制定消除和延缓水害的相应工艺措施。现场产水气井采气工艺主要有排水采气、控水采气和堵水采气三大类。

（佘朝毅）

【排水采气 dewatering gas production】 为维持水淹井或自喷带水困难气井的正常生产，采用机械或化学（或两种相结合）方法将井下积液排至地面的采气工艺措施。目的是降低井筒流体压力梯度，改善井底附近流体的流入状态，使被水堵的天然气膨胀，"死气"变为能够运移的"活气"进入井底并采出，最终提高气藏采收率。有水气藏的排水采气工艺可分为一次开采的"三稳定"排水采气制度和二次开采的人工助喷工艺技术。"三稳定"排水采气制度是指针对产水气井不同生产类型和生产特点，优选使气水两相流举升效率最好的井口角式节流阀开度，从而使气井的气水产量、井口流动压力和气水比保持相对稳定的生产制度。产水气藏的二次开采工艺技术是指开发进入中、后期，根据不同类型的产水气井特点，采用相适应的人工助喷工艺排除井筒积液，确保产水气井的正常采气，从而达到减缓气藏产量递减和提高采收率的目的。

现场常用的排水采气工艺主要有优选管柱排水采气、泡沫排水采气、有杆泵排水采气、气举排水采气、电动潜油泵排水采气和射流泵排水采气等。正在攻关试验研究和完善的排水采气工艺主要有气体加速泵排水采气、柱塞气举排水采气以及气举—泡排复合排水采气、气举—机抽复合排水采气、增压—气举—泡排复合排水采气等。

排水采气适用的地质要素是气藏的地层水有限封闭和水驱能量弱。在整装气藏中地层水以边水或底水形式存在，因受断层、岩性、构造等因素影响，气藏地层水有限封闭；或者在单个或多个裂缝系统气藏中，气水虽然共存，但天然气与地层水受致密岩性封隔，可动水体积较小，水侵量较小，地层水有限封闭，为裂缝系统内部封闭的局部水；或者是气藏水侵局部活跃或沿某方向裂缝水窜，但气藏可动水体积有限，弹性能量有限。

（马辉运）

【优选管柱排水采气 dewatering gas production by optimizing pipe string】 产水气藏开发中、后期,气井已不能自喷带水生产,转入了间歇生产,对这样的气井及时优选和调整管柱,改换成较小直径管柱的一种自喷排水采气工艺。通过调整管柱可改善气水在油管内的流动状态,避免气井积液,使气井维持合理产量自喷生产。关键技术是确定在标准状态下气井连续排液必须建立的临界流量 q_{kp},从而计算气井的无量纲对比流量 q_r($q_r=q_{sc}/q_{kp}$), q_{sc} 为气体在标准状态下的流量。当 $q_r<1$ 时,气井不能连续排液,应根据相关计算公式或诺模图调整自喷管柱内径,确保 $q_r \geq 1$,使气井在新自喷管柱情况下实现正常生产。适用于有一定自喷能力的小产水量气井,一般情况下,排水量不超过 100m³/d,最大井深由选用生产管柱的材质决定,产水气井的水气比不大于 40m³/10⁴m³。地面配套与产气水井自喷生产装置相同,地面无须新增设备。

(马辉运)

【泡沫排水采气 dewatering gas production by injecting foam agent】 对产水气井从井口加入起泡剂,使井下液体变为轻质泡沫液,在气流搅动下将液体带出至地面的一种排水采气工艺。工艺优点是不需要进行修井作业,其设计、操作和管理简便,一次性投入成本低。

适应范围 适用于弱喷及间歇喷产水气井的排水,一般情况下,排水量不超过100m³/d。具体应用条件为:

(1)因地层压力降低、产气量下降、产水量增加等原因造成了井筒积液。

(2)气井具有自喷能力,井底油管鞋处气流速度大于 0.1m/s,井底温度小于 150℃。

(3)井深不大于3500m,井底温度不大于120℃,产液量小于100m³/d。

(4)含凝析油不大于30%,产层水总矿化度不大于10g/L,含 H_2S 不大于 23g/m³,含 CO_2 不大于 86g/m³。

起泡剂及其性能要求 泡沫排水所用起泡剂是表面活性剂,除具有表面活性剂的一般性能之外,还要求具有泡沫携液量大,泡沫的稳定性适中,在含凝析油和高矿化度水中有较强的配伍性等特殊性能。

起泡剂类型分为离子型(主要为阴离子型)、非离子型、两性表面活性剂和高分子聚合物表面活性剂等。

地面配套 主要是起泡剂和消泡剂的加注装置。

(1)起泡剂加注方法有四种:① 采用平衡罐加注液体起泡剂(见图1);② 柱塞计量泵加注(见图2);③ 泡沫排水采气工程作业车(简称泡排车)加注;④ 采用投掷方式加注固体起泡剂(见图3),对于油管和套管连通不好或封隔器完井、产水量不大于20m³/d的井，采用固体起泡剂时用投掷器加注。通常，气井产水量不大于30m³/d、需小剂量连续加注的井采用平衡罐加注方式；气井产水量大于30m³/d、需大剂量连续加注的井采用柱塞计量泵加注方式。

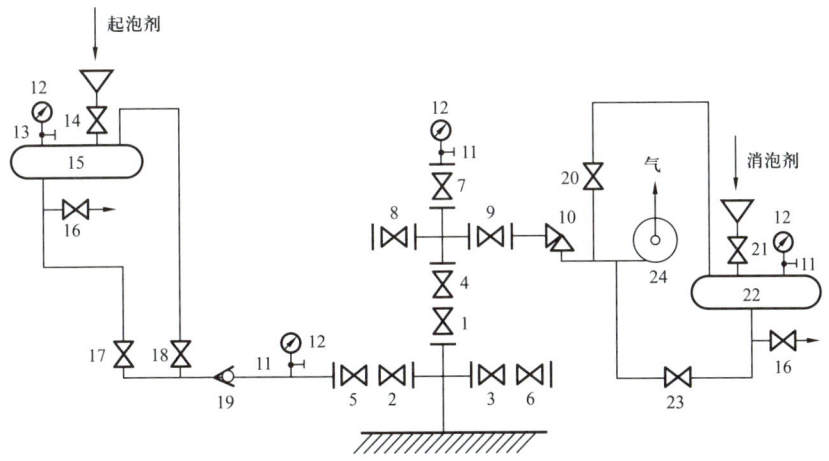

图 1 平衡罐加注流程示意图

1~9—采气井口闸阀；10—角式节流阀；11，13—截止阀；12—压力表；14，21—入口阀；15，22—平衡罐；16—排污阀；17，23—注入阀；18，20—平衡阀；19—单流阀；24—分离器

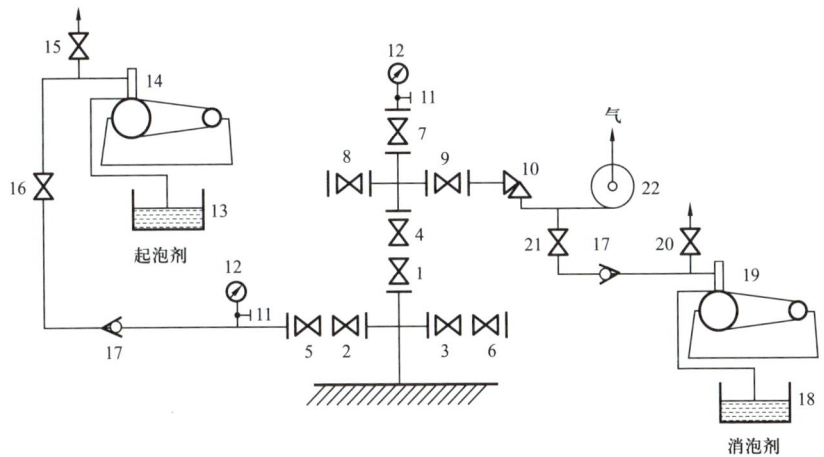

图 2 柱塞计量泵加注流程示意图

1~9—采气井口闸阀；10—角式节流阀；11—截止阀；12—压力表；13，18—供液罐；14，19—柱塞计量泵；15，20—柱塞计量泵排空阀；16，21—注入阀；17—单流阀；22—分离器

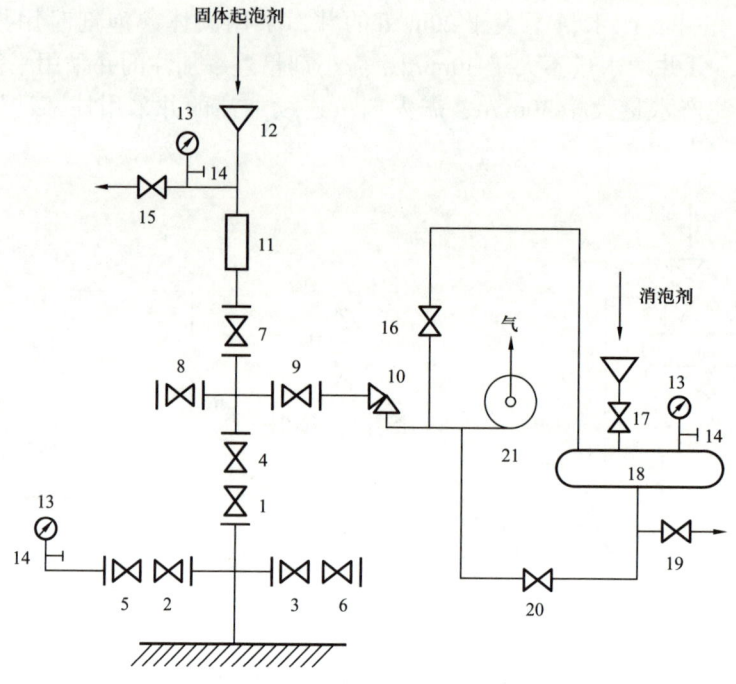

图 3　投掷器加注流程示意图

1~9—采气井口闸阀；10—角式节流阀；11—加料筒；12—加料头；13—压力表；14—截止阀；15—排空阀；16—平衡阀；17—入口阀；18—平衡罐；19—排污阀；20—注入阀；21—分离器

（2）消泡剂加注常采用柱塞计量泵加注或平衡罐加注两种方式。

对于纯气井，只是有少量凝析水或产地层水小于 $30m^3/d$，宜采用间歇排水方式，一般情况下，起泡剂和消泡剂加注周期为每隔数天、数月一次即可；而对于产水量 q_w 不小于 $30m^3/d$ 的这类井最好采用连续注入，加注越均匀越好，尤其是对大水量井效果更加明显。

（马辉运）

【**有杆泵排水采气** dewatering gas production by sucker rod pump】 对产水气井通过抽油机驱动井下深井泵，抽汲并排出井筒内积液，恢复气井生产的一种排水采气工艺。通过抽油机使抽油杆带动深井泵的柱塞上下运动，进行抽汲排出井下积液。油管下部装有高效井下气水分离器除气，水经深井泵抽入油管排出地面，气通过套管采出，从而实现油管抽水、套管采气的目的。适用于低压产水气井排水。一般地，最大排水量不大于 $70m^3/d$，下泵深度不大于 $3000m$。设计、安装和管理较方便，一次性投入成本较低。高含硫、井斜严重或结垢严重的气井不适应。

与有杆泵采油相比，整个系统装置组成基本类似，显著不同点为：（1）油管排水、油套环空采气因密封方式要求导致井口装置不一样。（2）因油、气、水物性参数（特别是黏度、压缩因子）明显不同，井下密封泵筒中柱塞和泵筒的配合间隙以及密封方式存在显著差异。（3）产水气井必须安装井下高效气水分离器，尽可能降低气体影响，提高泵效；而大多数油井在气侵不严重时未安装井下分离器。

（马辉运）

【**气举排水采气** dewatering gas production by gas lift】 利用气举方法将井下积液排出地面的一种排水采气工艺。适用于排水量为 $50\sim400\text{m}^3/\text{d}$，举升高度不大于 3500m，中、低含硫化氢气井。装置设计、安装较简单，易于管理，经济投入较低。优点：（1）工艺井不受井斜、井深和硫化氢含量限制及气液比影响，能直接利用气井中产出的天然气参与举升；（2）适应能力强，排量范围大，同样一套气举装置能适应不同开采阶段产量的变化和举升高度的变化，单井增产效果显著；（3）连续气举和间歇气举、举升深度和举升液量转化调节灵活方便；（4）设备配套简单，管理方便，可实现集中控制，单井可多次重复启动；（5）生产测试工艺配套；（6）邻井有高压气源时，经济效益好。

气井排水采气与油井排液采油所采用的气举工艺相比，两者工艺的主要设施和设计步骤大同小异，而井筒内流体性质不同和追求的目标则显著不同，设计思路和参数差异明显。

参见气举采油。

（马辉运）

【**射流泵排水采气** dewatering gas production by jet pump】 利用射流泵将井下积液排出至地面的一种排水采气工艺。适用于井下积液井恢复生产。最大排水量 $1500\text{m}^3/\text{d}$，一般最大泵深 3500m。优点是适宜安装在出砂的产水气井，因井下无运动件，管理比较方便，同时在更换井下水力射流泵时采用绳索作业投入，通过反循环取出，调整井下设计参数方便；缺点是设计较复杂，初期投入成本较高。工艺原理是由地面提供的高压液体通过射流泵喷嘴把其位能转换成高速流束的动能，在吸入口形成低压区，井下流体被吸入与动力液混合，在扩散管中动力液动能传递给井下流体使之压力增高而排出地面。地面常用设备有提供高压动力液的多缸泵、动力液储罐及采输设备，井下设备为水力射流泵、插管封隔器，排水采气工艺流程见图。

参见射流泵采油。

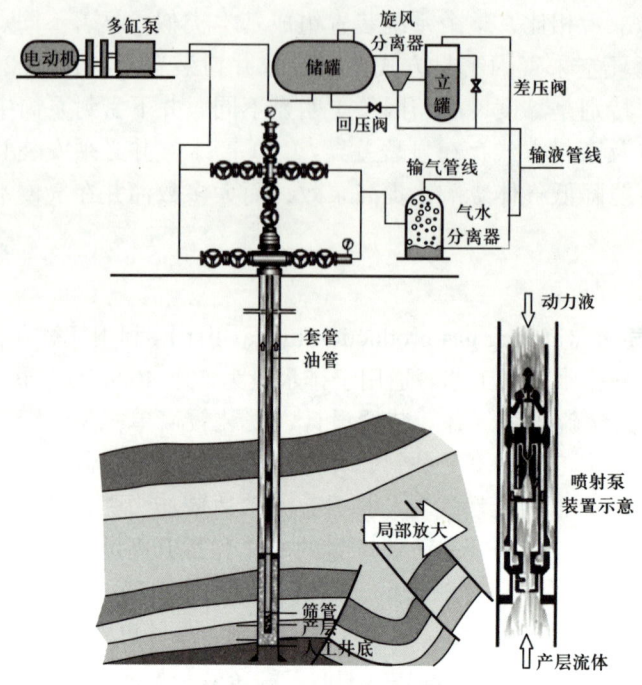

射流泵排水采气工艺流程图

（马辉运）

【电动潜油泵排水采气 dewatering gas production by electric submersible pump】
利用电动潜油离心泵将井下积液举升到地面，使气井恢复生产的一种排水采气工艺。适用于产水量大（1000m^3/d 以上）、扬程高（2500m 以上）、单井控制的剩余储量大的水淹气井复产，特别适用于气藏强排水。最大排水量可达1500m^3/d，最大泵挂深度3000m，中国产变速电动潜油泵机组使用温度不大于120℃，国外引进变速电动潜油泵机组使用温度不大于149℃。优点是排水量大，参数可调性好，设计、安装及维修方便；缺点是一次性投入和运行成本较高，在高含酸性气体中不适用。该工艺原理是采用随油管一起下入井底的多级离心泵装置，将水淹气井中的积液从油管中迅速排出，降低井筒内的液面高度，减少井筒内的液柱对井底的回压，使气井恢复生产。生产方式是油管排水、套管产气。

油井大多采用定频电动潜油泵机组，气水井在选用电动潜油泵机组时均采用变频调速电动潜油泵机组，在气水分离器上通常选用旋转式气体分离器以提高气水分离效果。

参见电动潜油泵采油。

（马辉运）

【控水采气 gas production by controlling water】 含水气藏开采过程中，通过控制、提高井底回压来降低水侵压差，从而降低水侵影响，尽量延长无水采气期的一种工艺措施。实质是选择合理的生产压差控制地层中水的指进和锥进。

气井出水前和出水后，为了使气井更好地产气，都存在控制出水的问题。对水的控制是通过控制气井临界流量或控制气井临界压差来实现的。对于底水锥进活动方式的未出水气井，可通过分析氯根，利用单井系统指示曲线确定气井产水的临界产量（压差），将产量控制在临界值下生产，延长无水采气期。对于属于断裂型气藏的已出水气井，可以通过生产试验求合理压差，控制气井在合理生产压差下生产，从而增加气井的单位压降采气量。

（佘朝毅）

【堵水采气 gas production by plugging water】 采用机械或挤化学剂等方法封堵出水层位，以降低水对气井产能影响的工艺措施。主要可分为非选择性堵水和选择性堵水两个基本类型。非选择性堵水方法只适用于层间堵水（即产气层已水淹），确定出水层后用堵剂或采用生产封隔器进行封堵。选择性化学堵水方法是通过化学堵剂与地层水的反应来阻止出水层水的产出而不阻碍产层的开采，但对层内某一层的出水，这种方法效果不理想。

参见油气井堵水。

（佘朝毅）

【复杂条件气井采气工艺 gas production process of gas well with complex conditions】 生产或储层等条件复杂的气井开采时所采取的工艺技术。包括低压气井采气、凝析气藏开采、消耗式开采、保持地层压力开采、含酸气气井开采等。

（佘朝毅）

【低压气井采气 production technology of low pressure gas well】 对井口压力低于输送压力的气井所采取的开采工艺技术。包括低压气井高低压分输、低压气井增压采气、低压气井负压采气和低压气井天然气喷射器开采。

低压气井高低压分输 对不同井口压力的低压气井，为避免相同输送压力条件下对更低井口压力的井造成回压，导致这些井无法生产，使不同井口压力的井分别进入适合自身输压条件下的生产管网进行生产的开采模式，其特征是低压近输、高压远输。

低压气井增压开采 对低压气井增加井口压力，使其满足输送压力的要求的开采模式。通常采用单井增压或多井集中建增压机站增压两种方式以降低气井生产的井口压力，从而降低气田井废弃压力，提高采收率。

低压气井负压采气 在低压气井增压开采的基础上，将低压气井井口压力抽汲至负压（一般真空度为 0.1MPa 以内）的开采模式。适应于低产气井（通常小于 $1.0 \times 10^4 \text{m}^3/\text{d}$）或边缘井。地面装备一般采用离心机进行抽空，安装该系统应进行经济效益评价，并以就地有天然气用户为最佳。

低压气井天然气喷射器开采 应用文丘里管原理，利用高压气高速通过喷嘴进入喉道时，在吸入口形成低压区，低压气被吸入与高压气一起进入喉道，并在扩散管内混合，将动能转化为压能然后输出，以降低低压气井井口压力，达到低压气井增产的目的。该装置用于高压气田（气井）带动低压气田（气井）开采时，具有低成本、投资回收期短、无运动部件、可靠性好、易操作、易维护、经济效益明显等优势。

（马辉运）

【凝析气藏开采 recovering technology of condensate gas reservoir】

对天然气中凝析油含量大于 50g/m^3 的气藏开采技术的总称。中国凝析气藏分布十分广泛，已发现的凝析气藏大体可分为两类：一类属于油型气凝析气藏；另一类属于煤成气成因的凝析气藏。未见气顶型凝析气藏。

凝析气藏开采中同时产出天然气和凝析油。凝析气藏的油气体系在地层压力高于初始凝析压力条件下处于气态，但当地层压力下降，低于初始凝析压力后，从气相中析出的液态烃将粘在岩石颗粒表面而造成损失。凝析气藏的开采和常规气藏一样可划分为产量上升阶段、稳产阶段、产量递减阶段、低压低产阶段等，但其气藏中含有 C_5 以上的重碳氢化合物较多，其气体组分、开采动态、开采方式都比常规气藏的开采复杂得多。

凝析气藏的开采多属于高温降压过程，常伴随有反凝析和凝析现象的产生。在凝析气藏天然气混合物的压力—温度相图中（见图），在露点曲线 AC 和泡点曲线 BC 之间包围的区域，气、液相平衡共存，该区域内的曲线表示液气共存的平衡体系中液体的百分数，这些曲线的垂直切点的连线为 CS_3M 曲线。在 ACB 曲线以外，流体仅以单相存在。靠近临界点 C 时，气体和液体性质互相接近。在临界点 C 的温度、压力条件下，两相已无法区别。N 点具有两相共存时最大的压力 p_m，且 $p_m > p_c$；M 点具有两相共存时最大的温度 T_m，且 $T_m > T_c$。H_1H 线代表在 T_1 温度下天然气的恒温升压过程。在 H_1 点，流体呈单相；升压至露点 H_2 时，出现第一滴液滴；进一步升压，液气比稳定增加，直到混合物达泡点 H_3 时，最后一个气泡消失。由 H_3 点到 H_4 点，液体变为过冷液体。由 H_1 点到 H_4 点，表现了天然气正常的压缩过程。而 S_1S 线则代表了在 T_2 温度下天然气流的恒温压缩过程，$T_m > T_2 > T_c$。天然气在 S_1 点呈气相，压缩到 S_2 点开始出液体，升压至 S_3 点达到液气比最大。继续升压，液气比不断下降，直至最后一滴液体

在 S_4 点消失重新成为气相。处于 S 点的天然气流，在恒温降压时，在 S_4 和 S_3 间出现反凝析现象，并表明了反凝析现象只发生在温度 T_c 和 T_m 之间。T_m 是天然气可凝析出液相的最高温度，即临界凝析温度，应尽可能保证天然气输送的温度高于临界凝析温度。

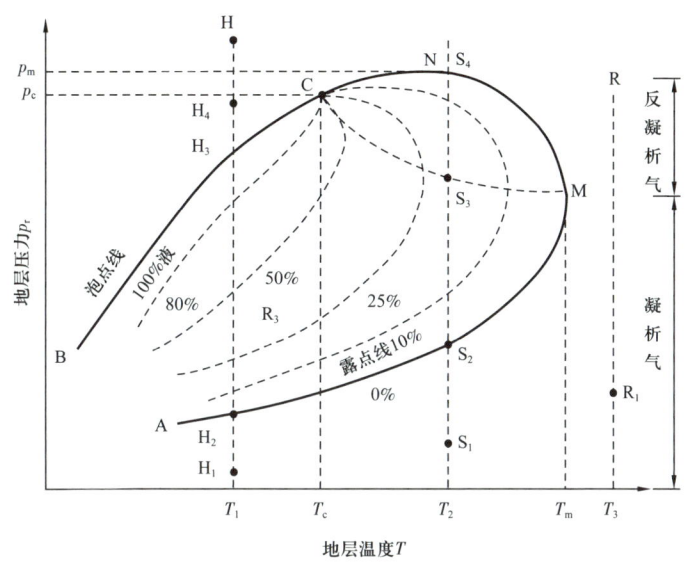

凝析气藏压力—温度图

在 CS_3MNC 封闭的曲线范围内会出现天然气的反凝析现象。在此区域内天然气恒温降压，凝析液量增多，气量减少。CS_3M 曲线上各点表示天然气中凝析出来的液体最多时的状态。CS_3M 距离越大，反凝析现象发生的区域也就越大。

凝析气藏的合理开采，须从整体效益出发，尽可能提高采收率和凝析油或轻烃的回收率。通常可根据含凝析油的多少采用消耗式开采和保持地层压力开采两种基本的开采工艺方式。

（佘朝毅）

【消耗式开采 depletion recovering technology of gas reservoir】 依靠凝析气藏自身的驱动能量消耗直至气田报废的一种凝析气藏开采方式。消耗式开采是一种简单而低效的开发模式。

从经济效益出发，综合考虑投入和经济回报等因素，一般对天然气中含凝析油量小于 $200g/m^3$ 的凝析气藏应直接采用消耗式开采方式进行开采。可划分为初期（Ff）、衰竭（fD）、基本稳定（DE）三个阶段（见图）。

根据凝析气藏的特征和消耗式开采不同阶段的基本特点，凝析气藏消耗式

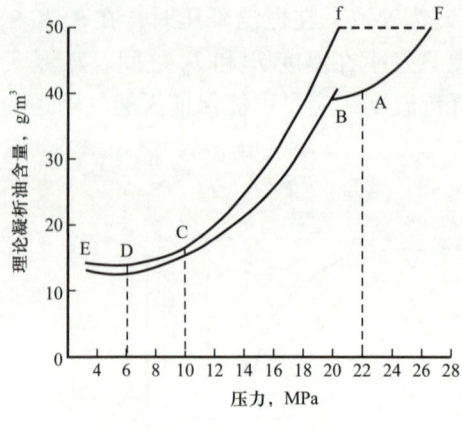

凝析气藏生产阶段划分图

开采的具体工艺方法为：

（1）在凝析气藏消耗式开采的初期阶段（Ff），避免井底压力低于露点压力，造成凝析油的大量损失，宜采用定井底压力的工作制度，且所选井底压力大于露点压力。

（2）在凝析气藏消耗式开采的衰竭阶段（fD），井底压力已小于露点压力，井底势必有反凝析液析出，宜采用连续排液定临界流量的开采工艺方式。临界流量可用下式确定：

$$q_{kp} = 1.2320\left(\gamma_g ZT\right)^{-1/2}\left[\sigma_o\left(9.81\rho_o - 34158\frac{\gamma_g p_{wf}}{ZT}\right)\right]^{1/4} p_{wf}^{1/2} d^2$$

式中：γ_g 为天然气的相对密度；Z 为油管挂处井底状态下天然气的偏差系数；T 为油管处的绝对温度，K；σ_o 为凝析油界面张力，N/m；ρ_o 为油管鞋处凝析油的密度，kg/m^3；p_{wf} 为井底绝对压力，MPa；d 为油管内径，cm。

（3）在凝析气藏消耗式开采的基本稳定阶段（DE），不但天然气中凝析油含量已基本稳定，并且含量已很低，此阶段可采用常规气井的开采模式进行生产。

（佘朝毅）

【**保持地层压力开采** recovering of gas reservoir by keeping reservoir pressure】通过向地层注气或注水使气藏压力保持在原始压力附近或高于初始凝析压力，地层中的烃类系统几乎保持在单相气态下渗流的一种凝析气藏开采方式。

通常，对凝析油含量不小于 $200g/m^3$ 的凝析气藏，为了避免凝析油的大量损失和凝析油析出后堵塞喉道，以获得较高的天然气和凝析油采收率，最常用的开采方法是在开采过程中向地层注入一种特殊的流体介质，使在开采过程中保持地层压力高于露点压力下进行开采。为保持地层压力，有注干气、注氮气、注二氧化碳、注烟道气、水等多种类型可供选择。

凝析气藏循环注干气开采 通过向凝析气藏注入干气，使注入干气的作用地区保持地层压力高于开始凝析的露点压力条件下，从生产井中采出天然气，在油气处理厂加工提取凝析油，以及将提取凝析油后的部分干气循环回注。循环注干气开采方式的优点是可以获得较高的凝析油采收率，在注气期能采出凝析油50%~60%，停注后再采出天然气和剩余的凝析油。缺点是在注气阶段，有相当部分天然气不能出售，并且需要增加注气的投资，这在一定程度上限制了循环注干气的应用范围。

凝析气藏注水开采 为了防止凝析油的析出，也可采取向含气层注水以保持凝析气藏的地层压力在高于露点压力条件下开采。从理论上可采取边外注水、边缘注水、切割注水等三种注水开采方案。注水保持压力开采的最大优点是水源广泛、成本较低、设备简单、投资较少；其最大缺点是，注水保持地层压力时，注入水在气层纵横向驱动的不均匀性反而恶化了开发过程，甚至注入水可能将气藏分割为不同的部分，造成死气区，使有的部分区域在不增加二次钻井的情况下根本无法采出，从而使天然气和凝析油的采收率较低。该技术应用范围很窄，常可作为循环注气开采气量不足时的一种辅助措施。

凝析气藏注氮气开采 注入氮气保持地层压力开采凝析气藏可以弥补回注天然气的不足。注氮气开采方法的优点是，从理论上讲，凡是可以回注天然气的气藏均可改为回注氮气，并且当在气水界面注入氮气时，可以和天然气形成一个混相带，能显著提高凝析油的采收率；其缺点是制氮气的装置投资大，需提供大量的增压能量，并且注入氮气会使凝析气的露点增高。为减少注氮气的不利，可采用天然气和氮气混注的开采工艺技术。

凝析气藏注二氧化碳或烟道气开采 注二氧化碳或烟道气也是当干气不足或注干气经济上不划算时可采用的一种辅助办法。该方法的优点是采收率也较高；缺点是来源缺乏，并对设备有一定腐蚀性。

每一种保持地层压力的方法都有其优点和缺点，选用什么样的注入介质以保持地层压力，主要取决于当地注入介质资源条件、技术水平以及经济评价结果等诸因素。

推荐书目

金忠臣，杨川东.采气工程[M].北京：石油工业出版社，2004.

（佘朝毅）

【**含酸气气井开采 recovering of sour-gas well**】 气水两相系统中，天然气总压不小于0.4MPa，所含H_2S分压不小于0.00034MPa或所含CO_2分压不小于0.02MPa的天然气井开采技术的总称。可分为含H_2S气井开采与含CO_2气井开采。

H_2S的剧毒性和H_2S、CO_2引起的严重腐蚀性及元素硫的沉积是含酸气气井开发遇到的三大问题。在钻采、集输、净化、加工、尾气处理过程中，都要采取相应的技术措施，保证安全生产、防止酸气介质的腐蚀破坏。根据酸性气体含量，含酸气气藏分类见表。

按酸性气体含量分类

类型	H_2S 含量		CO_2 含量	N_2 含量
	g/m³	%（体积分数）	%（体积分数）	%（体积分数）
微含	<0.02	<0.001	<0.01	<2
低含	0.02～<5	0.001～<0.3	0.01～<2	2～<5
中含	5～<30	0.3～<2.0	2～<10	5～<10
高含	30～<150	2～<10	10～<50	10～<50
特高含	150～<750	10～<50	50～<70	50～<70
非烃气藏	>750	>50	>70	>70

（佘朝毅）

【含 H_2S 气井开采 recovering of gas well containing hydrogen sulfide】 在气水两相系统中，天然气总压不小于 0.4MPa，所含 H_2S 分压不小于 0.00034MPa 的气井所采用的开采技术。含 H_2S 气井在采用一般气井开采方式的基础上，应注意 H_2S 的毒性，并解决好完井、H_2S 腐蚀和元素硫的沉积等技术难题。

H_2S 毒性　H_2S 对于人畜是一种剧毒性气体，在 15℃，0.101MPa 条件下，其相对密度为 1.189，比空气重，毒性比 CO 更大、更危险，低浓度的 H_2S 有类似臭鸡蛋的气味，浓度稍高或嗅时一久，人的嗅觉神经就会麻痹而失灵。依靠人的嗅觉辨别有无 H_2S 的存在是不科学的，也潜伏着极大的危险。H_2S 对人体的毒性见表 1。

表 1　H_2S 毒性

H_2S 在空气中浓度，mg/m³	危害程度
15	阈限值，超过阈限值浓度，现场员工应立即佩戴正压安全空气呼吸器
75	只允许直接接触 10min
150	损伤嗅觉神经，接触 4h 以上可能导致死亡
300	立即破坏嗅觉、视觉系统
750	2～15min 内呼吸停止，抢救不及时，可导致死亡
1050	很快失去知觉，停止呼吸，不立即抢救，将导致死亡
1500	立即失去知觉，造成死亡或永久脑损伤，智力损残
3000	一吸气立即死亡，抢救困难

在含 H_2S 气井的井场和集气站工作，设备泄漏及容器不密闭等原因都会造成工作人员中毒。轻微中毒的现象是眼睛发痒，呼吸道受刺激，继之有头痛和恶心等症状。中毒严重时，面色苍白，呼吸紧促，全身抽筋，甚至休克死亡。一旦发生上述情况，立即指挥人员撤离现场。中毒严重者，立即撤到空气新鲜、通风良好的地方，并对受害者进行人工呼吸，注意保持体温，直到呼吸完全恢复正常。继续留在现场坚持工作的人员，应佩戴自给式正压空气呼吸器。鉴于 H_2S 的毒性，含 H_2S 气井上的井场和集气站等场所，都应配备选用先进的 H_2S 检测与报警仪。此外，当 H_2S 在空气中体积浓度达到 4.3%～45.5% 时，一遇明火立即爆炸，破坏性更大。站场的所有放空管线，都应置于地势的高点，放空气时应采用自动点火方式灼烧。

H_2S 腐蚀　指金属材料在含 H_2S 酸性环境的作用下引起破坏或变脆的现象。

H_2S 极易溶于水，形成弱酸，对金属是一种强烈的腐蚀剂，H_2S 引起中碳钢的腐蚀速度随 H_2S 浓度增加而增大，一般为 2.5～15.2mm/a。H_2S 和 O_2 同时存在所引起的腐蚀比单纯含 H_2S 大得多。硫化物引起高强度钢应力腐蚀破裂的危险性也随 H_2S 浓度的升高而增大。

天然气中的 H_2S 除了来自地层外，滋长的硫酸盐还原菌在转化来自地层和化学添加剂中之硫酸盐时也会释放出 H_2S，要谨防不含 H_2S 的油气藏随着年代的老化，加之防范不周而出现的 H_2S 腐蚀。来自地层的气中除了含 H_2S 外，通常还有水、CO_2、盐类、残酸以及开采过程进入的 O_2 等腐蚀性杂质，它比单一的 H_2S 水溶液的腐蚀性要强得多。

H_2S 腐蚀类型　H_2S 对钢材的腐蚀主要分为电化学均匀腐蚀和局部腐蚀、氢诱发裂纹（hydrogen induced cracking，简称 HIC）、氢鼓泡（hydrogen blistering，简称 HB）及硫化物应力开裂（sulfide stress cracking，简称 SSC）。

（1）电化学均匀腐蚀和局部腐蚀主要表现为壁厚减薄、蚀坑或点蚀穿孔，是 H_2S 腐蚀过程阳极铁溶解的结果。

（2）氢诱发裂纹是一种由 H_2S 腐蚀阴极反应析出的氢原子，在 H_2S 的催化下进入钢材内部后，使材料韧性变差，甚至在没有外加应力作用下，生成的平行于板面，沿轧制方向有鼓泡倾向的裂纹，而在钢表面则为氢鼓泡。

（3）硫化物应力开裂是一种由 H_2S 腐蚀阴极反应析出的氢原子，在 H_2S 的催化下进入钢中后，在拉伸应力作用下，生成的垂直于拉伸应力方向的氢脆型开裂。开裂的形状见图，图（a）、图（b）为氢诱发裂缝，图（c）为硫化物应力开裂。

HIC 作为一种缺陷存在于钢中，对使用性能的影响尚无统一的认识。研究和现场实践表明，这种不需外力生成的 HIC 可视为一组平行于轧制面的面缺陷。

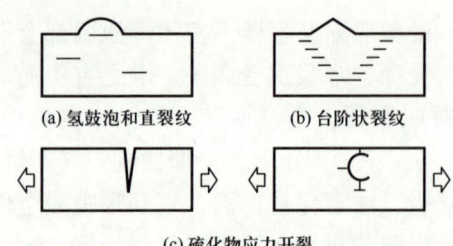

氢诱发裂纹与硫化物应力开裂示意图

它对钢材的常规强度指标影响不大，但对韧性指标有影响，会使钢材的脆性倾向增大。对 H_2S 环境断裂而言，具有决定意义的是材料的硫化物应力开裂敏感性。

影响 H_2S 腐蚀的因素　硫化物应力腐蚀破裂的影响因素较多，它受到冶金、环境（介质）和力学（应力）的联合作用，这三者是产生破裂时间长短的三个变量函数，见表2。

表2　影响硫化物应力腐蚀破裂的因素

序号	类别		
	冶金因素	环境因素	力学因素
1	金相组织	硫化氢浓度	应力大小
2	化学成分	pH 值	冷加工
3	强度、硬度	温度、压力	焊接残余应力
4	夹杂、缺陷	CO_2 含量	
5		氯离子浓度	

（1）冶金因素：不同钢材的金相组织，通过不同的热处理，可得到不同强度的材料。为保证钢材的纯净性，含硫量一般控制在不大于0.005%，含磷量控制为不大于0.03%，同时为保证钢材的抗 H_2S 性能，国际上公认的准则要求低合金钢的 HRC 不大于22。随着科学技术的发展，7000m 以上超深井对高强度油管的要求，对这一硬度控制值有所突破，关键在于严格控制钢材硬度的均匀性。

（2）环境因素：当 H_2S 浓度小于 400mg/L 时，腐蚀速度随浓度增长率增加而急剧上升，而浓度不小于 400mg/L 后，上升速率趋于平缓，含有水和 H_2S 的天然气，当气体总压不小于 0.448MPa，气体中硫化氢分压不小于 3.45×10^{-4}MPa 时，可引起敏感材料的硫化物应力腐蚀破裂；pH 值越小（酸度大），破裂倾向就越大，pH=2～4，钢材吸氢量最强，当 pH=8～9 后，吸氢量大大减少，造成 SSC 的可能性也大大减小；井下 300～600m 处于氢脆最敏感的温度范围（20～30℃），含 H_2S 气井油管在此井段发生断裂较多；压力的增高，H_2S 的分压也随之增加，它们在溶液中的溶解度也加大，加速腐蚀的电化学过程，同时也加快氢原子向金属渗入的速度，从而促进了氢脆和硫化物应力腐蚀破裂；CO_2 对钢材发生氢有去极化作用，降低介质的pH值，恶化腐蚀环境；氯离子会加速钢材点蚀的形成、发展及硫化物应力腐蚀破裂。

（3）力学因素：拉应力越大，断裂时间越短，随着应力的增加，氢的渗透率增加，同时钢材获得阳极活化能愈大；冷加工或机械损伤处，往往形成应力集中，是硫化物应力腐蚀破裂的裂源；焊接产生组织、组分和应力一系列不均匀性，形成对氢敏感的显微组织，成为脆性破坏的断裂源。

H_2S 防腐措施　主要有三类：一是选择抗 H_2S 材料；二是采用合理气相的结构制造工艺；三是选择有效的缓蚀剂，以保护膜的形式隔离腐蚀环境与材料的接触。应加强腐蚀监测，有效地监测腐蚀状况和防腐措施效果，以便及时制定正确的防腐方案。挂片测试、电化学测试、缓蚀剂残余浓度分析是腐蚀监测的重要手段，将三种方法综合使用其效果更理想。

（1）选择抗 H_2S 材料：应选择抗氢脆及硫化物应力腐蚀破裂性能的抗 H_2S 材质。选择抗 H_2S 材质应严格遵循石油天然气行业标准，设计时主要考虑集输管线、油套管、阀件及压力容器等，按抗硫设计规范要求选择。

（2）采用合理的金相结构与制造工艺：一定化学成分的钢材，通过不同的热处理，可以得到不同的金相组织。采用高温调质、正火回火热处理方法获得的均匀铁素体或珠光体，抗 H_2S 性能较好。而优质碳素钢、普通低合金钢经冷加工或焊接时，会产生异常金相组织和残余应力，将增加氢脆和硫化物应力腐蚀破裂的敏感性。这些加工件在使用前应进行高温回火处理。

（3）选择有效的缓蚀剂：缓蚀剂是借助于缓蚀剂分子在金属表面形成保护膜，隔绝 H_2S 与钢材的接触，达到减缓和抑制钢材的电化学腐蚀作用，延长管材和设备的使用寿命。缓蚀剂的加注量随着腐蚀剂的性质不同而异，它是工艺设计的基础数据，主要按照缓蚀剂所处环境及缓蚀剂类别进行计算；缓蚀剂注入方式分为周期性注入（适用于关井和产气量小的井）和连续注入（适用于产气量大或产水量多的井）两种；注入装置可采用同心双管、小直径管柱泵注法或平衡罐自流式注入法。不论采用何种注入方式，都要保证在任何时间缓蚀剂成分和浓度都应符合设计要求。

硫沉积　在高含 H_2S 气井开采过程中，含 H_2S 天然气中元素硫可能会随温度、压力的下降在井底周围的地层渗流通道和井下生产油管壁上，产生硫沉积。

地层中的元素硫靠三种运载方式带出：一是与 H_2S 结合生成多硫化氢；二是溶于高分子烷烃；三是地层温度高于元素硫溶点时在高速气流中元素硫以微粒状随气流携带到地面。在地层条件下，元素硫与 H_2S 结合生成多硫化氢：$H_2S+S_x \rightleftharpoons H_2S_{x+1}$。当天然气运载着多硫化氢穿过递减的压力和温度梯度剖面时，多硫化氢分解，发生元素硫的沉积。天然气气流也能携带元素硫微粒，但是，当气流温度低于元素硫的凝固点以下时，一旦其固化作用开始，已固化的元素硫核心将催化其余液体元素硫，以很快的沉积速度聚积固化。

硫沉积引起的硫堵能导致天然气生产、加工和管线运输中的一系列严重问题，它不但会引起井下金属设备严重腐蚀，而且还会导致气井生产能力下降，甚至完全堵塞井底直至关井。若把元素硫燃烧可解决这些问题，但又会生成SO_2，排入大气时生成酸雨。

影响硫沉积的主要因素 硫沉积量的多少与天然气的气体组成、采气速度及地层压力、温度密切相关。

（1）气体组分：H_2S 含量越高越容易发生元素硫沉积，但这不是唯一因素，有的气井 H_2S 含量仅 4.8% 就发生硫堵塞，有的气井 H_2S 含量高达 34% 以上却未发生堵塞。但从统计角度看，H_2S 含量高于 30% 以上的气井大部分都发生硫堵塞，发生硫堵塞气井的 C_5 以上烃含量均很低，或者为零，而且也不含芳香烃，C_5 以上烃组分（还有苯、甲苯等）很像是硫的物理溶剂，它们的存在往往能避免硫沉积。

（2）采气速度：气体在井内的流速直接关系到气流携带元素硫的效率。流速越高，则越能有效地使元素硫微粒悬浮于气体中带出，从而减少了硫沉积的可能性。发生硫堵塞的井采气量都在 $28.2 \times 10^4 m^3/d$ 以下，采气量超过 $42.3 \times 10^4 m^3/d$ 的井均未发生硫堵塞，提高采气速度有利于解决硫沉积的问题。

（3）地层温度和压力：地层温度和压力较高的井容易发生硫沉积。当气体从地层进入井筒到达井口时，流体阻力和温度下降会导致硫析出。井底温度、压力与井口温度、压力的差越大，硫越容易析出。从采气角度看，由气井生产方式入手，控制井筒压力和温度的变化，有可能限制元素硫在井底或油管中沉积，但控制范围十分有限，应从溶硫机理入手，寻找解决元素硫沉积的方法。

解决硫堵塞的方法 根据硫沉积的影响因素，解决硫堵塞的方法主要有提高采气速度、控制井筒压力和温度的变化以及向井口注入硫溶剂。

（蒲蓉蓉）

【含CO_2气井开采 recovering of gas well containing carbon dioxide】 天然气中 CO_2 分压不小于 0.02MPa 的气井开采时所采取的工艺技术。含 CO_2 气井开采在采用一般气井开采方式的基础上，应着重解决好完井以及 CO_2 腐蚀的防护措施。CO_2 腐蚀主要表现为局部点蚀并引发环状腐蚀或台面腐蚀导致的蚀坑和蚀孔，这种局部腐蚀阳极面积小，往往穿孔的速度很高，危害很大。可在完井方式、选用防腐材质、加注缓蚀剂等方面实施防腐措施。

CO_2 腐蚀原理 CO_2 腐蚀是 CO_2 溶解于水生成碳酸后引起的电化学腐蚀。

对裸露的金属表面腐蚀机理为：在 $CO_2+H_2O \longrightarrow H_2CO_3$ 的基本反应下，碳酸使水的 pH 值下降，对钢材发生氢去极化反应：$H_2CO_3+Fe \longrightarrow FeCO_3+H_2 \uparrow$（腐蚀产物），同时，存在着腐蚀产物 $FeCO_3$、Fe_3O_4 等在金属表面形成保护膜的过程，成膜的情况对 CO_2 腐蚀有十分重要的关系，在有膜保护时腐蚀速度大大降低。因成膜的不均匀、破损及各种影响因素的变化，常常出现局部的不均匀腐蚀，如坑点腐蚀、轮癣状腐蚀和台面状腐蚀等。

CO_2 对金属的腐蚀，主要有深坑型腐蚀、轮癣状腐蚀、冲蚀等类型。深坑型腐蚀是指腐蚀过程中形成周边锐利界面清晰的坑，并在比较短的时间内就能完全穿透管壁。这种坑是酸气溶于凝结在油管壁上的水滴引起的，处在冷凝温度以上的油管不遭受这种腐蚀破坏。轮癣状腐蚀发生在距管端很近的环状管壁，呈均匀腐蚀或严重坑蚀。主要原因是管子镦粗过程中，镦粗的热处理端和其他部分具有不同的晶粒结构，而在过渡区对腐蚀敏感。冲蚀主要发生在井口设备与油管内。管子截面变化部位和收缩节流部位的流速增高，则腐蚀加剧。

<u>影响 CO_2 腐蚀的因素</u>　主要是天然气中的 CO_2 在金属表面引起电化学腐蚀的条件。影响 CO_2 腐蚀的因素很多，总结起来可分为两类：一是环境因素，二是材料因素。环境因素包括 CO_2 的分压 p_{CO_2}（高压时应考虑 CO_2 含量的摩尔分数）、介质温度、水介质的矿化度、pH 值、水中离子含量包括 Cl^-、Ca^{2+}、Mg^{2+} 及 H_2S、O_2 和细菌等含量，油气混合介质中水含量、介质载荷、流速及流动状态、材料表面垢的结构及性质；材料因素包括材料种类、合金元素，如 Cr、Ni、Mn、C、Si、Mo、Cu、Co 等含量及钢的组织结构（单相还是双相及杂质含量等）。

在影响 CO_2 腐蚀的诸因素中，p_{CO_2} 起着决定性作用。在含 H_2S 和 CO_2 的气井中，p_{H_2S} 与 p_{CO_2} 的分压之比大于 0.25 时腐蚀形态表现为 H_2S 腐蚀；当其分压比小于 0.25 时，腐蚀形态主要表现为 CO_2 腐蚀。在含酸气气井中，可近似用分压 p_{CO_2} 预测含酸气气井的腐蚀性。p_{CO_2}、p_{H_2S} 计算公式为：

$$p_{CO_2}=p_{wf}C_{CO_2}$$

$$p_{H_2S}=p_{wf}C_{H_2S}$$

式中：p_{CO_2} 为 CO_2 分压，MPa；p_{H_2S} 为 H_2S 分压，MPa；p_{wf} 为井底压力，MPa；C_{CO_2} 为天然气中 CO_2 的百分含量（体积分数）；C_{H_2S} 为天然气中 H_2S 的百分含量（体积分数）。

根据 API 标准：$p_{CO_2}<0.02MPa$ 时，腐蚀不会发生或很少发生，不考虑防腐；p_{CO_2} 为 0.02～0.20MPa 时，CO_2 腐蚀发生，应防腐；$p_{CO_2}>0.20MPa$，有明显 CO_2 腐蚀发生，应采用耐蚀材料防腐。一般来说，当温度一定时，p_{CO_2} 值越大，材料的腐蚀就越快。p_{CO_2} 值在常规条件下与 CO_2 在系统中所占的摩尔分数呈正比；但当系统处于高温高压环境时，某些气体处于超临界状态，p_{CO_2} 不能反映系统中 CO_2 含量的确切值，此时对 CO_2 在水或油水介质中溶解度的影响因素应是系统总压与 CO_2 摩尔分数。

CO_2 防腐措施　CO_2 防腐措施的重点是完井和 CO_2 腐蚀的防护。含 CO_2 气井的完井可选用带生产封隔器的一次性完井管柱，国际上还广泛使用内涂层油管，配合封隔器完井工艺，可以使油套管腐蚀降低到最低限度。应有效地监测腐蚀状况和防腐措施效果，以便及时有效地制定正确的防腐方案。挂片测试、电化学测试、缓蚀剂残余浓度分析是腐蚀监测的重要手段，三种方法综合使用，则效果较理想。

防止 CO_2 严重腐蚀的主要措施是用抗蚀金属材料、表面涂层保护、加注缓蚀剂以及在采输工艺过程中尽量避免或减轻各种加速腐蚀的因素。在湿 CO_2 环境中，含 Cr 的不锈钢有较好的抗蚀能力。此外非铁基金属合金如镍—铁—铬合金、镍铬合金、镍—铜合金等经过恰当的热处理能抗湿 CO_2 腐蚀及磁化物应力腐蚀开裂，在湿 CO_2 环境又存在 H_2S 情况下常用于代替不锈钢。在管道容器的内壁采用树脂、塑料等涂层衬里保护，已成为防止腐蚀的常用方法。在压力较高的情况下，一般采用薄涂层保护。常用酚醛、环氧改性酚醛树脂类涂料，其厚度为 0.12～0.2mm，有较好的抗腐蚀能力，但不耐磨蚀。地面的低压管道及容器采用玻璃钢或聚氯乙烯，聚氯乙烯衬里也取得较好结果，如果压力高还可以采用不锈钢衬里。在高 pH 值（6～7）条件下，因 Fe^{2+} 的溶解度降低很多，保护膜更容易形成，同时 Fe^{2+} 溶解度降低也意味着保护膜（$FeCO_3$）不易被溶解，保护膜一旦形成，则只能靠机械力或冲刷作用才能除去。添加 pH 稳定剂或同时使用水合物抑制剂这一技术已在油气田实际应用，降低腐蚀速率到符合要求的程度。降低 CO_2 分压将使腐蚀速率降低，但降低的幅度不大。一般来讲，降低井底压力或管道总压力将会降低腐蚀速率。

（蒲蓉蓉）

【煤层气开采 recovering of coal-bed methane】　煤层气井开采时所采取的工艺技术。主要包括煤矿井下瓦斯抽采和地面钻井开采两种开采方式。

煤矿井下瓦斯抽采　利用煤层巷道或从煤矿井下巷道中向煤层内钻孔，将正在采掘或准备采掘的煤层内的煤层气预先抽出并进行资源化利用，使巷道和采掘工作面的煤层气（瓦斯）浓度降低到安全标准以下，从而达到安全生产的目的。近年来，随着人们对煤层气资源利用认识的提高，也开始在煤矿预采区或采空区封闭的巷道内对煤层气进行抽采利用。

地面钻井开采 通过地面钻井，对煤层进行抽吸或排水，将煤层的压力降低到解析压力以下，解析后煤层气通过井筒被采出地面。地面钻井开采工艺及设备一般包括钻孔工艺及设备连接装置，以及抽采瓦斯管路中的安全装置。

推荐书目

苏俊.煤层气勘探开发方法与技术［M］.北京：石油工业出版社，2011.

（王卫阳）

【**煤层气** coal-bed methane】 煤层在其形成演化过程中经生物化学和热解作用所生成的、以吸附态存在于煤层中的一种自生自储式的非常规天然气。又称煤层甲烷，俗称瓦斯。大部分气以吸附状态存在于煤层基质表面，少量以游离状态分布在煤孔隙及裂隙内或呈溶解状态溶解在煤层水中。

物理化学性质 无色、无味，热值为 37618kJ/m^3，熔点为 –182.48℃，沸点为 –161.49℃。成分以甲烷为主、含量为 95%～98%，并含有少量 CO_2、N_2 和重烃气等。

主要成因 根据煤有机质热演化程度，煤的生成可分为未成熟（即泥炭至褐煤阶段，R_o<0.5%）、成熟（即长焰煤至焦煤阶段，R_o 为 0.5%～1.9%）、过成熟阶段（瘦煤至无烟煤阶段，R_o>1.9%），相应各个阶段生成的煤层气分别为生物气、热解气和裂解气。就是说，大部分地区煤储层中现存的煤层气多是来源于相应煤级下生成的生物气、热解气和裂解气。

煤储层特征 煤层气与常规气不同，大部分气是以吸附态存在于煤层中，游离气的量很少，一般为 10%～20% 或更低。因此煤层气的储集主要依赖于煤层对甲烷的物理吸附作用，甲烷和煤的其他组分之间是一种弱的作用力，属于范德华力。一般用煤层的吸附等温线来描述其吸附性，吸附等温线是在等温条件下确定压力与吸附气体定量关系的曲线，是煤储层评价的重要参数曲线。

资源分布 世界煤层气资源丰富，煤炭资源大国同时也是煤层气资源大国。国际能源署（IEA）的统计数据表明，全球煤层气资源储量超过 $270×10^{12}m^3$，主要分布在 12 个主要产煤国，其中俄罗斯、加拿大、中国、美国和澳大利亚的煤层气资源量均超过 $10×10^{12}m^3$。中国煤层气资源量约 $30×10^{12}m^3$，居世界第三位。俄罗斯、加拿大、中国、美国这 4 个国家的煤层气资源量共计为 $240×10^{12}m^3$，约占全世界煤层气资源总量的 89%。

我国已开展多次煤层气资源评价工作。据 2016 年第 4 次全国油气资源评价结果，我国埋深 2000m 以浅的煤层气地质资源量约为 $30.05×10^{12}m^3$，可采资源量 $12.50×10^{12}m^3$；埋深大于 2000m 的煤层气地质资源量约为 $40.71×10^{12}m^3$，可采资源量 $10.01×10^{12}m^3$。我国的煤层气资源分布可以划分为五大赋气区，按照资源量从多到少分别是华北、西北、南方、东北和青藏。煤层气资源最为丰富、煤层气勘探开发最活跃、产量最多的是华北气区，其地质资源量达 $13.90 \times 10^{12} m^3$，占全国的 46.25%；西北气区排名第二，其煤层气地质资源量为 $7.76 \times 10^{12} m^3$，占全国的 25.82%；南方气区地质资源量为 $5.46 \times 10^{12} m^3$，占全国的 18.17%；东北气区煤层气地质资源量为 $2.90 \times 10^{12} m^3$，占全国的 9.65%。全国共有 42 个主要聚煤盆地，其中煤层气地质资源量 $1 \times 10^{12} m^3$ 以上的有 10 个，按资源量大小排名分别是鄂尔多斯、沁水、滇东黔西、准噶尔、天山、川南黔北、塔里木、海拉尔、二连以及吐哈，这 10 个盆地煤层气地质及可采资源总量占比均超过 80%，地质资源总量近 $26 \times 10^{12} m^3$，可采资源总量达 $11 \times 10^{12} m^3$。

（赵俭成　宋　岩　王卫阳）

【煤层气藏 coal-bed methane reservoir】 煤层气藏是含有一定量煤层气、具有相对独立的流体流动系统的煤体（或地质体），是煤层气聚集的最小单元。在现有的开发技术条件下能够实现商业性开发的煤层气藏称为工业性煤层气藏；反之，称为非工业性煤层气藏。工业性与非工业性是相对概念，取决于国家的资源丰度程度、经济政策和工艺技术进步等外部条件。

煤层气藏分类 可以根据地下水动力条件和边界条件、煤阶等的不同对煤层气藏进行分类。

（1）根据地下水动力条件和边界条件分类。根据煤层气藏的压力形成机制，将其分为水动力封闭型和自封闭型煤层气藏两类。水动力封闭型可进一步区分为水动力封堵型和水动力驱动型煤层气藏两个亚类。自封闭型煤层气藏可进一步区分为异常压力封存箱型、低渗自封闭体型和透镜状煤体型三个亚类。

水动力封闭型煤层气藏是指，煤层气的运移、富集除了受其它地质边界控制外，还受地下水的封堵或驱动控制的煤层气藏。这类煤层气藏与地下水的补给、运移、滞留和排泄关系密切。

水动力驱动型煤层气藏是指地下水的运移不仅造成了煤层气的运移，而且在构造的高部位形成富集区，与常规油气藏的形成机理类似。可以根据构造特征细分为背斜—水动力驱动煤层气藏、削顶—背斜水动力驱动煤层气藏和断层—背斜—水动力驱动煤层气藏三类。

自封闭型煤层气藏的特征、成因和常规油气异常压力封存箱类似。该型煤层气藏的形成不仅与温度、烃类形成、构造应力（包括抬升、剥蚀等）有关，还与构造应力作用下的煤体变形有关。可进一步区分为三种类型的煤层气藏：① 异常压力封存箱型煤层气藏。煤层存在一个与烃类的形成和成岩作用有关的致密层，为封存箱的顶界，其下部的煤层气藏处于一种密闭、独立的压力系统。

这类煤层气藏因埋深大、含气量低而无法实现商业性开发。② 低渗透自封闭体型煤层气藏。在强烈的构造应力作用下煤体发生严重变形，煤体被挤压成透镜状，形成鳞片状或粉状的糜棱煤。这种煤体往往含有大量煤层气，但因渗透性差而不适合开发。③ 透镜状煤体型煤层气藏。该类型煤层气藏是连续性极差的煤层，在空间上表现为透镜状，被岩层围限。如果围岩的封闭性好，透镜体的规模大，则有可能作为煤层气的开发对象。这类煤层气藏在众多的含煤盆地内都存在。

（2）根据煤阶的分类。目前被人们认识到的煤的变质作用有6类：深成变质作用（区域变质作用）、区域岩浆热变质作用、岩浆接触变质作用、动力变质作用、气水热液变质作用和燃烧变质作用。对煤层气的生成起普遍作用的是深成变质作用和区域岩浆热变质作用。这6类变质作用形成了高、中、低煤阶煤层气藏。不同地区、不同煤阶煤层气藏的变质作用类型互不相同。

煤层气藏成藏机理 煤层气的富集、成藏受多种因素的影响，煤层气能否成藏直接关系到煤层气的勘探与开发。分析表明，中国煤层气的富集主要受五个因素的控制或影响，包括：向斜构造控气，区域岩浆活动对煤层气生成、富集的影响，上覆地层有效厚度控气，水文地质环境和物性控气富集成藏等因素。

（王卫阳）

【**煤层气钻井** coal-bed methane drilling】 通过快速高效地破碎井底岩石、取出破碎岩屑、保护井壁等，以建立起一条开采煤层气的永久性通道的工艺技术。主要包括钻前准备、钻进、固井和完井等工艺流程，涉及地质学、煤岩学、力学、机械工程、系统工程和遥测遥控等各种学科，是一项多工种、技术复杂的地下基建工程。

煤层气钻井特点 在常规天然气开采技术的基础上，根据煤层的岩石力学特性、煤层气的生—储特点及产出规律而发展起来的煤层气地面钻井开采技术，与常规天然气钻井既有相同之处，又有不同点。其特点为：（1）钻井密集，钻井费用高；（2）煤储层易受损害；（3）煤层取心要求高。

煤层气井钻井分类 开采煤层气常用的有三种钻井方式，即针对煤层的垂直钻井、水平钻井和针对采空区的钻井。

垂直钻井是直接从地面钻入未开采的煤储层。依据钻井目的不同可将井其分为四种类型，即取心资料井、测试试验井、生产井和观测井。

水平井钻有两种：一种是从巷道钻水平抽放瓦斯井；另一种是从地面先钻直井再造斜，沿煤层钻水平井（排泄井），如果煤层出现渗透率各向异性，钻定向排泄井可以获得较高产量。水平钻井的方向与面割理方向垂直，适于厚度大于 1.5m 的厚煤层，成本较高。

采空区钻井是从采空区上方由地面钻井到煤层上方或穿过煤层，也可在采煤之前钻井。

（王卫阳）

【煤层气完井 coal-bed methane completion】 煤层气井与煤层的连通方式，以及为实现特定连通方式所采用的井身结构、井口装置和有关的技术措施。

技术要求 在煤层气完井过程中，为了最大限度地保护煤层，必须满足如下 3 点要求：（1）有效地封隔煤层和含水层，防止水淹煤层及煤层气与水相互窜通；（2）克服井塌，保障煤层气井长期稳产；（3）可以实施排水降压、压裂等特殊作业，便于修井。

常用完井方式 为满足各种不同物性煤层气层经济有效开发的需要，根据煤层顶底板岩层性质（岩性、渗透率、应力和稳定性等）和煤层特性（煤阶、煤层层数、有效厚度和分布、渗透率、含气量、压力、强度和稳定性）等条件可采用裸眼完井、射孔完井、混合完井、裸眼洞穴完井等多种完井方式。

（王卫阳）

【煤层气压裂 coal-bed methane fracturing】 在煤层部位形成具有一定长度和导流能力人工裂缝的压裂改造。在煤层中进行水力压裂改造主要达到 4 个目的：（1）产生水力裂缝穿过井眼附近的生产层伤害带。（2）有效地把井眼和煤层的天然裂缝系统连接起来。（3）强化生产和加速排水。（4）控制压力降，以降低煤屑的产出量。通过上述 4 方面综合作用从而提高产量。

水力压裂是国内外煤层气井增产改造的主要手段。最初开采煤层气是以裸眼方式完井，为了消除钻井过程中造成的地层伤害，尝试了对煤层进行了套管下扩眼，然后砾石充填以保持井眼稳定的完井方法。该方法虽然保持了井眼稳定，但砾石充填滤层很快被细煤屑所堵塞。后来发展为对所有的井下套管采用注水泥固井和射孔的方式完井，并进行水力压裂改造。煤层气压裂始于 20 世纪 80 年代，自此以后，美国 90% 以上的煤层是通过水力压裂改造获得商业化产量的，在中国 30 余年的煤层气勘探开发试验中，几乎所有产气量在 1000m^3/d 以上的煤层气均由压裂改造获得。

煤层本身的特性与产气机理的特殊性决定了煤层压裂与常规储层压裂的差异。煤层普遍存在劈理、割理（端割理与面割理），各向异性严重；埋藏相对较浅（300～1000m）；煤层模量较低，一般煤的杨氏模量在 690～3450MPa，容易形成宽而短的裂缝；煤层本身是有机质，质软性脆、对物理和化学变化敏感、吸附性强。同时，煤层是一个低温低压储层，这给压裂改造工作液的破胶和返排都带来极大的困难，对压裂液各项性能要求很高。

煤层的上述特点也要求在压裂工艺上采取针对性的措施：（1）由于劈理、割理的存在，使其垂向和水平向的滤失性增强，压裂液造缝能力降低，煤层压裂基本以大排量施工为主，同时在前置液中加入100目石英砂减少压裂液滤失。（2）采用低管路摩阻的作业管柱。（3）压裂液的选择首先要考虑有机质吸附伤害，其次需考虑机械颗粒堵塞、煤岩中黏土矿物膨胀及运移、润湿作用等造成的伤害。国内外常用清水、活性水、线行胶和冻胶作为煤层压裂液体系。（4）煤层闭合压力小，一般选用20~40目天然石英砂为支撑剂。

由于煤层中的多裂缝存在，增加了附加应力，煤层气压裂过程中常常出现异常高的施工压力，裂缝越发育，地面的施工压力越高。压后水力裂缝形态亦较为复杂，一般出现如下三种裂缝形态：（1）浅煤层中的水平裂缝（多发育于浅煤层垂向应力小于水平主应力）。（2）穿过若干个煤层的单个面状垂直裂缝（多发育深煤层，深度大于800m，垂向主应力大于两个水平主应力值）。（3）由多个相互平行的垂直裂缝和一个可能的水平缝所组成的复杂裂缝，如"T"形裂缝。

中国从20世纪80年代开始煤层气的勘探开发，在煤层气压裂增产改造方面，已形成了一套比较完善、配套的工艺技术。"十三五"期间，我国创新形成以储层改造为主的系列煤层气压裂技术，包括碎软煤间接压裂、方解石填充深层煤层气水平井少段多簇体积酸化压裂、特低渗深层煤层气水平井超大规模极限压裂等技术，初步解决了构造煤煤层气效益开发难题，突破了2000m以深层压裂改造技术瓶颈，推动了煤层气开发从中浅层向深层的延伸。

推荐书目

李文阳，王慎言，赵庆波.中国煤层气勘探与开发［M］.北京：中国矿业大学出版社，2003.

（陈　作　王卫阳）

【页岩气开采　recovering of shale gas exploitation】 页岩气井开采时所采取的工艺技术。

由于页岩的渗透率很小，为使产气量保持在相对较高的水平、确保开采的经济性，页岩气生产普遍采用水平井和水力压裂这两项关键技术。为了减轻环境污染和提高开采的经济性，页岩气井的主要工艺流程为：先沿着最小水平主应力的方向钻井，然后通过大规模的水力压裂在井筒附近的地层中形成裂缝网络，尽最大可能将井筒与地层连通。裂缝网络所影响的岩石体积大小，对于页岩气的经济开采至关重要。

页岩气钻井　目前主要采用水平井以提高井筒和地层的接触面积、通过水平方向的井眼轨迹尽可能多地连通天然裂缝。在水平井钻井过程中，通过钻头换向，使垂直向下的井眼向水平方向延伸。井身轨迹延伸的方向取决于已知的天然裂缝分布情况。

"井工厂"技术　在同一井场一次性钻出多达6～8口水平井。使用此技术，可以让钻井公司同时用两部钻机对两个不同的地层钻井，提高钻井效率；也可以采用丛式井的方式增加页岩气井的控制面积，以达到更高的产量。同时，从一个地面井场钻多口页岩气水平井，节约了地表占地面积，有助于将页岩气开采对环境的影响降到最低。

典型的"井工厂"的井场是矩形的，一般长度为3.22km，宽为2.41km，钻井平台位于井场的中央。井场内地面经过清理、平整和覆盖，用于安放钻机、卡车和其他各种钻完井相关设备。"井工厂"使用的钻机是可沿着导轨移动的专用钻机，可以根据要求，在导轨上移动以先后钻多口井，而不需要针对每一口经都拆装一次钻机。

当前，在同一井场钻丛式井的方式开采页岩气正变得越来越流行。"井工厂"提高了钻采的效率，减少了费用和对土地的占用，对环境的影响大为减小。这种新技术减少了页岩气开发带来的环境问题。

页岩气完井　页岩气井采用的完井方式主要包括射孔完井、组合式桥塞完井、机械式组合完井和裸眼完井方式等。完钻固井后，通过射孔等完井方式将井筒与地层连通，随后对油井井底降压，形成生产压差，引导页岩气从地层进入井筒之中。

（王卫阳）

【页岩气水力压裂　shale gas hydraulic fracturing】　利用储层的天然或诱导裂缝系统，使用含有各种添加剂的压裂液在高压下注入地层，扩大储层裂缝网络，用支撑剂支撑裂缝，从而改善储层裂缝网络系统，达到增产目的。水力压裂已经成为开采页岩气的关键技术之一，进行页岩气井水力压裂设计的根本原则是降低压裂液对地层的伤害和降低开采成本。

适用于页岩气储层的压裂技术主要有清水压裂技术、重复压裂技术、多级压裂技术、同步压裂技术和泡沫压裂技术。页岩气开采压裂技术主要以清水压裂和重复压裂为主。清水压裂是现阶段我国页岩气开发储层改造的适用技术，对于开采长度（厚度）大的页岩气井，可以使用多级分段清水压裂。而同步压裂技术则是规模化的页岩气开发的客观需要。

同步压裂　在同一个井场对两口或两口以上的配对井同时进行压裂。同步压裂使压裂液及支撑剂可以在高压下从一口井向另一口井运移，其运移距离最短，可以增加水力压裂裂缝网格的密度及表面积，利用井间连通的优势来增大工区裂缝的连通程度，最大限度地连通天然裂缝。由于压裂井的位置接近，如果依次对两口井进行压裂，可能导致只在第二口井中产生流体通道而切断第一口井的流体通道。同步压裂能够让被压裂的两口井的裂缝都达到最大化，相对依次压裂来说，获得收益的速度更快。

同步压裂最初是两口互相接近且深度大致相同水平井的同时压裂，目前已经发展成三口井甚至四口井同时压裂。同步压裂对页岩气井短期内增产非常明显，而且对工作区环境影响小，完井速度快，节省压裂成本，是页岩气开发中后期比较常用的压裂技术。

体积压裂　水力压裂过程中，使天然裂缝不断扩张和脆性岩石产生剪切滑移，形成天然裂缝与人工裂缝相互交错的裂缝网络，从而增加改造体积，增大渗流面积及导流能力，提高初始产量和最终采收率。

体积压裂的作用机理：通过水力压裂对储层实施改造，在形成一条或者多条主裂缝的同时，使天然裂缝不断扩张和脆性岩石产生剪切滑移，实现对天然裂缝、岩石层理的沟通，并在主裂缝的侧向强制形成次生裂缝，在次生裂缝上继续分支形成二级次生裂缝，最终形成天然裂缝与人工裂缝相互交错的裂缝网络，从而将可以进行渗流的有效储层打碎，实现长、宽、高三维方向的全面改造。

体积压裂是基于体积改造这一全新的现代理论而提出的。常规压裂技术最大的缺点是垂向主裂缝的渗流能力未得到改善，主流通道无法改善储层的整体渗流能力。"体积改造"依据其定义，形成的是复杂的网状裂缝系统，裂缝的起裂与扩展不简单是裂缝的张性破坏，而且还存在剪切、滑移、错断等复杂的力学行为。

体积压裂的地层条件包括：(1) 天然裂缝发育，且天然裂缝方位与最小主地应力方位一致。(2) 岩石硅质含量高（大于35%），脆性系数高。(3) 敏感性不强，适合大型滑溜水压裂。

推荐书目

何岩峰，王卫阳，田树宝.煤层气与页岩气概论[M].北京：石油工业出版社，2017.

（王卫阳）

【页岩气 shale gas】 以吸附或游离状态赋存于暗色泥页岩、高碳泥页岩及其夹层状的粉砂岩、粉砂质泥岩、泥质粉砂岩，甚至砂岩中以自生自储成藏的天然气。也可以定义为从富有机质页岩地层系统中开采的天然气。

页岩气成分　页岩气产自低孔低渗透、富有机质页岩地层，其形成与分布特征较为特殊，化学成分以甲烷为主（占90%或更多），是典型的干气，仅极少部分为湿气。

页岩气资源　全球页岩气资源十分丰富且分布普遍，据美国能源信息署（EIA）2013年6月发布的页岩油气资源评估报告，包括美国在内的10个地理区域的42个国家、95个页岩气盆地共137套页岩地层，页岩气地质资源量约为$1013\times10^{12}m^3$，技术可采资源量为$220.69\times10^{12}m^3$，主要分布在北美、东亚、南美、北非、澳大利亚等地区。

页岩气技术可采资源量排名前10位的国家是美国、中国、阿根廷、阿尔及利亚、加拿大、墨西哥、澳大利亚、南非、俄罗斯和巴西，合计页岩气技术可采资源量为$177.23\times10^{12}m^3$，占世界总量的80.31%。其中，美国为$32.87\times10^{12}m^3$，排名世界第一；中国为$31.57\times10^{12}m^3$，排名世界第二；阿根廷为$22.71\times10^{12}m^3$，排名世界第三。

中国页岩气资源很丰富，分布广泛。2012年3月国土资源部油气中心组织完成了全国页岩气资源潜力分析，对41个盆地进行系统评价，全国页岩气地质资源量$134.42\times10^{12}m^3$，可采资源量$25.08\times10^{12}m^3$，主要分布在四川盆地、黔中隆起、鄂尔多斯盆地、塔里木盆地、松辽盆地、渤海湾盆地等。

页岩气勘探开发　世界上页岩气资源研究和勘探开发最早始于美国，美国和加拿大是页岩气规模开发的两个重要国家，实现了页岩气的高效经济、规模开发，成为北美天然气供应的重要来源，并引起全球天然气供应格局的重大变化。欧洲的德国、法国、英国、波兰、奥地利、瑞典，亚洲的中国、印度，大洋洲的澳大利亚、新西兰，南美洲的阿根廷、智利等国家都已经充分认识到页岩气资源的价值和前景。目前全球仅有美国、加拿大、中国和阿根廷4个国家实现了商业开采页岩气，但是随着页岩气开采技术的不断进步，加上政策、市场以及基础设施的不断改进、完善和提高，未来将会有越来越多的国家大力开发页岩气。

中国页岩气的勘探开发从2008年开始，在2011年进入实质性开发阶段。2011年12月31日，国土资源部宣布，页岩气正式列入第172种矿产，将对其按照单独矿种进行投资管理。2014年9月，中国页岩气勘探率先在四川盆地取得突破，探明首个千亿立方米整装页岩气天，勘探开发技术基本实现国产化，开始进入规模化开发初期阶段。2018年自然资源部矿产资源保护监督工作小组透露，自2014年9月到2018年4月，不到4年时间，在四川盆地探明涪陵、威远、长宁、威荣4个整装页岩气田，我国页岩气累计新增探明地质储量突破万亿立方米，产能达$135\times10^8m^3$，累计产气$225.80\times10^8m^3$。

推荐书目

傅成玉.非常规油气资源勘探开发［M］.北京：中国石化出版社，2015.

（王卫阳）

【页岩气藏 shale gas reservoir】 富有机质页岩生成的油气，除部分排出、运移至砂岩或碳酸盐岩等渗透性岩层中形成常规气藏外，大量（高达总生烃量的50%以上）在"原地"聚集，储存在纳米级孔隙及微裂缝中形成页岩气藏。因此，页岩气藏为典型的自生自储、大面积连续聚集型气藏，是在天然气生成之后在源岩内部或附近就近聚集的结果。天然气在页岩气藏中以多种相态存在，既可以在页岩的天然裂缝和孔隙中以游离方式存在、也可以在干酪根和黏土颗粒表面以吸附状态存在、甚至在干酪根和沥青质中以溶解状态存在。

页岩气生成机理 页岩气可生成于有机质演化的各个阶段。通过对页岩气的组分和成熟度等特征分析可以看出，页岩气是连续生成的生物成因气、热成因气或两类气体的混合。生物成因气是有机质在低温下经厌氧微生物分解作用形成的天然气；热成因气是有机质在较高温度及持续加热作用下经热降解和裂解作用形成的天然气。

页岩气藏的成藏条件 页岩气藏的成藏对烃源岩的要求是：总有机碳含量大、有机质成熟度适中、有效烃源岩厚度足够大且分布广。

气体在页岩储层中主要以两种方式储集：在天然裂缝或者孔隙中以游离状态存在；在不溶有机质和矿物颗粒表面以吸附状态存在。还有极少量的气体溶解在沥青等有机溶剂中。

页岩气藏形成机理是，甲烷在页岩微孔中顺序填充，在介孔（孔径在 $2\sim50$ nm 的称为介孔）中不断发生多层吸附并在毛细管内聚集，在大孔中赋存。页岩气成藏过程中受到吸附、解吸、扩散等作用，生成的天然气先在有机质的孔隙内表面饱和吸附；之后解吸扩散至基质孔隙中，以吸附、游离相在基质孔隙内饱和聚集；过饱和的天然气首先运移至上覆无机质页岩地层的孔隙中，达到饱和状态后发生二次运移形成气藏。

页岩气吸附解析机理 页岩层中，页岩气大部分以物理吸附状态存在，当气体分子具有的动能因为外界温度、压力等条件的变化而增加至足以克服引力场时，即可从页岩表面逃逸，成为游离气相，即发生解析现象。

页岩气的解析率与页岩中的泥质含量及页理发育程度有关：泥质含量越高，页理越发育，其解析率也就越高。页岩气藏投入开发的初期，其产量主要来自页岩的裂缝和基质孔隙中游离相的天然气；随着游离态天然气的产出，页岩层压力逐渐降低，导致页岩中吸附气被解析并进入储层基质中成为游离气，再经过裂缝系统进入井底，这就是页岩气的开采过程。

（王卫阳）

【天然气水合物开采 recovering of natural gas hydrate】 天然气水合物开采时所采取的工艺技术。

对从天然气水合物中提取天然气的传统方法目前主要分为 3 类，分别为热激发法、化学试剂法、减压法；新型开采方法主要为 CO_2 置换开采法、压裂开采法、固体开采法。

热激发法　是直接对天然气水合物层进行加热，使天然气水合物层的温度超过其平衡温度，从而促使天然气水合物分解为水与天然气的开采方法。这种方法经历了直接向天然气水合物层中注入热流体加热、火驱法加热、井下电磁加热以及微波加热等发展历程。热激发开采法可实现循环注热，且作用方式较快。加热方式的不断改进，促进了热激发开采法的发展。但这种方法至今尚未很好地解决热利用效率较低的问题，而且只能进行局部加热，因此该方法尚有待进一步完善。

化学试剂法　通过向天然气水合物层中注入某些化学试剂，如盐水、甲醇、乙醇、乙二醇、丙三醇等，改变水合物形成的相平衡条件，降低水合物稳定温度，促使天然气水合物分解。这种方法虽然可降低初期能量输入，但所需的化学试剂费用昂贵，对天然气水合物层的作用较热激发法缓慢，而且还会带来一些环境问题，目前对这种方法投入的研究相对较少。

减压法　通过降低压力而促使水合物分解的开采方法。减压途径主要有两种：（1）采用低密度泥浆钻井达到减压目的；（2）当天然气水合物层下方存在游离气或其他流体时，通过泵出天然气水合物层下方的游离气或其他流体来降低天然气水合物层的压力。减压开采法不需要连续激发，成本较低，适合大面积开采，尤其适用于存在下伏游离气层的天然气水合物藏的开采，是天然气水合物传统开采方法中最有前景的一种技术。但它对天然气水合物藏的性质有特殊的要求，只有当天然气水合物藏位于温压平衡边界附近时，减压开采法才具有经济可行性。

CO_2 置换开采法　这种方法首先由日本研究者提出，方法依据的仍然是天然气水合物稳定带的压力条件。在一定的温度条件下，天然气水合物保持稳定需要的压力比 CO_2 水合物更高。因此在某一特定的压力范围内，天然气水合物会分解，而 CO_2 水合物则易于形成并保持稳定。如果此时向天然气水合物藏内注入 CO_2 气体，CO_2 气体就可能与天然气水合物分解出的水生成 CO_2 水合物。这种作用释放出的热量可使天然气水合物的分解反应得以持续地进行下去。

压裂开采法　压裂开采技术包括水力压裂、爆炸压裂、高能气体压裂。其实质是在地面通过钻孔向地下被压目的岩层注入一定量高压流体，在钻孔底部一定范围内诱发人工裂缝，将目的岩层沿垂直于最小主应力方向压裂，使其产生人工裂隙，为分解气体提供运移通道，产生的连通裂隙可以降低储层孔隙压力，从而达到高效开采水合物储层的目的，从生产井流出的气水两相流体经气水分离器分离后气体经加工后直接运输。

固体开采法　固体开采法最初是直接采集海底固态天然气水合物，将天然气水合物拖至浅水区进行控制性分解。这种方法进而演化为混合开采法或矿泥浆开采法。该方法的具体步骤是，首先促使天然气水合物在原地分解为气液混合相，采集混有气、液、固体水合物的混合泥浆，然后将这种混合泥浆导入海面作业船或生产平台进行处理，促使天然气水合物彻底分解，从而获取天然气。

推荐书目

肖钢，白玉湖. 天然气水合物——能燃烧的冰 [M]. 武汉：武汉大学出版社，2012.

（王卫阳）

【天然气水合物 natural gas hydrate】　天然气中某些烃类气体组分与液态水在一定的温度和压力等条件下（合适的温度、压力、气体饱和度、水的盐度、pH值等）形成的白色固体结晶物，密度为 $0.88\sim0.90\text{g/cm}^3$。俗称可燃冰，遇火即可燃烧。在自然界广泛分布在大陆、岛屿的斜坡地带、活动和被动大陆边缘的隆起处、极地大陆架以及海洋和一些内陆湖的深水环境。在标准状况下，一单位体积的天然气水合物分解最多可产生 164 单位体积的甲烷气体，是一种重要的潜在未来资源。在天然气生产和管道输送过程中，在一定的温度和压力等条件下也会生成天然气水合物，造成通道堵塞。

天然气各组分的水合物分子式为 $CH_4 \cdot 6H_2O$、$C_2H_6 \cdot 8H_2O$、$C_3H_8 \cdot 17H_2O$、$iC_4H_{10} \cdot 17H_2O$、$H_2S \cdot 6H_2O$、$CO_2 \cdot 6H_2O$。戊烷以上烃类一般不形成水合物。天然气水合物有两种典型的结晶体结构（见图）。

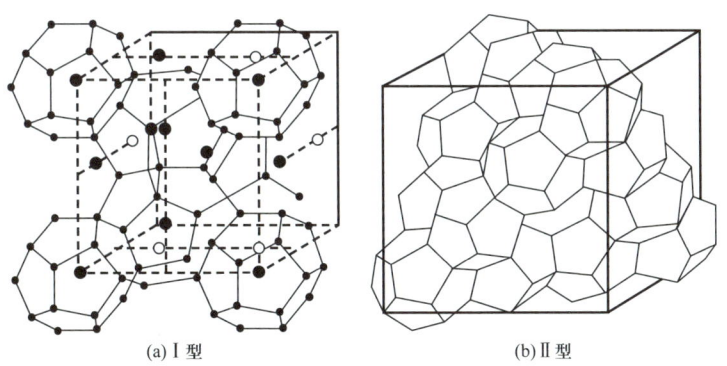

天然气水合物结构和晶格

Ⅰ型结构：笼架以体心堆积，只容纳低相对分子质量气体，如甲烷、乙烷以及 CO_2、H_2S 等；Ⅱ型结构：笼架以菱形堆积，不仅能容纳低相对分子质量气体，而且可容纳 C_4、iC_4 等大相对分子质量烃。水合物晶体的质点是水分子，水分子在空间固定点上有规则排列构成一定晶格，晶格中的空隙全部地或部分地为烃类气体分子所占据，靠分子间的范德华力保持晶体的稳定。

天然气水合物最早发现于 19 世纪初，1810 年 Humphrg Davy 在伦敦皇家研究院首次合成氯气水合物。在这以后的 120 多年中，人们仅通过实验认识水合物，而关于其结构和生成条件的数据多半是在 20 世纪 30 年代获得。当时，天然气水合物造成气井井筒、井口角式节流阀、场站设备或集输管线的堵塞问题给天然气生产带来许多麻烦。1934 年，Hammerschmidt 发表了水合物造成天然气输气管线堵塞的有关数据。此后，人们对水合物形成的热力学和动力学条件进行了研究，寻找天然气水合物生成条件和天然气水合物防治方法，同时又利用水合物对气体的高度吸附性（单位体积的水合物可含 200 倍于这个体积的气体）开展气体储存、运输的研究，开始注重于具有巨大价值的未来能源——天然气水合物矿藏的开发、试验工作，并取得了长足的进步。

天然气水合物生成条件　天然气水合物是在一定的条件下才能形成，形成水合物的主要条件如下：

（1）存在游离水。天然气含有饱和水蒸气，当温度降低时，就会形成游离水。

（2）系统处于适宜的温度和压力下。对于任何组分的天然气，在给定压力下，存在有水合物形成温度，低于这个温度将形成水合物，高于这个温度则不形成水合物或已形成的水合物将发生分解，当压力升高时，形成水合物的温度也随之升高。

（3）辅助条件。在满足上面两个必要条件后，还必须具备压力波动、高的气体流速、任何形式的搅动、弯管、晶体、含盐量的存在等辅助条件。

每一种相对密度的天然气，在每一个压力下都有一个对应的水合物生成温度。对同一相对密度的天然气，压力升高，生成水合物的温度升高；压力相同时，天然气相对密度越高，生成水合物的温度也就越高；温度相同时，天然气的相对密度越高，生成水合物的压力越低。另外，气体升高到一定温度时，无论多大的压力也不会生成水合物，这一温度为生成天然气水合物的临界温度。不同组分天然气生成水合物的临界温度见表。

不同组分天然气生成水合物的临界温度

气体名称	甲烷	乙烷	丙烷	异丁烷	正丁烷	二氧化碳	硫化氢
临界温度,℃	21.5	14.5	5.5	2.5	1.0	10.0	29.0

天然气水合物防治 在气井井筒、井口角式节流阀、场站设备或集输管线中形成的天然气水合物，会堵塞气流通道，降低气井产能，影响气井正常生产，严重时引起憋压，造成爆管和设备损害，酿成恶性事故。防止生成天然气水合物有以下三种常规方法：

（1）加热天然气，并且使天然气温度维持在天然气水合物形成温度以上。矿场上常用水套炉加热和热水管线跟踪伴热两种方法。

（2）向气流中加入水合物化学抑制剂，以降低水合物的生成温度。矿场上常用向天然气中加注甲醇和乙二醇来防止天然气水合物形成。

（3）气体脱水，把气体中的水蒸气露点降低到操作温度以下。常用天然气脱水方法有低温脱水、溶剂吸收法脱水、固体吸附法脱水和化学反应法脱水。

对于含硫化氢较低的气井预防水合物还有一种方法，就是在气井井筒合适位置安装井下油嘴，充分利用地热能量达到预防水合物的生成。

天然气水合物资源 目前各国科学家对全球天然气水合物总资源量较为一致的评价为 $2 \times 10^{16} m^3$，相当于全球传统化石能源（煤、石油、天然气与油页岩等）含碳量综合的两倍左右。

中国天然气水合物的开发研究工作起步相对较晚，于20世纪80年代末才开始关注天然气水合物，对国际上海底天然气水合物的勘探研究进行了技术跟踪和信息资料收集，并与俄罗斯和德国等国家开展不同程度的合作。2002年同时启动海域和陆域"可燃冰"的研究和勘探，虽然开发研究起步较晚，但取得的成就却令世界瞩目。

2007年5月，国土资源部中国地质调查局在中国南海北部神狐海域成功钻获天然气水合物实物样品，成为世界上第24个采到天然气水合物实物样品的地区，是第22个在海底采到天然气水合物实物样品的地区，是第12个通过钻探工程在海底采到水合物实物样品的地区。此次采样的成功，证实了中国南海北部蕴藏有丰富的天然气水合物资源。中国也因此成为继美国、日本、印度之后第4个通过国家级研发计划采到水合物实物样品的国家，标志着中国天然气水合物调查研究水平已步入世界先进行列。

2009年9月，中国又在青海省祁连山南缘永久冻土带钻获天然气水合物实体样本，这是中国继2007年5月在南海北部钻探获取天然气水合物之后的又一重大突破，也是继加拿大1992年在北美马更些三角洲、美国2007年在阿拉斯加北坡之后，在陆域通过钻探获得天然气水合物样品的第三个国家。这一重大突破，证明了中国冻土区存在丰富的天然气水合物资源，对认识天然气水合物成藏规律、寻找新能源具有重大意义。

经过近20年的调查活动，初步证实中国天然气水合物资源丰富。2016年，中国地质调查局发布的《中国能源矿产地质调查报告》显示，中国天然气水合物预测远景资源量超1000亿吨油当量，主要分布在南海、东海和青藏高原、东北漠河冻土区等。

（佘朝毅　王卫阳）

【天然气水合物试采 natural gas hydrate production test】 为取得天然气水合物储层压力、产量、流体性质等所有特性参数，满足储量计算和提交要求的整套资料录取和分析处理解释的全部工作过程。

自20世纪80年代初起，世界各主要资源国都将可燃冰开发利用列入国家发展规划，美、日、俄、加、英、德等国均相继投入资金进行可燃冰资源调查和开采技术研究。继苏联1969年开发麦索亚哈油气田水合物资源以来，加拿大、美国等国也在陆地冻土带进行可燃冰试采实验。天然气水合物以固态形式存储于沉积层中，开采过程首先通过降压、注热等方法使其分解，再将分解后的天然气采集到地面。海底水合物资源一般赋存于海底以下几十米至几百米的沉积层中，地层未固结成岩，一旦水合物分解开发不出，容易引起海底地层塌陷、滑坡等地质灾害。虽然日本、美国、加拿大等此前已经进行了马更些三角洲和阿拉斯加北坡的水合物试采作业，但真正在海上实施的水合物试采在此之前只有日本在南海海槽的试采。2013年3月12日，日本利用"地球号"深海钻探船在日本南海海槽的第二渥美海丘北坡采用"降压技术"成功从海底岩层中开采出了甲烷气，3月18日生产井发现明显的出砂，试采被迫中止，试采共持续6d，平均日产气$2×10^4m^3$，产水$200m^3$。

中国地质调查局于2017年5月组织在南海北部神狐海域实施了天然气水合物的第一次试采，试采由"蓝鲸一号"平台实施，目标层位为水深1200m以上海底的天然气水合物储层。试采使用了多项中国自主研发的突破性成果，首先通过降压法使泥质粉砂型储层中的水合物分解，然后利用中国自主研发的一套气、水、砂三相分离核心技术，顺利取出海底水合物分解释放出的天然气。2017年7月9日，中国海域天然气试开采连续试气点火60d，累计产气量超过$30×10^4m^3$，平均日产$5000m^3$，最高日产量$3.5×10^4m^3$，全面完成预期目标。中国在水合物勘查技术、成藏理论以及基础物性研究等方面已经达到或接近国际先进水平，在水合物试采方面已经处于领先位置。

开采技术瓶颈　天然气水合物地层包含天然气水合物、岩土骨架、水、气体等多相介质，开采涉及传热、相变、渗流和变形4个过程，它们的特征时间之间可以相差几个量级，其中传热最慢，而且天然气水合物的分解要消耗大量的热，这是整个问题的瓶颈。它排除了直接采用常规、单纯依靠渗流原理的油气开采方案来开采天然气水合物。由于所处地层的特殊性，压裂法的适用性和有效性，也是有待研究的问题。因此急需寻找合适的经济高效的开采方法。

从目前已开展的现场试采来看，主要存在的问题是注热法和降压法开采效率低、开采过程中存在地层变形、甲烷气泄漏、砂堵等问题。有的试验采用简单的开挖含天然气水合物地层的办法，固然能够显著提高产量，但效率低下，严重破坏地层，长期环境影响有待研究，尚不具备工业规模生产的条件，对其需慎之又慎。

开采潜在风险　天然气水合物开采方法不当会引发严重的环境问题。由于海底天然气水合物埋藏浅、矿层没有成岩，在标准状况下，1单位体积的天然气水合物分解可产生164单位体积的甲烷气体，开采不当很容易因为孔压骤增及地层强度骤减而造成滑塌甚至喷发破坏。天然气水合物中的甲烷，其温室效应为CO_2的20倍，而全球海底天然气水合物中的甲烷总量约为地球大气中甲烷总量的3000倍，若有不慎，让海底天然气水合物中的甲烷气逃逸到大气中去，将产生无法想象的后果。大范围的天然气水合物分解可能引发诸如温室效应加剧和海洋生态破坏等环境问题，因此安全和环境保障是天然气水合物开采的前提。目前世界各国对天然气水合物开采均采取了谨慎的态度。

开采过程中天然气水合物的分解还会产生大量的水，释放岩层孔隙空间，使天然气水合物赋存区地层的固结性变差，引发地质灾变。海洋天然气水合物的分解则可能导致海底滑塌事件。研究发现，因海底天然气水合物分解而导致陆坡区稳定性降低是海底滑塌事件产生的重要原因。钻井过程中如果引起天然气水合物大量分解，还可能导致钻井变形，加大海上钻井平台的风险。

推荐书目

T. 科特利，A. 约翰逊，C. 纳普. 天然气水合物——能源资源潜力及相关地质风险[M]. 北京：石油工业出版社，2012.

（王卫阳）

海洋采油

【海上油气田 offshore oil and gas field】 在海洋区域内,由一个或多个含油气构造组成,具有一定规模的油气聚集区域。通常情况下,海上油气田是在海洋底部的沉积岩层中发现的,这些沉积岩层在地质历史时期中,由于各种地质作用,如沉积、压实、成岩等,形成了含有油气的储层。

海上油气田的开发需要借助海洋工程技术和设备,如海上钻井平台、海底管道、浮式生产储油装置等。这些技术和设备能够在恶劣的海洋环境下进行油气勘探、开采和运输等工作。同时,海上油气田的开发也面临着诸多挑战,如海洋环境复杂、技术难度大、成本高等问题。水深小于300m的油气田称为浅海油气田,约有60%的已探明海洋油气储量分布在浅海海域;水深介于300m和1500m范围内的油气田称为深水油气田;水深超过1500m的油气田称为超深水油气田。此外,一些中小型或地层构造复杂及地处边远的、在现有开发技术和经济条件下不能经济有效地进行开发,但经过努力可以达到预定最低经济指标而可以开发的油气田称为海上边际油气田。

(刘均荣　李明忠)

【全海式开发模式 full sea development mode】 钻井、完井、油气水生产处理以及储存和外输均在海上完成的开发模式。该开发模式大多数采用浮式生产系统,费用相应较低,适合远海、深海油田,一些离岸较远的低产油田、边际油田也采用这种模式。常见的全海式开发模式有:

(1)井口平台+FPSO(Floating Production Storage Offloading System,浮式生产储油装置)。

(2)井口中心平台(或井口平台+中心平台)+FSO(Floating Storage Offloading System,浮式储油装置)。

(3)水下生产系统+FPSO。

（4）水下生产系统 +FPS（Floating Production System）+FPSO。
（5）水下生产系统回接到固定平台。
（6）井口平台 + 处理平台 + 水上储罐平台 + 外输系统。
（7）井口平台 + 水下储罐处理平台 + 外输系统。
（8）半潜式生产平台 + 水下生产装置 + 海底管线。

（刘均荣　李明忠）

【**半海半陆式开发模式** semi-sea and semi-land development mode】 钻井、完井、油气水生产处理（部分处理或完全处理）在海上平台上进行，经部分处理后的油水或完全处理后的合格原油经海底管道或陆桥管道输送到陆上终端，在陆上终端进一步处理后进入储罐储存或直接进入储罐储存，然后通过陆地输油管网或原油外输码头（或外输单点）外输销售的开发模式。常见的半海半陆式开发模式有：

（1）井口平台 + 中心平台 + 海底管道 + 陆上终端。
（2）生产平台 + 中心平台 + 水下井口 + 海底管道 + 陆上终端。
（3）井口/中心平台（填海堆积式）+ 陆桥管道 + 陆上终端，这种开发模式一般用于浅海、滩海地区。

（刘均荣　李明忠）

【**水下采油** subsea oil production】 采用位于海底的水下井口进行生产的采油方式。油气藏中产出的流体通过水下井口头和采油树汇集到中心管汇，然后通过海底管线进行集输，最后由立管输送至水面生产设施。在整个生产过程中，由位于水面生产设施上的控制中心通过脐带缆和控制设备对生产过程进行监测、控制及完成化学剂注入等。

📝 **推荐书目**

田冷.海洋石油开采概论［M］.东营：中国石油大学出版社，2015.
荆波.海洋石油勘探开发安全概论［M］.北京：石油工业出版社，2006.

（刘均荣　李明忠）

【**海上油气田生产系统** offshore oil and gas field production system】 用于海上石油开发及采油工作的所有设施和设备的总称。

由于海上油气的生产是在海洋平台上或其他海上生产设施上进行，因而海上油气的生产与集输，有其自身的特点。

海上生产设施应适应恶劣的海况和海洋环境的要求 海上平台要经受各种恶劣气候和风浪的袭击，经受海水的腐蚀，经受地震的危害。为了确保海洋平

台的安全和可靠地工作，因此对海上生产设施的设计和建造提出了严格的要求。

满足安全生产的要求 由于海上采出的油气是易燃易爆的危险品，各种生产作业频繁，发生事故的可能性很大。同时受平台空间的限制，油气处理设施、电气设施、人员住房可能集中在同一平台上，因此对平台的安全生产提出了极为严格的要求。要保证操作人员的安全、保证生产设备的正常运行和维护。安全系统包括火气探测与报警、紧急关断、消防、救生与逃生等几方面。海上生产设施的安全系统以自动为主，手动为辅。

海上生产应满足海洋环境保护的要求 油气生产过程对海洋的污染：一是正常作业情况下，油田生产污水以及其他污水的排放；二是各种海洋石油生产作业事故造成的原油泄漏。因此，海上油气生产设施应设置污水处理设备，使之达标排放，还应备有原油泄漏的处理设施。

平台上的设备更紧凑、自动化程度更高 海上平台规模大小决定投资多少，因此要求设备尺寸小、效率高、布局紧凑。对于某些浮式生产系统上的设备来说，还要考虑船体摇摆对油气处理设备的影响。另外，由于海上平台操作人员少，因而要求设备自动化程度高。

要有可靠、完善的生产生活供应系统 海上生产设施远离陆地，从几十千米到上百千米不等，因此必须建立一套完善的供应系统以满足海上平台的生产和生活需求。一般情况下，陆上要建立对海上设施的供应基地，供应基地的大小与海上生产设施的规模有关。供应的方式一般有两种：一是供应船向海上平台提供供给；二是直升机向平台运送物资和人员。供应船是向平台供给的主要工具。供应船向平台提供生产作业用物资、生产/生活用水、燃料油、备品备件以及操作人员等。直升机主要向平台运送人员以及少量急需的物资，并向平台人员提供紧急救助服务。

为了接收和储备生产物资和生活用品，海上生产设施要配备以下相关的设备和装置：起吊物资和人员用的吊机、供应船靠船件、供直升机起降用的停机坪、储备和输送燃料油和淡水的储罐和输送泵、储藏备品备件的库房等。一般情况下，海上生产辅助设施应有 7~10d 的自持能力，以保证正常的生产运行和人员生活。

独立的发电/配电系统 海上生活设施的电气系统不同于陆上油田所采用的电网供电方式，海上油田一般采用平台自发电集中供电的形式。

一般情况下，海上平台利用燃气透平驱动发电机发电，并通过配电盘将电源送到各个用电场所，平台群中平台间的供电是通过海底电缆实现的。发电机组的台数和容量应能保证其中最大容量的一台发电机损坏或停止工作时，仍能保证对生产作业和生活用的电气设备供电。

除主发电机外，有些平台还设置备用发电机组，以满足连续生产的需要。为确保生产和生活的安全，平台上设有独立的应急电源，应急电源包括：应急发电机、蓄电池组和交流不间断电源。

可靠的通信系统是海上生产和安全的保证　通信系统对于海上安全生产是必不可少的，它的主要任务是在油田生产过程中，保证平台与外界、平台与平台之间以及平台内部能够进行有效地、可靠地通信联系，使海上生产安全有效地运行。

同时，为避免过往船只对平台的碰撞，平台上设置了雾笛导航系统，当海上有雾时，雾笛鸣响；当夜晚降临时，航行灯向周围海域平射出光束，表示出平台的位置和大小。

（刘均荣　李明忠）

【卫星井 satellite well】 为了开采平台控制范围之外及油田边缘地带的油气而钻的井。完钻后用海底管线直接连接到浮式生产系统或中央处理平台进行生产。

（刘均荣　李明忠）

【海上油气生产设施 offshore production facility】 建立在海上用于油气开采和生产的建筑物。

由于海洋水深及海况的差异、油藏面积的不同、开采年限不一，因此海上油气生产设施类型众多。一般来讲，海上油气生产设施基本上可分为固定式生产设施、浮式生产系统及水下生产系统三类。

（刘均荣　李明忠）

【海上采油平台 offshore production platform】 使用钢材或混凝土，或两者混用建造，供海上采油作业的工作平台。根据采油作业要求，包括处理平台（油气分离等）、计量平台、生产平台、动力平台等。

海上采油平台的结构形式，随浅海到深海以及海上油气集输和采油的方法的不同而异。

（1）按照其制造材料及特点区分：有桩基式钢质平台、重力混凝土平台及混合式平台等。

（2）按平台的布置方案分：综合式采油平台（集中型采油平台）、组合式采油平台（分散型采油平台）。

（3）按平台的作用分：油气开采平台、海上油气集输平台和海上服务平台。

（4）按平台各种特点分：固定式采油平台、浮式采油平台。

（刘均荣　李明忠）

【固定式生产设施 fixed production facility】 用桩基、座底式基础或其他方法固定在海底，并具有一定稳定性和承载能力的海上结构物。

典型的固定平台生产设施主要包括平台、单点系泊系统、回接到平台的采油立管系统、水下底盘、水下管汇、油轮、海底管线和底盘井等。从位于水下基盘上的油气井生产出来的流体，经采油立管上升到平台，经计量和处理后再经采油立管和输油管线流往单点系泊系统，再经单点系泊系统流入系于其上的油轮，用穿梭油轮运走。

海上固定式生产设施有各种各样的形式，按其结构形式可分为桩基式固定平台、重力式平台和人工岛以及顺应型平台；按其用途可分为井口平台、生产处理平台、储罐平台、生活动力平台以及集钻井、井口、生产处理、生活设施于一体的综合平台。

（刘均荣 李明忠）

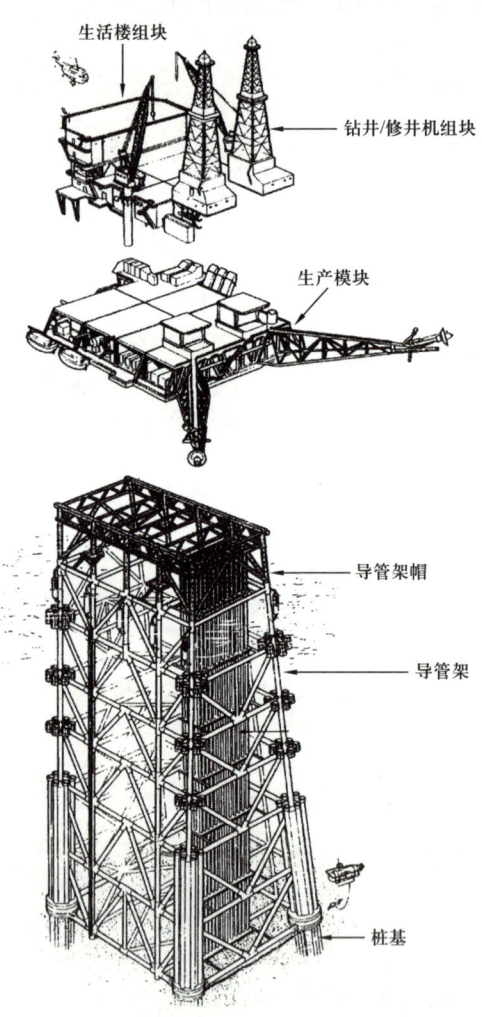

导管架式平台结构

【桩基式固定平台 pile-supported fixed platform】 由钢质桩、导管架和甲板组成的为海上油气开采服务的、安装就位后不再搬动的长久性结构物。它是目前海上油气生产中应用最多的一种结构形式。

桩基式固定平台中最常用的是导管架式平台，主要由四大部分组成：导管架、桩、导管架帽和甲板模块（见图）。但在许多情况下，导管架帽和甲板模块合二为一，整个平台成为三部分。

由于油气处理设施的设置不同，用途各异，桩基式固定平台的类型也不同，一般情况下，按其用途可分为井口平台、生产处理平台和储罐平台等。

（刘均荣 李明忠）

【井口平台 wellhead platform】 安装有一定数量的采油树,井液经采油树采出后通过单井计量系统计量并通过海底管线输送到中心处理平台或其他生产处理设施上进行处理的平台。

井口平台上还设有必要的工艺设备及支持系统和公用系统。一般情况下,其动力和控制由中心平台提供。某些井口平台由于生产操作的需要还设有生活楼。生活楼包括住房、办公室、通信室、娱乐室、厨房等。对于井数较多,且油井为机采井的井口平台,平台上还设有修井机及其配套设施,以满足油井维修的特殊要求。有些井口平台井数较少,产量规模不大,从减少投资的角度出发,可设置成无人井口平台或简易井口平台。

(刘均荣 李明忠)

【生产处理平台 production and processing platform】 集原油生产处理系统、工艺辅助系统、公用系统、动力系统及生活楼于一体,将各井口平台的来液进行加工处理,并向各井口平台提供动力以及监控井口平台生产操作的多功能平台。又称中央处理平台。

生产平台汇集了各井口平台的来液后,经三相分离器将来液的油、气、水进行分离。原油在原油处理系统中经脱水达到成品油要求后输送到储罐平台或其他储油设施中储存;三相分离器分离出的天然气经气液分离、压缩等一系列处理后供发电机、气举和加热炉等用户使用,多余的天然气进火炬系统烧掉;分离器分离出的含油污水进入含油污水处理系统进行处理,合格的含油污水排海或回注地层。

(刘均荣 李明忠)

【储罐平台 storage tank platform】 将原油储罐设置在平台上,生产处理平台处理合格的原油在该原油储罐中储存的平台。储罐平台的大小要根据油田规模和穿梭油轮的大小来综合考虑。

(刘均荣 李明忠)

【重力式平台 gravity platform】 不需要用插入海底的桩去承担垂直荷载和水平荷载,完全依靠本身的重量直接稳定在海底的平台。根据建造材料的不同,又分为混凝土重力式平台和钢重力式平台两大类。

混凝土重力式平台可以适应从浅到深的各种水深,一般由沉垫、甲板和立柱三部分组成(见图1)。混凝土重力式平台种类繁多,有把底座做成六角形、正方形、圆形,也有把立柱做成三腿、四腿、独腿的等各种形式。为了抵抗巨大的风浪推力，要求平台有很大的底座结构，而较大的底座又正好可以用来储存原油，这就使得混凝土重力式平台具备了把钻、采、储三者兼顾起来的优点。

钢质重力式平台由沉箱、支承框架和甲板三部分组成，沉箱兼作储罐（见图2）。建造时，先把各个沉箱、支承框架、甲板分别预制，而后在岸边组装成整体，再拖运到井位下沉安放。和混凝土重力式平台相比，钢质重力式平台的储油量虽小，但在对储量要求不大的情况下，钢质重力式平台反而有较高的经济效益。又由于它比混凝土重力式平台轻得多，所以预制过程中不需要较深的施工水域，拖航时要求的拖航功率小，使用中对地基承载力的要求也不高。

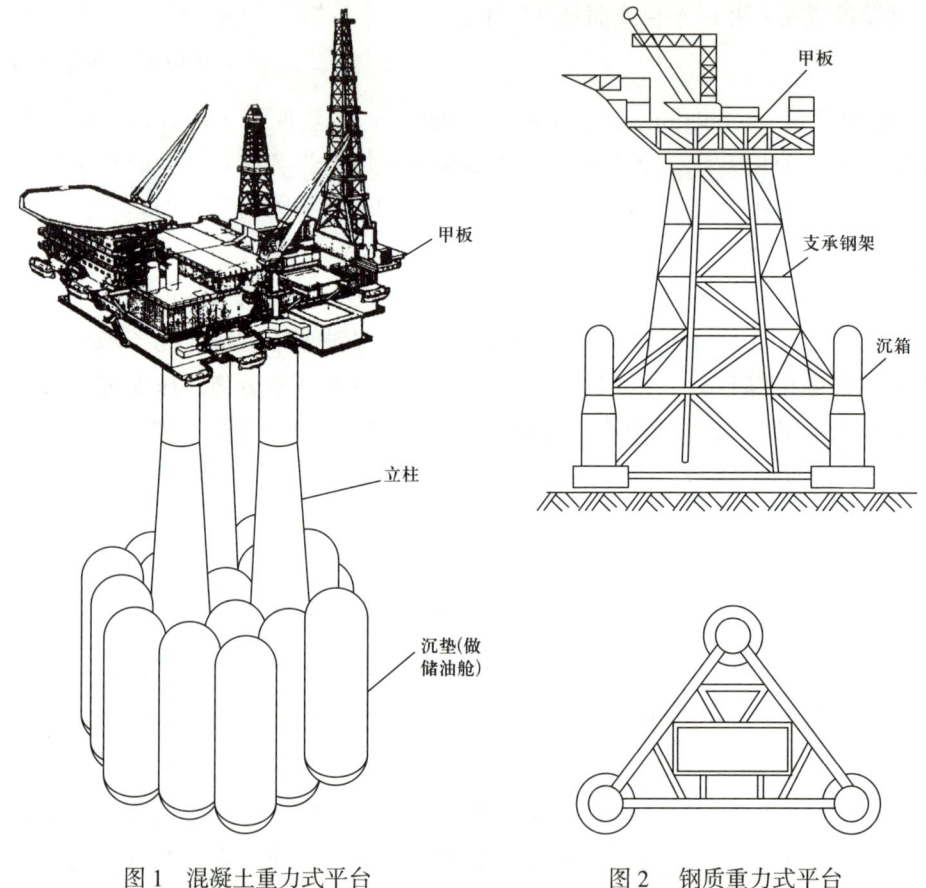

图1　混凝土重力式平台　　　　图2　钢质重力式平台

（刘均荣　李明忠）

【**人工岛** man-made island】　在海上人工建造的供油气开采和生产人工岛屿。人工岛上可以设置钻机、油气处理设备、公用设施、储罐以及卸油码头。人工岛按岸壁形式可分为护坡式人工岛和沉箱式人工岛。

护坡式人工岛（见图1）由砾石筑成，沙袋或砌石护坡。先由底部开口的驳船向岛的四周抛填砾石，接着码放沙袋，稍高出水面形成水下围堤，然后填充岛体。

沉箱式人工岛（见图2）又可分为钢沉箱围闭式人工岛、钢筋混凝土沉箱围闭式人工岛和移动式极地沉箱人工岛。沉箱式人工岛的特点是由一个整体沉箱或多个钢或钢筋混凝土沉箱围成，中间回填砂土。沉箱可在陆上预制，然后自浮拖至现场安装就位，通过调节水下砂基床的高度以使沉箱适用于不同的水深，人工岛不再使用时，可排除压载，起浮后拖到其他地点再用。

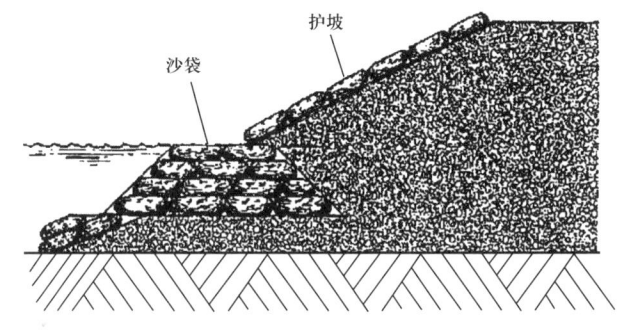

图1 护坡式人工岛

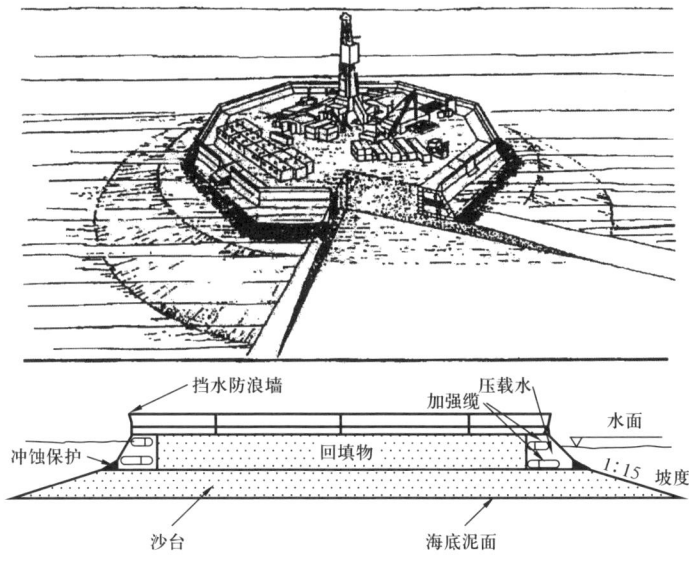

图2 沉箱式人工岛

（刘均荣　李明忠）

【顺应型平台 compliant platform】 在海洋环境载荷作用下，围绕支点可发生允许范围内某一角度摆动的深水采油平台（见图）。

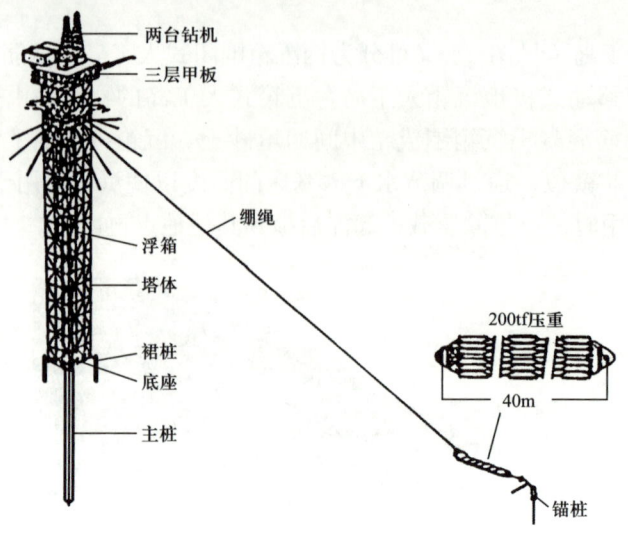

牵索塔式顺应型平台

这种平台是一种细长的框架结构，沿高度方向的横截面一般不变。框架每隔一定的高度有重复的结构形式，井槽在平台的中部。有的顺应型平台在每个角各有数根桩支持，桩穿过导管打下后，桩顶部约高出泥线某一高度，套管约上至平台高度的一半，桩与导管之间灌注水泥浆，凝固后便组成一套管与桩的组合体，在这个组合体的顶部附接导管架。这样大的长度提供了足够的轴向弹性来产生柔性复原力，调整组合体的长度可得到系统适应不同环境的结构参数。有的顺应型平台或/和借助牵索（如绷绳塔平台）用一些浮筒（如浮塔式平台）来产生复原力，浮筒也可给平台提供向上的浮力，从而可减少结构的轴向压力。

（刘均荣　李明忠）

【浮式生产系统 floating production system】 利用改装（或专建的）半潜式钻井平台、张力腿平台、自升式平台或油轮放置采油设备、生产和处理设备以及储油设施的生产系统。

浮式生产系统最大的特点就是可实现油田的全海式开发。由于其可重复使用，因此被广泛用于早期生产、延长测试和边际油田的开发过程中。我国大部分海上油田都采用浮式生产系统。浮式生产系统分为：

（1）以油轮为主体的浮式生产系统。又分为浮式生产储油装置（FPSO）和浮式储油装置（FSO）两种。

（2）以半潜式钻井船为主体的浮式生产系统。把采油设备（采油树等）、注水（气）设备和油气水处理等设备，安装在一艘经改装（或专建的）半潜式钻井船上（见图1）。油气从海底井经采油立管（刚性或柔性管）上至半潜式钻井船（常用锚链系泊）的处理设施，分离处理合格后的原油经海底输油管线和单点系泊系统，再经穿梭油轮运走。

图1 以半潜式钻井船为主体的浮式生产系统

（3）以自升式钻井船为主体的浮式生产系统。利用自升式钻井船改装而成（见图2）。其上可放置生产与处理设备，主要用于浅水海域，可以移动。自海底油井出来的油气上至自升式平台分离处理后，再经海底管线和系泊系统输至油轮运走。这种系统常用于油田延长测试及边际油田的开发。

（4）以张力腿平台为主体的浮式生产系统。可以看作一个垂直锚系的半潜式平台（见图3）。虽然张力腿平台不储油，不装油，但这种平台在开发深水油田中具有很大竞争力。这种结构的外形减小了垂向波浪力的影响，因而也就减小了系泊系统的受力变化，上部结构设计成足以承受油田开发各个阶段的载重量，不论在拖航条件，还是在垂直系泊时都能保持稳定。这种形式的主要优点是：升沉、纵摇和横摇运动在很大程度上被控制，可大大简化立管与浮动设备之间的输送系统。

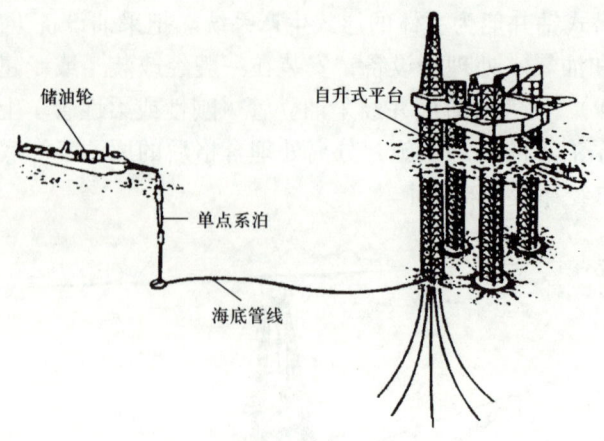

图 2 以自升式钻井船为主体的浮式生产系统

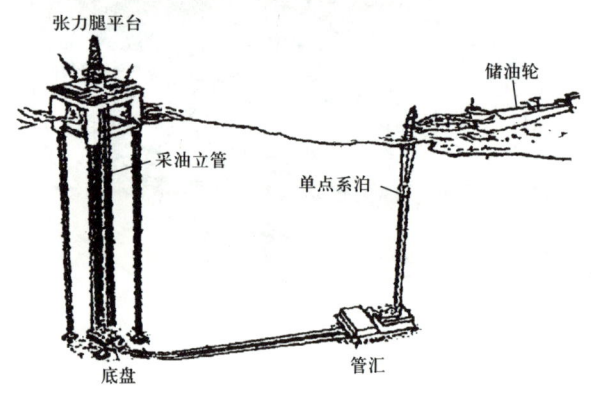

图 3 以张力腿平台为主体的浮式生产系统

(刘均荣 李明忠)

【**浮式生产储油装置** floating production storage and offloading;FPSO】 设有油气水处理装置、生活与动力设施、储油舱及外输系统,用单点系泊或多点系泊方式系泊于海上的全海式海上油气生产系统装置。又称海上油气加工厂。

FPSO 通过海底输油管道接受从海底油井中采出的原油,并在船上进行处理,然后储存在货油舱内,最后通过卸载系统输往穿梭油轮。

FPSO 的主要特点包括:(1)兼有生产和储油的作用,具有小至几千立方米、大到几百立方米的油气处理能力;(2)它是一座储油轮;(3)适应能力强,可在 20～1000m 水深范围内工作;(4)可省去外输海底管道,用穿梭油轮将商品油运往外地;(5)设计重现期高(100 年),抗风浪能力强,可长期系泊、连续工作；（6）具有投资省、见效快、可重复使用、风险小等特点，特别适用于远离海岸的中、深海及边际油田的开发。

浮式生产储油装置

（刘均荣　李明忠）

【**浮式储油装置** floating storage and offloading；FSO】 设有储油舱及外输系统，用单点系泊或多点系泊方式系泊于海上的全海式海上油气生产系统装置。

与浮式生产储油装置相比，由于浮式储油装置没有生产分离设备以及公用设备，可直接将旧油轮稍加改装就可以成为FSO。相对于FPSO来说，FSO建造工期短。

（刘均荣　李明忠）

【**水下生产系统** subsea production system】 从水下井口到生产处理设施上第一个登陆关断阀止和生产处理设施外输关断阀至海管登陆关断阀之间，所有水下油气生产、集输、外输、分配、分离、增压、海管连接（管道组件）、水下设备间跨接（跨接管及水下连接器）、水下注入（注水、注气、注化学药剂等）等水下设备及其控制系统及设备、保护系统及设备与支撑结构组成的海上油气生产系统的总称。海底管道不包括在水下生产系统的范围内。

典型的水下生产系统由水下设备及水面控制设施组成（见图）。水下设备包括水下采油树和水下管汇中心，水上控制系统放置在浮式生产系统上，通过水下管汇中心对水下井口进行控制、关断、注水、注气、注化学药剂以及维护作业。水下生产系统的主要优点：

（1）有利于实现油气田的早期开发。在发现油气田之后的一至二年内，便能开始生产，从而大大缩短发现油气田到油气田投产之间的时间。

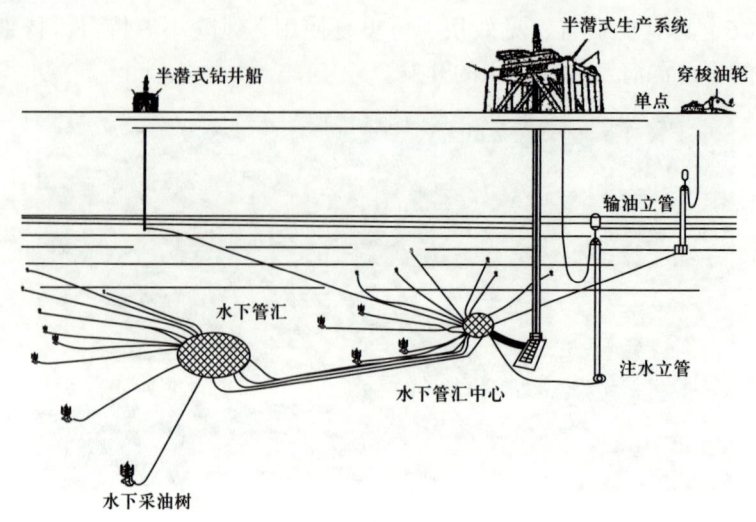

典型水下生产系统

（2）可充分地利用已钻探井和评价井进行采油作业，使这些井不至于被弃置，即便有些探井打到油区之外，也可以用来进行注水。

（3）埋藏深度较浅的油田，在平台控制范围以外地区，可以用水下采油树开采并回接到平台上。

（4）水下生产系统投资费用少，尤其是在井数较少和深水地区，投资费用显著低于其他系统，因此能使一些效益不好的边际油田得以开发。

（5）水下生产系统无需采油平台就可从海底直接采油采气，不仅节约资金，而且避免了狂风恶浪和冰对采油设施的影响。

（6）油气田开发后期，当平台井位已满情况下，为了提高采收率而补打的加密井，可用水下生产系统回接到平台上进行开采。

（7）开采结束后，水下设备可以轻易、经济地打捞上来，节省其他生产系统拆除平台所需的大量费用，并且有些设备还可重复使用。

（8）水下生产系统可用于一些极端（如水深超过900m）以及北冰洋酷寒等条件下。

（刘均荣　李明忠）

【水下井口 subsea wellhead】 连接在海上井（生产井、注入井、监测井等）的表层套管上的井口头。钻井和采油过程中将防喷器或水下采油树安装在上面，以控制来自井口的工作压力。

（刘均荣　李明忠）

【水下控制系统 subsea control system】 安装在附近水面的设施上（如半潜式钻井船、FPSO 等浮式生产系统）并通过脐带缆对水下设备进行遥控操作和各种传输数据进行监测的系统。

水下控制系统的控制方式为：（1）直接液压控制；（2）导向液压控制；（3）程序液压控制；（4）电动液压控制；（5）复合控制。选择不同的控制系统的因素很多，如距离、水深、井数和控制功能等。但关键因素是简单可靠、灵活和安全。

（刘均荣　李明忠）

【脐带缆 umbilical cable】 将水面电力、液压液和信号等传输给水下生产系统以及各种维修、监测、数据采集的载体，是上部设备遥控水下生产系统的必要通道。

（刘均荣　李明忠）

【永久导向基盘 permanent guide template】 与低压导管头相连，为钻完井设备（通用导向架、防喷器、水下采油树等）提供结构支撑和导向，并为导管头提供基座和锁紧的构架。

（刘均荣　李明忠）

【立管 riser】 用于输送石油、天然气等流体，连接水面生产设施和水下设备（如水下井口、海底管汇等）的管道系统，包括柔性接头、应力接头、浮筒、端部连接件、抗弯件等。其主要功能是输送生产或注入、钻井、完井、修井等过程中的流体，同时还承担支撑和固定水下井口的作用。立管通常分为刚性立管和柔性立管两种。

（刘均荣　李明忠）

【水下管汇中心 underwater manifold center；UMC】 由集油管头、分支管道和阀组组成的用来汇集和分配生产流体、气举气、注入水（化学剂）的水下设备。其功能与一座固定平台相似，可在恶劣海区和深海区安全可靠地进行油气田开发，也可与浮式生产系统配合开发边际油田，及对远离中心平台的卫星油田进行开发。

水下管汇中心主要由底盘、管汇系统和保护盖、电液控制与分配系统、液压储能装置、化学药剂注入装置、ROV 轨道、连接卫星井输油管线和控制管线用的侧缘、前缘（见图）组成。

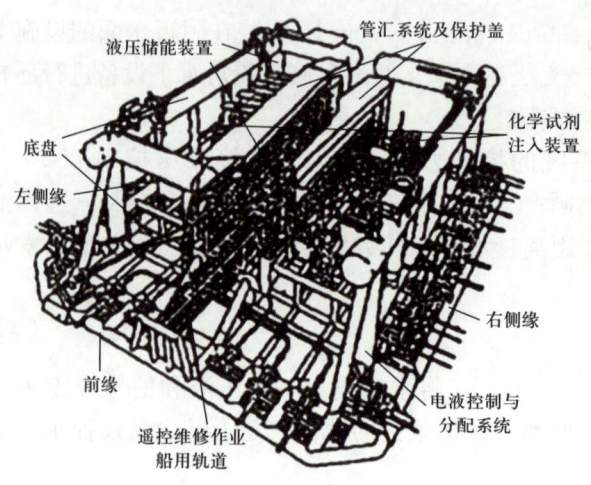

水下管汇中心

（刘均荣　李明忠）

水下采油树

【水下采油树 subsea christmas tree】用于悬挂下入井中的油管柱，密封油套管的环形空间，控制和调节油井生产，保证作业，录取油、套压资料，测试及清蜡等日常生产管理，放置在海床水下井口上的由阀门、管线、连接器和配件组成的采油系统（见图）。

按安装方式和结构特点分为立式（或垂直）采油树、卧式（或水平）采油树；按使用要求和环境条件分为干式水下采油树、湿式水下采油树、干/湿式水下采油树、沉箱式水下采油树；按井的布置分为卫星井采油树和底盘井采油树。

（刘均荣　李明忠）

【干式水下采油树 dry subsea christmas tree】水下井口处于钢质压力容器内、与海水隔绝的水下采油树。

干式水下采油树是最早的水下采油装置，除要求研制外壳的专用钢之外，还需要解决将各种管束（如电缆、液压管线通气管线等）引进井口室而海水不会随同进入室内的引管接头水封问题。采油树置于一个封闭的常压常温舱里，维修人员可以进入其中工作。干式水下采油树的使用深度不受限制,内部的设备仪器装置及井下工作人员与海水隔绝而不承受海水的压力,电气设备控制系统可靠性高,采用密封舱技术能及时发现油气漏失而便于维修。系统复杂,配有多套生命维护系统,对操作人员有潜在危险。

（刘均荣　李明忠）

【湿式水下采油树 wet subsea christmas tree】 海底井口暴露于海水中的水下采油树。主要有采油树与井口连接器、采油树与输油管线连接器、采油树阀件、"Y"形短管、TFL 回路管线、导向架、采油树帽、控制系统等,对材料的抗海水腐蚀能力、强度和韧性有较高要求。

特点:结构形式相对简单,基本部件和功能与其他采油树相同,更换方便,目前使用广泛。

（刘均荣　李明忠）

【干/湿式水下采油树 dry/wet subsea christmas tree】 由低压外壳、水下生产设备、输油管连接器和干/湿式转换接头组成的,根据生产需要可以在干式水下采油树和湿式水下采油树之间进行切换的水下采油树。

干/湿式水下采油树的特点:可以干/湿转换,当正常生产时,采油树呈湿式状态,当进行维修时,由一个服务舱与水下采油树连接,排空海水,使其变成常温常压的干式水下采油树,其转化需要专门接口,系统复杂。

（刘均荣　李明忠）

【沉箱式水下采油树 caisson-type subsea christmas tree】 把整个水下采油树包括主阀、连接器和水下井口全部置于海床以下的导管内,留在海床以上部分很矮的水下采油树。又称插入式水下采油树。

沉箱式水下采油树受外界冲击造成损坏的机会就大大减少。沉箱式水下采油树分为上下两部分,上部主要包括采油树下入系统、控制系统、永久导向基础、出油管线及阀门、采油树帽、输油管线连接器和采油树保护罩等。下部采油树包括主阀、连接器和水下井口等。但是沉箱式水下采油树的最大缺点是价格高于一般的湿式水下采油树,并且不能显示出比常规湿式水下采油树更突出的特点及广泛的适用性,其应用受到一定的限制。

（刘均荣　李明忠）

【立式采油树 vertical christmas tree】生产主阀、生产翼阀及井下安全阀安装在一条垂直线上、生产主阀安装在油管挂上部的采油树。

立式采油树的安装无须钻完井即可进行。其优点是产品成熟可靠、成本低廉；缺点是修井时必须将采油树取出、移开才能进行修井作业，从而增大修井成本，占用轴向空间高度而不便于布设安装。

（刘均荣　李明忠）

【卧式采油树 horizontal christmas tree】 生产主阀和生产翼阀均在采油树体外侧水平方向的采油树。

卧式采油树的安装是在完成井口系统安装和钻井之后，即在完井油管和油管悬挂器安装之前进行的。主要优点是修井时不需要将采油树取出、移开，方便从井孔下入修井工具进行修井，从而明显降低修井时间和成本，同时也不占用井孔垂直空间的高度而便于采油树的布设安装；主要缺点是下放安装过程复杂、成本较高。

（刘均荣　李明忠）

【海上油气集输系统 offshore oil and gas gathering and transportation system】 把海上油气井生产出来的原油、天然气、伴生气进行集中、计量、处理、初加工处理、短期储存，再经单点系泊系统等设施装船外运或经海底管道外输，将合格油气外输给用户的整个生产流程，以及为上述生产流程提供的生产设备、工程设施的总称。

海上油气集输系统包括海上油气生产设备系统以及为其提供生产场地、支撑结构的工程设施，包括井口、生产平台、生活平台、储罐平台、储油轮、储油罐、单点系泊系统、输油码头等。根据所开发油田的生产能力、油田面积、地理位置、工程技术水平及投资条件等，可分别组成不同的油气集输系统。

海上油气集输方式是按完成油气集输任务的可利用环境位置而区分的。随着海上油田开发工程由近海向远海发展，海上油气集输形成了全海式集输系统、半海半陆式集输系统和全陆式集输系统三种类型。它们的根本区别在于集输的生产处理设施是放在海上还是陆上。

（刘均荣　李明忠）

【全海式集输系统 full sea oil and gas gathering and transportation system】 将油气的集中、处理、储存和外输工作全部放在海上的油气集输系统（见图）。

全海式集输系统可以是固定式，也可以是浮动式；井口生产系统可以在水上，也可以在水下。这种集输生产系统既适合小油田、边际油田，也适合大油田；既适合油田的常规开发，也适合油田的早期开发。这是当今世界适应性最强、应用最广的一种集输生产系统。

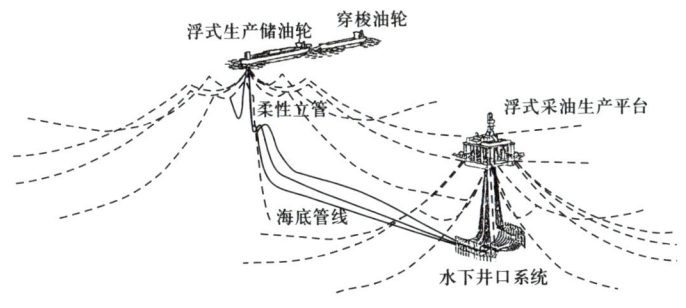

海上油田全海式集输系统

(刘均荣 李明忠)

【**半海半陆式集输系统** semi-sea and semi-land oil and gas gathering and transportation system】 在海上仅进行油气初处理，而把主要的油气集输设备及储存、外输工作放在陆上的油气集输系统。

该系统适用于离岸不远、油田面积大、产量高、海底适合铺设管线以及陆上有可利用的油气生产基地或输油码头条件的油田（见图）。但该方式必须铺设海底管线，对海底地形复杂，或原油性质不适宜管输的情况，不宜采用这种方式。它尤其适用于气田的集输。因为在海上不易解决天然气的储存和加工问题，所以一般气田采用半海半陆式集输系统。

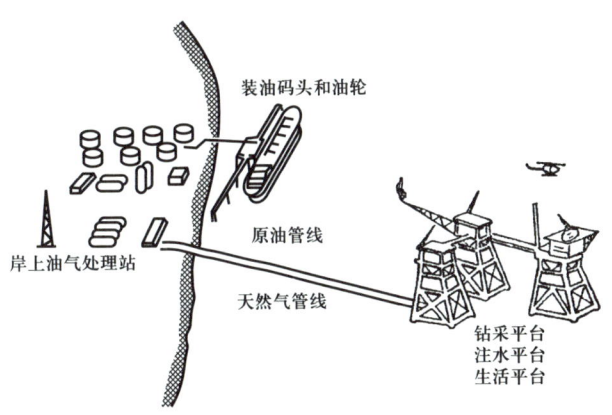

海上油田半海半陆式集输系统

(刘均荣 李明忠)

【**全陆式集输系统** full land oil and gas gathering and transportation system】 油井的产出物靠油井的压力经出油管线上岸完成集油、分离、计量、处理、储存及外输功能的所有集输设施放在陆上的生产系统。

全陆式集输系统在海上只设井口保护架（平台）和出油管线，大大减少了海上工程量，便于生产管理（见图1和图2）。陆地生产操作费用比较低，而且受气候影响小，与同等生产规模的海上生产系统相比，其经济效益好。但这种集输方式因受井口压力的限制对离岸远的油田不适用，而且因集输管线是油气水三相混输，管内摩阻大，要求管径也相应增大。因此，该系统一般适用于浅水、离岸近、油层压力高的油田。我国滩海油田开发多采用这一集输方式。

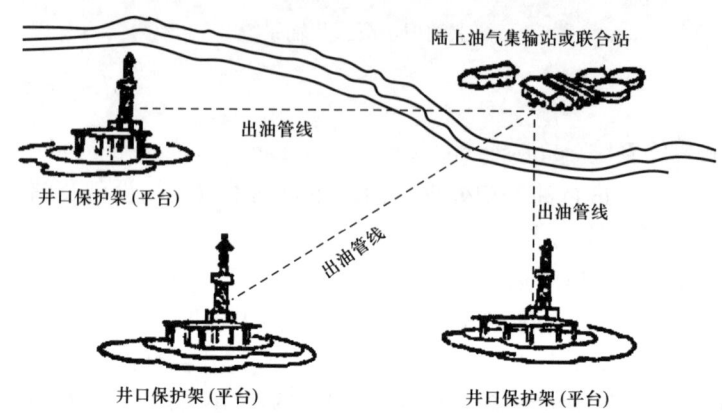

图1　常规全陆式集输系统

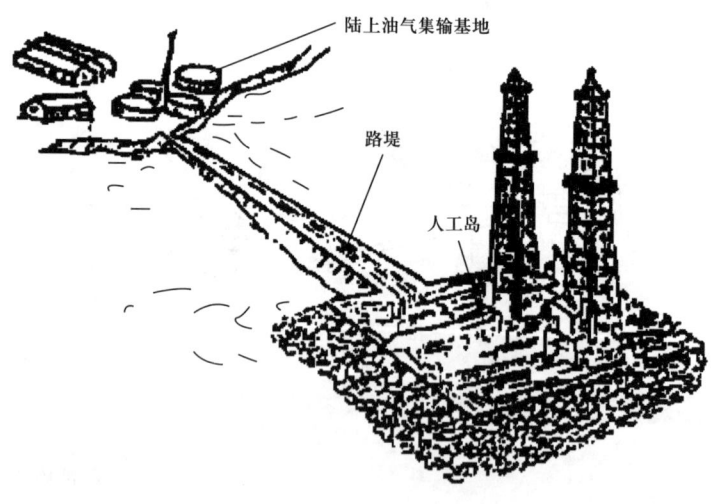

图2　人工岛全陆式集输系统

（刘均荣　李明忠）

【海上石油终端 offshore terminal】 油轮系泊、转输的停靠处。常用的海上石油终端大致有4类，即固定码头、多浮筒系船系统、塔式系船系统和单点系泊系统。

（刘均荣　李明忠）

【单点系泊系统 single point mooring system】 海洋工程船舶通过单点形式系泊在另一个固定式或浮式结构物上，船舶围绕该结构物可以随风浪流作360°回转，由于风标效应，使被系泊船舶停泊在环境力最小的方位上的系统。对海洋油气开采来说，它同时必须具有流体输转功能。

单点系泊系统主要由浮筒及锚系、系船设备等组成，基本上可分为悬链式浮筒系船和独立锚腿系船两种方式。目前常见的单点系泊系统有悬链式浮筒系泊装置（CALM）、单锚腿系泊装置（SALM）、单浮筒刚臂系泊装置（SBS）、单锚腿刚臂系泊装置（SALS）、露体单浮筒系泊装置（ELSBM）、桅式单浮筒储油系泊装置（SPAR）、导管架塔式刚臂系泊装置、固定塔式单点系泊装置（FT）、可解脱式浮筒转塔系泊装置（BTM）等。

特点　与固定码头相比，它的最大特点即系泊方式是"点"，也就是大型油轮或超大型油轮可以系泊于近海海面上的一个深水"点"，然后进行装卸货操作。

结构　单点系泊码头通常由一个能够漂浮在海面上的浮筒和铺设在海底与陆地贮藏系统连接的管道组成。浮筒漂浮在海面上，油轮上的原油通过漂浮软管进入浮筒后，从水下软管进入海底管线，输到岸上的原油储罐。为防止浮筒随海浪远距离漂移，用数根巨大的锚链将其与海床相连，这样浮筒既可在一定范围内随风浪流漂浮移动，增加缓冲作用，减少与巨轮间发生碰撞的危险，又不至于被海浪漂走。

作用　将FPSO定位于预定海域，起着输送井流物、电力和通信等功能。同时，使FPSO具有风向标的效应，在各种风浪流作用下FPSO的受力为最小，从而保证FPSO在海上能长期连续工作。

优点　不受港口水域的限制，适应性强，在一般风浪情况下可进行装卸作业，它比固定的岛式码头造价低，建造速度快。

缺点　操作条件差。

（刘均荣　李明忠）

【多点系泊系统 multiple point mooring system】 采用多个系锚点供一条船舶或浮体进行海上系泊的系统。

与单点系泊系统相比，其优点是被系泊船或浮体的位移以及在波浪、海流作用下的运动幅度较小。多点系泊系统的系泊需要用较多时间,被系泊物体所受风、浪、流的荷载较大。因此,多点系泊系统大都用于风向变化不大、波浪较小的海区。

(刘均荣　李明忠)

【陆上石油终端　land terminal】　建造在陆地上的处理海上油气田或油气田群开采出来的油、气、水或其混合物的油气初加工厂。

陆上石油终端一般设有原油或轻油脱水与稳定、天然气脱水、轻烃回收和污水处理以及原油、轻油、液化石油气储运等生产设施,并有供热、供排水、供变电、通信等配套的辅助设施与生活设施。具有大规模集中处理和储存油气、几乎不受气候影响的优点。

◢ 推荐书目

张钧.海上采油工程手册[M].北京:石油工业出版社,2001.

(刘均荣　李明忠)

附 录

石油科技常用计量单位换算表

物理量名称及符号	法定计量单位名称及符号		非法定计量单位名称及符号		单位换算
	名称	符号	名称	符号	
长度 L	米 海里	m n mile	英寸	in	1in=25.4mm（准确值） 单位密耳（mil）或英毫（thou）有时用于代表"毫英寸"
			英尺	ft	1ft=12in=0.3048m（准确值） 1ft（美测绘）=0.3048006m
			码	yd	1yd=3ft=0.9144m
			英里	mile	1mile=5280ft=1609.344m（准确值） 1mile（美）=1609.347m
			密耳	mil	1mil=2.54×10^{-5}m
			海里 （只用于航程）	n mile	1n mile=1852m
			杆	rd	1rd=5.0292m
			费密		1费密=10^{-15}m
			埃	Å	1Å=0.1nm=10^{-10}m

续表

物理量名称及符号	法定计量单位名称及符号		非法定计量单位名称及符号		单位换算
	名称	符号	名称	符号	
面积 $A(S)$	平方米	m^2	平方英寸	in^2	$1in^2=645.16mm^2$（准确值）
			平方英尺	ft^2	$1ft^2=0.09290304m^2$（准确值）
			平方码	yd^2	$1yd^2=0.83612736m^2$（准确值）
			平方英里	$mile^2$	$1mile^2=2.589988km^2$ $1mile^2$（美测绘）$=2.589998km^2$
			英亩	acre	$1acre=4046.856m^2$ $1acre$（美测绘）$=4046.873m^2$
			公顷	ha	$1ha=10^4m^2$
体积容积 V	立方米 升	m^3 L	立方英寸	in^3	$1in^3=16.387064cm^3$（准确值）
			立方英尺	ft^3	$1ft^3=28.31685L^3$（准确值）
			立方码	yd^3	$1yd^3=0.7645549m^3$（准确值）
			加仑	gal	$1gal$（英）$=277.420in^3=4.546092L$ （准确值）$=1.20095gal$（美） $1gal$（美）$=3.785412L$
			品脱（英） 液品脱（美）	pt liq pt	$1pt$（英）$=0.56826125L$（准确值） $1liq\ pt$（美）$=0.4731765L$
			液盎司	fl oz	$1fl\ oz$（英）$=28.41306cm^3$ $1fl\ oz$（美）$=29.57353cm^3$
			桶	bbl	$1bbl$（美石油）$=9702in^3=158.9873L$
			蒲式耳（美）	bu	$1bu$（美）$=2150.42in^3=35.23902L$ $=0.968939bu$（英）
			干品脱（美）	dry pt	$1dry\ pt$（美）$=0.5506105L^3$ $=0.968939pt$（英）
			干桶（美）	bbl	$1bbl$（美）（干）$=7056in^3=115.6271L$

续表

物理量名称及符号	法定计量单位名称及符号		非法定计量单位名称及符号		单位换算
	名称	符号	名称	符号	
速度 u, v, w, c	米每秒 节	m/s kn	英尺每秒	ft/s	1ft/s=0.3048m/s（准确值）
			英里每小时	mile/h	1mile/h=0.44704m/s（准确值）
			英寸每秒	in/s	1in/s=0.0254m/s
加速度 a 重力加速度 g	米每二次方秒	m/s²	英尺每二次方秒	ft/s²	1ft/s²=0.3048m/s²（准确值）
质量 m	千克（公斤）吨	kg t	磅	lb	1lb=0.45359237kg（准确值）
			格令	gr	1gr=1/7000lb=64.78891mg（准确值）
			盎司	oz	1oz=1/16lb=437.5gr（准确值）=28.34952g
			英担	cwt	1cwt（英国）=1 长担（美国）=112lb（准确值）=50.80235kg 1cwt（美国）=100lb（准确值）=45.359237kg
			英吨	ton	1ton（英国）=1 长吨（美国）=2240lb=1.016047t 1ton（美国）=2000lb=0.9071847t
			脱来盎司或金衡盎司	oz（troy）	1oz（troy）=480gr=31.1034768g（准确值）
			[米制]克拉	metric carat	1metric carat=200mg（准确值）
体积质量，[质量]密度 ρ	千克每立方米 克每立方厘米	kg/m³ g/cm³	磅每立方英尺	lb/ft³	1lb/ft³=16.01846kg/m³
			磅每立方英寸	lb/in³	1lb/in³=27679.9kg/m³ 1g/cm³=1000kg/m³
力 F	牛[顿]	N	达因	dyn	1dyn=10⁻⁵N（准确值）
			磅力	lbf	1lbf=4.448222N
			千克力	kgf	1kgf=9.80665N（准确值）
			吨力	tf	1tf=9.80665×10³N

续表

物理量名称及符号	法定计量单位名称及符号		非法定计量单位名称及符号		单位换算
	名称	符号	名称	符号	
力矩 M	牛[顿]米	$N \cdot m$	英尺磅力	$ft \cdot lbf$	$1ft \cdot lbf = 1.355818 N \cdot m$
			千克力米	$kgf \cdot m$	$1kgf \cdot m = 9.80665 N \cdot m$（准确值）
压力，压强 p	帕 兆帕	Pa MPa	标准大气压	atm	$1atm = 101325 Pa$（准确值）
			工程大气压	at	$1at = 1kgf/cm^2 = 0.967841 atm$ $= 98066.5 Pa$（准确值）
			磅力每平方英寸	lbf/in^2（psi）	$1lbf/in^2 = 6894.757 Pa$
			千克力每平方米	kgf/m^2	$1kgf/m^2 = 9.80665 Pa$（准确值）
			托	Torr	$1Torr = 1/760 atm = 133.3224 Pa$
			约定毫米水柱	mm H_2O	$1mm\ H_2O = 10^{-4} at = 9.80665 Pa$（准确值）
			约定毫米汞柱	mm Hg	$1mm\ Hg = 13.5951 mm\ H_2O$ $= 133.3224 Pa$
[动力]黏度 μ	帕秒	$Pa \cdot s$	泊	P	$1P = 0.1 Pa \cdot s$（准确值）
			厘泊	cP	$1cP = 10^{-3} Pa \cdot s$
			千克力秒每平方米	$kgf \cdot s/m^2$	$1kgf \cdot s/m^2 = 9.80665 Pa \cdot s$
			磅力秒每平方英尺	$lbf \cdot s/ft^2$	$1lbf \cdot s/ft^2 = 47.8803 Pa \cdot s$
			磅力秒每平方英寸	$lbf \cdot s/in^2$	$1lbf \cdot s/in^2 = 6894.76 Pa \cdot s$
运动黏度 ν	米二次方每秒	m^2/s	斯[托克斯]	St	$1St = 10^{-4} m^2/s$（准确值）
			厘斯	cSt	$1cSt = 10^{-6} m^2/s$
			二次方英尺每秒	ft^2/s	$1ft^2/s = 0.09290304 m^2/s$
			二次方英寸每秒	in^2/s	$1in^2/s = 6.4516 \times 10^{-4} m^2/s$

续表

物理量名称及符号	法定计量单位名称及符号		非法定计量单位名称及符号		单位换算
	名称	符号	名称	符号	
能量 $E(W)$ 功 $W(A)$	焦［耳］ 千瓦［小］时	J kW·h	尔格	erg	1erg=1dyn·cm=10^{-7}J（准确值）
			英尺磅力	ft·lbf	1ft·lbf=1.355818J
			千克力米	kgf·m	1kgf·m=9.80665J（准确值） 1J=1N·m
			英马力小时	hp·h	1hp·h=2.68452MJ
			电工马力小时		1电工马力小时=2.64779MJ
功率 P	瓦［特］	W	英尺磅力每砂	ft·lbf/s	1ft·lbf/s=1.355818W
			马力	hp	1hp=745.6999W
			［米制］马力	metric hp	1metric hp=735.49875W（准确值）
			电工马力		1电工马力=746W
			卡每秒	cal/s	1cal/s=4.1868W
			千卡每小时	kcal/h	1kcal/h=1.163W
			伏安	V·A	1V·A=1W
			乏	var	1var=1W
热力学温度 T 摄氏温度 t	开［尔文］ 摄氏度	K ℃	兰氏度	°R	1°R=$\frac{5}{9}$K
			华氏度	°F	$\frac{t_F}{°F}=\frac{9}{5}\frac{t}{℃}+32=\frac{9}{5}\frac{T}{K}-459.67$
热，热量 Q	焦［耳］	J	英制热单位	Btu	1Btu=778.169ft·lbf=1055.056J
			15℃卡	cal_{15}	$1cal_{15}$=4.1855J
			国际蒸汽表卡	cal_{IT}	$1cal_{IT}$=4.1868J 1$Mcal_{IT}$=1.163kW·h（准确值）
			热化学卡	cal_{th}	$1cal_{th}$=4.184J（准确值）
热流量 Φ	瓦［特］	W	英制热单位每小时	Btu/h	1Btu/h=0.2930711W

续表

物理量名称及符号	法定计量单位名称及符号		非法定计量单位名称及符号		单位换算
	名称	符号	名称	符号	
热导率（导热系数）λ，(κ)	瓦［特］每米开［尔文］	W/(m·K)	英制热单位每秒英尺兰氏度	Btu/(s·ft·°R)	1Btu/(s·ft·°R)=6230.64W/(m·K)
			卡每厘米秒开尔文	cal/(cm·s·K)	1cal/(cm·s·K)=418.68W/(m·K)
			千卡每米小时开尔文	kcal/(m·h·K)	1kcal/(m·h·K)=1.163W/(m·K)
			英热单位每英尺小时华氏度	Btu/(ft·h·°F)	1Btu/(ft·h·°F)=1.73073W/(m·K)
传热系数 K, (k) 表面传热系数 h, (α)	瓦［特］每平方米开［尔文］	W/(m²·K)	英制热单位每秒平方英尺兰氏度	Btu/(s·ft²·°R)	1Btu/(s·ft²·°R)=20441.7W/(m²·K)
			卡每平方厘米秒开尔文	cal/(cm²·s·K)	1cal/(cm²·s·K)=41868W/(m²·K)
			千卡每平方米小时开尔文	kcal/(m²·h·K)	1kcal/(m²·h·K)=1.163W/(m²·K)
			英热单位每平方英尺小时兰氏度	Btu/(ft²·h·°R)	1Btu/(ft²·h·°R)=5.67826W/(m²·K)
热扩散率 a	平方米每秒	m²/s	平方英尺每秒	ft²/s	1ft²/s=0.09290304m²/s（准确值）
质量热容，比热容 c 质量定压热容，比定压热容 c_p 质量定容热容，比定容热容 c_V 质量饱和热容，比饱和热容 c_{sat}	焦［耳］每千克开［尔文］	J/(kg·K)	英制热单位每磅兰氏度	Btu/(lb·°R)	1Btu/(lb·°R)=4186.8J/(kg·K)（准确值）

续表

物理量名称及符号	法定计量单位名称及符号		非法定计量单位名称及符号		单位换算
	名称	符号	名称	符号	
质量熵，比熵 s	焦[耳]每千克开[尔文]	J/(kg·K)	英制热单位每磅兰氏度	Btu/(lb·°R)	1Btu/(lb·°R)=4186.8J/(kg·K)（准确值）
质量能，比能 e 质量焓，比焓 h	焦[耳]每千克	J/kg	英制热单位每磅	Btu/lb	1Btu/lb=2326J/kg（准确值）
电流 I 交流 i	安[培]	A	毫安	mA	1mA=10^{-3}A
电压，电位 U 电动势 E	伏[特]	V			1V=W/A
电容 C	法[拉]	F			1F=1C/A
电荷 Q	库[仑]	C			1C=1A·s 1A·h=3.6kC（用于蓄电池）
磁场强度 H	安[培]每米	A/m			
磁通量 Φ	韦[伯]	Wb			1Wb=1V·s
渗透率 K	二次方微米毫达西	μm^2 mD	达西	D	1D=1μm^2（准确值） 1mD=1×10^{-3}D
物质浓度 c	摩[尔]每立方米 摩[尔]每升	mol/m³ mol/L	体积摩尔浓度	M	1M=1mol/L =1000mol/m³

条目汉语拼音索引

A

矮型异相曲柄平衡
　　抽油机　/72
奥金格等寿命曲线　/127

B

摆杆式游梁抽油机　/66
半海半陆式集输系统　/359
半海半陆式开发模式　/343
保持地层压力开采　/318
爆炸采油法　/168
泵—孔距　/103
泵挂深度　/104
泵口压力 *　/105
泵理论排量　/103
泵漏失　/103
比采油指数 *　/34
变速电动潜油泵　/142
表面活性剂驱　/280
表面流速　/19
表面能防蜡　/252
表皮系数　/15
表皮效应　/15
憋压式液力油管锚　/108
波纹管气举阀　/50
玻璃衬里油管防蜡　/254
玻璃钢抽油杆　/112
玻璃钢复合抽油杆柱
　　设计　/128
不完善井 *　/15

C

采气工程　/282
采气工程方案　/283
采气强度　/33
采气速度　/32
采液强度　/32
采油方式　/4
采油方式优选　/6
采油方式综合评价系统　/6
采油工程　/1
采油工程方案　/2
采油强度　/32
采油树　/22
采油速度　/31
采油指数　/33
插入式泵 *　/90
插入式水下采油树 *　/357
掺活性水降黏　/201
掺稀油降黏　/202
产气指数　/35
产水气井采气工艺　/309
产液指数　/34
常规游梁式抽油机　/60
超高强度抽油杆　/112
超高转差率电动机　/81
超声波采油　/164
沉没度　/104
沉没压力　/105
沉箱式水下采油树　/357
衬管防砂　/234
持液率 *　/19
冲程　/105
冲次　/106
冲管　/249

冲砂 /248
冲砂液 /249
充满系数 /103
抽汲方式选择* /103
抽空控制 /104
抽油泵* /88
抽油泵间隙等级 /102
抽油泵密合度* /102
抽油泵余隙容积 /102
抽油参数优选 /103
抽油杆 /111
抽油杆防脱器 /120
抽油杆扶正器 /118
抽油杆刮蜡器 /256
抽油杆减振器 /119
抽油杆接箍 /117
抽油杆失效 /121
抽油杆折算应力 /124
抽油杆柱 /122
抽油杆柱等强度设计 /125
抽油杆柱设计 /125
抽油机 /55
抽油机节能技术 /83
抽油机平衡 /86
抽油机拖动装置 /80
抽油机悬点载荷 /84
抽油机载荷 /123
抽油井液面 /134
抽油效率* /101
稠油 /199
稠油泵 /94
稠油出砂冷采 /202
稠油开采 /199
稠油注蒸汽开采 /204

出砂 /230
储层保护 /8
储层改造设计 /9
储层伤害 /16
储层压力* /35
储罐平台 /347
串联泵 /100
垂直管流相态 /16
纯油流 /17
磁化器防蜡 /252
存容比 /19

大摆角游梁式抽油机* /72
带状抽油杆 /116
单点系泊系统 /361
单管分采 /26
单头螺杆泵 /147
单液法堵水 /225
蛋形驴头游梁式抽油机 /71
导流阀 /49
低矮型抽油机* /72
低矮异形游梁式抽油机 /71
低频电脉冲采油 /166
低频振动采油 /167
低压气井采气 /315
底水锥进 /229
地饱压差 /30
地层孔隙压力* /35
地层流体压力* /35
地面冲程* /105
地面驱动螺杆泵 /146
电爆处理油层 /166
电动潜油泵* /137

电动潜油泵采油 /135
电动潜油泵测试 /141
电动潜油泵电缆 /137
电动潜油泵故障诊断 /141
电动潜油泵机组 /136
电动潜油泵机组配电
　盘 /136
电动潜油泵井口装置 /136
电动潜油泵控制柜 /136
电动潜油泵冷却 /142
电动潜油泵排水采气 /314
电动潜油泵特性曲线 /143
电动潜油泵油井生产
　系统 /144
电动潜油多级离心泵 /137
电动潜油螺杆泵 /146
电缆悬挂泵 /144
电潜泵采油* /135
电热抽油杆 /115
电热抽油杆清防蜡 /260
电热清防蜡 /260
电液压冲击法采油* /166
电子式压力计 /37
调径变矩游梁平衡
　抽油机 /64
调剖剂 /227
调驱剂 /228
定子 /148
定子导程 /148
动力机 /58
动力仪 /133
动态监测设计 /11
独立井场动力站 /159
堵水采气 /315

段塞流 /17
多点系泊系统 /361

E

二次采油 /276

F

反冲砂 /250
防冲距 /102
防腐油管 /271
防气泵 /98
防砂 /231
防砂泵 /96
防砂衬管 /234
放射性同位素找水 /221
非选择性堵水 /224
分层采油（气） /25
分层测试法找水 /223
分层配水管柱 /191
分层注水 /188
分抽泵 /100
酚醛溶液地下合成
　防砂 /245
酚醛树脂胶结砂层
　防砂 /245
封隔器 /194
封隔器丢手接头 /197
浮式储油装置 /353
浮式生产储油装置 /352
浮式生产系统 /350
辐射换热 /216
腐蚀电位 /272
负压冲砂 /250
复合防砂 /245

复杂条件气井采气
　工艺 /315

G

改善二次采油 /277
改善水驱采油* /277
干/湿式水下采油树 /357
干饱和蒸汽 /217
干腐蚀 /270
干式反向燃烧 /215
干式水下采油树 /356
干式正向燃烧 /214
杆式泵 /90
感应电动机* /81
钢实心抽油杆 /111
高能气体采油* /168
高凝油降凝 /216
高凝油开采 /215
高强度抽油杆 /112
高温高压伸缩管 /210
高转差率电动机 /81
割缝衬管防砂 /237
隔离液 /247
隔热油管 /209
功能节点 /28
鼓胀效应 /197
固定阀 /89
固定配水器 /192
固定式生产设施 /346
固体防蜡剂 /265
固体防蜡剂防蜡 /254
刮蜡片 /256
管式泵 /92
光杆 /120

光杆冲程 /105
光杆示功图 /132
过热蒸汽 /216
过盈量 /149

H

海上采油平台 /345
海上石油终端 /361
海上油气集输系统 /358
海上油气加工厂* /352
海上油气生产设施 /345
海上油气田 /342
海上油气田生产系统 /343
含CO_2气井开采 /324
含H_2S气井开采 /320
含气率* /19
含水率 /33
含酸气气井开采 /319
含油污水处理技术 /175
恒流量控制阀 /159
喉管 /162
滑脱 /18
滑脱速度 /19
滑脱损失 /18
化学堵水 /223
化学防砂 /242
化学降黏 /201
化学清防蜡 /262
化学驱 /278
化学溶液防砂 /243
环空测试法找水 /223
环状流 /18
回采水率 /207
回声仪 /134

回音标 /134
汇集室气举* /47
混合表皮系数* /301
混气泡沫冲砂* /250
混相驱 /278
活塞气举 /47
活塞效应 /197
火驱法采油* /212
火烧油层开采 /212

IPR 曲线* /12

机械堵水 /223
机械法找水 /222
机械防砂 /233
机械卡水 /226
机械平衡 /86
机械清蜡 /255
机械式油管锚 /106
加重杆 /121
间歇抽油 /135
间歇喷油 /30
间歇气举 /44
间歇气举控制器 /45
间歇自喷 /30
检泵周期 /103
减速器 /59
简谐运动模型 /84
碱水驱 /281
渐开线异形抽油机 /78
焦化防砂 /244
节点系统 /28

结垢 /267
金属电化学腐蚀 /270
金属腐蚀 /269
金属化学腐蚀 /269
金属物理腐蚀 /270
井底温度 /31
井口平台 /347
井口温度 /31
井口压力 /30
井口装置 /21
井筒化学除垢 /267
井筒化学防垢 /266
井筒积液 /308
井筒气液两相流 /16
井筒热力降黏 /202
井筒热损失 /216
井筒热循环 /261
井筒物理防垢 /267
井温法找水 /221
井下电热器 /261
井下浮子式产量计 /38
井下流量计 /38
井下配产器 /27
井下配水嘴 /190
井下示功图 /133
井下温度计 /38
井下涡轮式流量计 /38
井下压力计 /37
井下自控热电缆
　清防蜡 /259
净总厚度比 /217
局部腐蚀 /271
举持系数* /19
聚合物 /280

聚合物驱 /278
均匀腐蚀 /271

KD 级抽油杆 /117
卡瓦式封隔器 /195
可燃冰* /337
坑道采油法 /168
空心泵 /100
空心抽油泵* /100
空心抽油杆 /113
空心配水器 /192
孔隙压力* /35
控流离心分离器 /159
控水采气 /315
扩散管 /163

捞砂筒 /247
理论示功图 /133
立管 /355
立式采油树 /357
立式数控抽油机 /79
砾砂直径比 /241
砾石充填防砂 /238
连续抽油杆 /114
连续气举 /44
联合冲砂 /250
链条抽油机 /73
流饱压差 /29
流体电阻法找水 /220
六连杆增程式抽油机 /68
笼统注水 /189
驴头 /59

铝合金抽油杆 /117
陆上石油终端 /362
滤砂器防砂 /234
露天开采法 /167
螺杆泵 /145
螺杆泵采油 /145
螺杆泵防冲距 /149
螺杆泵防磨 /151
螺杆泵防脱 /150
螺杆泵井测试 /153
螺杆泵井故障诊断 /152
螺杆泵特性曲线 /150
螺旋弯曲效应 /197

M

脉冲注水技术* /164
盲阀 /50
煤层甲烷* /327
煤层气 /327
煤层气藏 /328
煤层气开采 /326
煤层气完井 /330
煤层气压裂 /330
煤层气钻井 /329
米采油指数 /34
摩擦式抽油机 /77
末端阀 /49

N

尼龙刮蜡器 /256
黏温曲线 /201
凝析气 /287
凝析气藏开采 /316
扭矩因数 /88

O

OPR曲线* /13

P

排出阀* /89
排水采气 /309
泡沫排水采气 /310
泡沫驱 /280
泡状流 /17
配气站 /53
配水堵塞器 /193
配水间 /177
配水器 /192
配水投捞器 /193
配注误差 /184
喷射泵 /161
喷嘴 /162
皮带抽油机 /75
皮碗式封隔器 /195
偏轮式游梁抽油机 /69
偏心距 /148
偏心配水器 /193
普通稠油注水开发 /201

Q

脐带缆 /355
气顶气 /286
气动平衡 /86
气井产能 /300
气井产能方程 /301
气井产能试井 /299
气井动态曲线 /297
气井工作制度 /305

气井合理产量 /305
气井井底压力 /295
气井流出动态曲线 /298
气井流入动态曲线 /298
气井生产方式* /305
气井生产系统分析 /301
气井试井 /299
气井压力系统节点
　分析* /301
气井油管动态曲线 /299
气井油管设计 /302
气举采油 /40
气举地面流程 /52
气举阀 /48
气举方式 /44
气举工作压力 /48
气举管柱 /42
气举井故障诊断 /54
气举井试井 /53
气举排水采气 /313
气举启动压力 /47
气举设备 /53
气举设计 /43
气举系统 /41
气锚 /109
气平衡游梁式抽油机 /62
气砂锚 /109
气锁 /104
气体比流量 /37
气液比 /36
气油比 /36
汽油比 /207
前置型游梁式抽油机 /61
潜油电泵采油* /135

- 374 -

潜油电动机 /138
潜油电动机保护器 /139
腔室气举 /46
清蜡绞车 /258
清蜡钻头 /257
清砂 /247
清洗液 /247
蚯蚓洞 /203
求解节点 /28
区块整体调剖 /229
曲柄滑块机构模型 /84
全海式集输系统 /358
全海式开发模式 /342
全陆式集输系统 /359
全面腐蚀* /271

R

绕丝筛管 /237
热采封隔器 /210
热化学清蜡 /262
热力采油 /204
热力清防蜡 /258
热洗清蜡车 /259
热载体循环洗井 /258
热胀补偿器* /210
人工岛 /348
人工地震处理油层 /170
人工隔板法堵底水 /225
人工胶结砂层防砂 /242
人工井壁防砂 /242
人工举升采油 /40
溶解气 /286
溶胀率 /148
柔性抽油杆 /115

S

SGD* /211
三次采油 /277
三管分采 /26
砂堵 /230
砂拱 /236
砂拱防砂 /236
砂控* /231
砂锚 /110
砂桥 /230
扇形长冲程抽油机 /73
射流泵 /161
射流泵采油 /160
射流泵排水采气 /313
射流泵气蚀 /163
深部调剖 /229
深井泵 /88
深井泵泵效 /101
生产处理平台 /347
生产压差 /29
生产压力操作气举阀* /52
声波振动采油 /164
绳索滑轮式长冲程
　抽油机 /71
湿饱和蒸汽 /217
湿腐蚀 /270
湿式水下采油树 /357
湿式正向燃烧 /214
湿蒸汽* /217
石蜡 /251
石油采收率 /274
示功仪* /133
视表皮系数 /301

视吸水指数 /186
树脂核桃壳人工井壁
　防砂 /244
树脂砂浆人工井壁
　防砂 /244
衰竭式开采* /276
双管分采 /26
双驴头抽油机 /64
双驴头游梁式抽油机 /70
双四杆游梁式抽油机 /69
双头单螺杆泵 /147
双液法堵水 /225
双作用泵 /99
水包油型清防蜡剂 /264
水窜 /229
水动力学不完善井 /15
水动力学方法采油 /164
水动力学完善井 /15
水化学分析法找水 /222
水基清防蜡剂 /264
水力活塞泵 /154
水力活塞泵采油 /153
水力活塞泵采油地
　面泵 /157
水力活塞泵动力液 /157
水力活塞泵高压管汇 /156
水力活塞泵故障诊断 /158
水力活塞泵井下机组 /155
水力活塞泵选泵设计 /156
水力机械式封隔器 /196
水力锚 /197
水力密闭式封隔器 /196
水力射流泵泵效 /163
水力压差式封隔器 /194

水力压缩式封隔器 /195
水力振荡采油 /165
水力自封式封隔器 /196
水泥砂浆人工井壁
　　防砂 /244
水气比 /36
水侵 /229
水舌 /229
水下采油 /343
水下采油树 /356
水下管汇中心 /355
水下井口 /354
水下控制系统 /355
水下生产系统 /353
顺应型平台 /350
四连杆机构 /59

T

弹簧管式压力计 /37
弹簧气举阀 /50
探砂面 /248
碳素纤维抽油杆 /117
套管泵 * /100
套管抽油泵 /100
套管头 /23
套压操作气举阀 /51
提高石油采收率 /273
提捞采油 /135
替换室气举 /47
天轮式抽油机 /78
天然气 /284
天然气爆炸性 /294
天然气比热 /292
天然气导热系数 /293

天然气等温压缩系数 /291
天然气发动机 /82
天然气发热量 * /293
天然气分子量 /287
天然气焦耳—汤姆逊
　　效应 /293
天然气井生产系统 /294
天然气绝热指数 /292
天然气临界凝析参数 /290
天然气密度 /287
天然气拟对比参数 /290
天然气拟临界特性
　　参数 /289
天然气黏度 /292
天然气膨胀系数 /291
天然气偏差系数 * /289
天然气燃烧值 * /293
天然气热值 /293
天然气水合物 /337
天然气水合物开采 /335
天然气水合物试采 /340
天然气弹性系数 * /291
天然气体积系数 /290
天然气相对密度 /288
天然气压缩率 * /291
天然气压缩因子 /289
天然气真临界特性
　　参数 /289
天然气状态方程 /288
条目汉语拼音索引 /370
停喷压力 /30
投产措施 /11
投捞式气举阀 /52
涂层防蜡 /254

吞吐周期 /206
脱接器 /90

瓦斯 * /327
弯游梁式抽油机 /63
完善井 * /15
微生物采油 /281
微生物堵水 /226
卫星井 /345
温度效应 /197
稳定泡沫油 /203
卧式采油树 /358
无衬套泵 * /100
无衬套软柱塞泵 /100
无游梁式抽油机 /73
物理除垢 /268
物理法采油 /163
雾状流 /18

吸入阀 * /89
吸入压力 /105
吸水能力 /186
吸水剖面 /184
吸水剖面调整 * /226
吸水指数 /186
析蜡点 /252
洗井注水封隔器 /196
下偏杠铃游梁复合平衡
　　抽油机 /67
先期防砂 /244
相对沉没度 /54
相对吸水量 /184

箱式气举* /47
消耗式开采 /317
斜直井游梁式抽油机 /65
泄油器 /90
修正古德曼图 /126
悬点冲程* /105
悬挂偏置游梁平衡
　抽油机 /67
悬绳器 /58
旋流除砂器* /159
旋流分离器* /159
旋转驴头抽油机 /66
旋转式油管锚 /107
选择性堵水 /225

压差式液力油管锚 /107
压裂防砂 /241
压缩机站 /53
压缩式油管锚 /107
页岩气 /333
页岩气藏 /335
页岩气开采 /331
页岩气水力压裂 /332
液力式油管锚 /107
液压抽油机 /76
液压驱动螺杆泵 /146
一次采油 /276
移动腔室泵* /145
异步电动机 /81
异相型游梁式抽油机 /60
音标* /134
永久导向基盘 /355
优选管柱排水采气 /310

油（气）井生产系统 /21
油层加热效率 /216
油层污水回注 /175
油层污水结垢 /176
油管 /24
油管锚 /106
油管头 /23
油基清防蜡剂 /263
油井出水 /218
油井防蜡 /252
油井结蜡 /251
油井流出动态曲线 /13
油井流动效率 /14
油井流入动态 /11
油井流入动态曲线 /12
油井清蜡 /254
油井生产系统 /7
油井生产系统动态模拟 /7
油井完善性 /14
油井综合测试仪 /37
油气藏压力 /35
油气藏压力梯度 /36
油气分离器 /140
油气井堵水 /223
油气井工作制度 /29
油气井找水 /219
油汽比 /207
油水井防腐蚀 /268
油水井防垢除垢 /265
油田产能预测 /11
油田开采阶段 /275
油田注水 /171
油压操作气举阀 /52
油嘴 /24

游动阀 /89
游梁 /58
游梁式抽油机 /57
游梁式抽油机扭矩 /87
游梁式抽油装置 /57
有杆泵采油 /54
有杆泵抽油系统故障
　诊断 /131
有杆泵抽油系统设计 /124
有杆泵抽油系统效率 /129
有杆泵排水采气 /312
有效气油比 /36
有效注水压力 /191
余隙* /102
预涂层砾石人工井壁
　防砂 /244
预应力隔热油管 /210

增孔液 /247
张力式油管锚 /106
找水仪找水 /220
振动泵 /101
蒸汽发生器 /208
蒸汽辅助重力泄油 /211
蒸汽干度 /206
蒸汽驱 /208
蒸汽吞吐 /204
正冲砂 /249
正反冲砂 /250
支撑式封隔器 /195
支护剂 /247
直线电动机抽油机 /76
指进 /229

滞留率* /19
中央处理平台* /347
重力式平台 /347
周期性不稳定注水
 技术* /164
周期注蒸汽强度 /207
轴流涡轮—轴流泵 /160
逐次流量试井* /299
注磁化水采油 /167
注浓硫酸采油 /169
注汽锅炉* /208
注入流压 /188
注入水处理 /172
注入压力操作气举阀* /51
注水地面工程 /176
注水工程设计 /9
注水井 /178

注水井测试 /182
注水井调剖 /226
注水井工作制度 /185
注水井井口装置 /178
注水井排液 /179
注水井试注 /181
注水井投注程序 /179
注水井洗井 /180
注水井洗井车 /181
注水井增注 /197
注水井指示曲线 /183
注水启动压力 /185
注水强度 /188
注水水质 /172
注水系统效率 /179
注水压力 /185
注水站 /176

注蒸汽速度 /207
柱塞超行程 /105
柱塞冲程 /105
柱塞气举 /45
转子 /147
桩基式固定平台 /346
自腐蚀电位* /272
自喷采油 /20
自喷井协调 /27
自然电位* /272
自然腐蚀电位* /272
自由式水力活塞泵 /159
综合对比资料找水 /219
嘴流规律 /25
嘴损曲线 /191
嘴损压力 /190